# 保护与发展
——文化遗产学术论丛
（第2辑）

滕 磊　王时伟　主编

科学出版社
北　京

内 容 简 介

本书共收录学术文章32篇，一部分文章来自中国文物保护技术协会考古遗址与出土文物保护专业委员会、青年工作委员会（筹）携手中国文物保护基金会科技保护专项基金共同组织的文物保护"优青学术论文"计划——2021年度"遗址保护与利用方向"所遴选的建筑遗址保护、国外石质建筑保护、墓葬保护、出土文物保护、石质文物保护、遗址研究、考古科技、保护规划、展示利用、预防性保护等方向的"优青学术论文"，代表着新时代青年学者的风采；另一部分文章来自于文博行业专家学者的专业论文，涉及考古遗址保护的理念、理论与方法，技术与实践，预防性与数字化保护以及遗产管理与活化利用等方面。这些学术文章为广大读者尤其是考古遗址保护、预防性保护、信息化、活化利用等方面的相关专家学者和爱好者提供了参考和借鉴。

本书适合考古遗产保护与管理、文物保护技术等领域的专业人员以及高等院校相关专业的师生参考阅读。

图书在版编目（CIP）数据

保护与发展：文化遗产学术论丛. 第2辑／滕磊，王时伟主编. -- 北京：科学出版社，2025.6. -- ISBN 978-7-03-082007-5

Ⅰ. TU-87

中国国家版本馆CIP数据核字第2025KE5681号

责任编辑：孙　莉　杨　烁／责任校对：邹慧卿
责任印制：肖　兴／封面设计：张　放

科学出版社 出版
北京东黄城根北街16号
邮政编码：100717
http://www.sciencep.com

北京汇瑞嘉合文化发展有限公司印刷
科学出版社发行　各地新华书店经销

*

2025年6月第 一 版　开本：787×1092　1/16
2025年6月第一次印刷　印张：22 3/4
字数：530 000
定价：238.00元
（如有印装质量问题，我社负责调换）

出版资助单位

中国文物保护技术协会　中国文物保护基金会科技保护专项基金

编辑委员会

顾　　问：（按姓氏笔画排序）

王风竹　王立平　曲　亮　刘　剑　杜金鹏
杨广立　励小捷　张文革　陈同滨　周双林
徐怡涛　郭伟民　梁　刚　梁宏刚　傅熹年

主　　编：滕　磊　王时伟

编　　委：（按姓氏笔画排序）

于龙成　皮宇飞　朱秋丽　苏　媛　苏渝杭
吴静姝　邹非池　练　超　蔡禹权　缴艳华

封面题字：傅熹年

序　言

　　《保护与发展——文化遗产学术论丛》结集的初衷是搭建一个探索和研讨文物保护与发展的学术平台，搭建一座保护中发展、发展中保护的和谐之桥。第一辑从策划、筹稿到付梓出版至今已逾五年，恰逢"十四五"规划的全面实施阶段，我国开启全面建设社会主义现代化国家新征程，推进文化自信自强、铸就社会主义文化新辉煌。党和国家站在"两个一百年"奋斗目标的历史交汇点上，积极开拓、锐意进取，不断开创文物保护工作的新局面。习近平总书记多次发表重要论述，对文物保护事业作出了一系列的重要指示，体现了党和国家对文物保护利用和文化遗产保护传承的高度重视、对于切实做好文物事业的坚定决心，体现了新时代文化自信、文化强国的国家使命。

　　习近平总书记在党的二十大报告中从"全面建成社会主义现代化强国、实现第二个百年奋斗目标，以中国式现代化全面推进中华民族伟大复兴"这一中心任务出发，对新时代新征程中国特色社会主义文化建设作出新的部署，明确提出"推进文化自信自强，铸就社会主义文化新辉煌"。2024年7月15～18日，中国共产党第二十届中央委员会第三次全体会议在北京召开，对进一步全面深化改革作出系统部署，会议审议通过了《中共中央关于进一步全面深化改革、推进中国式现代化的决定》，其中"中国式现代化是物质文明和精神文明相协调的现代化。必须增强文化自信，发展社会主义先进文化，弘扬革命文化，传承中华优秀传统文化，加快适应信息技术迅猛发展新形势，培育形成规模宏大的优秀文化人才队伍，激发全民族文化创新创造活力""优化文化服务和文化产品供给机制""建立文化遗产保护传承工作协调机构，建立文化遗产保护督察制度，推动文化遗产系统性保护和统一监管。构建中华文明标识体系。健全文化和旅游深度融合发展体制机制"等一系列涉及文化遗产的决策部署，这是自党的十一届三中全会以来，历届三中全会内容中，关于文化遗产表述最丰富、最系统的一次，彰显了以习近平同志为核心的党中央将改革进行到底的坚定决心和强烈使命担当，为新形势下纵深推进文物领域各项改革，推动文物事业发展呈现新气象、开创新局面指明了方向，提供了根本遵循。

　　文物承载灿烂文明，传承历史文化，维系民族精神。我国是世界文物大国，文物资源丰富厚重，所蕴含的博大精深的文化内涵和生生不息的文化基因，是我们推进文化自信自强的重要源泉和深厚支撑。我国拥有百万年的人类史、一万年的文化史、五千多年的文明史，铸就了文化自信自强的底蕴和底气。

　　新时代十年来，文物工作坚持正确导向，坚持以人民为中心，在保护文物资源守护文化根脉、提供优质文化服务和文化产品、满足人民日益增长的精神文化需求等方面积极作为、释放活力，为传承弘扬中华优秀传统文化、涵养中国式现代化理念、提升国家文化软实力和中华文化影响力发挥了独特作用。文物保护意识持续深化，服务大局成效明显。"保护第一、加强管理、挖掘价值、有效利用、让文物活起来"的工作要求全面贯彻落实；文物保护力度持续加大，保护状况有力改善。全国重点文物保护单位总数达到5058处，全国重点文物保护单位、省级、市县级文物保护单位数量分别增加115%、58%、88%，长城、大运河、丝绸之路、传统村落等重大文物保护工程相继竣工；文物博物馆改革持续推进，影响力大幅提升。类型丰富、主体多元、普惠均等的现代博物馆体系基本形成，全国备案博物馆6565家，免费开放率超过90%，年度举办展览增长144%、接待观众数量增加119%，"大美亚细亚""唐宋八大家""万年永宝""何以中国"等展览成为社会文化热点；文物治理能力持续增强，治理水平不断提高。国务院颁布《博物馆条例》、修订《水下文物保护管理条例》，各地出台200多部地方性文物保护法规，113项文物保护领域国家和行业标准发布实施。文物科技创新能力显著提升，文博人才培养体系更加健全。

在文物考古研究成果方面，十年来，中华文明探源工程、"考古中国"成果丰硕，8800多项考古发掘项目陆续实施，良渚、陶寺、石峁、二里头、殷墟、三星堆等重大考古取得新发现，边疆考古、水下考古稳步推进，科技考古、公众考古、涉外考古快速发展，实证百万年人类史、一万年文化史、五千多年文明史，为丰富全社会的历史文化滋养提供了有力支撑。

《保护与发展——文化遗产学术论丛》（第2辑）为遗址保护专辑，其策划、结集正是关注新时代十年来考古遗产的保护与利用，编辑委员会希望能够为推动探索未知，揭示本源，努力建设中国特色、中国风格、中国气派的考古学，更好认识源远流长、博大精深的中华文明尽微薄之力。

本书共收录学术文章32篇，主要来自两个方面，一方面是中国文物保护技术协会考古遗址与出土文物保护专业委员会、青年工作委员会（筹）携手中国文物保护基金会科技保护专项基金共同组织的文物保护"优青学术论文"计划——2021年度"遗址保护与利用方向"所遴选的建筑遗址保护、国外石质建筑保护、墓葬保护、出土文物保护、石质文物保护、遗址研究、考古科技、保护规划、展示利用、预防性保护等方向的"优青学术论文"，代表着新时代青年学者的风采；另一方面来自于文博行业专家学者的专业论文，涉及考古遗址保护的理念、理论与方法，保护技术与实践，预防性与数字化保护以及遗产管理与活化利用等方面。衷心感谢所有作者，在各自的专业领域耕耘不辍，提供了优质的稿件，发表了真知灼见。

《保护与发展——文化遗产学术论丛》（第2辑）的编辑出版是探讨考古遗址保护和发展的一次阶段性小结，为广大读者尤其是文物保护、预防性保护、信息化、活化利用等方面的相关专家学者和爱好者提供了参考和借鉴。感谢中国文物保护技术协会考古遗址与出土文物保护专业委员会、青年工作委员会的大力支持，感谢编委会各位专家学者的不吝赐教，感谢科学出版社文物考古分社编辑团队的辛苦付出。本书编写过程中难免存在一些不足和缺憾，欢迎广大读者批评指正。我们诚邀更多的专家学者、同仁、有志之士参与进来、共同努力，不断研讨、总结，深化、推动相关的研究工作，积极探索符合国情的文物保护利用之路。

《保护与发展——文化遗产学术论丛》编委会

2024年10月

目 录

理念、理论与方法

新时代文物考古新思考 ……………………………………………………… 杜金鹏（3）
大遗址考古遗产的保护与利用 ………………………………………… 张治强　张　晖（8）
城市化进程中大遗址的保护与利用 …………………………………………… 王守功（12）
相融共生　行稳致远——国家考古遗址公园助力乡村振兴 …………………………
　………………………………… 中国文物保护基金会考古遗址公园调研课题组（24）
论考古勘探在文物保护规划编制中的作用 …………………………… 于龙成　皮宇飞（37）
遗址公园规划编制的真实性与完整性问题——以楚都纪南城遗址公园
　规划编制为例 ……………………………………………………………… 王红星（47）
考古遗址系统性展示与阐释方法初探 ………………………………………… 刘　剑（58）
基于保护展示的乡村大遗址可持续发展实践——以走马岭遗址为例 ………………
　………………………………………………………………………… 陈　飞　别丽君（76）
国外考古遗址展示的多种形式及其影响评估 ………………………… 白　露　周双林（85）

技术与实践

圆明园澹怀堂遗址夯土病害分析及加固研究 ……………… 张　涛　刘振东　王菊琳（103）
湖北九连墩车马坑保护 ………………………………………………… 陈子繁　周松峦（117）
黄梅南北山古道遗产价值及保护研究 ……………………… 王　慧　郝　瀚　王　静（128）
富阳泗洲宋代造纸遗址的科学研究 ……………… 龚钰轩　李程浩　施梦以　龚德才（136）
天津张湾2号古船保护修复 …………………………………………………… 吴昌雄（149）
不同风化程度砂岩的盐风化试验研究 ……………… 洪　杰　彭宁波　董　云　黄继忠（158）
静态热机械分析（TMA）方法测定考古木材线膨胀系数 …………………………
　………………………………………… 秦振芳　吴梦若　韩向娜　韩刘杨（171）
高度风化石质古建筑加固修复研究——以意大利威尼斯拿撒勒圣玛利亚教堂
　正立面修缮为例 ………………… 曹颐戬　Mara Camaiti　王　聪　冯万前（177）

预防性与数字化保护

挑战、机遇与思考——全球气候变化下的不可移动文物预防性保护………………
…………………………………………………………………… 滕 磊 蔡禹权（193）

不可移动文物数字化保护的发展困境与路径探索………………… 吴育华（199）

关于中国文物数字化相关问题的初步思考………………………… 李志荣（207）

古遗址预防性保护监测信息系统设计初探——以南京大报恩寺遗址为例………
…………………………………………………………………………… 张金玥（210）

Logistic 预测模型在遗址勘探和保护中的应用——以辽西红山文化分布区为例 …
…………………………………………………………………………… 曲宇蒙（224）

基于 GIS 的二十四块石遗址建筑保护研究 ……………………… 夏月亮（238）

文安驿城墙遗址结构特征及安全性评估分析………… 雷 繁 杨 辉 张 磊（246）

遗产管理与活化利用

讲好中国故事 助力联合申遗——建设"万里茶道——中国文物主题游径"……
…………………………………………………………………………… 王凤竹（261）

基于建筑考古复原研究的建筑遗址展示体系初探………… 顾国权 徐怡涛（271）

新疆长城资源保护利用现状分析和对策研究……………………………………
………………………………………… 杨 静 葛 忍 张耀春 罗 川（283）

让文物在保护与利用中"活"起来——以青州南阳城城墙的保护展示工程为例…
…………………………………………………………………………… 苏 媛（292）

科技赋能 遗址再现——南越国宫署遗址保护与活化利用实践……………………
……………………………………… 潘 洁 王志华 詹小赛 袁 萌（300）

大明宫国家考古遗址公园管理模式优化路径研究………… 刘卫红 程宿钱（313）

"推开一扇看不见的宫门"——南宋德寿宫遗址保护与展示实践启示……………
………………………………… 卢远征 张 喆 张雅楠 孟 超 曹守一（326）

遗址保护展示中的玻璃罩棚刍议………………………………… 滕 磊（339）

后记 ……………………………………………………………………（350）

理念、理论与方法

新时代文物考古新思考

杜金鹏[*]

摘要：新时代文物考古事业的任务是：坚持建设社会主义文化强国的崇高使命，秉持为人民服务的根本原则，积极探索文化遗产保护利用的新理论、新方法、新技术，努力满足人民对美好生活的新期待。新时代文物考古工作的科学发展新理念为：改革创新，绿色高效，开放包容，平衡共享，服务人民。新时代文物考古工作学科建设新方向为：有自信，有担当，有创新，有作为。

关键词：新时代；文物考古；新思考

习近平同志在中国共产党第十九次全国代表大会上的报告《决胜全面建成小康社会，夺取新时代中国特色社会主义伟大胜利》（以下简称《十九大报告》）中宣告："中国特色社会主义进入新时代。"随着我国社会发展历史方位和主要矛盾的变化，新时代中国特色社会主义文化建设，必须对我国文化遗产事业面临的主要矛盾和发展方向、路线、策略有清晰而正确的认识，科学推进文化遗产科学体系理论创新、实践创新，增强文化自觉和文化自信，推动社会主义文化繁荣兴盛。

1 新时代文物考古新特征

《十九大报告》指出："实践没有止境，理论创新也没有止境。世界每时每刻都在发生变化，中国也每时每刻都在发生变化，我们必须在理论上跟上时代，不断认识规律，不断推进理论创新、实践创新、制度创新、文化创新以及其他各方面创新。"

考古学随着经济社会的发展，其研究目标从以复原古代社会、探索人类社会发展规律为最高任务，向抢救和保护人类文化遗产、服务社会发展的方向拓展，尤其是党的十八大以来取得的历史性成就和发生的历史性变革，推动着考古学向综合文化遗产调查发掘、研究阐释、保护保存、展示利用、传承创新一体化的以服务经济社会发展为宗旨的文化遗产科学体系演变。这一历程不仅反映了考古学的时代发展，也反映了我国文化遗产事业发展的基本脉络。

---

[*] 杜金鹏：中国社会科学院考古研究所，北京，邮编100710。

1.1　我国文物考古的重大成就

中华人民共和国成立以来,我国的文物考古事业取得了辉煌成就。举其要者,如:全面创建了史前文化区系框架,大致描绘出中华文明起源进程,科学勾勒出中华文明发展基本脉络;从空前规模的基本建设和日益活跃的生产活动中,抢救、保护了大量文化遗产;投入大量人力物力,保护一大批文化遗产。考古和文物保护学科建设成就斐然。文化遗产法律法规建设成果突出。

1.2　新时代文物考古工作新特征

在成绩喜人的同时,我国的文物考古工作也面临一些阻碍发展、亟待解决的问题。

诚如习近平同志在 2016 年对文物工作重要指示所说,近年来,我国文物事业取得很大发展,文物保护、管理和利用水平不断提高。但也要清醒看到,我国是世界文物大国,又处在城镇化快速发展的历史进程中,文物保护工作依然任重道远。

结合新时代我国社会发展新矛盾和新方略、新要求等变化分析可以发现,新时代文物考古工作表现出一些新特征,主要表现为老矛盾与新问题的交织存在。就笔者关注而言,主要有:文化遗产保护与基本建设、城乡发展的矛盾依然存在;文化遗产保护利用中,当前利益与长远利益的矛盾、局部利益与整体利益的矛盾依然存在;文化遗产资源的有限性与人民文化生活需求无限性矛盾依然存在;文化遗产保护需求与保护能力的矛盾依然存在;文化遗产保护不平衡状况依然存在。

上述既有矛盾,正在发展中得到逐步解决。而在发展中日益突出或者新生矛盾,也需要高度关注并在发展中予以解决,如:

日益复杂繁重的文化遗产研究和保护工作,与不胜重负的文化遗产科研和保护队伍的不匹配。随着考古、文物保护、文化遗产活化利用的一体化,文化遗产科研和保护展示任务急剧加重且日益复杂,但科研队伍人数严重不足;人员结构学科不全、学术层级过低,直接影响科研和保护工作的高度与效率。

日益先进的科学技术创新利用,与相对落后的文化遗产保护利用手段之间的不匹配。我国的科学技术水平迅速提高,但用于文化遗产保护和展示利用的科学技术——包括新方法、新材料、新技术等,相对进步缓慢。

日益深化的文化遗产学科发展需求,与依然陈旧的工作模式之间的不匹配。考古队伍"单科化"现象依然严重,科技考古人员往往不能真正融入考古队,文物保护人员尚未深入考古一线,文物展陈人员远离考古发掘、疏远文物研究。

日益扩展的考古科研需求与日渐减少的考古资源之间的矛盾更加突出。考古遗址是不可再生的稀有文化资源,考古科研的长期、深入开展,消耗大量考古资源,一些遗址日益空洞化,给考古学的可持续发展造成严重威胁。

日益先进的社会发展模式，与相对落后的学科工作模式之间的不匹配。粗放、低效的考古发掘和遗址展示，时时呈现；地区、部门、学科之间的藩篱，处处可见。

日益发达的以大数据和人工智能为代表的信息技术模式，与传统文化遗产管理模式之间的不匹配。

日益开放自信的经济社会发展方式，与相对封闭的文物考古管理方式之间的不匹配。我们的文物考古管理体系，对外相对封闭，与交叉、相邻部门或行业隔阂较大；对内则存在条条块块的划分与局限，严重制约文物考古在整个文化遗产事业中发挥最大作用。

日益复杂的文化遗产保护利用现实，与法律法规建设的不匹配。随着文化遗产保护的拓展和深入，尤其是随着文化遗产的活化利用被重视，文化遗产管理工作中出现很多新矛盾新问题，需要符合新形势的法律法规予以保障和促进。

2 新时代文物考古的新机遇和新任务

新时代文物考古工作面临的问题，主要是发展中问题，必须在发展中寻求解决之道。

2.1 新时代创造新机遇

进入 21 世纪以来，党中央、国务院日益重视文化遗产保护工作。2005 年国务院发布《关于加强文化遗产保护的通知》，详细阐述了加强文化遗产保护的指导思想、基本方针和总体目标，需要着力解决的突出问题等。为我国新世纪文化遗产保护工作指明了方向。

2016 年全国文物工作会议召开前夕，习近平总书记对我国文物工作作出重要指示，李克强总理做出批示。

2016 年国务院印发《国务院关于进一步加强文物工作的指导意见》，根据新形势新问题，就加强文物工作，从重要意义、总体要求、明确责任、重在保护、拓展利用、严格执法、完善保障等方面，提出明确意见，从而更加强化了文化遗产保护的力度。

2018 年中央全面深化改革委员会第三次会议审议通过了《关于加强文物保护利用改革的若干意见》。会议指出，加强文物保护利用改革，对于我国文化遗产保护传承具有重要意义。要聚焦文物保护的重点难点问题，加强制度设计和精准管理，注意盘活文物资源，在保护中发展，在发展中保护。这一文件的出台，意味着文物工作已被纳入中央全面深化改革的整体战略部署，文物考古事业迎来了新时代。

凡此昭示，洋溢着文化遗产保护和中华优秀传统文化传承之浓郁风气的前所未有的社会环境，已经形成；一个高度重视、全面推开的文化遗产新时代已经到来。同时，我国的经济建设飞速发展，科学技术一日千里，也为文物考古奠定了坚实基础，提供了良好条件。而方兴未艾的"一带一路"又为文物考古创造了国际发展平台。可以说，我国文物考古工作面临前所未有的发展机遇。

2.2 新时代赋予新任务

新时代文物考古事业的发展方向和任务是：坚持建设社会主义文化强国的崇高使命，秉持为人民服务的根本原则，积极探索文化遗产保护利用的新理论、新方法、新技术，努力满足人民对美好生活的新期待。

3 新时代文物考古的新理念和新愿景

3.1 学科发展新理念

《十九大报告》提出的社会发展新理念是："发展必须是科学发展，必须坚定不移贯彻创新、协调、绿色、开放、共享的发展理念。"这一发展理念，也是指导新时代考古文保工作科学发展的新理念。

新时代文物考古工作的科学发展新理念，可概括为：

改革创新。打破影响文物考古事业永续、平衡、优质发展的制度桎梏，解放思想，在理论创新、制度创新、科技创新上下功夫。

绿色高效。文物考古工作应追求以最小资源消耗，求最大科研资料和文保效率获取之目标。考古发掘，应秉持敬畏、敬惜态度。要向精细化发掘要效率，大力倡导实验室考古。文物保护，倡导绿色、可逆理念，积极引进新的保护科技。

开放包容。以与时俱进的眼光，看待本学科的拓展；以海纳百川的胸怀，欢迎其他学科向本学科的靠拢、兼容。向着创建广泛涵盖、有机融合考古、文保、博物馆等众多学科的"文化遗产科学"体系方向奋进。

平衡共享。以综合利用，求社会效益。打破学科、部门、行业藩篱，优化资产利用，积极服务文化产业发展。在坚持全局利益、长远利益第一之前提下，兼顾地方利益、当前利益，让人民群众切实感受到文物考古工作带来的益处。

服务人民。从广大人民群众的最大利益、长远利益着想，构建学科理论，拟定学科方向，选择学科任务。

3.2 学科建设新方向

有自信：应在制度自信、文化自信、科技自信前提下，有创新自信，既要充分尊重现有国际规范，又要勇于创新、善于创新。要在学习、借鉴基础上，探索、创造、引领。

有担当：有责任心，主动作为，敢闯新路，能做大事。学者担当——忘我无私，献身科学；学科担当——有包容胸怀，有发展眼光，以中华民族伟大复兴为己任；国家担当——胸怀世界，贡献中国智慧与力量。

有创新：不断解放思想，与时俱进，敢于创新——理论创新，制度创新，科学技术创新。

有作为：适应新时代发展需求，有时代新风尚、新气象。肯干实干，杜绝空谈，无论学者抑或学科，都应有无愧于时代的大作为。

3.3 改革创新新愿景

新时代文物考古改革创新，需要解决的问题很多，目前亟待取得突破的是：

创建文化遗产调查发掘、研究阐释、保护保存、展示利用、传承创新之永续发展机制，真正实现多学科有机融合，跨部门互惠合作，全面统筹协调。

考古学应走低耗高效、科学化精细化道路，大力推进多学科综合研究，积极推广实验室考古。

为满足文物考古发展需要，亟需进行必要的机构体制改革，逐步消除专业队伍与事业需求之间的不对等。

改革考古队组织模式，真正形成多学科结合、融合，保证适当规模。

考古发掘应全国统筹管理，打破地区间垄断现象。实行考古机构分级、考古发掘分类管理。考古教学发掘必须是有计划的主动性发掘。

在考古资源开放的同时，应创建考古资料共享机制。考古发掘资料和出土文物标本，应向全国科研工作者开放，勿使其成为机构甚至个人垄断资源。

考古遗址公园和考古博物馆建设应坚持公有制，突出公益性，整合资源，兼顾关切，平衡利益。在广泛吸收外国先进经验的同时，积极探索符合中国实际、体现中国特色的文化遗产保护利用之中国道路和中国范式。

考古遗址保护利用，须从低端粗放型发展模式向高端精致型发展模式变革。

考古、文保、博物馆教学要在文化遗产科学体系框架下，改革教学模式，调整、充实教学内容，根据实际需求培养不同类型实用人才。

（补记：本文定稿于2017年，2021年全文刊发于《文化遗产科学研究》第4辑。此为缩编稿，为保持历史信息，本次刊发仅做少量增补和修改。）

大遗址考古遗产的保护与利用

张治强　张　晖[*]

摘要：大遗址是中华文明的重要载体。自20世纪60年代以来，大遗址考古、研究、保护、展示始终是我国文物工作的重要内容。伴随着国家经济社会的发展，大遗址考古工作不断深入，不但有力支撑了基本建设的顺利开展，而且为考古学研究提供了丰富资料，推动了聚落考古学的长足发展。党的十八大以来，国家考古遗址公园成为大遗址保护利用的有效途径，大遗址考古成果得到有效运用，大遗址价值研究不断深入，大遗址保护展示再上新台阶。新时代新征程上，大遗址保护作为文物工作的重要内容之一，必将在构建中华文明标识体系、建设中华民族现代文明方面发挥更大的独特作用。

关键词：大遗址；考古遗产；保护利用

大遗址是中华文明的重要载体，上自百万年人类史、一万年文化史、五千多年文明史，下至清代之前各历史时期的重大城址、墓葬群等。新中国成立以来，随着国家重大经济、文化建设的不断变化，大遗址的考古、保护的目的和方式不断创新和变化，利用的模式也因社会经济文化的发展而创新。本文就20世纪60年代以来，大遗址考古、大遗址保护和利用的几个阶段，谈几点认识。

1　大遗址的保护与基本农田建设

20世纪60年代，国家大兴基本农田建设，平原地区取高填低，山区修整梯田，丘陵地带挖山造田。在这一大规模经济建设中，古代城址、王陵被陆续发现，如北京琉璃河遗址和贵族墓、河北易县燕下都遗址及王陵、平山县战国中山王陵等在平原取土垦地中发现；甘肃礼县大堡子山、内蒙古宁城夏家店等在大修梯田时发现。当时部队也参加到基本建设中，如河北满城汉墓的发现等。随着基本农田建设的开展，文物被陆续发现，考古研究工作随着这些线索开展，大遗址保护和研究工作始终处于被动式局面。

---

[*] 张治强：中国文化遗产研究院，北京，邮编100029；张晖：北京市考古研究院（北京市文化遗产研究院），北京，邮编100009。

新的考古发现不断涌现，全国考古工作处于集中大会战时期，推动了考古发掘领队班为主体的考古人才队伍建设，历史时期的城址多在这一阶段有了新发现、新突破。

2　大遗址的保护与考古学文化

20世纪80年代，国内高校全面恢复招生，部分重点院校设置了考古专业，考古专家基于前期基本农田建设取得的考古成果的积累，在大学考古学专业开展教学研究，并组织学生进行考古学实习。考古学者不再忙着服务于基本农田建设，而是主动地通过带领学生实习，有目的地探索古遗址的考古学文化特点，一时间"考古学文化""考古学文化类型"等成为大遗址考古和研究的重点。基于考古学文化研究基础，分文化、分期的实践，创立考古区系类型学理论。这种情况下又反过来极大地推动了大遗址考古的新发现和研究，比如红山文化、仰韶文化、龙山文化、良渚文化等。在这一时期各地陆续建立了一些小型遗址博物馆，对遗址开展了尝试性的展示和利用，开始了部分遗迹室内展陈或室内模拟展陈，如半坡遗址博物馆、琉璃河遗址博物馆等。遗址博物馆成为遗址保护利用的主要方式，大量论证考古学文化、区系类型的文章成为考古学研究的主流。

3　大遗址的保护与聚落考古研究

到了20世纪90年代，改革开放进入第20个年头，大规模基本建设尚未开始，特别是长江以北地区仍处在探索和观望阶段。随着改革开放"引进来"与"走出去"，我国考古工作者在区系类型研究的基础上，开始关注史前人类的生业模式、思想等。基于以往聚落考古的研究，以重建古史为目的的这样一种考古学的任务，推动了大遗址保护和利用的进一步深入，如凌家滩遗址、陶寺遗址、牛河梁遗址等，自发现以来，持续开展考古工作，都是基于重建古代史的任务开展的。白寿彝主持编撰的《中国通史》史前部分也正是在这一背景下得以出版的。

4　大遗址的保护与基本建设发展

改革开放40多年来，要说最大规模的大遗址考古，应在2000～2010年期间。大规模高速公路建设工程，大规模城市扩张，特别是第七批全国重点文物保护单位公布后，文物的内涵和外延得到了拓展，由文物保护走向了文化遗产保护，矿冶遗址、农业遗址等不断纳入到大遗址类别。这一时期，大遗址保护工作仅通过考古已不能解决问题，对于大遗址的保护需要前瞻性规划和指导。国家文物局适时提出了大遗址保护规划，通过规划提前布局，推动遗址的整体保护。中国文化遗产研究院等带领社会其他科研规划专业机构开始参与到大遗址保护的工作中，通过制定保护规划推动大遗址的整体保护。国家文物局制定了大遗址专项规划，会同财政部安排了专项经费，支持大遗址的考古、保护和利用。

5 大遗址的保护与城乡建设发展

21世纪的前十年，位于城市的大型遗址与城市开发之间的矛盾愈显突出，而且由于可视性不强等原因，社会层面对大遗址文物的价值无法理解，如大明宫、隋唐洛阳城等重要城址，既没有文物应得的尊严，又不能为城市建设添彩。城市建设的快速发展和大遗址本体及其环境的保护之间产生了不协调，怎么办？国家文物局提出建设国家考古遗址公园，并首先推出了一批12家示范性考古遗址公园，通过建设考古遗址公园推动大遗址保护，也是推动考古理念的转变与发展。

随着社会经济文化的全面发展，城镇化水平不断提高，以市县级为中心的城市建设与大遗址保护的协调成为大遗址考古和保护利用的重要任务。一些我们认为区位条件不具备建设国家考古遗址公园的重点遗址点陆续进入立项和挂牌名单，考古遗址公园的区位、展示利用方式理念又得以拓展。国家文物局先后公布了第二、三批国家考古遗址公园共24家。

2022年，国家文物局公布了第四批国家考古遗址公园共19家，突破了前三批每批12家的数量控制。国家文物局从第一批国家考古遗址公园到第四批国家考古遗址公园的公布，体现了大遗址考古、保护和展示理念的不断创新，如国家考古遗址公园由城市到城乡接合部到乡野，大遗址考古由为基本建设服务、被动考古至有计划考古，由重点考古到全面格局考古，由封闭性考古到公众考古，由为研究考古到为研究保护利用活化的考古等。

6 大遗址考古成果的保护与利用方式

大遗址保护的方式有很多种。

一是现场保护。重要遗迹面积较大时，首先要想到永久性保护利用，就要立即建设临时或永久性保护设施，防止自然和人为破坏。重要遗迹面积较小不便于野外保护时，要立即迁移到室内进行保护，再进行实验室考古。对于没有预案的考古发掘，现场不易长期暴露，在发掘保护短期不能取得一致意见的情况下，先进行科学回填式保护，如夯土基址、墓葬等。

二是用研究性复原的理念建设保护性设施。如大明宫遗址、隋唐洛阳城遗址等的部分保护性设施。

三是诠释性的复原和基于现状恢复性复原。根据考古实际尺寸推测复原，依据遗址本体进行修复性复原。

四是地表模拟展示。第一种是针对考古现场不好保存，回填后在原空间模拟考古发掘现场，如凌家滩、盘龙城、良渚等部分展示场所；第二种是对建筑基址台明以下进行研究性复原，通过视窗的形式展示考古局部现场，如圆明园含经堂基址、元中都1号大殿等；第三种是采用印象物、标识物的展示方式，比如大明宫遗址尝试的仿唐木构，仰韶遗址公园用地柏表达壕沟、玫瑰花纹碗等。

7　让考古遗产活起来的理解

如何理解让考古遗产活起来，《国家考古遗址公园管理办法》明确了要具有科研、教育、游憩等功能。这三个功能发挥了，其实就是考古遗址公园活起来了。考古遗产"活"起来并不见得是"火"，发挥了这三个功能即可。一是参观考古发掘活动现场。可以最直观地观看考古工作者是如何工作的，因为考古工作者就是考古遗址公园的一部分。二是建设考古博物馆。各省考古研究机构存放着大量未上展线的考古发掘品，应鼓励建设以省为单位的省级考古博物馆，如三星堆考古博物馆、成都市考古博物馆、陕西省考古博物馆、重庆考古博物馆等，展览形式和内容各不相同，基本全面展示了考古工作的方方面面和考古遗产的发现、发掘和研究成果。三是围绕大遗址内涵开展教研活动。大明宫的嘉年华、三星堆数字遗产、河南的考古盲盒、金沙太阳节等，既体现考古遗址的价值，又能够吸引青少年关注遗产。四是通过开放考古发掘品数据资源，吸引社会力量开展文创产业。五是引进社会资本开展文旅体验。管理单位规范好、引导好，在确保遗址安全的前提下，开展文旅体验活动。

8　新时代大遗址保护的任务

全面高质量发展，不仅是经济方面，而且也是社会的全面发展，大遗址保护主要提供了精神层面和物质层面的贡献。精神层面，如文明标识的构建、文化自信的助力、文化强国的建设等，最终是通过创造性转化，创新性发展，实证中华百万年人类史，一万年文化史，五千年文明史，为"担负起新的文化使命，努力建设中华民族现代文明"而助力。物质层面，如城乡一体化，以文促旅、以旅彰文，建设美丽中国。

以上是关于大遗址保护和利用的几点思考。作为新时代考古人，如何回答考古成果创造性转化和创新性发展，如何做好价值挖掘、有效利用、让文物活起来，是需要集中精力、下工夫去做好；其中价值挖掘的任务既困难又紧迫，会关系到最终让文物活起来的目的。

城市化进程中大遗址的保护与利用

王守功*

摘要：加快城市化进程是我国经济社会领域的一场深刻革命，是历史发展的必然要求；保护利用好文化遗产，是时代赋予我们的神圣使命。如何在城市化进程中做好文化遗产保护利用，是当前和今后一个时期的重要课题。本文论述了大遗址的概念、城市化进程的模式、考古遗址公园在城市中的作用，列举了城市化进程中大遗址保护利用的案例，阐述作好大遗址规划和城市考古是城市化进程中大遗址保护利用的有效途径。

关键词：城市化；大遗址；考古遗址公园；模式与理念

积极稳妥推进城市化是党中央作出的一项重大战略决策，是我国经济社会领域的一场深刻革命，是全面建设小康社会的必然要求。到2023年，全国城市化水平达到65.2%，在未来的几年中，城市化步伐还将加快。

在城市化进程中，无论是已有城市的改造、扩大，还是新兴城市的发展，都涉及地下文物（大遗址）保护问题。地下文物与地上文物相比具有更多的不可预知性，具有占地面积较大、年代久远、历史价值丰厚的特点。因此，做好城市化进程中的大遗址保护并充分发挥其在城镇化建设中的作用，具有重要的现实意义和深远的历史意义。

1 大遗址保护利用的理念

1.1 大遗址基本概念

大遗址这一概念首先是由行政部门提出的。早在20世纪60年代，国家相关部门在下发文件中就提到要加强大遗址保护。2005年，财政部、国家文物局关于印发《大遗址保护专项经费管理办法》的通知中进一步明确，大遗址主要包括反映中国古代历史各个发展阶段涉及政治、宗教、军事、科技、工业、农业、建筑、交通、水利等方面历史

---

* 王守功：山东省文化和旅游厅，济南，邮编250012。

文化信息，具有规模宏大、价值重大、影响深远特点的大型聚落、城址、宫室、陵寝墓葬等遗址、遗址群及文化景观。

目前，我国已公布的全国重点文物保护单位共5058处，属于古遗址古墓葬的有1609处，约占32%，大部分可列入大遗址范畴，其中一部分已被列入世界文化遗产或作为世界文化遗产的重要组成部分。山西作为全国重点文物保护单位总数量最多的省份，全国重点文物保护单位530处，但古遗址墓葬类66处，仅占12.5%。山东省不可移动文物中，全国重点文物保护单位226处，其中古遗址和墓葬类114处，占总数的50.4%。因此，山东境内大遗址在文化遗产中所占比例高于全国平均比例，是大遗址保护的重点区域。

1.2 大遗址保护利用的新模式——考古遗址公园建设

从"十一五"开始，国家文物局逐步将大遗址保护作为文物保护的重点工程，推出了一系列的保护措施和方法，先后在西安、良渚、洛阳、荆州等地举办了大遗址保护高峰论坛，并通过宣言或共识，表达了国家文物行政主管部门及学界对大遗址保护利用的认识和倡议。其中，《大遗址西安共识》表达了大遗址保护的紧迫性及实现大遗址保护的基本途径。

《大遗址保护良渚共识》从考古遗址公园的定义、作用、功能、原则和策略等方面，系统地提出了考古遗址公园建设的理念。该共识认为：考古遗址公园立足于遗址及其背景环境的保护、展示与利用，兼顾教育、科研、游览、休闲等多项功能，是中国大遗址保护实践与国际文化遗产保护理念相结合的产物，是加强遗址保护、深化遗址展示与利用的有效途径，符合现阶段大遗址保护的实际需要，具有鲜明的中国文化遗产保护特色。共识指出考古遗址公园的作用是"一方面为遗址保护与研究提供了必要的空间，能够促进考古研究、遗址保护的可持续发展；另一方面借助系统化、人性化的展示设计，为公众提供了开放和直观的考古教材，引导公众走近遗址、热爱遗址，有助于大遗址保护成果的全民共享"。考古遗址公园建设能够有效缓解文化遗产保护与城市化进程之间的矛盾，优化土地资源的利用，带动相关产业发展，进一步改善人居环境，扩展和丰富城市文化内涵。

此后，在洛阳大遗址保护论坛上形成的《大遗址保护洛阳宣言》中，进一步明确"文化是城市的灵魂，大遗址作为不可再生的珍贵文化资源，是城市发展的积极力量"；"城市核心区的大遗址保护极具挑战性；当前在城市核心区和城乡接合部建设考古遗址公园，有助于协调文化遗产保护和城乡经济社会发展的关系，有助于发展文化旅游和相关产业，有助于提升城市文化品位"。

考古遗址公园建设是大遗址保护利用的必由之路。

1.3 大遗址保护理念的深化

就目前大家对大遗址概念理解情况看，普遍将其外延局限在全国重点文物保护单位中。其实，一些省级重点文物保护单位也具备了大遗址的内涵，其规模及所蕴含的历史信息、文化价值与全国重点文物保护单位同样重要，如山东寿光边线王龙山文化城址、昌邑的鄑邑故城遗址、莒县的莒故城遗址等等，尽管属于省级文物保护单位和市级文物保护单位，按照其价值也应归入大遗址的范畴。考虑到保护级别和保护措施，可将全国重点文物保护单位中的大遗址暂称为"国家级大遗址"，将省级重点文物保护单位中的大遗址称为"省级大遗址"。目前山东省政府公布的1739处省级文物保护单位中，古遗址、墓葬有765处，约占43.9%。就目前全国大遗址保护情况看，许多省市已经将省级文物保护单位中的部分古遗址和古墓葬列入大遗址保护工作中。

在保护利用的理念上，目前在国家和省级层面，分别提出了按照国家和省级考古遗址公园建设的理念做好大遗址的保护与展示工作。市级、县级文物保护单位代表了不同市、县的历史与文化。随着文物保护工作的开展，社会参与能力的增加，市、县级文物保护单位中的古遗址、古墓葬也应参照国家和省级文物保护单位的保护利用理念进行保护利用。这要从两个层面去考虑，一是遗址、墓葬保护展示的必要性（不能因为某项工程灭失一个遗址或墓地），二是遗址墓葬深埋在地下，没有考古工作，我们对其是缺乏认识的，其自身价值与保护级别不是等同关系，一些考古重大发现往往是在没有保护级别的遗址上出现的。

从保护利用的内涵看，近期，以习近平同志为核心的党中央提出"保护第一，加强管理，有效利用，挖掘价值，让文物活起来"的文物工作要求，是对《中华人民共和国文物保护法》中"保护为主，抢救第一，合理利用，加强管理"工作方针的深化。保护第一，就是始终把"保护"放在大遗址保护利用的第一位，强调"保护"是大遗址保护利用最重要和最基础的工作，贯穿于大遗址保护利用工作的始终。有效利用，就是在实施保护前提下，对大遗址进行适度开发利用，即各类设施应尽量弱化建筑设计，以满足最低功能需求为限。近年来，随着经济发展，人民物质文化生活水平不断提高，"有效利用"得到了高度重视和全面推广，强调在确保大遗址本体和遗址周边环境安全的基础上，通过合理的功能布局和恰当的景观设计，营造既符合遗址保护又充分阐释遗址价值的场景，使所在区域具有科研、教育、游憩等功能，并且实现"四个结合"，即把大遗址保护与促进经济社会发展结合起来，把大遗址保护与促进城镇建设结合起来，把大遗址保护与提高人民生活水平结合起来，把大遗址保护与改善城乡环境面貌结合起来，在推动城市化进程上发挥重要作用。通过挖掘大遗址所蕴含的思想理念、人文精神、价值观念、道德规范，让大遗址成为坚定文化自信、增强民族自豪感的支撑，成为一个城市的历史文脉，大遗址才能够真正活起来。

2 城市化进程中大遗址面临挑战

2.1 城市化进程

我国1999年实施的《中华人民共和国国家标准城市规划术语》对城市化的定义是："人类生产与生活方式由农村型向城市型转化的历史过程，主要表现为农村人口转化为城市人口及城市不断发展完善的过程。"积极稳妥推进城市化是党中央作出的一项重大战略决策。多年来，各地积极稳妥地推进城市化建设，取得成效显著，2011年，全国城市化率首次突破50%，达到51.3%，已超过发展中国家平均水平，到2023年，全国城市化水平达到65.2%，城市化水平进一步提高。

2.2 城市化实现路径

概括起来说，自城市化出现以来，人类走过的城市化道路可以分为以下两种类型：

（1）人口转移型的城市化道路（发展中城市）

人口转移型的城市化道路，即通过农村人口不断向城市转移而提升城市化水平的发展道路。

（2）结构转换型的城市化道路（新兴城市）

结构转换型的城市化道路，即通过区域经济、社会、文化乃至管理与空间布局等结构向城市转型而提升城市化水平的发展道路，反映结构转换型城市化程度的核心标志是区域的"城市性"。

2.3 城市化对大遗址的影响

2.3.1 发展中的城市

一方面，原城区内占压了大量的古遗址墓葬，无论是新区建设，还是旧城区的改造，都面临着大量的地下文物被毁坏的危险，如济南市刘家庄商周遗址和墓葬，济南市明德王府遗址等。在城市发展的过程中，由于这些文物点没有保护级别，都避让给了城市建设，这是文物的损失，也是城市文化和城市资源的损失。另一方面，大量农村人口和外来人口涌入城市，城市规模必须扩大，在新城区和城乡接合部，大遗址不断受到新城区建设的蚕食，有的被破坏殆尽。

2.3.2 新兴城市

新兴城市需要大量的土地，这些土地上有大量的遗址，但很多遗址没有保护级别；

同时，新兴城市规划中没有将遗址的保护利用纳入规划，无论是已知还是新发现的地下文物点，大都在通过有限的考古勘探、发掘后，为城市建设让路，于是，一个个古遗址和古墓葬在城市建设的过程中彻底消失了。更为可怕的是一些地方文物保护意识淡薄，工程建设不依法事先征求文物主管部门的意见，违规建设，造成大量地下文物被破坏。法人违法对文物的破坏更甚于盗墓者。

3 大遗址保护利用对城市化的作用

3.1 大遗址的特性

（1）面积大

大遗址不像古代建筑、石刻及石窟寺等遗产，一般占地面积较大。大多遗址占地面积数以万平方米计，古代城址一般数以平方千米计，如齐国故城遗址，面积约15.5平方千米。由于人类在居址和墓地选择上有很强的共性，因此，古代遗址和墓葬一般与今天的城乡及墓地重合或相邻。

（2）历史久远

大遗址一般是毁灭的村落、城址等遗存，墓葬分别是不同时期人们的归属所在，很多都失去文献记载，因此，大部分遗址和墓葬比现存地上的文物点年代久远，代表了更为久远的历史文化。

（3）价值高

大遗址的价值体现在两个方面：一方面大遗址内丰富的文物是不同时期历史文化的载体；另一方面大遗址内蕴藏的历史文化信息是研究古代政治、经济、文化、科技不可或缺的资料。

（4）不确定因素多

地下文物埋藏在地下，不像建筑、石刻等文物点，其文物主体暴露在地上。今天我们进行的保护级别的划分主要是依靠考古调查、勘探、发掘成果进行的，很多在建设工程发现的没有保护级别的文物点，由于其考古发掘取得的重大发现而被社会重视，并按照程序申报为全国重点文物保护单位和省级重点文物保护单位。因此，我们要重视每一个地下文物点，不能依据其面积、文化堆积、文物保护级别对任何地下文物点抱有轻视的态度。

3.2 考古遗址公园建设在城市化进程中的作用

3.2.1 在发展中城市

城区内的遗址公园建设将大大提高城市的文化氛围，有利于人居环境的改善，促进城市就业，促进第三产业发展，如洛阳的王城公园、天子驾六公园等。

在城市新开发区域，考古遗址公园建设可以优化城市的空间结构。通过遗址的保护利用，可以将遗址所在地变成城市一部分，导致城市基本功能辐射到该地域，如城镇基础设施和基本公共服务设施，城市空间分布面积扩大。

从城市人口流动上，考古遗址公园建设，改善了当地生态条件和居住环境，导致人口流动和就地转型并存。即：一方面，遗址周围的农村人口会就地实现城市化转型；另一方面，城市人口为追求更好的生活环境会向遗址公园所在区域流动，从而助推城市化发展，如成都市金沙遗址公园。

3.2.2 新兴城市（城市化）

无论城市或农村，对于现实与未来都会有一定的期盼和设想，无论如何，他们都有一个切入点。切入点的选择，对未来城市的发展具有重要的作用。

从城市规划开始，可以充分利用文物资源，规划好保护利用，形成一个或多个考古遗址公园，在空间上形成相对"泛化"而相对均衡的空间结构，并且出现更多城市化地区，区域的"城市性"程度比较高。同时，由于新兴城市大都缺乏文化底蕴，考古遗址公园可为新兴城市补足这一短板。

在劳动就业上，可以创造更多的就业机会。一方面为新兴城镇居民创造了就业条件，使一些居民可以比较顺利地完成由农村人口向城镇人口的转化；另一方面新兴城镇周围农村的农民从耕地上解脱出来，转到城市二、三产业就业，为逐步推进农业规模经营创造了条件。

遗址保护利用与考古遗址公园建设，可以催生新的产业出现，如文化服务、休闲旅游和现代生态农业等产业，导致第三产业在国民经济中的地位会有上升，第一产业的比重会大幅度下降，产业结构更加合理。这种作用在发展中城市里同样明显。

4 城市化进程中大遗址保护利用的例证

"十一五"以来，为加强大遗址的保护和利用，国家文物局提出国家考古遗址公园建设的理念，此后在一些省份也提出了省级考古遗址公园建设的目标。近十年来，国家财政部门投入了大量的资金，支撑大遗址保护和考古遗址公园建设，取得了重要成果。

同时，随着考古遗址公园这一理念逐步被社会接受，地方政府也在积极主动进行不同类型的考古遗址公园建设。实践证明，做好大遗址保护、利用与城市化进程相结合，具有重要的现实意义和深远的历史意义。

4.1 一个学校建设的合理利用

2015年，经教育部门批准，在滕州木石镇建设山东化工技师学院，征地范围内有党家墓地。党家墓地为汉代墓地，2013年被公布为山东省重点文物保护单位，原保护范围南北630、东西290～330米，总面积为15万平方米，位于学校校园内。为做好保护工作，经山东省文物局批准，学校聘请考古勘探资质单位对党家墓地进行了勘探，通过勘探，发现墓地占压面积8万平方米。根据业务部门的意见，及时调整了保护范围和建设控制地带范围。同时，将原保护范围及建设控制地带内设计的建设项目全部移到建设控制地带外。对建设控制地带内，重点以绿化、保护、展示为主，将学校的体育场地和石化设备展示也放在墓地内，从而有效地对墓地进行了保护利用。

4.2 一个企业的奇思妙想

万科集团在济南市奥体中路东部进行开发建设，该区域涉及国家级文物保护单位——大辛庄遗址。大辛庄遗址是山东地区商周时期重要的遗址，被誉为商代"东方重镇"。该遗址原来的保护范围在奥体中路以西，在奥体中路修建过程中发现了商代的墓葬，经过考古发掘后将遗址范围划定到奥体中路以东地区。在大辛庄遗址规划时，进一步确定了遗址的范围。万科集团在征地时没有了解其征地范围涉及大辛庄遗址的保护范围和建设控制地带，规划部门也没有及时提醒。征地过程中发现该问题后，他们及时向文物部门申报，并根据文物部门的要求，对遗址范围进行了勘探。根据文物部门的要求编制了保护方案：在保护范围内按照遗址公园的规划进行绿化和标识，并通过跨越奥体中路的天桥与即将建设的大辛庄考古遗址公园相连接；在建设控制地带内，巧妙地利用限高要求，将该地区建设成高档次的联体别墅。在保护文物的同时，保证了公司的效益。

4.3 一个被唤醒的乡村记忆

荣成市留村石墓为全国重点文物保护单位，2015年，当地文物部门争取了部分文物保护经费，对留村石墓进行保护、展示与环境整治。留村石墓群东距留村约200米，留村本身又是省乡村记忆工程示范点，保留有半数以上的海草房。据居民族谱所载，留村石墓就是当地程氏家族在元代从河南伊川搬迁到当地后的家族墓地。文物保护工程开始后，当地居民结合文物保护工程，对一些残破的海草房（特别是范氏祠堂）进行了维修，对村庄内环境进行了整治，对河流内的垃圾进行了清理，对道路进行了规划，将村内的海草房展示与墓地展示进行了有机结合。为发展当地旅游和经济，在墓地和村庄之间还建设了可供采摘的塑料大棚。可以看到，在留村文物保护展示工程带动了当地村庄环境优化和人们精神面貌的提升，唤醒了村落的乡村记忆。

4.4 一个城市保护利用的无奈

新泰周家庄墓地位于新泰市青云街道周家庄南部，南至市政府驻地约2千米，北距金斗山约4千米，东至平阳河2千米。地势由西北向东南倾斜。

2002年周家庄村委进行旧村改造，在拆除旧房建设居民楼的施工过程中发现古代墓葬，博物馆闻讯对破坏的M1进行抢救性清理，同时上报上级文物主管部门，并配合公安部门追缴流失文物。

接到报告后，山东省文物局派员到达现场考察，同意由山东省文物考古研究所与新泰市博物馆对墓葬立即进行抢救性发掘。

周家庄东周墓地发掘后，鉴于其重要发现，2003年被公布为省级文物暂保单位，2006年12月公布为省级文物保护单位。公布范围为东西90、南北165米，面积15000平方米。

2009年经山东省文物考古研究所勘探，重新修订保护范围为东、西两部分、西区位于特变电缆厂内，东西45、南北170米，面积7650平方米；东区位于周家庄老村委内，东西79、南北80米，面积6350平方米，两区总面积14000平方米。

新泰周家庄墓地大致分为四个部分：墓地的北部被居民、学校和道路占压；西部为特变电工开发水木融城房地产项目预留的居民公园（包括土山、体育活动场地）；东部为社区停车场；东南角范围还不明确。墓地的四周均为四、五层的居民楼。

目前，新泰市正在筹划以平阳邑文化（含周家庄墓地）为主题的考古遗址公园，但由于涉及城市规划和土地问题，很多工作还落不到实处。

4.5　一个城市的保护利用情怀

2017年2月28日《中国文物报》头版以"一张蓝图绘到底——北京城市副中心建设中的历史文化遗产保护"为题详细报道了北京城市副中心建设中的文物保护工作。

目前北京城市副中心建设涉及的文物主要有两方面，一是运河，二是路县故城及相关遗迹。在运河区域，已经建设了运河森林公园。

考古工作发现了汉代路县故城遗址（2008年进行考古勘查，并将其列入文物普查登记单位）。该城址边长近600米，总面积约35万平方米。城址的保护工作得到北京市委、市政府的极大重视。2017年1月9日，北京市政府正式批准对路县故城遗址进行整体保护，建立考古遗址公园，并配套设立博物馆，根据市政府的决定，北京市文物部门着手编制路县故城遗址保护规划和考古遗址公园规划，在通州设立考古工作站。

2017年2月24日，习近平总书记到通州考察了北京城市副中心行政办公区建设和大运河森林公园，在现场指挥部了解了中心建设理念、目标定位、文化保护等情况，仔细观看了"副中心规划充分体现中华元素、文化基因""副中心建设文物保护"两块展板及38件文物组成的展区，北京市副市长王宁向习近平总书记详细介绍了其中的4件文物。习近平在参观大运河森林公园时强调，通州有不少历史文化遗产，要古为今用，深入挖掘以大运河为核心的历史文化资源。保护大运河是运河沿线所有地区的共同责任，北京要积极发挥示范作用。

通过以上事例分析，我们能够得到如下结论：首先，大遗址保护是利用的前提，因此，保护与利用应该辩证地看待，保护是前提，利用是手段，不加利用的保护是死保，也只能"保死"；没有保护的利用是盲目的利用，可能对遗址造成毁灭性的破坏。其次，大遗址保护是政府和社会的共同责任，如果将大遗址保护作为负担，那么我们就会背负历史耻辱；如果将大遗址作为一种资源，我们就能够千方百计地去保护利用这一资源，使之发挥应有的社会效应。同时大遗址保护利用要体现一个早动手、有规划，这样才能争取主动，发挥更大的作用。

5 规划——城市化进程中大遗址保护利用的必由之路

大遗址规划是大遗址保护利用的下限规划，是每个遗址保护利用的前提。规划体现了社会对于大遗址保护传承、展示利用、社会服务和科学管理的理念，是大遗址在一定时期保护利用的根本遵循。

就目前规划对象而言，大遗址规划可以分为单体规划、区域规划、专题规划、线性规划等不同的形式。

文物保护规划利用要真正融入社会发展规划，必须结合"多规合一"，首先完成一个地区的区域规划。

5.1 单体规划

单体规划是指对某一个大遗址个体进行的保护总体规划。

遗址保护规划的主要目标：以保证遗址的永续存在为目标，划定遗址保护范围和建设控制地带，明确文物保护单位的权限；分析大遗址保存的不利因素，制定具体的保护原则；对大遗址环境整治进行原则性规定；明确展示措施和手段；对大遗址的考古、研究、管理、道路、给排水、安消防等做出原则性规划。

大遗址规划是今后一个时期大遗址保护的基本规划，要保证其全面性。规划要准确划定遗址的保护范围和建设控制地带，公正评价遗址的价值、文化内涵、影响大遗址存在的因素等，对今后的保护、整治、展示提出原则性规划，要保证其科学性。

规划要正确处理规划深度和规划指标的关系，提出控制目标和手段，并对今后的相关措施予以指导，要保证其可行性。

规划是今后一个时期在规划范围内进行社会活动的基本准则和要求，应征求相关部门的意见，并由相关地方政府公布，要保证其法律地位和作用。

大遗址规划是大遗址"四有"工作的深化和发展。

5.2 区域规划

对某一区域的文物保护进行的总体规划,如山东省文化遗产保护片区规划、曲阜片区规划、某个县或市文物保护规划等。

5.3 线性规划

主要是指对线性文化遗产保护进行的综合规划。如长城、运河、海防、海疆等。

5.4 专题规划

主要指对某类文化遗产进行的规划。如堌堆、盐业、近现代工业、乡村记忆等。

"十二五"以来,与国家、省发展战略相结合,山东省先后在片区规划、区域规划和线性遗产规划和专题规划进行了有益的尝试,先后完成了山东省文化遗产保护片区规划、曲阜片区规划、大运河历史文化长廊规划、齐长城自然人文风景带规划,启动鲁西堌堆文化遗产保护规划、环渤海盐业遗产保护规划、省会东部地区历史文化保护规划。分别与国家大遗址保护片区规划及山东省"两区、一圈、一带"发展战略相对应。

实践证明,这些规划的编制与实施,对山东地区文化遗产保护与展示利用发挥了重要的作用。

5.5 关于区域规划与"多规合一"

"多规合一"是指推动国民经济和社会发展规划、城乡规划、土地利用规划、生态环境保护规划等多个规划的相互融合,融合到一张可以明确边界线的市县域图上,实现一个市县一本规划、一张蓝图,解决现有的这些规划自成体系、内容冲突、缺乏衔接协调等突出问题。

2014年国家发展改革委、国土资源部、环境保护部和住房城乡建设部四部委近日联合下发《关于开展市县"多规合一"试点工作的通知》提出在全国28个市县开展"多规合一"试点,山东省淄博市桓台被列为试点县。

"多规合一"是中长期规划,将文物保护纳入到"多规合一"的规划中意义重大。要纳入到多规合一规划中,各县市必须根据文物资源和文化特点编制好区域规划。目前山东省文化遗产保护片区规划已经完成,临沂市初步完成了区域规划,枣庄市正在进行,曲阜片区(曲阜、邹城)区域规划已经申报到国家。各地应抓紧进行区域规划编制,争取纳入到各地的"多规合一"规划中。

6 考古——城市化进程中大遗址保护利用的基础

6.1 考古工作在大遗址保护利用（考古遗址公园建设）中的作用

一是考古工作是遗址规划和方案编制的基础。大遗址是埋藏在地下的文化遗存，只有经过调查、勘探、发掘才能认知其历史价值及文化内涵。近年来，为作好规划，山东省先后完成了40个全国重点文物保护单位和64个省级文物保护单位中遗址、墓葬的考古勘探。通过考古勘探，合理划定了保护范围和建设控制地带。勘探成果支持了大遗址规划与展示工作，同时也积累了大遗址勘探的经验。

二是考古工作是认知遗址文化内涵的基础。大遗址保护展示的最根本的是在于遗址的内涵和价值，一个遗址的文化内涵和价值确定需要通过大量的考古发掘和研究来实现。如在山东省国家考古遗址公园建设中，南旺枢纽国家考古遗址公园的考古工作规模大，成果显著，2013年被评为全国十大考古新发现，在遗址展示中发挥了重要的作用。

三是考古成果是遗址公园展示的重要内容。以往进行的各类考古发掘，一般简单地采取回填的方式，不能达到展示历史文化的作用。对重要考古发现成果的展示成为遗址文化内涵展示的重要途径。如山东启动了"十大重要考古发现成果利用工程"，除加强科普宣传外，有计划地对一些重要发现成果进行展示。沂水纪王崮考古发掘发现春秋时期大型墓葬，被评为2013年度全国十大考古新发现，该墓葬位于天上王城风景区内，地方政府加强规划并多方筹集资金，做好墓葬本体保护，使之成为观众参观的重要看点。

四是考古过程的公众化使遗址公园更具吸引力。随着公众考古学的发展，一些考古工地开始一定程度地对公众开放；一些遗址的发掘工作有限度地让文物爱好者参与；有的考古工地通过举办讲座、组织参观等方式，向周围群众宣传考古基础知识和文物保护意识；有的考古单位还开辟了网站，让更多的人及时了解考古动态。如在鲁国故城、城子崖遗址考古发掘过程中，开展了"游览考古遗址公园，走进考古发掘现场"的考古科普活动，这些活动使社会大众对考古工作有了更为直观的了解与认识，对考古遗址公园建设产生了更浓烈的愿望。在南旺枢纽国家考古遗址公园考古发掘中，发掘单位与当地政府和教育部门联合，集中时间组织周围群众、机关干部和中小学生参观考古工地，让遗址周围的人们了解他们生活的地区历史上曾发生的事情，获得良好的社会反响。在曲阜鲁故城周公庙遗址发掘中，当地文物部门组织机关干部到现场参观，组织业务部门到工地学习，让大家增长了知识，加深了对鲁地古代文化的理解。

五是考古工作的持续开展是遗址公园可持续发展的保证。坚持考古先行，考古工作有力地支持了大遗址保护与考古遗址公园建设工作。考古工作的持续深入，为遗址保护与展示提供了丰富的素材，不断充实和提升遗址的文化内涵，尤其是一些重要的考古发现，往往将人们对遗址及历史的认识提高到新的高度。如泰安大汶口、章丘城子崖、曲阜鲁故城、临淄齐故城的考古发掘项目一直在延续着，发掘成果逐步补充到考古遗址公园的建设项目中，为这些遗址文化内涵和价值展示发挥了重要的作用。

6.2 加强大遗址保护利用中考古工作的管理

一是合理安排考古发掘，充分发挥考古在考古遗址公园展示、利用中的作用。根据大遗址的不同现状和特点，开展考古调查研究与发掘，进一步丰富遗产内涵。首先要认真做好主动性调查、勘探和发掘工作，确定遗址的范围、布局、结构、性质等，为大遗址保护规划提供学术支持；其次要适时进行保护性发掘，弄清遗址的性质、内涵、价值，以及遗迹的分布、保存状况等，为大遗址保护规划的编制和实施提供帮助。

二是正确定位遗址公园建设考古发掘工作的目的和作用。以往考古发掘的目的要么是课题研究或教学，要么是建设工程的需要，以遗址保护与展示为目的的考古工作进行得较少。这就需要对大遗址考古工作有一个准确的定位：以保护和展示为主要目的，其他任务应服从这一重要目的。

三是严格工作方案的审定，要与考古遗址公园建设规划相协调。大遗址保护特别是考古遗址公园建设中的考古工作应根据大遗址或考古遗址公园建设规划编制工作方案，并按照保护和建设工程的进度合理安排工作计划。

四是及时调整方案，与遗址公园建设进度相协调。考古工作方案要结合大遗址保护或遗址公园建设的实际情况，及时进行补充或调整，确保考古工作服从、服务于遗址保护这一目的。

五是大遗址考古应适当开展公众考古学活动。在国家考古遗址公园发掘计划书中，要有公众考古项目计划。公众考古，既是推动公众对考古本身也是对遗址文化内涵进行认知和体验的重要途径，开展公众考古活动使社会大众对考古工作有了更为直观的了解与认识，对考古遗址公园建设产生了更浓烈的愿望。

六是考古工作成为遗址公园保护展示的重要组成部分。仅仅通过遗址本体的保护与展示，远不能体现遗址的内涵和文化价值，考古活动、考古体验、考古成果转化等成为丰富遗址内涵、提升遗址文化价值的必要途径。应在做好考古发掘与研究，积极开展公众考古的同时，及时开展考古成果转化，推动考古研究成果向抢救、保护、规划、展示和其他社会利用方面的转化，让遗址保护真正"活"起来。

相融共生　行稳致远
——国家考古遗址公园助力乡村振兴

中国文物保护基金会考古遗址公园调研课题组

摘要：基于中国文物保护基金会2024年组织的国家考古遗址公园助力乡村振兴专项调研，系统考察全国14处遗址公园与乡村发展互动关系。调研发现，大部分考古遗址公园依托乡村地理区位，在城乡资源整合、文化传承和产业联动方面具有显著优势，成为文物工作服务乡村振兴战略的关键载体。调研总结考古遗址公园在带动地方经济、改善民生方面的成功经验以及在土地政策、利益分配等方面存在的问题，从政策协同、机制创新等层面提出系统性解决方案，为新时代文化遗产保护与乡村振兴协同推进提供决策参考。

关键词：国家考古遗址公园；乡村振兴；调研

为深入贯彻习近平总书记对文物工作的系列重要指示，落实党的二十届三中全会提出的乡村振兴和城乡融合发展的战略任务，更好发挥国家考古遗址公园在助力乡村振兴中的作用，中国文物保护基金会开展了国家考古遗址公园助力乡村振兴的课题调研。国家考古遗址公园是我国文化遗产体系的重要组成部分，是新时代文物保护和展示利用的一个创新。这次调研题目，是在国家文物局考古司的指导下，经过多次研究商定的。主要依据是国家考古遗址公园（以下简称考古遗址公园）大部分（近70%）位于乡村或城乡接合部，形成与乡村的紧密连接，在促进城乡融合、资源共享、文化传播和产业关联等方面具备比较大的空间，成为文物工作助力乡村振兴的关键节点。同时，这是一个跨界的题目，此前较少涉及，也面临比较复杂的因素和一些急需解决的现实问题。

调研由基金会咨询委员会组织有关专家实施。自2024年9月启动，10月、11月主要进行实地调研，12月讨论和撰写调研报告。三个调研组分别赴安徽、河南、湖北、河北、浙江、福建、重庆、四川、陕西、甘肃10省市，调研了不同类型、不同规模的11处考古遗址公园与所在乡村（其中吉林省辽代遗址群尚未列入国家考古遗址公园，未实地考察）。后期，为了进一步摸清情况、找准问题，又增加了汉长安城、仰韶遗址和殷墟遗址三个占地规模较大的遗址。调研过程中，专家和基金会的工作人员每到一个考古遗址公园及其周边乡村，都与当地居民、相关部门负责人进行广泛深入的交流，通过实地考察、问卷调查、座谈会等多种形式，采用多维度考察、深入访谈等方法，全面了解考古遗址公园与乡村的现状、关联性、公园建设和保护利用情况以及运营情况，特别是对乡村发展及周边群众生产生活的影响，本着实事求是原则，既肯定成绩、总结经验，又发现问题、提出建议。

本调研报告共分为成绩与经验、问题与思考、建议与举措三个部分。

1 成绩与经验

在习近平新时代中国特色社会主义思想的指引下，我国的国家考古遗址公园建设，是在加强大遗址保护的基础上，为进一步活化利用大遗址资源、突出其展示传播功能而确立的大遗址保护与利用新机制。历经十多年的实践，已有四批共55处授牌国家考古遗址公园，80处考古遗址公园立项筹备或在建。国家考古遗址公园联盟发布的《2023年度国家考古遗址公园运营报告》显示，2023年，55处授牌考古遗址公园共接待游客6720余万人次，同比增长135%，营收约44.75亿元，同比增加11.76亿元。实践证明，国家考古遗址公园在大遗址整体保护、遗址价值深度阐释、提升遗址展示利用和开放运营水平等方面取得了显著成效。同时，在新型城镇化和乡村振兴国家战略指引下，国家考古遗址公园自觉围绕大局，主动赋能乡村发展，改善农民生活、促进产业升级、提升文化软实力，形成了与周边乡村相融共生的新格局。

1.1 居民搬迁与补偿

考古遗址公园一般占地面积较大，与周边村庄交叉分布，存在与占地村庄和农民利益的矛盾，村民搬迁及其补偿工作是确保项目顺利实施的必要前提。在调研的13处考古遗址公园中，普遍通过制定合理的补偿机制和妥善的安置措施，切实保护村民的合法权益，采取集体安置、经济补偿、修葺改造等不同的方式改善村民的居住条件并落实补偿，调研所到之处均未发现这方面的负面反映。凌家滩国家考古遗址公园将保护范围内村庄全部征迁并补偿到位，搬迁村民集中安置于凌家滩文化村，考古遗址公园核心区土地产权收归国有，部分未流转农田仍属于村集体所有，妥善处理了土地和村民安置问题。安吉古城国家考古遗址公园开展全域土地整治，累计完成房屋征迁124户，迁坟817穴，青苗赔付2075万元，居民改善了居住条件，获得了相应补偿，考古遗址公园建设也得以顺利进行。贾湖考古遗址公园扩建博物馆所需的145亩土地已变更土地性质并确权发证，新征收土地已补偿。平潭壳丘头国家考古遗址公园未采用大面积征收搬迁的方式，而是充分利用现有特色民居"石厝"，以征用、租赁等方式获取修葺改造使用权，一部分设立研究院、科研院所共创科研实习基地等，一部分搞民俗和文旅项目。

实践表明，通过公正合理的补偿和以人为本的安置政策，可以有效地平衡文化遗产保护与当地居民利益，实现考古遗址公园与周边社区的和谐共生，为考古遗址公园的长期发展打下坚实的社会基础。

1.2 就业与收入增加

在遗址公园的建设与运营中，优先考虑当地村民的就业问题，已经成为各个考古遗址公园的共识。本次调研的13个国家考古遗址公园中，凡已运营的考古遗址公园，都能够积极吸收周边村民就业，如讲解员、绿化园艺、保安、司机、保洁、炊事员等服务类的岗位，基本上优先招录周边农村的村民。安吉古城考古遗址公园带动周边村民就业360余人，村民从单一农业生产转向多种工作岗位，村集体经济增长显著，带动人均年增收2万余元；贾湖考古遗址公园将项目建设与土地租赁结合，在多方面为村民及周边群众创造就业岗位，增加工资性收入，此外还通过租赁遗址核心区耕地再招收原住民耕种，使公园里的大片土地在不撂荒的同时又增加了群众收入；凌家滩考古遗址公园带动全村200余人常年就业，其中优先安置村里30多名贫困户就业，每年人均增收达5万余元，实现村集体年增收300多万元；锁阳城考古遗址公园、皇华城考古遗址公园、钓鱼城考古遗址公园、宝墩古城考古遗址公园等也同样在建设和运营过程中积极吸收周边村民就业，工作扎实，效果明显。

1.3 基础设施提升

考古遗址公园项目中的基础设施和公共服务建设对周边乡村的交通市政设施建设产生带来积极影响。考古遗址公园的基础设施与周边区域的基础设施建设相衔接，整体进入城市基础设施建设网络，交通、供水、供电等基础设施得到较大改善，教育、医疗、文化等公共服务水平明显提高，也改善了景区及周边乡村的整体环境，呈现城乡融合的态势。

在调研的13个国家考古遗址公园中，大部分公园的周边基础设施有了显著提升。安吉古城国家考古遗址公园将辖区村镇的各项基础设施纳入一体化建设与管理，交通道路、照明设施、村容村貌、垃圾处置等方面都得到了明显提升和改善；凌家滩国家考古遗址公园通过提升旅游服务及村庄环境，改善了旅游道路、增设了游客服务中心、宾馆、提升了餐饮住宿等配套设施，使村民受益生活质量提高；与贾湖考古遗址公园紧邻的贾湖村的道路、水电、绿化、管网等公共设施得到明显改善，村里民居样式和色调也与考古遗址公园的风格相融合。随着考古遗址公园的发展，为连接城乡和考古遗址公园的"文博路"等道路设施得到改善，为考古遗址公园吸引更多游客参观游览创造了条件，同时为周边村落的出行和当地农产品的运输提供了便利，促进了考古遗址公园与周边社区的协调发展。

考古遗址公园的建设和运营，已成为推动当地城镇化进程的新动力。在燕下都考古遗址公园，易县政府借鉴其他考古遗址公园的经验，推动高标准规划，将考古遗址公园建设与高标准农田项目、4A级景区建设同步规划，促进县域国土空间规划的提升。在安吉古城国家考古遗址公园建设中，安吉县委县政府利用文物资源促进县域城市规划及基础设施建设高质量发展，在全国首创"政府主导＋社会投资＋专家坐堂"的考古遗址公园建设模式，粮食作物与景观植物种植相交替，农民种田与多元化岗位相结合，村镇产业结构改变，城镇化率提高。凌家滩考古遗址公园在安置村民集中住进安置的别墅和楼房的基础上，开辟了市民广场，广场周边的商业也初成气候，距离镇政府所在地七千米的一个小村庄不久将成为一个新城镇。贾湖考古遗址公园则通过"文化旅游＋生态农业"模式，强化产业布局，打造了农文旅融合发展片区，投资布局特色文旅项目，形成了生态文化旅游线路，丰富了文旅文创业态。

考古遗址公园所具有的独特文化价值和社会影响力，引起国家和地方重点工程项目的关注与支持，新建高速公路为考古遗址公园留口，以考古遗址公园定名，高铁在考古遗址公园设站等等，这些都是考古遗址公园建设对地方基础设施发展带来的正能量。

1.4 产业结构调整

建立考古遗址公园之前，所在乡村的产业主体是传统的种植业、养殖业。考古遗址公园的建设，引来了人流，提高了文化品位，形成了新的业态，为乡村产业的调整与升级带来新的机遇，也成为促进周边农村城镇化、农民市民化的新契机。

本次调研的考古遗址公园中，大部分都对当地经济结构调整产生了积极的带动作用。

首先表现在文旅融合方面。配合旅游的需要，诞生了大量的民宿和农家乐。甘肃锁阳城考古遗址公园地处戈壁滩，而锁阳城镇是游客长途奔赴旅游景点的途中休憩点，锁阳城镇上餐厅及周边村庄水果饮料售卖等应运而生，满足了旅游者的需要也促进当地服务业发展；皇华城考古遗址公园是长江中的一个小岛，旅游功能开发受限，而与皇华城隔江而望的独珠村正好可以承接皇华城外溢的旅游服务项目，考古遗址公园赋能了周边村落旅游的发展；钓鱼城考古遗址公园作为知名旅游景点吸引大量游客，附近村落居民通过开办农家乐、民宿，销售农产品、手工艺品等分享旅游发展经济效益，同时考古遗址公园文化活动丰富了村民文化生活，促进了钓鱼城文化与村落文化交流融合，也扩展成为合川地区开展公共文化和对外宣传的重要平台。

其次是农文旅融合。凌家滩的含山大米、仰韶的仰韶酒和贾湖的贾湖酒，都是利用遗址资源价值打造的品牌，吸收当地农民成为稳定就业的农业工人，促进了新型城镇化进程。殷墟遗址持续的跨世纪考古工作，带动周边农村几代人参与遗址考古工作，培养出一批又一批专业的考古技工队伍，现在已经走出河南，赢得声誉。授牌的考古遗址公园建设有博物馆或陈列展示馆，建有考古基地、研学基地等开展学术活动和科普活动的设施。这些活动惠及周边农村群众，提高当地的文化知名度，进一步形成当地群众对考古遗址公园价值的认知与共情。

1.5 促进招商引资

基础设施的加强和整体环境的改善，使社会投资者看好考古遗址公园的前景，而引资项目的落地，既可以促进考古遗址公园的功能完善，又可以创造更多的工作岗位，延长原有的产业链和供应链。安吉古城成功引进绿地集团，总投资共11亿元的文旅项目落地，村集体经济从六年前的30万元增加到目前的400万元，近3年年均增长70.5%；贾湖遗址与农道集团合作，投资7000余万元打造一条玩在贾湖村、看在博物馆、吃在北舞渡镇的生态文化旅游线路，进一步丰富文旅文创业态，实现经营方、村民、村集体三方利益共享和公开透明，带动了当地旅游业发展；凌家滩考古遗址公园引进投资3亿元建设了宾馆和其他服务设施，吸引更多游客前来参观，公园开放以来累计接待游客约130万人次，带动旅游综合收入约1亿元。

1.6 优势互补，相得益彰

本次调研的考古遗址公园，都为周边乡村以至更广泛区域的经济社会发展带来促进作用。这种带动往往是双向的，考古遗址公园也可以借力周边乡村的发展优势。比较典型的是四川成都宝墩古城考古遗址公园。与其他考古遗址公园发展不同，宝墩古城考古遗址公园的发展，得益于周边村落旅游的带动。宝墩古城遗址虽然已建成展示中心、考古工作站和研学、旅游服务设施，但考古和展示利用工作进展相对缓慢，遗址区基本不具备游览条件。而遗址所在的宝墩村的乡村游作为地区性旅游项目，其发展早于考古遗址公园建设且乡村旅游的吸引力明显优于考古遗址公园。宝墩村大量茶馆、餐饮、棋牌场所基本由民营业主投资建设。这里民宿、茶馆一应俱全，市民既能亲自体验耕地乐趣，学生也能在此开展研学活动。成都人生活闲适，周末热衷于乡村游、研学等活动，龙马村和宝墩村恰好是理想的游玩之地。在宝墩古城考古遗址公园建成后，凭借其国家级品牌的影响力，吸引了众多城市居民前来乡村游，同时也促使他们前往参观宝墩遗址展览，进而提升了展览的知名度。由此可见，乡村经济的蓬勃发展带动了宝墩考古遗址公园的繁荣。

在考古遗址公园建设运营的过程中，从各自实际情况出发，概括总结以下四点共性的经验。

第一，树立相融共生的理念。考古遗址公园的空间性，建设和利用的持续性，决定了它与地方特别是周边乡村有着多维的、不可分割的联系。不论考古遗址公园隶属于哪一级文物行政部门，都要重视和尊重乡村干部和群众，都要树立起与周边乡村相融共生的理念，都要把这一理念贯彻到考古遗址公园的规划、布局、项目及各项具体工作中去，兼顾眼前与长远、保护与民生的关系，真正实现相互支持、共同发展。认为考古遗址公园和乡村不搭界、不相干的想法，认为考古遗址公园前期拆迁与乡村有联系，投入建设运营后就没有联系的想法，都是不正确的，都是不利于考古遗址公园持续发展的。

第二，坚持多规合一，精准施策。调研中发现，定位准确、稳定发展的考古遗址公园，都在保护利用规划上下了功夫，其规划科学合理而且具体可操作，其中多规合一尤为关键。安吉古城国家考古遗址公园规划，将遗址保护规划深度融入地方总体规划，精心编制形成了系统完善的规划体系，涵盖了从遗址保护到区域发展的各个层面；凌家滩考古遗址公园则紧密结合遗址自身特点与周边区域规划，协同推进各项建设工作。制订考古遗址公园专项规划（或详细规划），应充分了解国土空间总体规划和区域详细规划的框架要求，将考古遗址公园的用地要求和保护管理要求纳入国土空间规划，并与之相协调。考古遗址公园制订详细规划，要结合地方实际和特点，与有关部门积极协调，有针对性提出与生态规划、产业规划等专项规划相融相助的规划实施路径。

第三，坚持因地制宜，一园一策。考古遗址公园的类别、规模各有不同，公园所处的乡村情况更是千差万别。要从自身实际出发，充分平衡双方乃至多方需求，在实践中摸索出适合自身发展的路线。安吉古城充分发挥自身资源丰富、地理位置优越等优势，大胆创新发展模式，打造了一系列具有特色的文旅项目，成为区域发展的典范；平潭壳丘头考古遗址公园巧妙利用特色民居"石厝"和独特的人类学的学术资源优势，开辟出一条独具特色的发展道路。各考古遗址公园的发展经验深刻体现了因地制宜在考古遗址公园建设与乡村振兴融合中的关键意义，为不同类型的考古遗址公园提供了多样化的发展思路和实践参考。基于这种情况，上级机关对这项工作的指导，要真正体现在指导支持上，慎重提出量化指标，减少进度方面的考核，不搞一刀切。

第四，坚持行稳致远，久久为功。持续发展是考古遗址公园建设与乡村振兴融合的重要目标。促进考古遗址公园和周边乡村的相融共生，需要长时间的努力。无论是安吉古城、燕下都、凌家滩，还是汉长安城、殷墟这些历史更久些的考古遗址公园，都是经过不懈的努力，才得以有今天的面貌。这充分表明考古遗址公园建设与乡村振兴融合是一个长期而复杂的过程，需要坚定发展目标、相向而行、持久发力，才能取得令人满意的效果。反之，如果不遵循文物保护工作的特殊规律，急于求成，很可能欲速不达，甚至适得其反。只有蹄疾步稳，才能行稳致远。

2 问题与思考

考古遗址公园的建设对周边乡村的辐射带动作用是明显的，而考古遗址公园与乡村基于土地调整所产生的矛盾也是客观存在。在调研过程中发现的问题主要集中在对乡村和农民正当权益的影响上。由于调研选点数量有限，发现的问题可能不是普遍存在，有的问题可能不只存在于考古遗址公园中，本着发现问题、如实反映的意图照单全收，希望对全面深入分析问题起到参考作用。

2.1 对农民生产的影响

河北易县燕下都考古遗址公园与27个村落相互交错，部分位于保护范围，部分处于建控地带。此地所在乡是易县平原的主要产粮区，拥有规模化高标准农田。在进行高标准农田滴灌管道更换项目时，即便施工方案是按照原线路、原深度开展且不增加管道长度，按规定仍需向国家文物主管部门申报审批。河南安阳殷城区大司空村紧邻殷墟考古遗址公园，覆盖在墓葬区上，2018年起禁止该地农民种植大棚菜和高秸秆作物，对农业生产产生了较大影响。武官村也存在类似情况，农民十多年前种植的林木进入采伐期，因遗址保护要求须进行文物影响评估，而评估成本接近甚至高于卖树的经济收益，导致了部分农户产生放弃卖树的心理。这些事例虽立足于文物与遗址保护的相关法规与要求，但在实际执行过程中给农民造成了不合理的负担，若长期不解决，很有可能使农民对文物保护失去积极性。

2.2 对农民生活的影响

西安汉长安城遗址保护范围内仍有三十三个村，多年来多数村民们只能饮用井水。经过省市多方努力，终于在2024年获得农村供水工程项目的正式批准，解决了自来水进村的问题。此外，考古遗址公园保护范围内农民住房问题突出，住房高度和垂直深度都有严格控制，不允许新建房屋，这使得结婚分户的村民无法获得新的宅基地。农民老房子翻新修建，即使是原拆原建，也需要申报批准，并且动工前要进行文物评估，增加了农民的修房成本。根据殷墟大司空村村干部反映，村民们为了摊薄文物评估成本，常常凑齐需要修房的几家人一起申报评估。重庆皇华岛岛上电力供应存在问题，电压波动频繁，使得家用电器无法正常使用。而且，排水系统不完善，每到雨季，村内就容易积水，甚至会对房屋安全构成威胁。

2.3 问题原因分析

农民在生产生活中所暴露出的上述问题，其根源与地方财政能力、文化遗产保护理念以及文物保护管理机制有着千丝万缕的联系，值得全面、深入地进行分析与思考。

第一，地方财政问题。考古遗址公园的居民搬迁工作是由地方政府负责承担的，这是一笔不小的投入。汉长安城考古遗址公园搬迁了十一个村，未央区政府投入近100亿元，再加上搬迁安置、公园建设费用以及利息等后期产生的各种费用，总计约达140亿～150亿元，其中大部分为贷款，目前已转化为长期政府债。巨额的投入使得地方财政承受了巨大的压力，还对后续相关工作的推进造成了障碍。殷墟考古遗址公园立项后由所在的殷城区投入资金搬迁了殷墟村，而紧邻考古遗址公园大门的小屯村因地方财政拮据无力整村搬迁，只搬了几户。地方财政的状况直接制约了搬迁计划的全面实施，影响了考古遗址公园整体的建设和发展布局，也使部分村庄仍处于较差的居住和发展环境中。燕下都的宫殿遗址距离村民住宅不足50米，这样的近距离严重影响了遗址的保护与展示效果，但由于缺乏资金，无法对村民进行搬迁。这一现象在其他考古遗址公园也并不少见，表明地方财政能力在很大程度上决定了考古遗址公园居民搬迁的规模和进度。在规划建设考古遗址公园时，必须充分考虑地方财政的承受能力，特别是在当前土地财政来源几乎告罄的情况下，是否确定建立考古遗址公园、选择哪种类型的大遗址做考古遗址公园、如何确定搬迁规模等问题，既要依据地下文物的面积和富集程度，也要根据地方财政的投入能力来确定，否则将难以实现遗址保护与居民生活的平衡发展。

第二，保护理念问题。考古遗址公园名为公园，就需要有一定的独立空间满足游览的功能。目前大部分考古遗址公园处于农村或城郊，公园内的居民是否要全部搬出，公园规模是否越大越好，偌大的考古遗址公园是否只能具有展览展示的功能，这些都要在有利于保护的前提下依据实际情况而选择方案，并不一定是单一模式。从各地的实践看，重庆钓鱼城考古遗址公园对山上和山脚下的居民采取了不同的搬迁策略。山上原居民人数少且居住较为零散，考虑到遗址保护和旅游开发的需要，对山上居民进行了搬迁，而山脚下的成片村落则予以保留。这种因地制宜的做法既有效保护了遗址，又兼顾了居民的生活，为考古遗址公园与周边乡村的和谐发展提供了有益的借鉴。西安汉长安城遗址面积36平方千米，在建设过程中，从其中拆出7平方千米作为考古遗址公园，而其他区域的村庄予以保留。这一举措在一定程度上体现了因地制宜的保护理念。河北燕下都考古遗址公园的地上遗迹与村庄相互交叉，分布在广袤的区域内，这种复杂的环境使得大规模搬迁难以实施。面临这样的情况，如何借鉴国际通行的文化遗产保护理念，高度重视文化遗产与所在社区的关联性，做到遗址保护与社区发展相统一，是一个值得深入思考的问题。划定建控地带和保护范围是文物保护法的规定，也是文物保护工作的基础，思维上应突破"画圈"的局限，既重视圈内，又重视圈内圈外的互动与融合。例如，燕下都考古遗址公园可以探索建设成为没有围墙的、充满烟火气的、考古遗址公园与村庄业态互补的模式，让村庄成为考古遗址公园的有机组成部分，实现遗址与村庄的共生共荣，促进可持续发展。

第三，管理机制问题。基层群众反映的诸多问题与现有文物工作管理机制密切相关。农民世代守护遗址，是保护文化遗产不可或缺的重要力量，保护他们的合法权益、帮助他们解决实际困难是文物工作的重要职责。在依法保护和行政审批许可的框架内，应该积极主动地解决遗址区内农民生产生活中的实际问题。然而，在调研中发现，有的工作人员面对存在的问题不是积极想办法，克服困难、解决问题，而是满足于程序合规、免责留痕的心态，甚至不作为、不担当，导致一些原本能够解决的问题长期被搁置，影响了考古遗址公园建设与周边乡村发展的协调性。

综上所述，针对这些问题，必须综合考量地方财政、保护理念和管理机制等多方面因素，研究切实可行的解决方案，努力实现考古遗址公园建设与周边乡村发展的协调共赢，努力为文化遗产保护工作创造友好的环境。

3 建议与举措

促进考古遗址公园与所在乡村相融共生，需要做的工作很多，概括起来主要是相融、赋能、松绑三个方面。

3.1 考古遗址公园的规模和布局应与乡村发展相融合

在国家考古遗址公园建设工作中，公园的选点、规模以及数量的确定是一个与多种因素相关联的复杂体系，与所在乡镇的发展和社区居民的切身利益紧密相连。因此，在国家考古遗址公园建设的遴选、评估和确认工作中，地方政府和文物行政主管部门需兼顾文物安全与农民生产生活的合理需求，将考古遗址公园保护利用与所在区域经济社会发展有机结合起来，有效发挥其在经济社会发展中的作用。

在考古遗址公园的选点方面，首先要注意价值需求，同时考量支撑公园功能的条件，遗址与村庄交叉重叠的程度与适当规模。不具备开放游览条件，动迁居民数量过多、成本过高的，可以继续按照大遗址加以保护，不急于进行考古遗址公园的立项挂牌。避免因盲目追求公园数量的增加而忽视大遗址资源的独特性、有限性与承载能力，要做到少而精，突出示范作用。

在考古遗址公园的规模方面，在已有保护范围和建设控制地带内，应全面谨慎地权衡利弊。一方面，要满足遗址价值和内涵的保护与展示的基本要求。另一方面，要考虑到国土资源的合理利用以及耕地的保护。维护农村原有的生态环境与田园风光，使公园建设与农村自然环境相互融合，尽可能避免大规模的拆迁和土地征用给农民带来的生活变动与经济损失，减少对居民正常生产生活秩序的干扰。

3.2 考古遗址公园考古应重视村庄覆盖区域

考古进行时是考古遗址公园的本质属性之一。近年来随着中华文明探源工程的推进，考古遗址公园的考古计划有所增加并在较快推进。建议在考古遗址公园考古计划安排中加大考古遗址公园考古科研工作的力量和投入，系统明晰遗址的分布和格局，同时重视遗址保护范围内的村庄覆盖部分。探明遗址边界或确认地下无重要遗存的，应考虑适度为村镇农民"松绑"。

3.3 从制度与文化上加强和乡村的沟通相融

遗址保护和考古遗址公园的建设运营离不开所在乡村和村民的支持帮助。遗址所在乡村的基层干部和农民都能理解和支持遗址保护和考古遗址公园的建设，很多农民为此做出牺牲，搬离了世代守望的故土，甚至失去了赖以生存的田地，但作为遗址的守护者，他们并不了解自己脚下遗址的文化历史价值，不了解考古遗址公园的建设给他们的生活带来的影响。有些基层干部虽然文物保护意识比较强，但是并不了解文物保护具体政策和项目申报流程，不清楚"两线"范围内究竟可以做什么，禁止做什么，甚至简单地认为遗址保护"两线"范围内什么也不允许做，对遗址保护工作存在误解。这些都反映出针对基层干部和村民的遗址保护宣传和服务工作的不足。

首先，应切实加强考古遗址公园所在地的文物保护法律和政策的宣传。结合"国际古迹遗址日""博物馆日""文化遗产日""考古发掘开放日"等，做好遗产价值和文保知识的阐释，法律法规和相关政策的讲解宣传，特别加强对基层干部文物保护素质的培养。对村民生产、生活中的建设活动要给予具体的指导和服务。

其次，要利用考古遗址公园的资源回馈村民。对村民特别是儿童参观公园或使用服务设施给以优待，为他们做遗址价值讲解，组织他们观摩考古现场，聘请中小学生做志愿者，使考古遗址公园的辐射力首先辐射到村民，使考古遗址公园的优质服务首先服务好村民，在乡村日常文化活动上真正发挥实效，惠及民生。

再次，把考古遗址公园和所在乡村的融合落实到制度上。尽可能建立经常性联系机制，确保信息及时互通，让公园管理方深入了解乡村的实际需求和关切，也使乡村实时掌握公园的发展动态和规划方向。根据考古遗址公园的管理体制，可以组成吸纳当地村镇干部和村民代表为成员的理事会，也可以由文物部门与政府相关部门建立联席会议制度，通报有关工作的进展，研究相关事项，协调推进工作。即使没有建立起经常性联系制度，遇有涉及考古遗址公园的重大项目，与村镇和农民切身利益相关的重要事情，也应进行听证或质询，充分保障当地居民的知情权、参与权和监督权，促进考古遗址公园与乡村在和谐友好的氛围中共同发展。

3.4 精简审批事项，提高审批效率，降低审批成本

在考古遗址公园保护的问题上，应该强调正确处理长远利益和眼前利益的关系。但不能简单认为，保护遗址就是长远利益，维护农民利益就是眼前利益。必须深入思考如何处理好既要保护遗址又改善民生的关系，如何有效地解决村民合理的生产生活诉求等问题。

第一，建议制订考古遗址公园所在村落的生产建设活动项目"白名单"。在全国重点文物保护单位保护规划和考古遗址公园保护规划等文件的框架内，提出事关农民切身利益、对遗址保护无不利影响的建设项目白名单，比如前文所提更换农田老化滴灌管道、原住民房屋维修等，通过充分论证，制定《遗址地生产建设活动导则》，包括项目名单和项目范围。符合规定的，由国家文物局授权地方文物部门监督实施。

第二，认真梳理现有大遗址和考古遗址公园保护的行政审批、许可项目，与文物法的相关规定精准衔接，以更加科学合理的方式确定管控措施，更加高效地落实监管责任、履行审批职能。针对危陋住宅抢修、事关农时的收割、灌溉、存储等项目，需要送审报批的，设置急事急办的绿色通道，减少环节，限期批复。一些项目可改审批为报备，几日内无回复即视为同意。

第三，尽可能降低审批成本，维护农民切身利益。前文事例提到的卖树前需要文物评估、修房前需要考古勘探，的确增加了农民负担。尽管有所依据，但是也应该从实际情况出发，对农民自用项目设定考古勘探、文物影响评估比较低的取费标准，降低农民的生产生活成本。

3.5 努力探索赋能乡村振兴的升级版

随着考古遗址公园和乡村的发展，两者的相互联系出现了多元结构，为考古遗址公园赋能乡村振兴提供新的空间。如果说，考古遗址公园建设之初为村民搬迁安置以改善居住条件是1.0版，那么在考古遗址公园运营中为周边农民提供工作岗位，增加乡村就业就是2.0版。令人欣喜的是，目前考古遗址公园为乡村振兴赋能的3.0版呼之欲出。凌家滩考古遗址公园存有2000亩水稻，种植的是享有盛名的含山大米。考古遗址公园把这些水稻田从农民手中租过来，引进一家农业科技公司管理，再招聘当地农民成为公司员工。这样，考古遗址公园的业态丰富了，有了和遗址价值相关联的粮食品牌。农民的身份也变化了，他们还在原有土地上耕作，却成为有稳定收入的企业员工。贾湖遗址挖掘8000年前出现的最早的酒器价值内涵，和县里的酒厂合作，共同打造贾湖酒，开发为文创产品。这是典型的遗址考古文化资源的商业化运用。

上述例子是依托考古遗址公园与村落的地缘、文化、物产等资源开展形式不同的合作，促进了农民向市民的转变，促进了农村向城镇的转变，意义非同寻常。主管部门应该予以关注、重视和支持。建议每年开一次专题的案例分析会或研讨会，相互借鉴，促进发展。与此同时，考古遗址公园可以提出需求标准，指导规范化，要学会"留白"，将村镇和农民能做的事情留给他们去做，让考古遗址公园在助力乡村振兴和新型城镇化的道路上发挥更大作用。

3.6 开展国家补偿制度的课题研究

在考古遗址公园保护范围和建控地带上的村庄村民，由于保护遗址需要，不可避免地会在土地利用、生产生活等方面受到一定限制和影响。与非遗址区的农民比较，他们应有的合法权益受损或受限。这些都应视为为了国家利益做出的个人利益的牺牲。为了平衡遗址保护与当地居民的权益，国家补偿问题的研究显得很有必要。合理的补偿机制有助于提高居民对遗址保护的积极性和配合度，减少保护工作中的阻力。通过深入研究补偿的范围、标准、方式以及资金来源等，建立起一套公平、合理、可持续的国家补偿体系，不仅是对居民权益的保障，更是推动考古遗址公园可持续发展、实现文化遗产保护与社会和谐发展的重要举措。

3.7 开展考古遗址公园与所在村镇相融共生的试点

面对众多不同类型和特点的考古遗址公园，如何实现与周边乡村的相融共生，是实现国家考古遗址公园高质量发展的新任务，也是文物系统围绕大局，为乡村振兴战略做贡献的大课题。建议开展试点工作，针对有大面积村庄覆盖的遗址，开展一个不搬迁、少搬迁，让考古遗址公园和村落融合共生的试点；针对遗址价值重大但是所在地方财力拮据的，开展一个依靠引资和社会力量，让考古遗址公园和村落共同繁荣发展的试点。通过试点，优化资源配置，协调各方利益，创新合作模式，为其他考古遗址公园提供借鉴。

3.8 基金会积极参与考古遗址公园的相融共生的工作

中国文物保护基金会是全国公募性公益基金会，专注于文化遗产保护领域的公益组织，秉持"文物保护社会参与、保护成果全民共享"的发展理念，资助文物保护修缮，促进文物合理利用，推进社会力量广泛参与文物保护事业，具有专业的资源整合能力和广泛的社会影响力。中国文物保护基金会这些年在拯救老屋行动和整县推进项目中，积累了比较丰富的乡村工作经验，未来将积极参与考古遗址公园与乡村振兴工作遗迹考古遗址公园有关课题研究和试点工作。一是争取早日促成基金会相融共生专项资金的建立，成为基金会参与有关公益活动的资金平台。二是在此次调研的基础上，努力牵线搭桥，为有需求的考古遗址公园引入资金、引入项目。三是发挥专家资源优势，秉持科学严谨的态度，积极参与考古遗址公园相关项目、方案的咨询和评估。

课题组成员：
  励小捷 课题牵头人、中国文物保护基金会咨询委员会主任
  孙 君 中国文物保护基金会咨询委员会副主任、北京农道集团总裁
  沈 阳 中国文物保护基金会理事、中国文化遗产研究院研究馆员
  许 言 中国文化遗产研究院研究馆员
  赵明泽 建设综合勘察研究设计院教授级高级工程师
  滕 磊 中国文物保护基金会考古与大遗址专家组专家、研究馆员
  柳 建 中国文物保护基金会文旅融合专家组专家、北京农道集团董事长

基金会办公室参与人员：
  孙 群 杨海升 王万语 李龙飞

报告执笔：
  励小捷 王万语

论考古勘探在文物保护规划编制中的作用

于龙成　皮宇飞[*]

摘要：本文回顾、分析河南省濮阳市戚城遗址、河南省安阳市白营遗址、江西省吉安市界埠粮仓遗址的保护规划编制技术路线，深入探讨考古勘探在划定保护区划以及探明遗址基本分布和功能上的重要作用，为科学编制保护规划、制定有效保护区划提供借鉴。

关键词：保护规划；勘探；保护区划

1　绪论

"规划"的历史由来已久，文物保护规划却是新生产物，是文化遗产保护体系中的"小学生"。文物保护单位编制专项保护规划，既可视为是应对城市化进程影响下的手段，也应看作是遗产自身力求融入现代社会的一种探索。

"保护为主、抢救第一、合理利用、加强管理"是耳熟能详的文物工作方针，随着我国文化遗产保护体系的逐渐构建和发展，对文物工作方针的思考和解读也在向纵深发展。保护和利用两者如何平衡，管理制度如何构建，立足哪些环节精准发力等问题，一直是备受关注、引起热议的焦点话题。

《中国文物古迹保护准则》中将文物古迹保护工作分为六个步骤，依次为文物调查、研究评估、确定各级文物保护单位、制订保护规划、实施保护规划、定期检查和调整规划。严格意义上讲，文化历史保护规划是一个交叉学科的复合产物。我国的历史文化遗产保护规划在经过二十年的理论与实践探索后，基本形成了与总体规划相对应的历史文化名城保护规划、与控制性详细规划相对应的历史文化街区保护规划、与修建性详细规划相对应的历史文化街区整治规划及文物保护单位的保护修缮规划三个层次的保护规划编制体系。作为一种特殊的专项规划，文物保护规划目的是在一种理性的变化过程中引导历史文化遗产向着更好的方向发展，延续其历史文化精华。而保护区划作为保护规划中的强制内容，确定了历史文化遗产需要保护的物质对象，是一项最基本也是最重要的

---

[*] 于龙成、皮宇飞：北京兴中兴建筑设计有限公司，北京，邮编100027。

技术工作，是几乎所有的保护规划都需要解决的问题。保护区划的合理性某种程度上直接决定了规划的可操作性，同时也反映出编制人员对该文化遗产的认知程度。

一般规划文本中，保护区划由两部分构成：其一为重点保护范围，其二为建设控制地带。《中华人民共和国文物保护法实施条例》指出了两个范围的明确含义：保护范围不限于文物本体，还包括本体周围一定范围，是文保单位需要重点保护的区域；建设控制地带的范围在保护范围之外，是对建设项目加以限制的区域。

在众多历史文化保护规划中，保护区划划定难度最大的当属考古遗址类文物保护单位。一方面，由于我国考古遗址众多、考古工作人员缺乏、考古工作繁重和考古工作周期长的客观现状，使得很多地方的考古研究工作严重滞后，基础薄弱，无法为区划范围划定提供科学、准确的理论资料支撑；另一方面，一些考古类遗址处于城市建成区，城市建设已经对遗址历史风貌产生了影响，单纯依照考古发掘研究结果划定的区划范围，无法在实际工作中得以贯彻落实，新的建设又在不断破坏保护对象本身，保护规划中设想的保护对象得不到真正有效的保护。如何合理地设置保护区划范围，使保护规划同其他规划有效衔接，如何让保护区划更好地服务于考古遗址的保护、利用，成为笔者在工作实践中不断思考的问题。

经过多年的实践探索，笔者逐渐寻找到考古遗址类规划保护区划划定难题的解决办法——将考古勘探前置于保护规划编制，用勘探成果为遗址框定范围，并在最大程度上明确遗址内保护对象。此类勘探的重点是帮助规划编制者在考古资料不足、研究不充分的情况下，更快、更加准确地了解遗址的分布情况，划定有效的保护区划，制定可行的保护管理规定。以下结合三个具体案例，对这一理念在实际工作中的应用进行介绍。

2 案例分析

2.1 戚城遗址保护规划

2.1.1 规划对象概况

濮阳市戚城遗址位于河南省东北部，地处黄河下游北岸的平原，水陆俱畅，自古即为四方交通要冲。自20世纪60年代起，戚城遗址的考古调查、试掘工作便已开展，遗址丰富的历史文化内涵逐步得以揭露。戚城遗址上新石器、西周、东周、汉、唐、宋等时期的文化遗存勾勒出文化发展的脉络，展现了濮阳地区的悠长历史。遗址上现存的各时期城墙、城壕、城内大型建筑、灰沟、墓葬、道路、排水设施等遗迹现象证实，戚城遗址是一处长期为人使用的重要城址，并呈现出龙山时代、周代、汉代、宋金四个时段的修筑过程。其中龙山时代和春秋时期是戚城遗址历史发展过程中的重要阶段。目前遗址地表可见东周时期内城夯土城墙北、东、西段，地表城垣最高处残高7余米，基宽20余米，是豫北地区保存状况最好的一座东周时期古城；进入汉代，原东周内城得到了延续修补及持续利用；直至唐宋，戚城城址仍有道路、墓葬、排水设施等遗迹，这也使得戚城成为豫北地区延续时间最长的古代城址聚落。

戚城遗址的保护工作始自1992年2月。江泽民总书记在濮阳视察期间参观了戚城遗址，作出关于保护文物、发展旅游的重要指示，濮阳市随即建成戚城文物景区并设管理处全面负责戚城遗址的保护管理工作。1996年，戚城遗址被公布为第四批全国重点文物保护单位。随着城市经济建设的不断发展，位于城市中心区域的戚城遗址面临着来自各方的挑战和考验，城镇建设中的新变化也为戚城遗址的有效保护提出了新挑战。

2.1.2 规划对象保护区划现状

2004年，河南省建设厅和河南省文物管理局在《关于公布全国重点文物保护单位和省级文物保护单位保护范围和建设控制地带的通知》中公布了戚城遗址的保护范围和建设控制地带。在《濮阳市城市总体规划（2005～2020）》中，结合城市路网规划和城市未来发展对戚城遗址划定了保护范围和建设控制地带。《濮阳市历史文化名城保护规划（2006～2020）》沿用了《濮阳市城市总体规划（2005～2020）》中对戚城遗址划定的保护范围和建设控制地带（图1）。

图1 戚城遗址保护规划现状

2.1.3 戚城遗址规划区划

结合最新考古勘探成果，重新划定了戚城遗址的保护区划，并增设了一般保护范围（图2）。

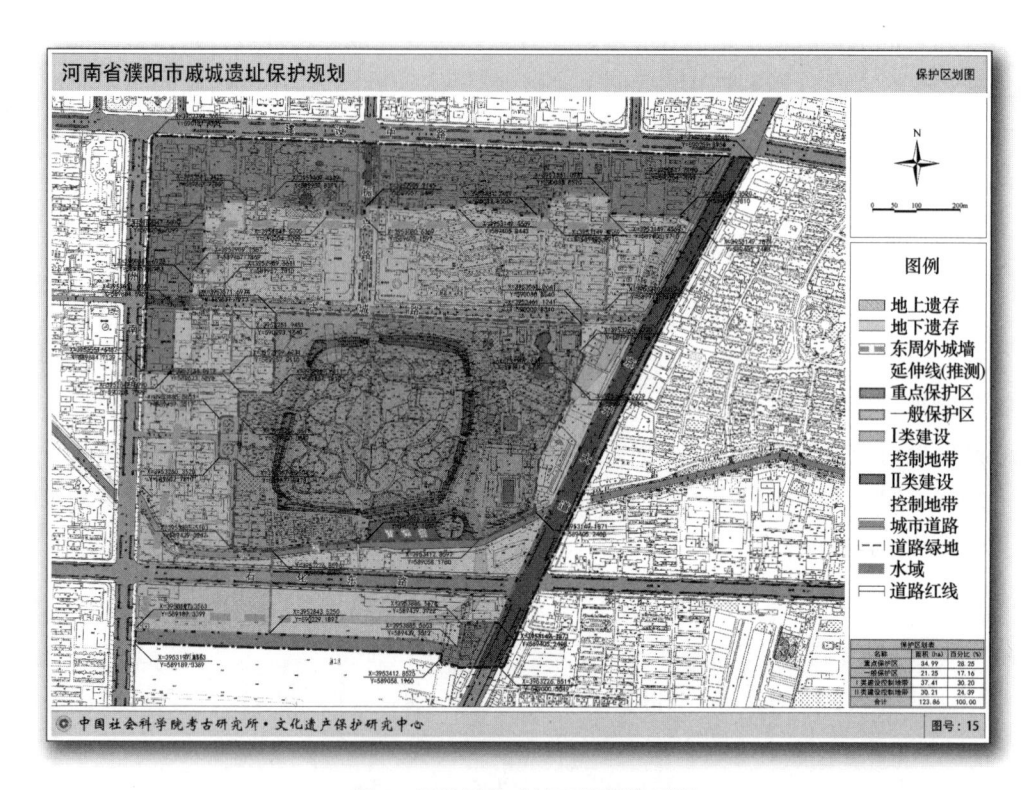

图 2　调整后的戚城遗址保护区划

2.1.4 小结

虽然戚城遗址历史上进行系统的考古发掘研究工作，但在规划编制前由于戚城遗址原有保护区划没有结合最新的考古勘探成果，使得原有区划保护范围远远不能涵盖整个遗址范围，不能起到有效保护作用，且遗址处于城市建成区，遗址本体随时会受到破坏性影响。调整后的区划范围不仅反映了遗址核心区域的布局，加设一般保护范围，更加体现了保护管理上的层次性。

2.2　白营遗址保护规划

2.2.1　规划对象概况

白营遗址位于河南省安阳市汤阴县白营村东300米的农田中，遗址中部有一处较高台地，周围地势递减。勘探探明城址基槽存在，城址平面形状为东西向矩形。现有考古勘探成果表明，白营遗址是一处龙山时代及西周时期的聚落遗址，在龙山时代即拥有一重东西向矩形夯土城墙，城墙外有护城壕，城内存在大量房屋基址、灰坑及水井等人类生活遗迹。整个城址东西长约 125 米，南北长约 110 米，面积约 13750 平方米。

2.2.2 规划对象保护区划现状

规划文本编制前，白营遗址的保护区划设置为：保护范围以白营遗址中心台地现有建筑东北角为基点，向东 105 米，向西 145 米，向南 88 米，向北 116 米；建设控制地带自白营遗址保护范围边线向东 20 米，向南 10 米，向西 20 米，向北 20 米。上述保护范围面积约为 5.1 公顷，建设控制地带范围约为 1.69 公顷，总计 6.79 公顷（图 3）。

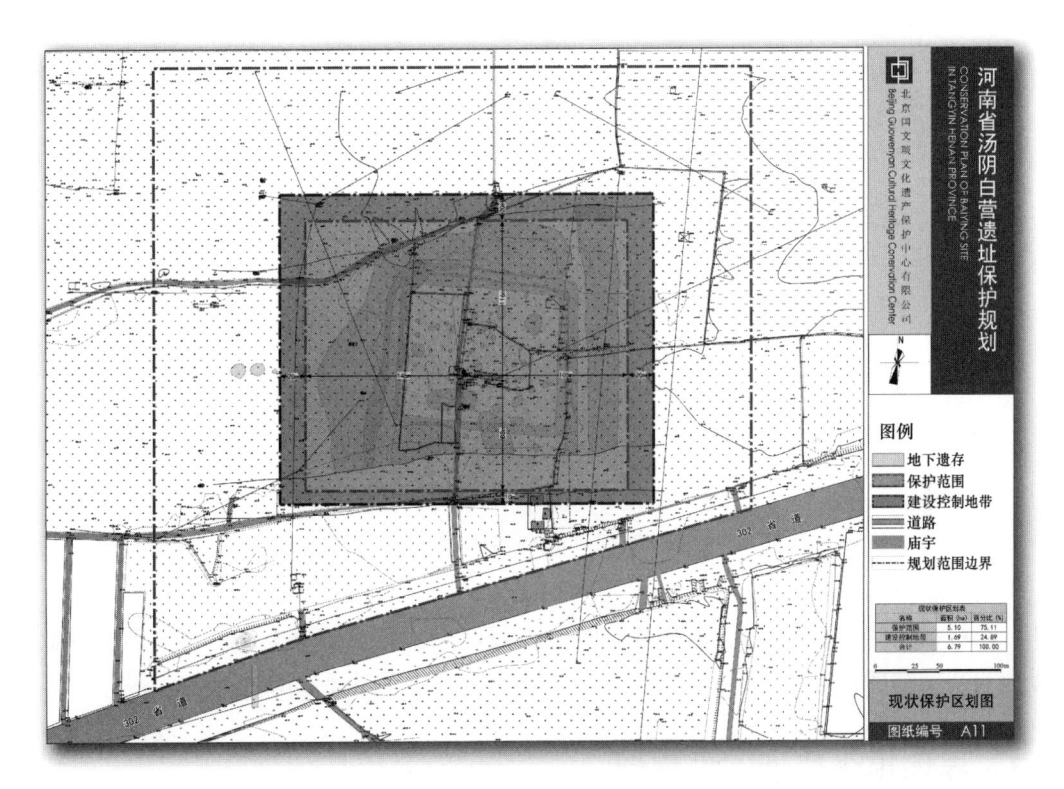

图 3　白营遗址保护区划现状

2.2.3 白营遗址规划区划

为配合保护规划的编制工作，业主单位及相关技术团队对白营遗址重新进行勘探，依据最新勘探成果，将白营遗址保护区划重新划定为：保护范围以白营遗址中心台地现有建筑东北角为基点，向东 165 米，向西 200 米，向南 130 米，向北 180 米，面积约为 11.29 公顷；建设控制地带以遗址中心台地现有建筑东北角为基点，向东 215 米，向西 250 米，南至 302 省道北侧路缘线，向北 230 米，面积约为 7.31 公顷（图 4）。

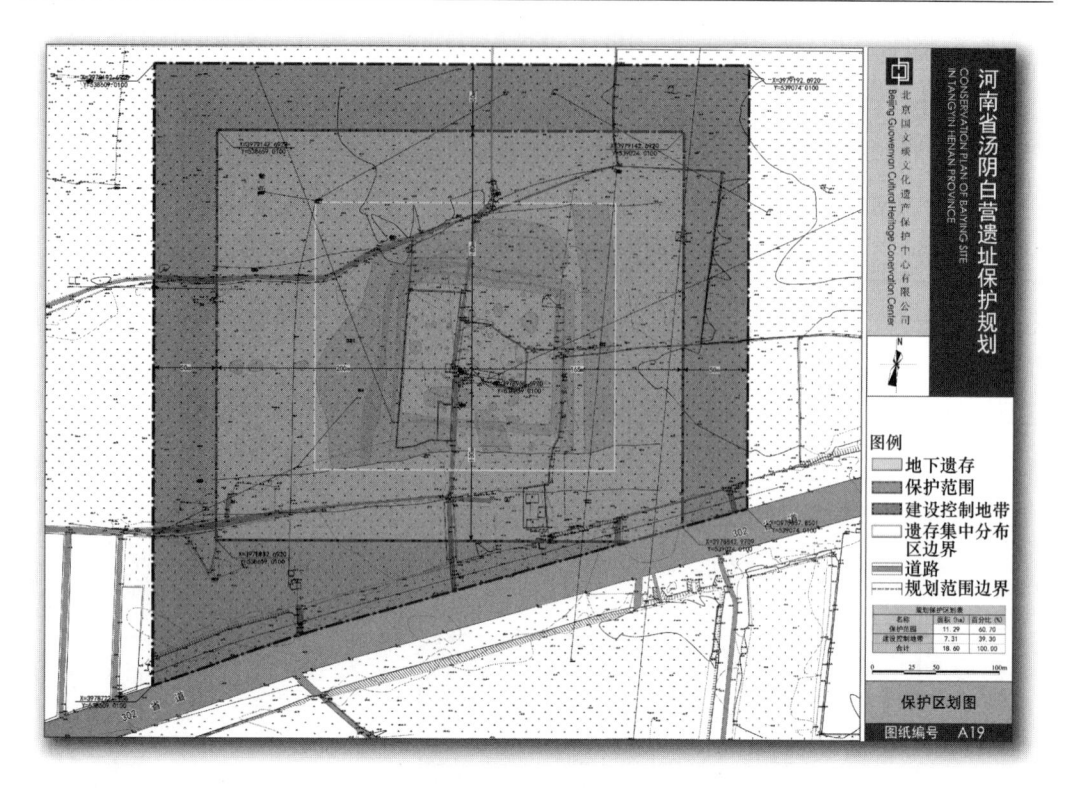

图 4　调整后的白营遗址保护区划

2.2.4　小结

白营遗址系统的考古研究工作在 20 世纪 70 年代就已告一段落，目前对城址内部遗存对象的分布情况、性质，城址边界等问题仍存在认识和研究上的空白，这直接导致原有区划划定只是机械地执行文物保护法的相关规定，并没有起到保护遗址的真正作用。

经过 2017 年的勘探后，城址轮廓范围得以明朗，发现了更丰富的城中遗迹现象，以此为基础有理有据扩大保护范围，为规划的落地提供了重要依据。

2.3　界埠粮仓遗址保护规划

2.3.1　规划对象概况

界埠粮仓遗址位于江西省新干县界埠镇县城西南约 4 千米的赣江西岸，遗址长约 1.4 千米，宽约 0.7 千米。

遗址由南、北相连的两座城组成，两城之间由一道大致呈东西走向的土墙隔开。两城有各自的粮仓以及连接赣江的运粮水道。北城布局略显复杂，其城内筑有中间留有通道的东西向隔墙，将北城分割为南、北相对隔开却又可互通的内（北）外（南）两个空间。此外，北城的东北部，城垣之外砌出一道不甚规则但大致呈东西向的土墙，与赣江岸边的一处高丘相连。遗址所在区域为南北相连的低丘，东侧为赣江，西侧则相对平坦。该遗址处于农村居住耕作区，附近有村民1200余人，分为4个自然组，村民以种植水稻为主。

2.3.2 规划对象保护区划现状

界埠粮仓遗址现经地方政府公布、具备法律效力的保护区划为1996年江西省人民政府公布的省级文物保护单位"湖田古粮仓"保护区划。保护范围以试掘的粮仓为中心，向东100米，向西150米，向南100米，向北250米（图5）。

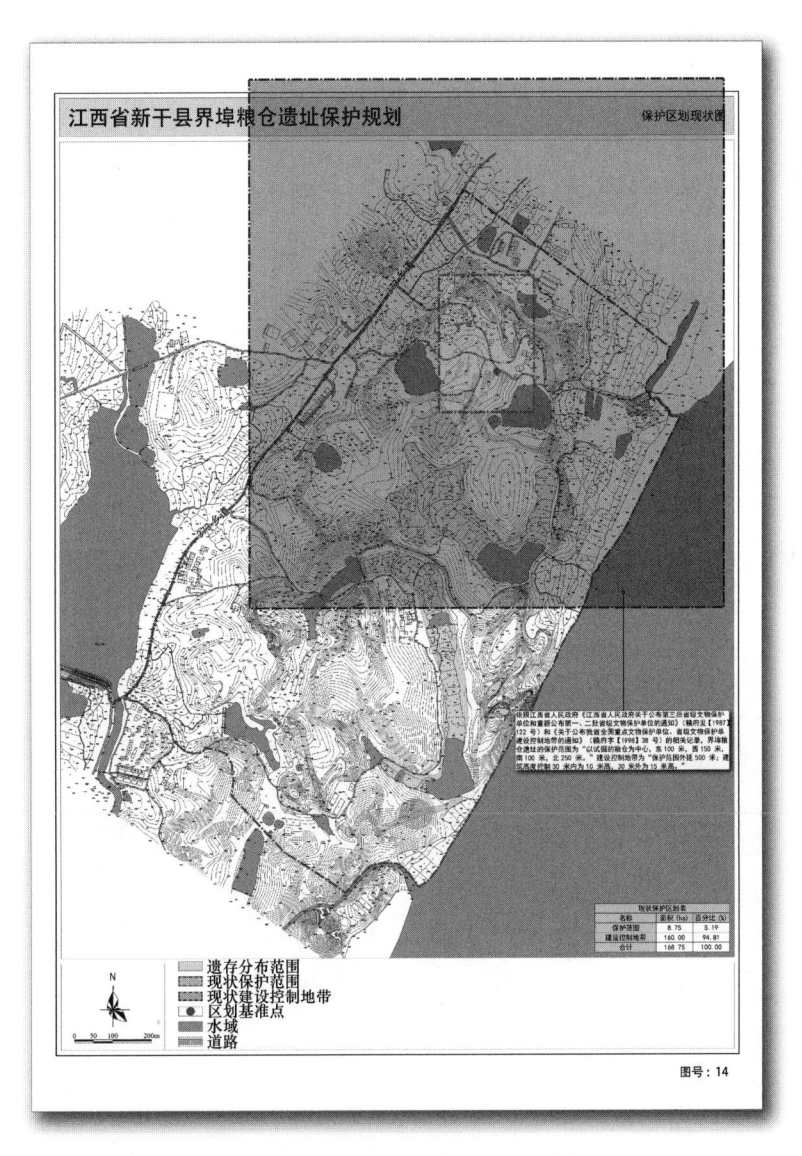

图 5　界埠粮仓遗址保护区划现状

2.3.3 界埠粮仓遗址规划区划

为配合 2020 年保护规划编制，业主单位组织人力通过全面调查与勘探，基本判明了原粮仓遗址周围土城的平面分布范围，对该区域地下遗存的埋藏深度、遗存分布密集的范围有了基本认识，对城址内古河道的分布与流向有了基本认知，进一步确定了遗址的分布范围、平面形制、重要遗存的分布情况。基于最新调查与勘探成果，将保护区划作了调整（图 6）。

2.3.4 小结

界埠粮仓遗址的考古研究工作同样结束于 20 世纪，研究成果也未见发表。因此在对该遗址的保护范围划定时，未能全部覆盖现已发现的遗存本体及其完整的历史环境。

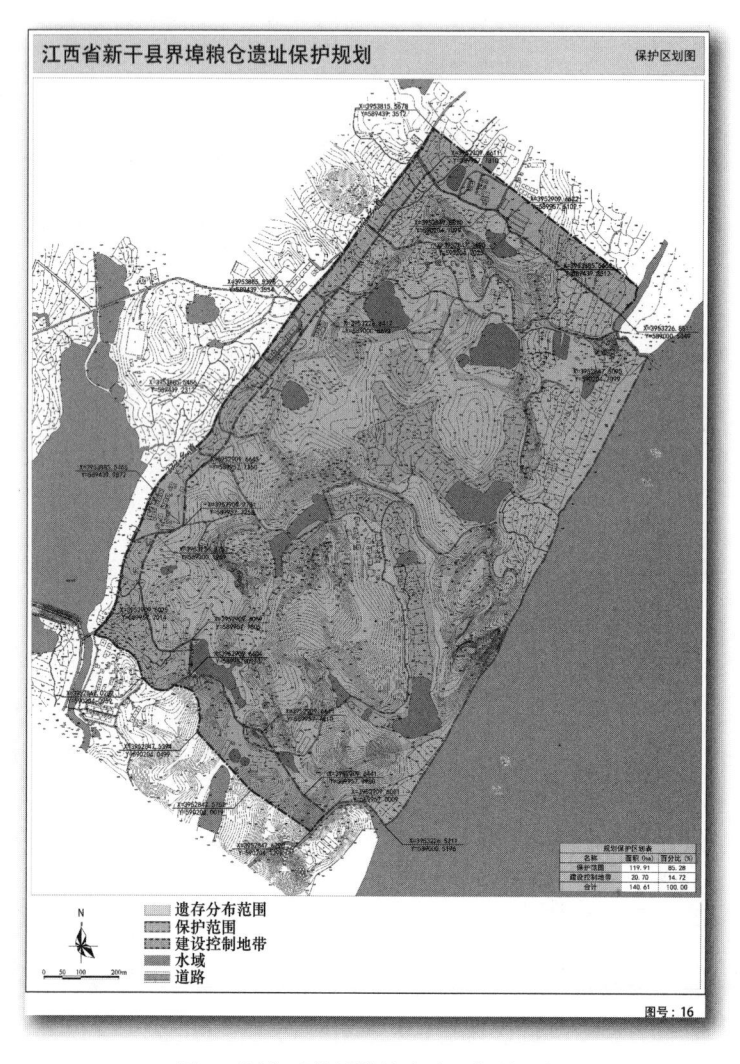

图 6　调整后的界埠粮仓遗址保护区划

在经过全面、细致的调查和勘探工作后，整个保护区划发生了翻天覆地的变化：保护范围根据最新考古勘探中发现的最外围城墙划定界限，在满足文物本体及环境的保护控制需求的同时考虑可操作性，如保护范围的东界为赣江西岸岸线，在有生态保护红线时与生态保护红线保持重合；经过调整后的保护区划不仅更为科学严谨，而且注意了同相关规划的协调，有利于管理者在执行中操作落实，避免规划沦为摆设。

2.4 总结

通过以上三个案例的论述，不难看到考古勘探前置在遗址类文物保护规划中所扮演的关键角色。在实际工作中，考古勘探除了能帮助规划编制人员解决区划划定问题之外，对于考古研究工作计划的制定，遗址展示规划、管理规划等内容也有着重要的支撑作用。

此外，考古勘探对大遗址的保护作用更大。在揭示地下埋藏的程度上、获取资料的具体方式方法上以及遗址保护方面，考古勘探是最有利也是最有效的一种方式，科学准确的考古勘探更是阐释遗址文化内涵、揭示文化价值的重要途径和方法。

3 余论

尽管文物保护专项规划体系已经日趋成熟，依前文所述，在某些类型的保护规划项目上，也探索了一些行之有效的方法，但目前保护规划一般的设计、实施、管理流程是单一方向进行的，单一方向执行的保护规划的步骤流程是封闭而主观的，对其实施效果认知不足，缺乏关于保护规划策略的反思与验证，因此容易造成规划目标的难以实现。

反馈机制、量化评价体系的缺失，使得基层管理者很难在文化遗产保护实践中做出系统性决策。规划单位的选择、保护规划的编制、保护资金的来源、保护措施的实施、保护政策的颁布是一整套程序体系，规划单位的选择直接影响规划编制的质量，规划编制的质量又直接作用规划的实施，政策的制定也直接影响保护措施的实施效果，各个环节首尾相顾，相互制约。这就要求执行者须对每个环节进行实时控制，并综合考量文化、社会、环境、经济等因素的影响。这绝非易事，但这是依靠文物保护专项规划走向历史保护可持续发展道路上必须要做的事，也是对每一个从事文物保护规划事业人员继续前行的鞭策。

（附记：本文的写作得到戚城遗址保护规划、白营遗址保护规划、界埠粮仓遗址保护规划项目组的大力支持，在此一并表示感谢！）

参 考 文 献

黄鹤. 西方国家文化规划简介：运用文化资源的城市发展途径. 国外城市规划, 2005（1）: 36-42.

单霁翔. 从"功能城市"走向"文化城市". 天津：天津大学出版社. 2007；李其荣编著. 城市规划与历史文化保护. 南京：东南大学出版社. 2003.

孙施文，朱婷文. 推进公众参与城市规划的制度建设. 现代城市研究, 2010（5）: 17-20.

王景慧. 论历史文化遗产保护的层次. 规划师, 2002（6）.

王林. 中外历史文化遗产保护制度比较. 城市规划, 2000（8）.

吴晓，王承慧，滕珊珊，等. 历史保护规划中的展示利用思路初探. 城市规划, 2014（3）.

杨琳琳. 考古遗址的阐释与展示体系规划研究. 山东大学硕士学位论文. 2015.

周琦. 历史遗产与现代生活. 建筑与文化, 2008（9）: 10.

竺雅利. 历史街区文化资源的原真性保护与评价研究. 华中科技大学硕士学位论文. 2006.

遗址公园规划编制的真实性与完整性问题
——以楚都纪南城遗址公园规划编制为例

王红星[*]

摘要：本文以楚都纪南城遗址公园规划编制为例，强调真实性、完整性原则应贯穿于文化遗产保护与利用的始终。提出在遗址公园规划阶段，除了坚持文化遗产保护的真实性、完整性原则，更应该关注遗址本体信息源的真实、可信性，以及遗址所反映的文化遗产和自然遗产信息与遗址公园展示主题提炼的完整性。惟其如此，才能使遗址的保护与利用并举，实现文旅融合，做到让老百姓有兴趣、看得懂、有所悟，真正让文化遗产活起来，达到传承文化遗产的目的。

关键词：纪南城；真实性；完整性；遗址公园；规划编制

在国际上，当代世界文化遗产管理，由"以物为本"转向"以人为本"，重视遗产在社会生活中的作用，关注遗产地的相关群体（如社区、公众），在此理念下推进遗产的保护与利用。在国内，让文物活起来从而实现与人民群众生活的对接，已经成为中国文化遗产管理的基本理念[1]。

让遗址活起来，不是媚俗迎合游客，用科技手段让文物"动"起来，用绿化环境、"花海"等不符合遗址历史信息的游玩互动设施，从而使遗址公园化。遗址公园化和片面强调文物保护，是遗址公园规划编制应该避免的两个极端。文化遗产保护利用的真实性、完整性原则，应贯穿于保护与利用的始终。遗址公园规划编制应坚持文物保护的真实性、完整性原则，利用阶段的真实性是强调遗址信息源的真实、可信性，完整性是指遗址展示主题提炼全面、信息丰富。如此才能全面反映遗址的历史信息，使遗址具有可读性，让游客看得懂遗迹的年轮，认识其保存的重要意义，主动参与保护工作之中，实现遗址保护的永续性[2]。也只有如此，才能实现文旅融合，让游客看得懂、有兴趣，并在游玩的过程中有所收获，达到建设遗址公园以传承文化遗产的目的。

楚都纪南城位于湖北省荆州市纪南生态文化旅游区，南距荆州城5千米，西距八岭山墓群约7千米，西北距熊家冢约26千米。值此楚都纪南城遗址公园规划编制启动之

---

[*] 王红星：荆州纪南生态文化旅游区，荆州，邮编434020。

际，本文以楚都纪南城遗址公园规划编制为例，立足于让遗址活起来的立场，从如何让游客看得懂、有兴趣的角度，围绕讲好文物故事，探讨遗址公园规划编制过程中，如何贯彻文化遗产利用的真实性、完整性原则。

1 遗址公园规划编制的真实性原则

文化遗产保护利用的真实性又称为原真性原则，强调在设计、材料、工艺和环境四个方面，检验原真性的要求，而对文化遗产价值的理解，取决于有关信息来源是否真实有效[3]。可见其除了强调不破坏遗址本体，以及修补要用原材料、原工艺，原式原样以求达到原汁原味，不可臆测，多样性（包括时代与样式）、可辨识性、可逆性，还其历史本来面目之外，更强调其传达的遗址价值的历史文化信息源的真实、可信性。

楚都纪南城遗址发现至今已七十年，其研究成果数以千计，其认识有一个不断深化的过程。因此，规划师对纪南城的研究成果不能囫囵吞枣，拿来就用，而应该分析鉴别，尽可能采用学术共识[4]。

对于纪南城的始建年代，是否为楚郢都，学界仍存诸多异见。20世纪70年代对纪南城大面积考古发掘之后，发掘者认为纪南城为楚郢都，其废弃年代为公元前278年，始建年代约为春秋晚期[5]。郭德维同意纪南城为楚郢都，但认为其始建年代为战国早期的楚惠王时期[6]。王光镐认为纪南城是楚宣王后期至楚顷襄王元年的楚国陪都葴郢[7]。尹弘兵认为纪南城为楚都鄩郢，始建年代为楚肃王四年（前377年）[8]。王红星认为纪南城为楚都葴郢，始建年代为战国时期的楚宣王前期[9]。闻磊则认为纪南城有两期城墙，其早期城垣年代应为战国早期[10]。针对这种情况，规划编制者一要跟踪考古研究的进程，以最新的资料为准；二要检索论者的论据，从古文字、文献、历史、历史地理、考古学等角度全方位考察，切忌偏听偏信。在目前阶段，确定纪南城为战国时期的楚郢都，可回避争议，贴近史实。

经考古调查、勘探，已知纪南城北城垣最高处达7.6米，顶宽14米，外护坡较陡，宽6米，内坡较平缓，宽10米左右[11]。如果不按此真实信息复原部分城垣和护城河，而是简单按照文物修缮方法依现状疏浚护城河并用少量覆土填埋城垣，就会损失大量历史信息，使游客误以为是防洪大堤，认识不到当年城垣、护城河防御的特点。

根据北京大学藏秦《水陆里程简册》记载，纪南城南护城河为章渠的组成部分，可以行船，纪南城西北角有橘津渡口，橘津地应有橘园[12]。又据纪南城南垣水门与章渠呈90°直角，水门三道分别宽3.5~3.7米[5]，知章渠行船无法在此直角转弯入南水门，而应是直行由纪南城东南角入庙湖。规划编制者应该在规划文本考古调查、勘探、发掘计划中，列入章渠考古勘探计划，获取章渠宽度数据，设置章渠、橘津、南垣水门展示节点，将上述信息真实呈现，游客可乘船游览橘津、章渠、南垣水门，将一定程度地让遗址活起来。

已知潜江龙湾 1 号楚王宫殿为三层台结构。纪南城宫城内的外朝、治朝、燕朝，经勘探均有所谓两期建筑，最新研究认为，其也应为三层台宫殿基址[13]。如果不分析鉴别，只要是夯土台基，就一视同仁地覆土填埋展示，很难反映当时宫城前朝后寝、左祖右社的宏伟布局。只有根据考古勘探结果，判明哪些为三层台，哪些为二层台，哪些为一层台，并真实呈现宫城之内高低错落的两条轴线布局，游客才能看得懂，才能明白其蕴含的历史意义。

根据考古发现的先秦时期本地动、植物遗存，结合《楚辞》等文献记载，我们已获知先秦时期纪南城附近地区的动、植物种类（表1）。如果我们一改目前注重美观的

表 1　先秦时期纪南城附近地区动、植物种类一览表

类别		名称	资料出处
动物	兽类	虎、豹、豺、狼、熊、狐、猿、狖（猴）、狸、兕（犀）、象、兔、獾、鼬、水獭、水貂、海狸鼠、牛（黄牛、水牛）、马、驴、骡、豕（豨、豚）、羊（羔）、狗（犬）、猫	周秉高. 楚辞动物考. 职大学报，2005（1）；潘富俊. 楚辞植物图鉴. 上海：上海书店出版社. 2003；王红星，朱江松. 先秦时期荆州大遗址区的自然环境//科技考古与文物保护技术. 北京：科学出版社. 2019：107-115；湖北省江陵县县志编纂委员会编纂. 江陵县志. 武汉：湖北人民出版社. 1990.
	禽类	白鹇、鹑、乌、凫、鹄、鸽、枭、鸳鸯、鸿、燕、鹍、鸠、鸂鵣、鸡、鸭、鹅、鹍鸡、鹍鸿、翠、雁、鹭、鸥、雉、鹈鴂、孔雀、鸰、鸽、燕雀、朱雀、鹫、凤凰（凤鸟）、喜鹊、乌鸦、雁、苍鹭、白鹭、鹰、仓庚、白舌、鸤鸠、翡翠、沙鸡、麻雀、啄木鸟、杜鹃、鸮、鱼鹰、云雀	
	虫类	蟋蟀、蜂、蛾、赤蚁、蝉、蛇（螭、虺、蛟、龙）	
	水生类	青、草、鲢、鳙、鳡、乌鳢、鲤、鲫、红鲌、鳜、鲳、鳙、鲂、鲇、鲦、鲟、鳑鲏、文鱼、鲮鱼、江豚、鳗鲡、黄鲴、刀鱼、刁子鱼、银鱼、鳝、鳅、龟、鼋、蠵、鳌、鳖	
植物	木本	桢楠、榉、梓、榆、枫杨、黄杨、椴木、牡荆、柳、松、柏、杉、桑、椿、樗、楸、杞、栎、樟（刺叶桂樱）、槐、樟、棕、冬青、女贞、油茶、漆树、油桐、梧桐	
	果类	桃（毛桃、樱桃）、李、梅、杏、柿、梨、柑、橘、枣、柚、苹果、栗（板栗）、核桃、香果、榛	
	竹类	慈竹、眉竹、苦竹、钓竹、斑竹、紫竹、绵竹、桂竹、水竹、淡竹、笔竹、楠竹、凤尾竹	
	香草	江离（芎䓖）、白芷、泽兰、蕙（九层塔）、茹（柴胡）、留夷（芍药）、揭车（珍珠菜）、杜蘅、菊、杜若（高良姜）、胡（大蒜）、绳（蛇床）、苏（菖蒲）、蘋（田字草）、蘘荷、石兰（石斛）、枲（大麻）、三秀（灵芝）、藁本、芭（芭蕉）、射干、燃支（红花）	
	香木	木兰（玉兰）、椒（花椒）、桂（肉桂）、薜荔、樧（食茱萸）、橘、柚、桂花、桢（女贞）、甘棠（杜梨）、竹、柏	
	恶草	蒺（蒺藜）、菉（荩草）、葈耳（苍耳）、野艾、窃衣、萧（艾属植物）、马兰、葛（葛藤）、蓬（飞蓬）、泽泻、菽（野豆）	
	恶木	棘（酸枣）、荆（黄荆）、葛藟、枳	
	粮食野菜	黍、黄粱、稻、麦、菰（茭白）、香橙皮、芰（菱角）、荸荠、莲藕、生姜、南瓜籽、芸豆、小茴香、柘（甘蔗）、匏瓜、紫（紫草）、薇（野豌豆）、蒿蒌、茶（苦菜）、荠菜、蒌蒿、水蓼、冬葵、蔾、旋花、萤（石龙芮）	

环境绿化，根据先秦时期真实存在的动、植物种群，复原生态环境，让游客身临其境，必有穿越时空的体验，当能使其更具兴味。

2 遗址公园规划编制的完整性原则

大遗址保护与利用的完整性原则，也称为整体性原则。该项原则一是强调遗址范围上的完整（有形的），即大遗址等应当尽可能保持自身组织成分与结构的完整，以及其与所在环境的和谐与完整；二是强调文化概念上的完整性（无形的）[14]。实际上，文化遗产完整性，不仅包括遗址本体和周边环境的完整性，还应包括遗址所反映的文化遗产和自然遗产信息的完整性。作为规划编制者，必须梳理清楚遗址公园的展示主题，不遗漏文化遗产和自然遗产的主要信息，围绕展示主题设计展示节点，明确各展示节点的呈现方法，使下一步的实施方案具备可操作性。

要收集纪南城遗址的完整信息，就不能局限于纪南城遗址本体的考古发掘成果，纪南城周边与其直接相关的墓葬，也具备某些直观反映纪南城历史辉煌的信息。战国丝绸之路的起点，是为荆州纪南城。望山2号墓出土的人骑骆驼灯[15]，荆门后港一座战国楚墓出土的人骑骆驼灯[16]，纪南城周边楚墓出土的玻璃珠（表2），包山2号墓、院墙湾1号墓出土的和田玉等[17]，皆是楚国与西域商贸往来和文化交流的证明。新疆阿拉沟东口28号墓出土的锁绣凤鸟图案绢[18]、30号墓出土的菱纹链式罗和黑地红彩弦纹与云气纹漆盘[19]，阿尔泰巴泽雷克相当于中国战国时期的5号墓出土的刺绣对凤花枝纹图案丝绸、3号墓出土羽纹地四山字纹铜镜，阿尔泰山西麓的另一座墓葬出土的羽纹地四山字纹铜镜[20]，亦证明楚国精美物品通过商贸已达西亚地区。这些重要的历史信息，在纪南城遗址公园规划中，理所当然不应该遗漏。

表2 纪南城周边楚墓出土玻璃珠统计表

出土地点	距纪南城距离	时代	报告原名称	数量	外观	资料来源
荆州天星观2号楚墓	西距纪南城24千米	战国中期	素面料珠、蜻蜓眼料珠	44	蓝釉九个黄釉圆环	湖北省荆州博物馆.荆州天星观二号楚墓.北京：文物出版社.2003.
荆州纪城2号楚墓	南距纪南城北墙0.45千米	战国	料珠	1	深绿色琉璃圆圈纹	湖北省文物考古研究所.湖北荆州纪城一、二号楚墓发掘简报.文物，1999（4）.
荆州秦家山2号楚墓	南距纪南城约3.5千米	战国中期	琉璃珠	1	白、蓝圆圈八个大圆圈内填七个小圆圈	湖北省荆州博物馆.湖北荆州秦家山二号墓清理简报.文物，1999（4）.
江陵望山1号楚墓	东南距纪南城7千米	战国中期	陶珠	4	白、蓝、红色圆圈相套	湖北省文物考古研究所.江陵望山沙冢楚墓.北京：文物出版社.1996.
江陵望山3号楚墓	东南距纪南城7千米	战国中期	琉璃珠	4	3件圆形、1件八面体	湖北省文物考古研究所.江陵望山沙冢楚墓.北京：文物出版社.1996.

续表

出土地点	距纪南城距离	时代	报告原名称	数量	外观	资料来源
江陵马山1号楚墓	东南距纪南城8千米	战国中期	琉璃管琉璃珠	12	黄、蓝花瓣纹"蜻蜓眼"式	湖北省荆州地区博物馆.江陵马山一号楚墓.北京：文物出版社.1985.
江陵马山2号楚墓	东南距纪南城8千米	战国中期	料珠	1	"蜻蜓眼"式	荆州地区博物馆.江陵马山砖厂二号楚墓发掘简报.江汉考古,1987（3）.
江陵马山10、12号楚墓	东南距纪南城8.5千米	战国中期	料管料珠	11	蓝白乳钉纹"蜻蜓眼"式	湖北省博物馆江陵工作站.江陵马山十座楚墓.江汉考古,1988（3）.
江陵秦家咀楚墓	西北距纪南城1.2千米	战国	料珠	1	"蜻蜓眼"	荆沙铁路考古队.江陵秦家咀楚墓发掘简报.江汉考古,1988（2）.
江陵拍马山11号楚墓	北距纪南城约3.5千米	战国	料珠	9	珠、柱状部分为"蜻蜓眼"	湖北省博物馆，荆州地区博物馆，江陵县文物工作组发掘小组.湖北江陵拍马山楚墓发掘简报.考古,1973（3）.
江陵雨台山楚墓	西距纪南城0.5千米	战国中期	料珠料管	45	部分为"蜻蜓眼"绿色、黄色	湖北省荆州地区博物馆.江陵雨台山楚墓.北京：文物出版社.1984.
江陵九店楚墓	西南距纪南城1.5千米	战国中晚期	料珠料管琉璃珠	253	部分为"蜻蜓眼"绿、深红等色	湖北省文物考古研究所.江陵九店东周墓.北京：科学出版社.1995.
荆州院墙湾1号楚墓	南距纪南城4.5千米	战国中期	玻璃珠琉璃珠	57	8件为蜻蜓眼玻璃珠	荆州博物馆.湖北荆州院墙湾一号楚墓.文物,2008（4）.

楚都纪南城选址道法自然，为典型的南方水城，其规划布局，与《周礼·考工记》所记有部分相合。其规划宗旨，是择中立国，择中立宫；因势利导，因地制宜；尚东尚左，四隅吉凶；筑城卫君，造郭守民；一门三道，三朝三门，前朝后寝；左祖右社，面朝后市。诸如此类，对后世都城产生了深远影响，在中国都城发展史中，具有承前启后的重要作用[13]。此地丰富的自然资源，有力支撑了楚国物质文明的发展高峰。

3 纪南城遗址公园规划编制

围绕上述楚都纪南城对中华文明的贡献，遗址公园规划编制，可提炼道法自然、南方水城，筑城卫君、造郭守民，前朝后寝、左祖右社，资源丰富，物质支撑等主题予以展示。

3.1 道法自然、南方水城

这一部分主要展示纪南城水系，可分四个展示节点。

3.1.1 人工章渠

章渠，西接沮漳河，东连汉水，全长273秦里，其中人工修建部分长104秦里，利用自然水系169秦里。楚宣王在选址定都葴郢纪南城前，为避免洪水威胁，保障葴郢用水，便利水路交通，配合葴郢建设，统一规划开章渠。章渠的修建年代比世界灌溉遗产秦灵渠早100余年，其沟通汉水能直达中原的优势，确立了荆州地区在战国至唐宋时期长江中游地区区域中心的地位[12]。

纪南城南护城河利用章渠河道，应按考古勘探数据复原疏通，以能行游船为宜。在章渠入庙湖之东门外庙湖边，可建仿古楚王码头，游客在此乘船，往西可达橘津渡口，往南可到郢城，往东可知章渠通汉水之利。

3.1.2 橘津渡口

橘津位于纪南城西南角，此处可规划橘园，跨章渠设渡口。

3.1.3 南垣水门

南垣水门引水入城，一门三道体现了当时的礼制等级规范。该门已经考古发掘至生土，不存在破坏遗址本体的问题，建议根据郭德维的复原，予以木构重建[21]，以使游客更有直观感受。

3.1.4 双水交汇

源出纪山的朱河，从北垣入城，在板桥汇合新桥河；源出纪山西部之新桥河，南流经裁缝店，在纪南城西南角外侧折东流，于南城垣古水门入城，北流至板桥汇合朱河，东流称为龙桥河[22]。这是楚人道法自然、利用自然水系的重要证据。目前，纪南城内的朱河、新桥河、龙桥河已经疏浚，只需植被固岸即可。

3.2 筑城卫君、造郭守民

这一部分主要展示纪南城的防御系统及贵族、平民居住区的等级区分，可分五个展示节点。

3.2.1 一门三道

纪南城已经发掘的西垣北门、南垣水门、东垣南门均为一门三道，其中东垣南门城门跨度达52.5米，中门道内空宽达16.5米，南、北门道内空宽约4.7米，其东直通楚王码头，西通楚王宫城，是纪南城的主城门[23]。纪南城的陆门、水门是目前中国考古发现最早的一门三道，对中国古代都城城门的形制产生了重要影响[24]。中门道亦称驰道，专供楚王使用，没有特许，虽贵为王子亦不得擅行，两侧的门道供一般人出入。中门道的礼仪功能远远大于其交通功能，一门三道形制突出了王权的尊严。东垣南门已经考古发掘至生土，建议在此作较为直观的展示。东垣南门两侧均修复一段城垣，以与宫墙呼应，说明楚人择中立国，择中立宫，筑城卫君，造郭守民的建城规划理念和一门三道的礼制。

3.2.2 烽火连天

纪南城南垣东部的烽火台，北京大学藏秦《水陆里程秦简》明确记其为燧台，"燧"字从"火"从"稟"，以示报警烽火之意[25]，确为烽火台。烽火台可据2011年考古发掘成果复原展示[26]。

3.2.3 宫城卫君

纪南城宫城分别以龙桥河、新桥河、凤凰山西坡古河道构成护宫河，每面宫墙有二门。凤凰山西坡古河道应疏浚，游客能直观地了解该河与新桥河、龙桥河均是护宫河。宫墙用高大阔叶树木标识，三个门道处可用植被标识出阙门特点，宫城内界沟用低矮灌木标识。

3.2.4 面朝后市

龙桥河西段位于宫城之北，是纪南城内水井分布最密集的区域，有土井、陶圈井、木圈井、竹圈井，其中多为饮用水井[5]，证明此处人口密集，应为后市所在。此处可复原展示部分不同形制的水井，同时用低矮植被标识水井分布范围，以体现水井密布，人居密集；用绿植驼队，说明楚都纪南城与西域的贸易往来，表现战国丝绸之路东部起点为楚都纪南城。

3.2.5 下里巴人

由九店楚简《日书》，知楚人以为方位西北和西南都不吉利，东北和东南当是吉利之方[27]。纪南城平面近方形，宫城在中南，贵族区在东北，应为上里。城内西北和西南均少见大型夯土台基，应为平民区，为当时的下里。可在城内西南部的新桥陈家台遗址设置铸造作坊，在新桥河西岸设置制陶作坊。将西北和西南区部分现有民居"穿衣戴帽"，增加楚建筑元素符号，改造为具有楚文化特点的民俗旅馆。保留城内西北和西南的农田发展生态农业，以说明楚都城之内亦有农耕区域。源出于楚都纪南城的成语"下里巴人"，老百姓耳熟能详。通过上述展示，可以与老百姓的知识结构链接，以阐释其"下里巴人"的分区特点。

3.3 前朝后寝、左祖右社

这一部分主要展示宫城布局，可分两个展示节点。

3.3.1 前朝后寝

前朝包括三朝三门，即外朝（松 F27）、治朝（松 F25、62，附官府松 F22、24）、燕朝（松 F20、21），库门、雉门、路门；后寝，即正寝（松 F9—10）、燕寝（松 F6、松 F7—8）。[13] 前朝库门、雉门、路门三个门道处可用植被标识出阙门特点，外朝（松 F27）、治朝（松 F25、62）、燕朝（松 F20、21），依考古勘探数据覆土填埋加高为三层台建筑基址。官府（松 F22、24）、府库、护宫守卫建筑（松 F1、30、31、32、39），依考古勘探资料，分别覆土填埋加高为一层或二层台建筑基址。正寝（松 F9—10）、燕寝（松 F6、松 F7—8），覆土填埋加高为二层台建筑基址。依考古勘探知有连廊的松 F6，松 F7—8，松 F9—10，松 F22—24，松 F20—21，松 F25、62（图 1），可用两排树的林荫道标识。如此高低错落的标识，当能反映楚人因地制宜，尚东尚左，前朝后寝，高层台建筑的特点。

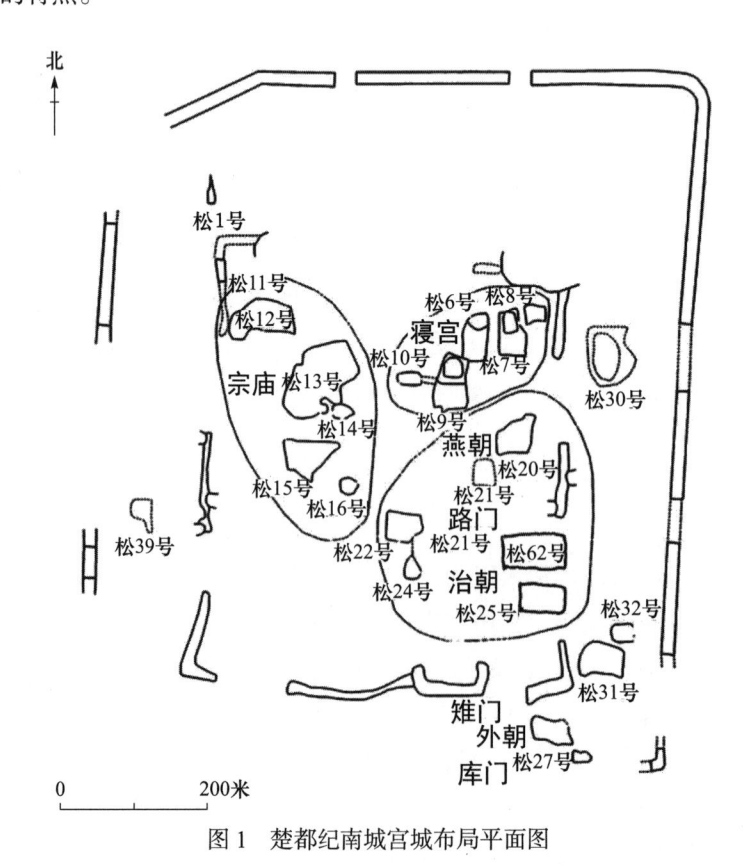

图 1 楚都纪南城宫城布局平面图

3.3.2 左祖右社

宗庙布局为左祖右社，即神庙（松 F13—14）、祖庙（松 F11—12）、社庙（松 F15—16）（图 1）。[13] 位于正中的神庙（松 F13—14），可覆土填埋加高为二层台建筑基址。两侧的祖庙（松 F11—12）、社庙（松 F15—16），覆土填埋加高为二层台建筑基址。

3.4 资源丰富，物质支撑

这一部分按照文化遗产利用的真实性原则，在表1所列动、植物种类中选择主要的动、植物予以展示，模拟楚国的生态系统，使游客穿越时空，看到当时的动、植物种群及支撑楚物质文明发展的自然资源系统。可分两个展示节点。

3.4.1 飞禽走兽

在雨台山西部建设楚都野生动物园，在表1所列动物种类中选择主要的动物种群予以展示。切忌选择非洲的长颈鹿、狮或海洋动物等外来生物，违背文化遗产利用的真实性原则。楚都野生动物园的入口及相关服务设施，应设置于雨台山墓群保护范围之外，方便游客旅游路线的区域。考虑到部分兽类有动土的可能，可将其设置于此前已进行考古发掘的原砖瓦厂、建材厂取土场大坑的范围。动物笼舍搭建可逆的木构草棚，以与楚国历史环境相协调。食草类、食肉类、鸟类设地表铁丝网区隔，务必要确保游客的安全。水生动物可利用区域内现有鱼塘展示。针对动物排泄物，规划中应根据相关法规，提出明确的环境保护要求，避免污染环境。

3.4.2 浪漫楚辞

在雨台山东部建设楚辞植物园，在表1所列植物种类中，选择主要植物种群予以展示。设香草园、恶木林，解说屈原以香木、香草比喻忠贞、贤良，以恶木、恶草数落奸佞小人，阐述《楚辞》寄讽时事、赋志抒情、寄寓言志的含义，使公众领悟诗人竭忠尽节的忧虑之情[28]。在雨台山墓群保护区内的边缘区域，分别设置竹园、桑园、漆园，在与之相对应的保护区外建设楚文化建筑风格的工匠作坊，由非遗传承人分别开展竹编、楚简、养蚕、缫丝、丝织、刺绣、制漆、彩绘漆器等制作表演。

先秦楚自然资源系统的重建，符合遗址公园建设的真实性、完整性原则，能展示楚物质文明发展的自然资源支撑，是文旅融合、深受游客欢迎的互动及亲子游项目，有利于呼唤本地人热爱家乡的乡情，有利于雨台山墓群的环境整治，美化纪南城遗址公园的周边环境，有利于控制雨台山墓群的水土流失，同时杜绝盗墓。

上述遗址本体展示，使游客现场通过实物观摩，体验纪南城的规模宏大及历史沧桑。而要使游客有兴趣、看得懂纪南城对中华文明的贡献，则需要通过博物馆的系统展示。

可在纪南城东部建设控制地带之外，与雨台山接合部修建占地体量适当的楚都博物馆，在龙桥河出口处设一出口，游船可由此直达楚都博物馆。

楚都博物馆应提炼楚文化的精神标识和文化精髓，采用静态展示、多媒体展示、虚拟展示、场景模拟、活动参与、情景体验等多种展示方式，开发满足不同层次公众需求的，包括文化认知、文化学习、文化休闲、文化娱乐、文化体验的多层次、特色文化产品；突出展示的观赏性、趣味性、互动性，系统阐释楚为什么选择纪南城作为都城，楚都的布局和繁华景象，楚都纪南城期间的主要成就，楚都纪南城衰亡的原因，使楚文化遗产"活"起来，让游客更直观地体验到楚都纪南城对中华文明的贡献。

综上所述，楚都纪南城国家考古遗址公园规划的编制，应结合遗址本地实际，除坚持文化遗产保护的真实性、完整性原则，更应强调利用过程中遗址历史信息的真实性、可信性，遗址所反映的文化遗产和自然遗产信息的完整性，展示主题提炼的完整性。惟其如此，才能使遗址的保护与利用并举，实现文旅融合，力争让老百姓有兴趣、看得懂、有所悟，真正让楚都纪南城活起来，达到传承楚文化遗产的目的。

注　释

［1］刘以慧，王京传. 国家考古遗址公园功能定位的三重向度. 中国社会科学报，2021-01-07（7）.

［2］阮仪三. 古代保护性建设要注意"四性"原则. 建筑与文化，2004（3）.

［3］阮仪三，林林. 文化遗产保护的原真性原则. 同济大学学报（社会科学版），2003（2）.

［4］王红星. 谈实物史料的鉴别和运用. 江汉考古，1997（2）.

［5］湖北省博物馆. 楚都纪南城的勘查与发掘（下）. 考古学报，1982（4）.

［6］郭德维. 楚郢都辩疑. 江汉考古，1994（4）.

［7］王光镐. 楚文化源流新证. 武汉：武汉大学出版社. 1988：456、458.

［8］尹弘兵. 楚都纪南城探析：基于考古与出土文献新资料的考察. 历史地理研究，2019（2）.

［9］王红星. 荆州纪南城为楚都蔵郢考. 长江大学学报（社会科学版）. 2023，46（2）：39-48.

［10］闻磊. 楚纪南故城考古发现早期城垣遗迹年代应为战国早期中期. 文博中国，2023-01-30，https://mp.weixin.qq.com/s?__biz=MjM5ODI3NzkzOQ==&mid=2651639662&idx=1&sn=161b4965fda2aecc3d7a4eee585eb0ca&chksm=bd3549328a42c024c6bef7b6115286595c214f6a89a42889a23f3947607d7b652c5a6136151c&mpshare=1&scene=1&srcid=0130rxFelcYtcx1Jc9PWY1zm&sharer_sharetime=1676279378360&sharer_shareid=00ee0da6778f84d655247900a0de338b&exportkey=n_ChQIAhIQz9pFuV4j9XkOsEqprWCpRRKZAgIE97dBBAEAAAAAAOYrBvCA8NIAAAAOpnltbLcz9gKNyK89dVj08bHHC2oMjryOK%2FI4kXULmLHjWIuT2bA0USq3SAK3TMkt1oUywrZpvpvuNO2zmnOp8ILNafZtIT8qxXLScOUsEl9OhhBLJFZ36m20y0QBhO4PkFAUjQt6MGW3xv2SEK1CZqZgHp8kkgP8FKGcSWUYYCkLmG2XEZmZPJPfjQlJnJ6yKNwqzE9pJDNIHZZSIted6IiSk3b4lw7H9B25dpf9pdib%2ByuvtwAORU3%2F47CHKVGsapkH3U9V6S4Q44SivNjhUQ949Nwe4hO%2FDxMUFHOvKb%2BhX6AlC4TGdm%2FnN%2FTf15s4QRwYmq6eFhPj9g6MCdNe%2FV06&acctmode=0&pass_ticket=Hfm3Bhk78N%2FUBtPROQmkfQJIjdzu5IGflfGWc8GAnXIWXZMCu7GGnEuyUh2EB9tYswTmB%2FPlJQkX3UMRWiA2Sw%3D%3D&wx_header=0#rd.

［11］湖北省博物馆. 楚纪南城的勘查与发掘（上）. 考古学报，1982（3）：327.

［12］王红星，朱江松. 楚章渠（杨水）初探. 长江大学学报（社会科学版），2022，45（2）：1-6.

［13］王红星. 楚都纪南城在中国都城史中的地位 // 楚文化研究（第1辑）. 武汉：湖北人民出版社. 2023.

［14］张成渝，谢凝高. "真实性和完整性"原则与世界遗产保护. 北京大学学报（哲学社会科学版），

2003（2）.
[15] 湖北省文物考古研究所. 江陵望山沙冢楚墓. 北京：文物出版社. 1996.
[16] 陈振裕. 湖北发现战国西汉的骆驼图象. 农业考古，1987（1）.
[17] 湖北省荆沙铁路考古队. 包山楚墓. 北京：文物出版社. 1991；张绪球. 院墙湾秦家山楚墓出土玉器研究. 江汉考古，2015（1）.
[18] 王炳华. 从考古资料看丝路开拓及路线变迁. 西域研究，1991（3）.
[19] 新疆社会科学院考古研究所. 新疆阿拉沟竖穴木椁墓发掘简报. 文物，1981（1）.
[20] 〔苏〕С.И.鲁金科著，潘孟陶译. 论中国与阿尔泰部落的古代关系. 考古学报，1957（2）：37-48、108-111.
[21] 郭德维. 楚都纪南城复原研究. 北京：文物出版社. 1999：113-120.
[22] 张修桂.《水经·沔水注》襄樊—武汉河段校注与复原——附：《夏水注》校注与复原（下篇）//历史地理（第二十六辑）. 上海：上海人民出版社. 2012：5-7.
[23] 闻磊. 郢路辽远——楚纪南故城考古发现与研究. 南师文博，2021-06-01，https://mp.weixin.qq.com/s?__biz=MzU1MjczMDE0NA==&mid=2247485716&idx=1&sn=20a359cdcef60485570f91b0e1cdca92&chksm=fbfce25bcc8b6b4df4e356a5a5bc7dd8150a0f741453766391b6625fdcdca06158399e5a6e4a&mpshare=1&scene=1&srcid=0601j1q36aJoC5LdmT9Z3yGQ&sharer_sharetime=1626663261356&sharer_shareid=5b1a599a21ddb71e372a70b0dd0a85c9&exportkey=A2oKsr2f2REg3pVe8hdUPu0%3D&pass_ticket=zGeOiagXNWsUA5pLaQhiWzhLURcs79GF04LHUkiKOr8KcNxHq637Erpa6uIRo4u6&wx_header=0#rd.
[24] 徐龙国. 中国古代都城门道研究. 考古学报，2015（4）：425-450.
[25] 辛德勇. 北京大学藏秦水陆里程简册初步研究//出土文献（第四辑）. 上海：中西书局. 2013：208.
[26] 湖北省文物考古研究所. 荆州纪南城烽火台遗址及其西侧城垣试掘简报. 江汉考古，2014（2）.
[27] 晏昌贵. 楚国都城制度再认识. 社会科学，2008（8）：171-178.
[28] 潘富俊. 楚辞植物图鉴. 上海：上海书店出版社. 2003：4.

考古遗址系统性展示与阐释方法初探*

刘 剑**

摘要：展示与阐释是考古遗址保护利用的重要环节。本文通过对展示与阐释的概念缘起和演变进行梳理，开展概念辨析，明确相关定义。按照多学科集成的方式，在基于系统性认知的基础上，提出一种对考古遗址展示和阐释开展的系统性表达方法。并对该方法涉及的本体展示、环境展示和阐释系统三方面内容，结合具体案例展开讨论。

关键词：考古遗址；系统性；阐释；展示；遗址公园

1 引言

考古遗址是一类重要的不可移动文化遗产，是重要的不可再生文化资源，蕴涵有丰富的历史文化信息。我国历史悠久，文化积淀深厚，留存的遗址数量众多。考古遗址作为我国百万年的人类史、一万年的文化史、五千多年的文明史的重要见证物，具有突出的历史、科学、艺术价值以及社会和文化价值。

随着我国文物事业进入新时代，工作重心由保护向利用转移。2022年全国文物工作会议明确的"保护第一、加强管理、挖掘价值、有效利用、让文物活起来"新时代文物工作方针，对文物利用提出了更高要求。展示与阐释作为考古遗址公园建设中的关键环节，是有效传达遗址价值信息的重要手段，是遗址和公众之间沟通与对话的渠道，也是开展大遗址保护的根本目的之一，日益受到遗产保护领域学者的关注。

我国的考古遗址以土遗址为主，与其他类型的文物相比较，普遍存在本体构成复杂、周边环境不佳、遗存辨识度差、观赏性一般的情况，在展示利用方面存在一定难度。如何系统展示好遗址，讲好遗址及其背后的故事，进一步提升考古遗址公园的建设水平，是当前遗产保护工作者面临的重要课题，因此有必要针对考古遗址的展示与阐释的概念与方法开展研讨。

---

* 本文由中国建筑设计研究院有限公司科技创新项目"考古遗址系统性展示理论与关键技术研究"（1100C080230073）资助。

** 刘剑：中国建筑设计研究院有限公司，北京，邮编100120。

2 概念

2.1 概念缘起

考古遗址的展示是伴随着现代考古科学产生出现的。早在18世纪，出于猎奇和寻宝的目的，西方探险家对庞贝等古遗址开展了野蛮的考古发掘活动，这期间对遗址地的考古实际上是破坏的过程。19世纪中叶考古学进入科学考古阶段，在此期间考古学家逐渐意识到，遗址本身也具备相当高的研究和观赏价值，于是开始对考古发掘后的遗址现场适当整理，以供人们参观，由此开启了考古遗址的展示之路。例如1864年考古学家朱塞佩·菲奥勒利（Giuseppe Fiorelli）在意大利那不勒斯市的庞贝遗址中通过在火山灰空腔中注入石膏以展示人体遗骸，是早期考古遗址展示中一个巧妙的做法[1]（图1）。自1130年英国巨石阵被发现以来，一直供人们参观欣赏，甚至举办祭祀活动，这也是史前遗址中的早期对公众展示的案例[2]（图2）。

图1 意大利庞贝古城遗址中的遗骸展示
（来源：作者自摄）

考古学家对遗址的解读实际上是有关遗址阐释的最早实践。但将文化遗产阐释系统服务于公众的历史，可追溯至1917年成立的美国国家公园管理局[3]。美国国家公园管理局是用阐释帮助公众了解和欣赏自然和文化资源的先行者，前局长纽顿·祖瑞（Newton B. Drury）曾说过："设立国家公园的目的不仅是为了保护美丽的景观和历史遗址，更有助于人类心智与精神的发展。"[3]

图2 英国威尔特郡巨石阵遗址
（来源：作者自摄）

1957年，作为美国国家公园管理局的资深顾问，记者出身的弗里曼·提尔顿（Freeman Tiden）于年将其工作经验写下来并出版了《阐释我们的遗产》（*Interpreting Our Heritage*）[4]，对美国的国家公园发展产生深远的影响，这也是至今为止遗产阐释领域最重要的著作（图3）。书中指出："不论是文化还是自然遗产，都必须通过阐释才能让公众了解它们的价值与意义。"提尔顿总结了关于阐释的六项原则，主要包括："①阐释要与参观者自身经验有所联系；②信息本身不是阐释；③阐释是一门艺术；

图3 美国优胜美地国家公园的解说系统
（来源：作者自摄）

④ 阐释的最主要目的不是教导，而是触发；⑤ 阐释应着眼于整体而不是局部；⑥ 对儿童的阐释须自成体系。"这些有关阐释的基本原则和书中众多生动并富有启发意义的案例，对我们今天开展遗产阐释工作仍具有高度的参考价值。

2.2 概念演变

自1964年《国际古迹保护与修复宪章》（又称《威尼斯宪章》）出台以来，国际遗产保护领域不断对如何有效保护利用文化遗产开展研究与探讨，形成了一系列国际文件[5]，在此期间有关遗产展示与阐释的基本概念也陆续出现并逐渐清晰起来（图4）。

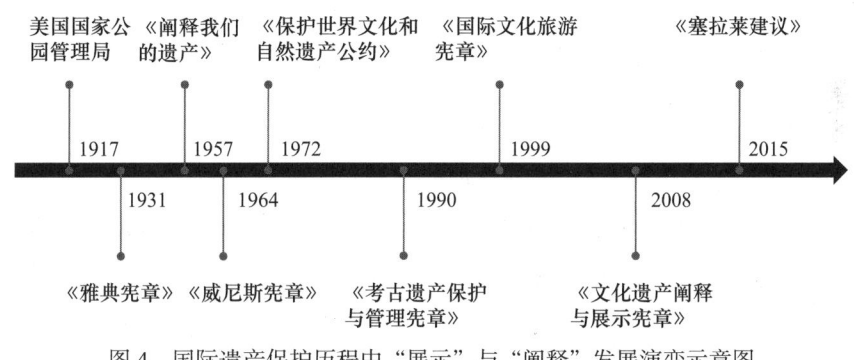

图4 国际遗产保护历程中"展示"与"阐释"发展演变示意图
（来源：作者自绘）

1964年《威尼斯宪章》首次提出了针对考古遗址要开展阐释与展示工作的概念，"必须采取一切方法促进对古迹的了解，使它得以再现而不曲解其意"[6]。1972年出台的《保护世界文化和自然遗产公约》在国际文件中首次出现"展示（Presentation）"的说法，并将其上升到缔约国应承担的重要职责之一[7]。1990年《考古遗产保护与管理宪章》中，首次出现了"阐释（Interpretation）"一词，提出"展示和信息资料应被看作是对当前知识状况的通俗阐释"[8]。

此后的各类国际宪章、决议、宣言中，阐释和展示经常组合使用，其概念内涵也伴随着社会发展进一步丰富。如1999年出台的《国际文化旅游宪章》中，对阐释和展示提出了具体要求[9]。

2008年，国际古迹遗址理事会（ICOMOS）第16届大会在加拿大魁北克城通过了《文化遗产阐释与展示宪章》，这是目前第一个也是唯一系统讨论文化遗产阐释与展示的国际官方文件，充分显示了国际社会对于阐释和展示在遗产保护工作中的重视。宪章明确了阐释和展示的定义与目标，提出了7条基本原则，为系统开展阐释与展示工作提供了技术指引[10]。

2015年ICOMOS考古遗址公园第一次国际会议提出了《塞拉莱建议》（Salalah

Recommendation）[11]，这是国际首次系统讨论考古遗址公园的概念，一方面更广泛地承认考古遗址公园是保护考古遗址的一种手段，另一方面则将展示和解释作为了解人类共同历史的一种手段。2017 年，在《塞拉莱建议》基础上，ICOMOS 又出台了《公共考古遗址管理的塞拉莱指南》[12]，在考古遗址管理中要求定期编制阐释规划。

纵观国际遗产保护发展历程，可以看到展示概念是早于阐释而产生的，后来随着人们认识理念的发展，越来越注重人与遗产间的关系，进而提出了阐释的概念。过去仅关注遗产本体的观赏性（展示），现已转向对遗产价值的传播（阐释），并将其视为遗产保护和利用的关键所在。

2.3 概念辨析

《文化遗产阐释与展示宪章》明确定义：阐释"指一切可能的、旨在提高公众意识、增进公众对文化遗产的理解的活动"；展示"尤其指在文化遗产地通过对阐释信息的安排、直接的接触，以及展示设施等有计划地传播阐释内容"[10]。

从宪章对阐释和展示的定义来看，阐释主要强调增进理解，定义比较明确。而对展示这一概念，根据其描述来看，宪章强调对阐释信息的安排、接触、传播等，包含的内容较为混杂，其中传播应属阐释的内容，展示的定义表述不够清晰。多位学者提出，宪章中阐释与展示的概念区分不清，经常一同模糊使用，这是该宪章尚不到位的地方[13]。

从国际宪章发展演变的过程和实际工作来看，英文和中文语境中的展示一词均是个多义词，可以分为广义和狭义。广义的展示是文物利用工作的一种类型，可与保护、管理等概念相并列，其包含了与遗址本体展示、阐释系统、服务设施等一系列工作。而狭义的展示，则强调具体与遗址本体客观呈现相关的一系列措施，包括原状展示、模拟展示等。为便于理解，下文所提到的展示，一般是指狭义上的展示（措施）概念，其与阐释一起，共同构成广义的展示（工作）概念。

为更好地做好考古遗址的展示与阐释工作，有必要对其概念进行梳理。结合考古遗址展示利用工作体会，本文试将考古遗址展示与阐释的定义与辨析如下：

展示，即对遗址价值承载要素实体开展的客观呈现措施，以及使人们能够体验和接近遗址的综合措施。展示主要涉及原状展示、模拟展示以及配套设施建设等偏硬件类工作。展示一般是一次性行为，展示措施必须依附于遗址本体，如保护棚、地表标识展示等必须与遗址本体紧密相连。展示可通俗地解读为"摆事实"。

阐释，即通过各种方式对遗址所蕴含的价值特征向公众传播的措施。阐释的本质是信息传播，主要涉及大纲策划、内容撰写、图形绘制、影视制作等以内容为主的偏软件类工作。阐释是长期动态的，它既可依附于本体，也可脱离本体存在，如解说图板、多媒体装置等既可紧邻遗址，也可放于他处。阐释可通俗地解读为"讲故事"。

综上，考古遗址的展示与阐释，主要涉及"摆事实"和"讲故事"两方面内容，他们共同构成了考古遗址现场展示利用的核心（表1）。

表1 展示与阐释概念对比表

类别	工作重心	性质	形式	周期	位置	主要实现方式	通俗解读
展示	考古遗址	客观	偏硬件	一次性，短期	依附于遗址本体	本体展示（原状展示、模拟展示）、环境展示（环境整治、历史环境恢复模拟）、构筑物、道路等配套建设	摆事实
阐释	人	主观	偏软件	多次性，长期	可不受位置限定	博物馆展览、解说标识系统、互动体验装置、二维码、宣传册、图书、影像等	讲故事

3 方法

3.1 多学科集成

同其他文化遗产工作一样，遗址展示与阐释设计也具有多专业、多学科交叉集成的特点，需要团队具备开阔的视野，优秀的专业素养，通过集合作业才能做好[14]。对于团队成员，不仅要求具备文物保护、考古学、博物馆学、建筑学、园林景观、城市规划、传播学、艺术学、材料学等多学科知识储备，更需注重各专业间的相互配合与综合协调能力。

随着时代发展，虚拟现实、物联网、元宇宙等新技术和新方法不断涌现，为考古遗址的活化利用提供了新的可能。因此为了更好做好遗址的展示利用工作，需要设计者密切关注科技发展动态，充分了解并借鉴先进技术，将其恰当应用到遗址展示与阐释中去。

3.2 系统性认知

遗址的展示与阐释实质上是对其价值信息的解读和转译，只有设计者自己读懂了遗址，才能再通过恰当的手段将其介绍给普通公众。因此系统性认清考古遗址，是开展展示设计的前提，应对考古遗址的历史背景、遗址格局、遗址构成、环境特征、遗址价值等开展全面、深入、系统的研究。在此期间，需要设计者不断与考古专家、历史专家交流讨论，尽可能掌握遗址的原貌。

近年来，随着国际遗产保护理念的不断发展，对遗产的认知也出现了新的视角。特别是随着文化景观概念的提出，对遗产价值载体的认识由过去仅关注遗产本体本身，转向将遗产与其周边相关联的环境视作围绕价值组合而成的复合整体。文化景观研究学者认为，遗产并非独立个体要素简单地相加，各要素之间的联系也很重要，遗产的整体价值远大于各独立要素价值之和[15]。这种系统地看待遗产的视角给了我们全新的启示，即要求我们在认识考古遗址时，要将遗址及其周围环境视作一个系统来看待。在规划设计时要始终有全局观念，不能仅盯着遗址局部不放，同时还要关注整体与各要素，以及各要素之间的联系，并将其作为展示与阐释的重点。

3.3 系统性表达

本文提出的系统性表达方法，即围绕考古遗址的价值特征研究，基于系统性认知，通过本体展示、环境展示和系统解说等多学科交叉手段共同完成的遗址展示与阐释的整体性解决方案。这种方法要求设计者不仅要关心物质层面的硬件建设，还要兼顾非物质方面的软件建设，不仅要注重如何真实完整展现遗址本体与环境，还要考虑如何讲述好遗址背后的故事，从而实现全面认知、深入理解、持续传递遗产价值之目的。

在技术路线上，与其他设计突出主观创造性不同，考古遗址的展示设计更强调理性的思考过程。设计主要步骤包括：① 开展考古研究，评估遗址本体；② 梳理相关规划要求，评估展示利用条件；③ 评估遗址价值，提炼价值特征；④ 确定价值特征载体，明确重点展示对象；⑤ 确定设计目标、展示主题与阐释框架；⑥ 规划功能分区与布局，展现遗址整体格局；⑦ 展示重要遗址节点，营造局部景观环境，创造沉浸式体验空间。

在实现方法上，主要通过硬件和软件两方面工作完成。其中硬件建设的主要目的是"摆事实"，即通过实物展示、景观模拟等手法将遗址本体和周边环境价值特征要素客观地呈现出来，使人们能够欣赏遗址本体、体验背景环境。而软件建设的主要目的是"讲故事"，即基于遗址价值建立一套完整的阐释体系框架，拓展阐释内容，丰富展示主题，策划互动体验。

在设计原则上，应坚持文物保护的基本原则，满足国际遗产有关宪章、公约的要求，同时遵循我国文物保护法规的规定。在本体展示方面，应严格以考古为依据真实完整地展示。在环境展示方面，应以历史研究为依据开展整治。在设施建设方面，应遵循最小干预原则（图5）。

在实施要点上，应协调处理好各展示要素的时空关系。一方面，要处理好遗址整体和局部、局部与局部之间的关系，应着眼于整体系统的展示，而不是仅仅表现局部。另一方面，要协调好遗址历史与现代要素之间的互动，分清主角与配角，应突出历史遗址本身作为主角，尽量弱化现代设施的存在，将其作为配角低调地融入遗址现场，不能本末倒置。

在土司遗址申报世界文化遗产过程中，设计团队首创考古遗址系统性表达的方法，开展了本体展示、环境整治和阐释系统建设等三方面的工作，极大地提升了老司城遗址、唐崖土司城址和海龙屯遗址三处遗产地的现场展示利用水平，为土司遗址2015年顺利列入世界文化遗产名录奠定了基础（图6）。

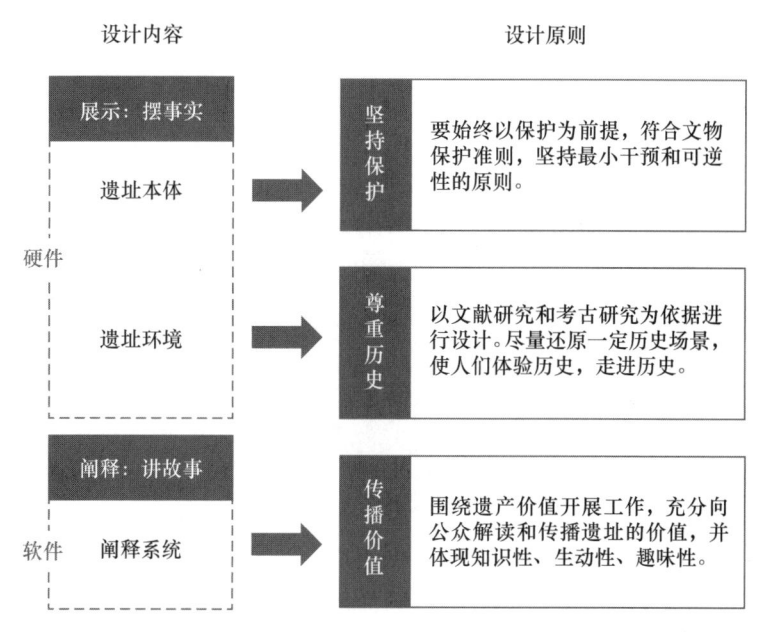

图 5 考古遗址系统性表达的主要设计内容与设计原则
（来源：作者自绘）

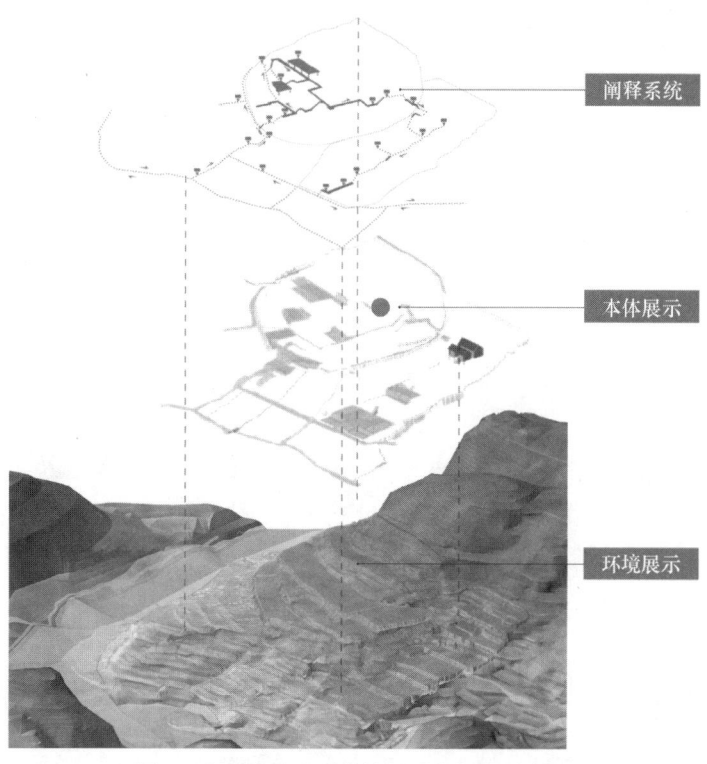

图 6 老司城遗址系统性展示与阐释示意图
（来源：中国建筑设计研究院《老司城遗址展示设计方案》）

4 实践

4.1 本体展示

在考古遗址公园中，遗址本体是最核心的展示内容。本体展示基于对遗址价值的阐释和解读，通过景观设计等辅助手段，将遗址本体所承载的价值特征恰当地表达出来，直观地呈现给观众。本体展示包括整体格局和局部遗址点的展示，主要通过原状展示和模拟展示两种方式实现。

考古遗址一般分布范围较大，受考古和保存条件所限，在实际中很难一次性整体展示出来，因此对遗址开展系统的评估工作，合理制定展示对策尤为重要。在遗址展示中，应遵循"分类分级、点面结合"的策略。

分类分级，即根据各遗址点价值代表性和保存现状的综合评估，确定遗址各类构成要素的具体分级展示措施，尽量选取每种类型遗址都有代表性的遗址点作为重点展示对象，构建完整的遗址现场展示体系。在老司城遗址展示中，将遗址按照遗存性质将遗址分为建筑基址、墓葬、城墙系统、道路系统、排水系统五类，每类采取不同展示策略。针对各类遗存，又通过评估分为重点展示、一般展示和不展示三级措施。在此基础上围绕重点展示点策划展示流线，设置保护与解说设施。

点面结合，即在宏观面上要突出整体格局的展示，在具体点上要反映遗址的细节特征。在整体格局层面，一般通过大面积植被标识的方式，系统反映遗址的规划、布局与功能特征，特别要注意与格局构成密切关联的城墙、道路、水系的标识。例如老司城遗址中，通过对上述格局要素的清理和标识，在整体层面清晰地反映了遗址的布局特征（图7）。

在局部遗址点上，应着力于对考古文化遗存的解读，重点表现局部遗址点对价值支撑度较大的构成、形制、材质与做法等特征要素（图8～图10）。需要指出的是，考古探方并不是价值载体信息的一部分，不应作为展示要素。例如在土司遗址的展示中，通过对建筑基址与建筑室外采取不同材质标识，同时局部原状保留有特色的地面铺装做法，将建筑的布局与建造特点均有效地呈现出来（图11）。在鸿山墓群本体的展示中，通过对土墩墓周边植被的清理、环壕的模拟、土墩墓的标识等做法，实现了墓群本体的片区展示效果（图12）。

4.2 环境展示

在考古遗址公园中，遗址环境也是重要的展示对象，对辅助理解遗址历史及营造舒适的参观氛围起到至关重要的作用。通过环境展示，尽可能提升参观环境的质量，恢复

图 7　老司城遗址展示工程实施过程及前后对比
1. 实施前　2. 实施过程中　3. 实施后
（来源：永顺县老司城遗址管理处）

图 8 老司城遗址南门展示工程实施前后对比
1. 实施前（来源：湖南省文物考古研究院） 2. 实施后（来源：永顺县老司城遗址管理处）

图 9 老司城遗址 F23 房址展示工程实施前后对比
1. 实施前（来源：湖南省文物考古研究院） 2. 实施后（来源：永顺县老司城遗址管理处）

图 10 海龙屯新王宫遗址本体展示工程实施前后对比
1. 实施前　2. 实施后
（来源：作者自摄）

图 11　唐崖土司城址展示工程实施前后对比
1.实施前（来源：湖北省文物考古研究院）　2.实施后（来源：唐崖土司城址管理处）

图 12　鸿山墓群 BH3 现场展示区
1.全景（来源：无锡鸿山遗址博物馆）　2.局部（摄影：唐薇）

再现具有地域特色的历史空间形态，提供给参观者远离现代城市、走进历史、亲近自然的特殊体验。环境展示主要通过消除不和谐要素、控制整体景观、营造局部环境等措施来实现。

　　首先，通过拆除、遮挡、改造等环境整治措施，尽可能消除遗址周边各种不和谐因素的影响。在此基础上根据地方区域的环境特点，做好遗址周边整体景观的风貌控制，达到整洁有序、符合地域特色即可。如在西夏陵国家考古遗址公园建设中，通过去除三号陵周边的高大树木，实现了陵园遗存与贺兰山的对视关系，再现了陵园周边的历史原貌；通过将原入口区、办公区拆除及立面改造，极大地改善了遗址区内环境状况，使其由传统景区建造模式转向现代遗产展示利用模式。湖南永顺老司城遗址分布于武陵山区，地域特征明显。通过大量种植竹子，采用卵石铺装、碎石夯土地面等做法改善环境，以体现对遗产历史与地方传统的尊重（图 13、图 14）。

　　其次，以文献研究和环境考古研究作为依据，开展局部小环境的专项环境设计工作。围绕重要展示遗址点周边区域，尽可能模拟历史场景，使人们体验历史。如在临淄

图 13　老司城遗址全景观景台及解说标识系统
1. 全景观景台　2. 解说标识系统
（来源：作者自摄）

图 14　老司城遗址摆手堂前广场
（来源：永顺县老司城遗址管理处）

齐国故城排水道口的展示中，在 1.6 公顷用地范围内，结合环境考古学依据，通过景观设计手法系统展现系水湿地、城内河道和大城西城局部城墙，实现了对围绕排水道口周边历史环境的局部再现（图 15）。

4.3　阐释系统

在考古遗址公园中，阐释系统是整个项目的灵魂，不仅能引导公众正确理解遗址文化内涵，还可促进遗址价值的有效传播。阐释系统的优劣决定了遗址利用效果的好坏，越来越受到大家关注。阐释系统主要包括阐释框架构建和设施建设两方面工作内容。

图 15　临淄齐国故城排水道口
1. 整体鸟瞰　2. 局部
（来源：淄博市临淄区文物局）

遗产的阐释框架是围绕遗址价值而开展的系统阐释策划方案。它不仅是"故事大纲"，还是指导开展展示与阐释的工作纲领，同时也是促进交流、激发思考的工具。应根据遗址的价值特征系统编制阐释框架与展陈策划，使博物馆展陈和遗址现场展示成为一个完整体系。

与遗址本体展示略显枯燥和严肃的设计风格不同，阐释系统内容在确保遗产信息真实、清晰、准确的前提下，应尽可能发挥设计者的想象力和创造力，充分考虑不同受众群体的差异，力求增强各种展陈的可读性、生动性与趣味性，更好地发挥遗址的教育功能。阐释内容的编写可以借鉴博物馆陈列大纲、影视编剧、儿童读物等成熟传播媒介的经验做法。如在土司遗址、西夏陵、鸿山墓群等解说系统中，大量应用漫画、示意图、复原图、虚拟角色等形式，提升公众对遗址的理解（图16）。

图 16　遗址标识系统版面设计

1. 西夏陵标识系统版面设计（来源：中国建筑设计研究院《西夏陵解说标识系统设计方案》）　2. 鸿山墓群标识系统版面设计（来源：中国建筑设计研究院《鸿山墓群解说标识系统设计方案》）

图 17　无锡梅里遗址博物馆
1. 外景　2. 展厅　3. 遗址厅
（摄影：陈旸）

阐释系统具体实现手段应根据遗址自身条件科学评估后确定。完整的遗址阐释系统一般包括遗址博物馆、遗址现场解说标识系统以及辅助解说设施等。

在遗址博物馆建设方面，应遵循基于遗产阐释策划为核心的遗址博物馆设计理念开展建筑设计，探讨建筑师与遗产专家的协作机制，纠正以往普遍先建博物馆再编制大纲的错误做法，使考古遗址博物馆真正成为现代时空与历史遗址之间的对话媒介，更好发挥博物馆的价值传播作用。例如在无锡梅里遗址博物馆设计中，尝试建筑空间与博物馆展陈一体化设计，围绕讲述"泰伯奔吴"这一主题，通过多媒体、虚拟现实等现代化展示手段的综合运用，在遗址上方建造了一座"会讲故事"的建筑，并成为梅里古镇中重要的文化展示与交流场所（图 17）。

在遗址现场，应建设与遗产地环境相适应的解说标识系统，不仅要体现一定的地域文化特色，还要考虑材质的耐久性。如土司遗址的标识系统采用了装配式、无基础、镂空织锦图案的耐候工字钢作为结构，通过纯净的小体量的色块来提示和引导观众，以减弱标识牌对环境的影响（图 18）。另外在西夏陵中，考虑到其所处戈壁滩具有地理开阔、风沙大的特点，解说牌采用陶瓷贴花印刷烧制的工艺拼装镶嵌在低矮的石板中，不仅很好地融入环境，还具有良好的耐候性。这些设计细节反映了对环境的最小干预，表达了对遗址的尊重和敬畏之心（图19）。

图 18　遗址标识系统

1. 老司城遗址指示牌　2. 老司城遗址衙署区解说牌

（来源：作者自摄）

图 19　西夏陵解说标识系统

1. 三号陵解说场地　2. 三号陵解说牌　3. 西夏陵一号陵解说牌

（摄影：李金蔓）

此外在遗址现场，还应充分借鉴博物馆成熟的展陈手段，尽可能给观众提供更多互动性解说设施，实现遗址现场的阐释从"说教式"向"体验式"转变。比如在临淄齐国故城排水道口，利用模拟城墙的内部空腔设置多媒体放映厅播放影片，在遗址现场还设有户外小型虚拟现实沉浸式放映装置，提供多种沉浸式体验，该装置已取得发明专利（图20）。在鸿山墓群中，通过将博物馆中常用的亚克力活页、旋转立体拼图等解说装置放在遗址现场，满足专业人士和儿童的不同阅读需求（图21）。

图20　临淄齐国故城排水道口VR演示装置
（来源：淄博市临淄区文物局）

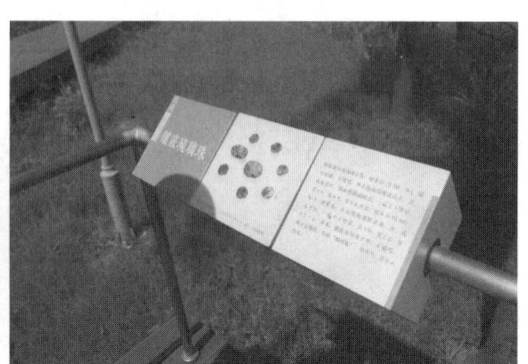

图21　鸿山墓群互动解说装置
（摄影：唐薇）

5　结语

展示与阐释是考古遗址保护利用工作中的重要环节，通俗地讲就是"摆事实"和"讲故事"，他们在基于价值研究开展的系统性认知的基础上，通过本体展示、环境展示和阐释系统等多学科交叉手段共同发挥作用，构成一种系统性表达方法，可为考古遗址公园建设提供参考。

随着遗产保护的不断发展，考古遗址的展示利用重心已从传统的以"物"为中心转向以"人"为中心，越来越重视与遗址价值相关的获知、体验与传播。从近几年各地考古遗址公园实践来看，对遗址的展示方法虽探索较多，但仍需坚守基本遗产保护理念，谨慎开展相关设计工作，避免掺杂过多个人主观因素。在遗址阐释方面，则需进一步解放思想，在保证信息来源可信的前提下，充分发挥设计者的创造性，借鉴其他领域的经验和做法，为遗址阐释提供更多种可能性。

近年来，考古遗址的利用工作越来越受到中央和地方政府的重视，成为带动地方经济发展、提高文化软实力的重要举措。相信随着研究的不断深化，科技的不断发展，会有更新的认知和技术手段来进一步提升考古遗址的展示与阐释水平，为认识源远流长、博大精深的中华文明贡献智慧。

注 释

[1]〔英〕科林·伦福儒，保罗·巴恩著，陈淳，董宁宁，薛轶宁，等译. 考古学：理论、方法与实践. 上海：上海古籍出版社. 2022.

[2]〔英〕保罗·G·巴恩主编，郭小凌，王晓秦译. 剑桥插图考古史. 济南：山东画报出版社. 2000.

[3] 孙燕. 文化遗产的诠释与展示：国际理念与中国实践. 厦门大学博士学位论文. 2012.

[4] Freeman Tilden. Interpreting Our Heritage. North Carolina: The University of North Carolina Press, 2008.

[5] 国家文物局编著. 国际文化遗产保护文件选编. 北京：文物出版社. 2007.

[6] INTERNATIONAL CHARTER FOR THE CONSERVATION AND RESTORATION OF MONUMENTS AND SITES. Venice: ICOMOS, 1964(2011-11-11) [2023-10-15]. http://www.icomos.org/en/179-articles-en-francais/ressources/charters-and-standards/157-the-venice-charter.

[7] CONVENTION CONCERNING THEPROTECTION OF THE WORLD CULTURAL AND NATURAL HERITAGE. Paris: UNESCO, 1972[2023-10-15]. http://whc.unesco.org/archive/convention-en.pdf.

[8] CHARTER FOR THE PROTECTION AND MANAGEMENT OF THE ARCHAEOLOGICAL HERITAGE. Lausanne: ICOMOS, 1990(2011-11-11) [2023-10-16]. http://www.icomos.org/en/179-articles-en-francais/ressources/charters-and-standards/160-charter-for-the-protection-and-management-of-the-archaeological-heritage.

[9] INTERNATIONAL CULTURAL TOURISM CHARTER. Mexico: ICOMOS, 1999(2011-11-11) [2023-10-16]. http://www.icomos.org/en/179-articles-en-francais/ressources/charters-and-standards/162-international-cultural-tourism-charter.

[10] THE ICOMOS CHARTER FOR THE INTERPRETATION AND PRESENTATION OF CULTURAL HERITAGE SITES. Québec: ICOMOS, 2008[2023-10-16]. http://www.icomos.org/images/DOCUMENTS/Charters/interpretation_e.pdf.

[11] SALALAH RECOMMENDATION. Salalah: ICOMOS.2015(2015-02-25) [2023-10-17] http://whc.unesco.org/document/135364.

[12] SALALAH GUIDELINES FOR THE MANAGEMENTOF PUBLIC ARCHAEOLOGICAL SITES. Salalah: ICOMOS.2017[2023-10-17]. https://www.icomos.org/images/DOCUMENTS/Charters/GA2017_6-3-3_SalalahGuidelines_EN_adopted-15122017.pdf

[13] 丛桂芹. 价值建构与阐释——基于传播理念的文化遗产保护. 清华大学博士学位论文. 2013.

[14] 陈同滨，王力军. 中国大遗址保护与规划 // 中国建筑设计研究院成立五十周年纪念丛书. 北京：清华大学出版社. 2002.

[15] 刘剑，徐新云，李金蔓，等. 再识乡村景观——基于文化景观保护理念的遗产新概念. 住区，2020（1）.

（本文原载于《世界建筑》2023 年第 11 期，略有增删）

基于保护展示的乡村大遗址可持续发展实践
——以走马岭遗址为例

陈 飞 别丽君[*]

摘要：地处乡村的大遗址因区位条件、管理水平、服务人群等因素限制，保护展示大多水平不高，吸引力不强。本文以湖北走马岭遗址为例，以价值评估为基础，通过对遗址空间布局、文物本体情况的评估，保护展示工作情况的梳理，分析其在保护展示方面的短板和面临的困境，形成保护策略和展示设计路径。以期在乡村振兴背景下，为乡村大遗址保护和展示提供参考，推动大遗址所在区域经济社会可持续、高质量发展。

关键词：乡村大遗址；走马岭遗址；保护与利用；乡村振兴

根据所处区位，大遗址可分为城镇型、城郊型、乡村型、荒野型等四类[1]，其中乡村大遗址因环境独特、与"三农"关系密切、可塑性强等属性，面临的困难具有一定的独特性。一是乡村大遗址区位短板明显，交通可达性较低。二是因其地处乡村腹地，受到周边资源条件限制，难以形成综合效应。三是遗址保护带来的经济效益低且回报周期长，加之遗址景区化建设投入巨大，保护和运行主要依靠所在地政府投入，地方政府主动参与乡村大遗址保护的积极性不足。四是开发建设量相对较小，内容以文物本体保护展示为主，交通和大范围环境整治工程较小，无法满足当地居民改善生活质量、改进生产方式的基本诉求。因此，随着乡村振兴政策的不断推进，如何推动大遗址保护利用与乡村振兴融合发展愈显重要。

近年来，在荆楚大遗址传承发展工程统筹布局下实施的湖北走马岭考古遗址公园建设，按照"政府主导、规划引领、考古先行、社会参与"的工作机制，围绕保护和展示两个主题，逐步走出了一条符合实际、行之有效的文物保护与乡村建设协调的实践之路。

---

[*] 陈飞：湖北省文化和旅游厅文物保护与考古处，武汉，邮编430071；别丽君：湖北省古建筑保护中心，武汉，邮编430077。

1 遗址及赋存环境状况

1.1 遗址概况及价值特征

走马岭遗址位于湖北省石首市东升镇走马岭村与屯子山村的交界处，是典型的乡村型大遗址，发现于1989年，其考古发掘工作集中于1990~1991年和2014~2016年两个时间段，出土了数以万计的玉器、石器、陶器、骨器等珍贵文物。遗址距今5300~3900年，面积约50公顷，遗址的主体走马岭城址修筑年代为屈家岭下层文化时期，兴盛于屈家岭文化时期，历经石家河文化时期，至煤山文化时期废弃[2]。城址及周边土墩、土岗构成复杂的城垣体系：城址居内，屯子山内侧有一段城垣，屯子山外侧、狗赶张、蛇子岭等构成走马岭城址的外围防御体系，共同构成走马岭遗址的三重城垣结构体系。

走马岭遗址是江汉地区年代最早的城址之一，在长江中游文明发展史中占有重要的地位，它的演进过程在这里留下了一系列的物证。与其他同时期城址不同的是，走马岭遗址具有罕见的多重城垣结构，是多重防御体系城址的雏形，对研究史前社会、政治结构具有重要作用。在城垣修筑过程中大量利用地面原有的矮地、高地和洼地，反映当时居民充分利用自然，在减少工程量的基础上完成古城建设。走马岭遗址选择了紧邻上津湖的高地建城，充分利用了水网系统，既方便生产生活，又可作为水路交通网，实现与外界交易、交流等活动，体现了早期筑城选址的科学性。通过对走马岭遗址文化遗存的研究，能够重现过去社会发展的历史脉络，特别是陶器、石器等遗物的重现是研究新石器时代长江中游社会经济与军事发展、长江中游史前聚落结构、聚落形态演变重要的考古资料，对研究长江中游地区文化序列、谱系和社会结构具有重要意义。

1.2 遗址周边村庄现状

走马岭遗址所在的东升镇地处江汉平原与洞庭湖平原交会处，地形以平原为主，兼有山丘。走马岭村位于东升镇南端，由走马岭村和大杨树村合并而成，总面积766.9公顷，有638户、2669人，分22个村组。村庄现状条件落后，基础设施不足，道路交通不完善，部分道路未硬化且狭窄，影响村民出行和村庄之间的联系。村内缺少户外活动场所，居住条件相对落后，绿化杂乱，部分房屋无围栏。排水系统效率低，部分区域雨水沟堵塞，影响村庄风貌。走马岭村紧邻石首市境内最大的滞积湖——上津湖，村内水域为坑塘、沟渠，水资源丰富。同时水污染较为严重，水体富营养化，利用率较低。植被生长未进行统一治理，杂草众多，覆盖率低。凭借气候与地形优势，村内土地利用类型主要为耕地，面积约555.68公顷，占比高达72.46%，但公共服务用地及绿地空间用地占比较少。

走马岭村依靠自然优势与农业底蕴发展农业经济，村民收入主要来源于水稻种植，以虾稻连作主导，有部分莲藕种植。虽有自发形成的莲藕合作社、虾稻合作社，但生产结构单一，未形成特色产业，村民收入水平相对较低。村内劳动力向周边市县以及城市汇集，人口增长速度缓慢，村内老龄化严重，缺少发展活力，走马岭村发展正处于一个低速发展的态势。

因此，要实现兼顾文物保护、环境美化、景观生成、农民增收的综合效应，以乡村振兴战略为指导，以乡村产业良性发展为基础，以乡村人居环境改善、乡村居民舒适宜居空间为导向的整体谋划和统筹布局就显得至关重要。

2 保护利用工作实践和面临困境

2.1 推进考古遗址公园建设的工作实践

2019年2月，湖北省政府公布实施《荆楚大遗址保护传承工程实施方案》，将走马岭遗址纳入项目库，重点推进考古遗址公园建设。2022年4月，《走马岭遗址保护规划》由湖北省人民政府批准公布[3]，为遗址公园的科学建设提供了基本遵循和工作路径。在文物行政主管部门与当地政府大力推进下，近年来遗址保护管理和利用工作按照规划措施、实施内容和工作步骤有序推进，取得明显成效。

在文物本体保护方面，目前已实施公布保护区划、遗址本体修缮、拆除叠压遗址的建构筑物、树立保护标志碑等保护工作，本体保存状况已基本趋于稳定。在环境整治方面，针对村落环境以及电力、通信架空线等基础设施与遗产历史环境不协调因素进行的清理和改善，城址景观环境已明显提升。在考古研究方面，2018年7月～2019年4月，对走马岭城址外围北面的屯子山遗址进行发掘，揭示了走马岭城址结构、外围设施及屈家岭下层文化时期墓地布局、葬俗等重要历史信息[4]。同时，走马岭遗址的展示也在持续更新中，目前以花卉景观和五彩鸭蛙稻为主，已建设完工的走马岭博物馆展示面积约为1300平方米，展览遗址出土文物，遗址内也配置了走马岭遗址文物保护宣传栏及相关的游客服务设施。2022年10月，走马岭遗址被湖北省人民政府公布为"湖北省第二批省级文化遗址公园"[5]，走马岭考古遗址公园成为当地和周边区域游客参观学习和旅游打卡地。

2.2 可持续发展面临的保护利用困境

走马岭遗址具备较为明显的内在优势同时，开展乡村旅游的短板也相对突出。根据走马岭考古遗址公园建设与运营现状，从保护方面看走马岭遗址土地资源存在争议，协调代价大的弊病尤为突出。遗址内只有部分土地流转或者租赁，其他土地依旧居住着村民或种植经济作物，易因土地使用权与村民发生纠纷，多年的耕种活动对遗址造成不可逆的破坏，如何协调土地使用与村民生产生活活动是遗址保护展示面临的难协调的问题。其次深根系作物种植，增大了遗址本体保护难度，根据走马岭遗址文化层断面判断，整个遗址分布区表层为现代耕植土，厚度约0.3~0.8米不等，深根系作物侵扰文化层，对遗址造成破坏。同时屯子山城址内以及蛇子岭遗址上均有较多近些年新建民房，多为钢筋混凝土结构，建筑体量较大；在遗址周边有1200余座现代坟墓，对遗址风貌造成较大破坏。此外遗址区北有屯子山村7组，南有走马岭村6组、7组、8组等自然村落，南北向过境乡道纵穿两座城址及蛇子岭遗址，道路宽4米，对遗址本体造成较大威胁。

从展示方面看，走马岭遗址在文旅融合推进过程中暴露出交通不便、展示手段缺失的短板，成为打造遗址文化品牌的制约。其一，走马岭遗址距离市中心约15千米，通往遗址区交通线路较少且路况差，观众前往意愿不高；遗址保护范围的村庄内道路设施条件差，除一条南北向和一条东西向的通村水泥路外，其余道路均为入户路或是田间土路。其二，走马岭遗址对外展示开放空间不足，遗址展示点多但比较分散，交通道路不成体系，如何将遗址点合理串联并多采用何种形式展示是走马岭遗址展示利用的难题。其三，对遗址整体时空框架、文化内涵、聚落布局等内容的认识仍然有进一步拓展的空间；加之遗址岗地分布区域与当代民居占压区高度重叠，周边地形相对复杂，暂不具备发掘和展示的条件，考古和展示内容大大受限。其四，走马岭村小规模农业生产为主的经济形态特征与旅游开发等服务业有较大区别，对游客中心、停车场等基础服务和游客服务设施建设的意愿不足，造成游客体验受限、游客停留时间过短、叫好不叫座的尴尬局面。

3 创造性转化的保护的对策和措施

"创造性转化就是要按照时代特点和要求，对那些至今仍有借鉴价值的内涵和陈旧的表现形式加以改造，赋予其新的时代内涵和现代表达形式，激活其生命力。"走马岭遗址的保护过程就是一个创造性转化的过程，主要通过针对遗址本体的保护性措施来延续历史，见证价值。

3.1 城垣修缮

通过现状加固、地形整治、覆土修整和植物处理等四种方式对城垣进行修缮。采用植被清理后覆土加固、回填修补、种植固土等措施。城垣保存良好的部分不做过多干预，只对可能造成进一步破坏的因素采取相应措施。在覆土修整方面，对叠压在蛇子岭遗迹上的多座建筑实施拆除，对建筑垃圾和杂土清理之后覆土，表层植草保护。对东南部受砖窑取土影响的城垣采用局部覆土加固的方法。在植物处理方面，清理城垣上的杂草，城墙顶部停止耕作，并将根系清理干净；对于地表的杂草、灌木采用人工方式进行去根处理，保留有固土作用的灌木以及草本植物，对胸径超过10厘米的乔木进行清理。同时，搬迁城址内及城垣上的现代坟墓，有效减少建构筑物对遗址本体的干扰。

3.2 生态修复

土遗址生态环境的脆弱性也给走马岭遗址留下了很大的改进空间，在实际操作过程中，在不影响遗址安全的前提下，限定城址内农作物品种，对遗址保护不利的树木进行移栽，对影响遗址安全的种植区停耕，加强区域内植被多样性保护。同时，通过植被调整、道路改造、民房改造等措施确保景观视廊清晰。去除护城河内有害植物，改善水质，对周围稻田耕种不做过多干扰。增加人工排水措施，突出护城河主要轮廓，形成河道景观，发挥遗址景观水体的生态功能。

3.3 规范建设

对影响走马岭遗址风貌的过境交通路线进行优化调整，石首市人民政府拟对横穿遗址核心区的南北向道路进行优化调整，避开遗址保护范围，绕道东侧建设新的道路网络，以规避交通对遗址的干扰，目前实施方案已获得国家文物局的批复。同时控制遗址保护范围内的建设活动，将影响遗址保护的建筑物进行拆除或者搬迁。结合走马岭村庄规划，逐步搬迁蛇子岭以及叠压的民房以及屯子山城址内的民房，整治屯子山城址北紧邻遗址的建筑。

3.4 土地流转

对于遗址核心保护范围内未搬迁房屋及农业用地，"采用征购土地的方式并完成流转该处土地所有权，将这些征购的土地作为展示遗址的重要载体"[6]。同时，村民的抵触情绪主要源于保护政策对生活的负面影响[7]，而非遗址本身。为解决走马岭遗址村民参与不足问题，应将当地文化资源转化为发展动力[8]，适度发展农业生产[9]。如建立农业观光区，发展"虾稻连作"产业链，融合生产与旅游，打造休闲农家特色产业，以此提高村民收入和对遗址保护的热情，增强其归属感，使村民从"旁观者"转变为"参与者"。同时，加大财政扶持，改善乡村生活条件，集中资源建设乡村基础设施，满足村民合理需求，让村民从遗址规划建设中获益。

4 创新性发展的展示对策和思路

"创新性发展，就是要按照时代的新进步新进展，对中华优秀传统文化的内涵加以补充、拓展、完善，增强其影响力和感召力。"走马岭遗址的展示过程就是创新性发展的过程，依靠其乡土特色，结合遗址地文特征，推进可持续性的展示建设以增强价值延续。

4.1 统筹区域资源，彰显乡村自然禀赋

对地域价值的日益敏感是乡村发展的基础[10]，要解决走马岭遗址区位偏远问题，必须重视自然禀赋这一关键因素。走马岭村以农业种植为主，拥有良好的农业基础和景观优势，应结合村庄规划，优化空间布局，实施土地集约化种植，规划耕地使用，解决土地权益分配，提高土地使用效益，形成统一自然风貌。在利用中，需灵活规划空间格局，以保护遗址为首要原则，结合村庄发展需要，合理划分种植范围和内容。核心区域注重遗址本体保护，种植与遗址景观相呼应的浅根系作物，如紫云英、油菜花，打造农业观光园。护城河周围可种植观赏性强的植物，通过植被标识展示遗址，严控土地利用，保障遗址安全。城外则延续乡村生态农田景观，种植经济作物，满足村民生产生活需要，推动乡村生态文明进步。

4.2 突出乡村产业优势，扩大文化影响

要解决走马岭遗址展示形式受限的问题，最核心的意义在于能将遗址的文物价值转化为独具特色的品牌印象，在遗址内进行有效的大众化和通俗化的转化。首先，将本市特色水稻生产模式"鸭蛙香稻"与拥有5000年历史文化的走马岭遗址相结合，利用这一历史文化背景，集聚化发展产业，构建走马岭虾、稻、米产销一条龙的产业链。同时，结合村庄发展规划发展旅游业，建设生态农业体验区、民俗文化区等区域，在遗址保护的前提下，根据不同的受众，提供不同的文化体验及休闲设施。同时，未来建设走马岭考古遗址公园，可将走马岭遗址与上津湖景观、稻田景观相结合，采用多种增加观感的展示方式，突出主题、丰富内容，设计合理的展示线路，为公众提供良好舒适的参观体验。

同时，遗址展示也开始从线下展示向线下线上综合展示转变[11]。走马岭遗址可借鉴良渚国家考古遗址公园的官方网页及微信小程序，可以云游良渚，身临其境感受良渚文化。运用多种网络平台，展示走马岭遗址在人类文明与长江中游文化序列中的价值特征，弥补遗址现场可观赏性的不足，加强走马岭遗址在国内外的传播广度与深度。

4.3 灵活土地使用权，平衡遗址保护与村民农作关系

将考古前置纳入土地流转或租赁流程，确保文物保护工作的前置性。对走马岭遗址

区内新探明或需要进行考古勘探的土地，进行租赁，对于新探明的地下埋藏遗存，在没有审批的情况下或因其他原因暂时不能发掘的土地，先租赁该处土地，租赁时可以等村民收获农作物后再打围栏，增加村民收入，对于需要勘探的土地，也可以采用租赁的方式，如果该处没有地下遗存，在下一季可以进行种植[6]。通过合理规划和配置土地资源，提高土地使用权的利用效率和管理水平。

4.4 完善遗址区内外基础设施，提升公共空间品质

结合走马岭考古遗址公园建设，优化区域内的公共交通线路，增设走马岭村公交站点，方便市民和游客前往走马岭遗址区；同时，提供清晰的指示标识，引导游客顺利到达；完善遗址内部展示路线，确保各个功能区既相互独立又相互联系，形成有机整体。已建成的遗址博物馆，包括基本陈列展示、多媒体展示、数字展示及实景还原展示等设施，内部植入开放实验室、标本库、资料库、考古体验中心等考古专业功能，从而更好地向公众阐释考古工作与认知遗址的过程。

5 工作启示

本文在梳理走马岭遗址文物价值基础上，系统评估在乡村环境下走马岭遗址保护展示现状及成果，阐述走马岭遗址受区位短板、展示模式单一、公众参与不足等瓶颈制约的困境。针对现状问题，通过对走马岭遗址本体和生态环境的统筹保护，最终实现整体保护，确保遗址本体的真实性和完整性。协调遗址本体与周围环境风貌，建设观光农业，将遗址保护与农业生产相结合，改善和提升区域生态环境和人居环境，有效增强遗址展示利用的韧性，推动乡村振兴战略的深入实施。在乡村振兴的诉求下，走马岭遗址对同类型乡村大遗址的可持续保护与展示有以下三点启示。

5.1 基于历史价值构建保护展示框架

作为历史的见证是文物的基本及核心价值，根据遗址历史价值情况确定展示利用基本思路。围绕考古研究工作，深挖遗址核心价值，根据遗址的价值情况确立展示利用的主题，要从它们所携带的历史信息的系统完整性着手。在规划遗址展示利用总布局时，力求使遗址的总体形成一个相对完整的、多层次的系统，有组织地全面反映历史社会的多元性和计划性。如遗址罕见的多重城垣布局、多重防御体系城址的雏形、紧邻上镜湖又能避免水患的科学选址等，围绕其价值体现，以新石器晚期具有多重城垣防御体系的古城址为主题，分别阐述其体现的古代社会生产生活及社会组织形式等信息，以地形地貌和选址特点、城址规模、整体格局、功能要素为展示要点，使遗址抽象的文化内涵能够通过具体的展示方式化无形为有形。

5.2 依据环境现状确认保护展示内容

遗址本体和环境作为历史信息的物质载体和背景舞台，共同构成了历史文化的真实画卷。根据遗址所处人文环境，融入乡村特点，确认展示利用内容和形式。对大遗址的展示与利用需要充分利用现有资源优势，关注遗址所处环境的人文信息，结合乡村发展需求，挖掘自然环境、农业景观、农耕文化等村庄优势和潜力。在保证遗址真实性、完整性的前提下，充分结合周边自然、人文资源，展示当地特有的民俗风情，将乡村人文景观融入进大遗址展示中，将遗址展示与休闲娱乐融为一体，拓展遗址展示的内容与形式，提高公众参与度。

5.3 通过乡村振兴增强保护展示韧性

通过遗址保护带动乡村振兴和文化发展，通过乡村振兴和区域社会发展反哺遗址保护。关心生活在其中的"此地人"真正的需求和困难[12]，通过遗址保护丰富村民的精神文明生活、增加经济收入，是实现乡村发展的重要途径之一。深入挖掘大遗址内涵与地区优势，融入乡村发展特点，充分发掘乡村资源，打造特色产业，改变单一的生产结构，打造乡村旅游品牌体系。同时，乡村大遗址仅依靠自身的抽象的文化性质难以形成独立的文化产业优势，因此在利用大遗址发展带动乡村振兴与文化发展的同时，也需要通过区域社会发展反哺遗址保护。通过提供加强乡村规划建设、推进乡村人居环境整治提升、持续加强乡村基础设施建设、提升基本公共服务能力等方面的政策支持，从而转变乡村治理理念，突破乡村发展遇到的瓶颈，为大遗址保护创造有利的条件。

注　释

[1] 国家文物局. 大遗址保护规划规范. 2016-01-01；国家文物局. 大遗址利用导则（试行）. 2020-05-14.

[2] 单思伟，彭蛟. 走马岭史前城址结构与功能探索. 南方文物，2022（6）：40-48.

[3] 省政府批准公布11处全国重点文物保护单位文物保护规划. 2022-04-02. 湖北省人民政府门户网站，http://www.hubei.gov.cn/zwgk/hbyw/hbywqb/202204/t20220402_4067646.shtml.

[4] 刘飞燕，单思伟. 湖北石首走马岭城址屯子岗墓地. 大众考古，2023（8）：12-13.

[5] 湖北省人民政府. 省人民政府关于公布第二批湖北省文化遗址公园的通知（鄂政发〔2022〕24号）. 2022-10-05.

[6] 赵芮. 三星堆国家考古遗址公园建设与运营对策研究. 河北大学硕士学位论文. 2024.

[7] 骆晓红. 大遗址保护中推进乡村振兴的路径探讨——以良渚遗址的保护为例. 南方文物，2018（1）：112-115.

[8] 李敏，李钰. 乡村振兴背景下陕南移民安置点公共空间文化重塑与品质提升策略研究. 建筑与文化，2023（6）：92-94.

[9] 国家文物局办公室,自然资源部办公厅,农业农村部办公厅. 关于加强大遗址保护规划和用地保障的通知（办考发〔2024〕12号）. 2024-12-19.

[10] 马冬青,胡雪卿,江攀,等. 基于社会—文化价值重构的乡村复兴——以意大利"内陆地区"为例. 中国文化遗产,2023（2）:36-46.

[11] 王璐. 以价值"延续性"为导向的新时代大遗址利用理念方法与活化路径. 中国文化遗产,2022（4）:16-32.

[12] 谭刚毅,薛淼. 从异国庙堂建筑到本土民间建筑:陈志华的学术转向与社会学方法的承续. 建筑史学刊,2023,4（2）:7-15.

国外考古遗址展示的多种形式及其影响评估

白 露 周双林[*]

摘要：我国近年来在考古遗址的展示上出现了大量的案例，积累了丰富的研究对象，但对国外同行相关工作了解较少。本文根据国内情况，以文献综述的形式，介绍国外考古遗址展示与保护的几种常见形式，以及国外学者研究的思路和热点，供国内研究遗址管理和影响评估的学者参考。

关键词：考古遗址展示；考古遗址保护；考古遗址管理；影响评估

1 引言

随着公众考古、大遗址保护与国家考古遗址公园等概念的深入人心，我国有越来越多的遗址向大众展示、开放。但目前为止，遗址展示的多种模式均存在着不少争议。这些争议有的是遗址的环境或类型差异，有的是真实性和可持续性等理念上的争议。本文结合国内现状简要介绍国外遗址展示的一些思路和案例，希望为国内遗址展示提供参考。

重要的考古遗址天然具有向公众展示开放的价值。作为古代社会和历史事件的实物承载体，遗址所具有的信息和情感对特定的游客具有独特而持久的吸引力。这些游客往往具有以下特点，如对古代历史事件以及古代人群生活生产面貌感兴趣，对特定国家、民族、宗教或祖先具有自豪感，对人类社会发展规律或古代自然环境感兴趣等等[1-4]。对于特定游客而言，上述特点可以单独存在，也可以兼具数项。这种基于热爱的内容展示，正是考古遗址与公众之间互动的一个重要特点，同时赋予遗址上的公众考古某种持续性的关注。另外，考古遗址的展示是一种文化输出，对维护国家的民族自信、文化自信、理论自信具有重大意义。

遗址面临自然和人类环境下的脆弱性，导致了不同的展示形式。这些展示方式也可以认为是不同的保护形式。对于遗址管理者而言，考古遗址的展示和保护是需要同时考虑的问题。无论是展示形式，还是保护形式，在本文中基本都指代的同一客观事实，唯独阐释中的侧重点不同而已。

---

[*] 白露：成都市文物考古工作队，成都，邮编610072；周双林：北京大学考古文博学院，北京，邮编100871。

目前国外遗址展示存在多种形式，本文拟在介绍这些形式的同时对其优缺点进行评价。实际上，正如曾先后在英国考古学家协会、英国伦敦大学学院、国际土遗址理事会、美国全球遗产基金等供职的亨利·克利尔（Henry Cleere）所言，各种保护利用遗址的形式，并无好坏之分，根据遗址面貌、保存条件、文化景观、预算、管理条件等不同的情况可以酌情采用不同的保护形式[5]。对考古遗址而言，没有最好的保护形式，只有最适合的保护形式。如何判断保护形式的合适与否，就涉及对各种保护形式的评判标准。

对于遗址展示中各形式的评价，至少应该从展示、保护及可行性几个方面进行。

展示方面，应优先考虑的是内容的真实性或权威性。遗址如果是复制品或被娱乐化，或者从原有的考古历史氛围中剥离出来，则遗址展示很难吸引前文所述的潜在感兴趣人群，而没有游客的遗址展示也丧失了存在意义。其次是展陈内容与遗址形式的关联度，亦即考古遗址的展陈质量。由于大部分的游客并不具备专业考古历史知识，且参观遗址的动机各不相同，因此如何选择安排展示内容，以及展示技术手段等，都对展示效果有着举足轻重的影响。遗址管理人员应该持续进行观众参观动机、满意度等的调查研究，并不断根据反馈结果进行改进。有时候，一些细微且人性化的改动却能够体现遗址展示的用心，同时提高游客知识水平并提升参观遗址的满意度。在遗址展示形式的选择和评估上，遗址展示方面的价值具有相当重要的作用。

从保护角度去评判遗址展陈形式是否合适，需从遗址的保存环境入手。无论何种遗址利用形式，都从根本上改变了遗址环境。遗址面临的威胁可能来自自然，也可能来自人类活动。前者如发掘后造成的结构不稳定、发掘后环境的剧烈波动、空气污染等，后者如交通振动、人为涂鸦、偷盗抢劫、非法取土等。一般而言，遗址的保存环境基本稳定，即为较为理想的保存状态。但要达到此目标殊为不易，需要进行不断持续的病害评估和控制措施。

遗址展示形式选择和评估的第三个方面是可行性。有一些遗址形式无论在保护和利用上都具有相当的优势，但因为价格昂贵、需要专业人员维护、土地利用等方面的限制而不得已放弃。

以下将国外常见的遗址展陈或保护形式大致分为回填、原状保护、复原重建和保护棚等四大类分别描述，并从展陈效果、保护效果、可行性等三方面对各种遗址展陈形式进行影响评估。

2 回填措施及影响评估

2.1 回填措施中的展示考量

一般广泛认为回填经济且对遗址影响最小[6]，因此回填是最常见的遗址处理方式。将遗址回填后在原位利用植被、标牌等标示或者仿真复制后的展示，在中国较为常见，如安阳殷墟、西安汉长安城永乐宫 6 号遗址、余姚河姆渡干栏建筑遗址、沈阳新乐遗址等。

考古遗址回填措施在世界各国同样得到广泛应用，相关研究与评估工作亦多见报道。从展示效果而言，回填后遗址对公众是不可见的，因此采取这种措施后的真实性问题值得讨论。如英国德比郡的加多姆岩画（Gardom's Edge）在 1996 年发掘结束后即被回填并在附近复制展示，引发了英国舆论争议，因为遗址本身的真实性无法得到保证[7]。为了解决这个问题，可将发掘出的建筑物"部分回填"（墙体的上半部分裸露在外），或者将遗址建筑部分垫高[8-11]，如秘鲁昌昌遗址（ChanChan）展示中，在楚迪宫（Tshudi）宫殿遗址上方垫土作为保护牺牲层（图 1）。这样回填既保护了大部分的遗址本体，又真实而清晰地保留了建筑群的平面布局，同时还能起到加固保护作用。原位复制展示更能准确地展示遗址原貌，有时候甚至比遗址本身还更让人印象深刻。另外一种解决方式是反复发掘向公众开放。英国伍德切斯特（Woodchester）古罗马庄园遗址的酒神马赛克图案曾定期地从地下挖掘出来向公众开放。自从 1880 年马赛克图案被首次重新发掘出来并进行加固后，它在 1890 年、1926 年、1935 年、1951 年和 1963 年又被发掘出来向公众开放，1973 年最后一次发掘并回填后，人们制作了马赛克图案的复制品并永久展示至今[12]。

图 1 秘鲁昌昌遗址楚迪宫宫殿遗址展示

2.2 回填措施中的保护考量

回填是遗址决策者可以选择的最为灵活的策略之一，因为它在时间（长期或临时）和空间（全部或部分）上有一定的选择余地，是可逆的干预行为。相对于其他遗址处理方式，这种方法对遗址影响最小。一个最显著的例子是吉萨狮身人面像（Sphinx）能为今人所见，要归功于它大部分时间都埋在沙土里。在原状展示的100多年时间里经受的风化，远高于过去4000多年的风化。回填不能停止遗址的损坏，但可以极大程度地延缓这一过程。回填一方面避免水、风、光、植物、动物和人对遗址的直接影响，另一方面重新建立了一个稳定的环境，进而阻止因持续的温湿度变化、蒸发和下层盐结晶导致的遗址损坏。

回填虽然被认为是最"安全"的保护措施，但有时也并不是最佳的保护措施。国际上每四年一届的相关会议即考古遗址原址保存大会（Preserving Archaeological Remains in situ conference，PARIS）讨论已发掘及回填考古遗址的监测和保护技术。对保护影响最大的自然是与文物直接接触的回填土。通过常年监测，如果原地层面临着地下水位波动或海水侵蚀，那回填并不是合适的保护措施。回填地层的含水率（宜稳定）、含氧量（宜低）、离子含量（宜稳定）、pH值（宜稳定）、有机质和黏土含量（宜高）、氧化还原电位（宜稳定）等对埋藏文物的影响较大[13]。在回填过程中应选择合适的填埋材料。有时，回填中会加入膨润土、土工布、河沙等材料。这些材料的性能如何亦可进行评估。有学者即对土工布是否会滋生土壤微生物进行了模拟试验，并筛选出合适的土工布[14]。

其次，回填后的地面环境也是国外研究的热点。由于文物已经回填，因此这些研究往往通过模拟试验或物理力学计算的方式进行。荷兰通过模拟试验对城市遗址附近的钢混建筑桩基影响进行评估，评估认为影响较小，但极端情况下造成的地层局部位移可能导致结构扰动甚至液化[15]。有研究通过模拟试验关注农田上翻土、施肥等对回填遗址的影响[16-18]。有研究调查记录植被在遗址区的分布和对遗址破坏的严重程度，并建议对某些树根侵入遗址内部的树种进行清除[19]。有研究模拟研究遗址中的碳化物是否能承受地面建筑重量，认为6米高的建筑对文物的压强在60kPa左右，尚在安全范围内[20]。

总体而言，回填在大多数情况下依然是最安全、最经济灵活的保护措施[21]。

2.3 回填措施中的可行性考量

如前所述，回填措施的可行性无疑是最高。只要文化旅游不是优先选项，且遗址暴露在露天环境下面临风化威胁，均可考虑回填措施[22]。无论是城市还是农村环境，回填从保护角度均是最为可行的方案。如果遗址价值高且具有较高的旅游收益时，则回填并非最优选项，但有时限于造价或政治因素，回填是最终选项。如土耳其戈尔迪翁（Gordian）铁器时代遗址，因预算问题无法建设保护棚，而完全回填又将掩盖掉重要的地形或建筑层位信息，最终折中采取了半回填措施。这样夯土建筑被覆盖，但其轮廓得以保留[23]。同样的情况还有土库曼斯坦的木鹿古城，在没有预算的情况下不得已用土工布与当地土回填[24]。澳大利亚一些原状展示的墓圹，由于当地原住民将墓主视作祖先并认为原状展示体现了文化不尊重而提出抗议，如今也全部回填[21]。

3 原状保护措施及影响评估

3.1 原状保护措施中的展示考量

原状保护是指对遗址不采取任何明显措施、直接展示的方式。这种方法主要应用于地面遗存，即千百年来依然保持原有结构的古代建筑，如高台建筑、土墩、城墙、水关等。原状保护有助于保留遗址本身的历史文化景观，在保护条件允许下不失为有效的处理方式。原状保护在中国西北地区极为常见，因为这里干旱少雨的环境保存了大量的古代遗迹，如西夏王陵、交河故城、汉代烽燧等。在世界其他一些条件允许的地区和遗址，如欧洲数量众多的砖石建筑废墟，同样采用原状保护和展示的方式。

从展示角度而言，原状保护无疑具有最佳的原真性，适合"思古之幽情"，激发游客情感，对人类社会和历史爱好者具有较强的吸引力。遗址、文物、游客之间的关联性给予真实性不可言喻的力量，因此原状保护往往是考古学者最为推崇的展示手段[25]。

另一方面，对于缺乏相关专业知识背景的游客而言，原状保护可能意味着普普通通的石头、土堆，很难将遗址与自己所熟悉的古代社会或祖先联系起来。为了扩大潜在的游客数量，增强遗址社会影响力，"让文物活起来"，国外进行了一些积极的尝试。如西班牙的世界文化遗产阿塔普埃尔卡（Atapuerca）旧石器时代洞穴遗址，将社区参与、博物馆展示、3D复原模型等结合[25]。较有新意的是将实验考古引入到现场展示中，如展示复原当时的石器、陶器、编织器制作，生火、使用，建筑演变，乐器演奏和舞蹈场景等，提供相应的复制品允许游客触摸观详。比利时布鲁塞尔的柯登堡（Coudenberg）王宫遗址采用边发掘边展示的方式吸引游客，在寸土寸金的城市中争取到地下展示空间，并建立精细的数字模型用于病害调查和网上浏览[26]。希腊奥林匹亚遗址，则在遗址现场采用运动会和古装戏剧表演的形式吸引游客（图2）[27]。这种方式在欧美地区考古遗址中是较为常见的展示手段，多将历史研究成果（如中古音乐、语言、饮食、习俗等）与遗址关联起来，较受大众游客欢迎，但也招致了专业学者对展示真实性的争议。

图2 希腊奥林匹亚遗址上举行的2010年温哥华冬奥会圣火传递仪式

3.2 原状保护措施中的保护考量

如前所述，原状展示必须建立在遗址或文物能经受自然环境考验的重要前提下。砖石文物建筑废墟多在这种假设下原状展示，甚至干旱地区的许多土建筑遗址亦采用此种手段。顺理成章，对原状展示的遗址材质与自然环境关系研究成为热点。许多重要遗址已经积累了数十年的环境监测数据，并对环境影响进行评估[28, 29]。并在环境数据基础上，研究遗址材质风化机理及面临的挑战[30, 31]。

对于任何原状展示的考古遗址，周期性的病害调查和保护措施都是必须的。对于遗址结构上的裂缝和表面酥粉，应进行修补和化学加固。对于局部沉降、垮塌或变形的部位，应进行锚杆或灌浆加固。在这一过程中，相关材料和工艺的筛选评估，施工后的效果评估，国外产生了大量的研究成果[32-34]（图3）。

图3　秘鲁莫切（Moche）月亮神庙遗址利用正硅酸乙酯加固石刻表面

3.3 原状保护措施中的可行性考量

如前所述，原状展示必须满足遗址材质能够在露天环境中长久保存的条件。如需原状展示，就必须通过环境影响评估。英国斯威特木栈道，是欧洲最早最完整的新石器时代采集道路，其原位原状展示，就建立在对木材含水率、比重、尺寸变化、木纤维含量、水位涨落等的长期监测和评估基础上（图4）。原状展示还需要当地社区的配合，否则亦不可行。比如埃及开罗阿布拉瓦须（Abu Rawash）的金字塔以及加纳阿多梅（Adome）冶铁遗址，因文化冲突和当地社区不配合，最终未能展示给大众[35, 36]。

另外，在遗址上的展示手段亦须进行影响评估。土耳其特奥斯（Teos）古罗马剧场定期举办现场现代音乐会，通过评估发现游客影响过大[37]。类似的例子还有柬埔寨吴哥窟遗迹和澳大利亚穆尔卡岩洞等[35, 36]。对此，应及时调整现有展示手段，避免文物因游客受损的情况。

图4　英国露天展示的斯威特木栈道与复原图

4 复原重建措施及影响评估

4.1 复原重建措施中的展示考量

与原状展示相比,遗址的复原重建相对较少,主要是出于遗址真实性的考量,因为对古代的认知在多数情况下很难支撑起遗址复原所需的细节信息[25]。在这种强调真实性的保护伦理(Conservation Ethic)下,考古遗址的复原重建通常被视为是不可接受的。欧洲现存的大多数重建案例,实际上是在真实性原则尚未获得广泛认可时实施的。这些重建工作往往带有一定的主观推测成分,如克里特岛米诺斯宫殿、法国卡卡颂城堡、德国萨尔堡罗马军营的重建[38]。这种重建往往用于作为风格主义化娱乐化的建筑,可以建于任何地方,唯独在原址重建会引起巨大争议。

不过对于地中海和中东常见的古希腊古罗马遗址,常见到将考古发掘出土的柱子残片重新拼接树立起来的例子,这种方法尽管仍存在争议,但目前已经被西方学术界接受(《威尼斯宪章》承认此种方法),并被命名为原物归位法(anastylosis)。应用这种方法的著名例子包括希腊德尔菲遗址(Delphi)和雅典卫城遗址,土耳其以弗所塞尔苏斯(Celsus)图书馆(图5),以色列梅茶达(Masada)北宫等。在重建过程中,应先详细记录编号构件,根据考古证据拼接,缺失部分利用可识别可逆的新材料补全[39]。

近年来的原址重建案例不多,已知的有20世纪60年代重建的加拿大布雷顿角路易斯堡,以及2019年局部失火后重建的法国巴黎圣母院[40, 41]。这些工程的实施都是建立在建造技术、材料、结构等均有详细记录的基础上的。

另外还有基于保护性质的重建,可以称为"半重建",即在原状展示时为了避免进一步风化而在表面建设与历史环境协调的墙体或牺牲层。这种方式在土遗址中尤其常见,如秘鲁昌昌遗址、伊朗巴姆(Bam)神庙、津巴布韦遗址、英国吉尔福德城堡等[42-44](图6)。

图5 原物归位法重建的土耳其以弗所塞尔苏斯图书馆

图6 秘鲁昌昌遗址的墙体加固

由于数字化技术的快速发展，近年来数字重建在遗址展示中得到了快速应用[45-47]。这种方式与文物本体的展示和复原无关，故不展开赘述。

4.2　复原重建措施中的保护考量

如前所述，近年来遗址的复原重建或"半重建"几乎都是基于保护考量而进行的。如以色列梅茶达北宫遗址，其建筑材料主要是夯土和石膏灰浆，容易受到风从死海带过来的盐分以及暴雨的侵蚀，因此该遗址按照原物归位法重建。这样大大减小了文化遗产暴露在空气中的表面积，从而延缓了遗址的劣化[48]。至于本文定义的"半重建"，其主要目的均是为了防止遗址进一步风化或垮塌[49]。目前国际上对于土遗址现场展示的保护研究文章较多[33, 50-54]，根据当地实际情况选择的半复原做法也多种多样。如塔吉克斯坦的阿吉纳（Ajina）佛寺遗址，其半重建的做法是用泥砖支墩修复，在维持原有轮廓基础上增加了遗址稳定性（图7）。

图7　塔吉克斯坦阿吉纳佛寺"半重建"前后对比

4.3　复原重建措施中的可行性考量

在尊重考古遗址原真性的前提下，复原重建考古遗址原有风貌几乎是不被现有学术界接受的做法。从上述案例可以看出，近年来国外的复原重建，或是基于精确翔实的档案记录，或是出于抢险加固过程中协调历史环境的现实需求。

对于已重建的考古遗址，本着尊重历史的原则，没必要强行去改变，有的甚至已成为热门的旅游景点，如英国的巨石阵、法国卡卡颂城堡等。对于这些遗址的管理与可行性研究，与原状保护的遗址类似。约旦乌姆盖斯遗址上复原的古罗马剧场，由于游客数量多且监控有限，破坏文物的现象时有发生，现有的旅游现状明显是不可持续的[55]。又如英国巨石阵，被两条繁忙道路限制在狭促的空间内，道路是否改道以及如何改道至今依然存在争议[56, 57]。这些可行性研究案例体现了遗址管理考虑因素的深度和广度。

5　保护棚措施及影响评估

5.1　保护棚措施中的展示考量

保护棚，是为保护发掘中或发掘后的遗址而产生的覆盖遗址的建筑。其本质上是一种保护性设施，但其在展示中的作用很快被人所认识和开发。首先，保护棚所创造的室内或半室内空间，可视为一个现场博物馆。在遗址周边或上方设置步道与展板等旅游设施，游客便可以身临其境地访问和了解考古遗址。其次，保护棚自身也具有重要的遗址展示功能，即保护棚可以通过建筑语言去暗示或发扬遗址的价值或重要性。换而言之，保护棚内部是一个遗址展示空间，建筑本身也可以是遗址的一块展板、一个模型或一个纪念碑。

正是因为保护棚具有极强的展示属性，对于保护棚的展示考量在不同的保护理念下注定充满争议。保护棚内如何因地制宜设置展陈内容，如何更好地诠释遗址，如何让游客具有更好的游览体验，这些都是保护棚下的"遗址博物馆"需要考虑的问题。由于和一般博物馆设计一脉相承，且命题太大，在此不展开赘述。仅针对保护棚自身的建筑设计与展示考量，介绍一些国外案例与思考。

首先展示需要考虑保护棚的风貌协调问题。保护棚如果过于显眼，就会给人一种保护棚本身比遗址重要的错觉[58]。因此一种做法是尽量让保护棚与周边自然环境协调，如希腊克里特岛马里亚（Mallia）遗址保护棚（图8）及塞浦路斯卡拉瓦索斯（Kalavasos）遗址保护棚。而意大利西西里岛的皮亚扎-阿尔梅里纳（Piazza Armerina）古罗马

图8　希腊克里特岛马里亚遗址保护棚

庄园遗址封闭式保护棚，采取的是尽量与历史环境相协调的做法（图9）。该保护棚践行意大利著名艺术评论家布兰迪的艺术修复理论，游客即使在现代轻钢结构和玻璃幕墙中，也依然能够轻松联想到建筑在古罗马时期的布局原貌。对于欧洲发掘的古罗马剧场遗址，一种常见的半开放式保护棚是在遗址上复刻剧院原状，并可容纳观众以举办现场表演[59]（图10）。这种做法存在争议，反对者认为这种保护棚只是对遗址的扭曲映射，导致游客对遗址的"正确"认识失去真实性[60]。

图9　意大利西西里岛皮亚扎-阿尔梅里纳古罗马庄园遗址保护棚

图10　法国格朗（Grand）古罗马剧场遗址保护棚

其次，保护棚类型对展示效果的影响亦须评估。保护棚一般分为开放式保护棚和封闭式保护棚两类。开放式保护棚侧重于强调遗址与其环境之间的关系，封闭式保护棚则强调沉浸式体验，往往引入声光电系统让游客获取更佳的游览体验。如前所述，还有完全隐蔽于城市路面或建筑下的遗址，从功能上而言也是一种保护棚。根据遗址诠释的需求选择不同的保护棚类型，以及保护棚内的展陈设施和内容，具有较广较深的研究空间。目前，基于不同展示考量而建立的保护棚层出不穷，各有所长。这是因为保护棚的设计要基于其历史、环境、价值、保护状况等，其设计很难标准化，必须充分考虑各方面因素[61]。

5.2　保护棚措施中的保护考量

保护棚的主要目的是改善遗址保存环境，避免阳光直射和降雨影响是保护棚最基本的功能。一般情况下，保护棚对遗址都能产生积极的影响，但有时环境的变化可能会带来新的威胁。这就需要对保护棚的效果进行评估。最简单的评估方法是对照组试验，即在保护棚内外放置相应材质的样品，定期观察样品劣化情况[62]。英国巴斯和韦尔斯主教宫（Bishop's Palace）保护棚用此方法评估发现，保护棚抑制了遗址上微生物的生长，但灰尘沉积反而增加[63]。长期系统的评估则需要收集历史档案和病害评估，如对美国卡萨格兰德（Casa Grande）遗址的评估，即对遗址百年来的保护工作和效果进行了系统梳理[64]（图11）。这种研究体现了档案记录工作的重要性。

图 11　美国卡萨格兰德遗址保护棚

保护棚策略下的遗址保护实际从保护棚设计阶段就已开始。大量案例表明如设计不当，保护棚下的遗址保存环境下可能存在各种各样的问题。一般封闭式保护棚由于内部环境稳定，保护效果最佳，但造价高昂[65]。如果遗址水位涨落不定或通风不畅，封闭式保护棚也面临凝结水或潮湿问题，如美国的黑水河谷（Blackwater Draw）遗址保护棚[66]。又如封闭式保护棚建材不隔热，又很容易造成温室效应，如前述的意大利皮亚扎-阿尔梅里纳遗址。有时设计不佳的保护棚将柱脚直接放在遗址上，从而造成破坏，如以色列的恩盖迪（Ein Gedi）遗址保护棚（图12）。

图 12　以色列恩盖迪遗址保护棚

英国卢林斯顿（Lullingstone）罗马庄园遗址曾受到雨水冲刷影响，该遗址的保护棚靠山坡一侧实际上是一个防洪大坝以阻断雨水，但通过观察发现该遗址仍非常潮湿导致苔藓丛生。

保护棚下的遗址需要定期的评估和处理措施，这是一个长期且不断重复的过程。这一过程与其他遗址保护形式所经历的基本类似，不再赘述。如保护棚对遗址保护产生的更多是负面作用，则应考虑重新设计保护棚，这要求保护棚具有可逆性。

5.3 保护棚措施中的可行性考量

保护棚措施是在仔细考虑保护、展示和可行性等多方面设计后方能采取的措施，这点在考虑保护棚措施是否可行或评估是否有效时非常重要。如坦桑尼亚的来托利（Laetoli）古人类遗址，虽然文物价值高，但考虑到位置偏远、岩石易风化且缺乏足够资金技术支持，最终放弃保护棚建设计划而回填[67]。而澳大利亚的拉克奎里（Lark Quarry）恐龙遗址保护棚，因设计缺陷产生了采光不足、地面盐碱化、飘雨内涝等各种问题，没有起到应有的作用（图13）。影响可行性的还有遗址自身条件，一般保存较佳的石质建筑废墟不需要遮风挡雨，因此保护棚的保护效果并不明显[60]。如果保护棚不能起到积极作用则应考虑去除，如西西里岛的杰拉（Gela）遗址的保护棚，由于温室效应及支撑力等原因，在20世纪50年代已被拆除。

图13 澳大利亚拉克奎里恐龙遗址保护棚

6 结论

综上所述，本文大致将目前国外常见的遗址展示形式分为回填、原状保护、复原重建和保护棚四类，并通过案例和相关文献分别从展示、保护、可行性等角度考察评估不同展示形式对文物的影响。通过大致梳理，可以获知以下结论：

1）各种遗址展示形式并没有高低优劣之分，某种遗址展示形式是否适合遗址需要科学全面的决策。

2）任何展示形式都需要长期反复的影响评估和处理措施。指望一劳永逸解决遗址面临的威胁和问题是不现实的。

3）与国外案例和文献相比较，我国在遗址展示上出现的案例更多更复杂，但相应的评估和研究工作见诸报道的甚少。这提醒我们应该加强遗址保护性设施影响评估研究，提高遗址管理水平。

注　释

[1] Andreu MD, Champion T. Nationalism and archaeology in Europe: An introduction. Andreu MD, Champion T (eds). Nationalism and archaeology in Europe. London: University College London Press, 1996: 1−23.

[2] Boylan P (ed). Museums 2000-politics, people, professionals and profit. London, New York: Museums Association in conjunction with Routledge, 1992.

[3] Fushiya T. Archaeological site management and local involvement: A case study from Abu Rawash, Egypt. Conservation and Management of Archaeological Sites, 2011, 12(4): 324−355.

[4] Kyong-Mcclain J. Excavating the nation: Archaeology and control of the past and present in Republic Sichuan. University of Illinois at Urbana-Champaign. 2009: 247.

[5] Cleere H. Introduction: The rationale of archaeological heritage management. Cleere H (ed). Archaeological heritage management in the modern world. London, New York: Routledge, 2000: 1−22.

[6] Demas M. 'Site unseen': the case for reburial of archaeological sites. Conservation and Management of Archaeological Sites, 2004, 6(3−4): 137−154.

[7] Skeates R. Debating the archaeological heritage. London: Duckworth, 2000.

[8] Wainwright G. Saving the rose. Antiquity, 1989, 63(240): 430−435.

[9] Matera F, Moss E. Temporary site protection for earthen walls and murals at Çatalhöyük, Turkey. Conservation and Management of Archaeological Sites, 2004, 6(3−4): 213−227.

[10] Rainer L. Terra literature review an overview of research in earthen architecture conservation. E Avrami H Guillaud M Hardy The Getty Conservation Institute Los Angeles, 2008: 45−61.

[11] Oliver A. Conservation of earthen archaeological sites. Terra Literature Review, 2008: 80.

[12] Dowdy K, Taylor MR. Investigations into the benefits of site burial in the preservation of prehistoric plasters in archaeological ruins. 7A Conferência Internacional sobre o Esudoe Conservacão da Arquitectura de Terra: communicações: Terra 93, 1993.

[13] Caple C. Towards a benign reburial context: The chemistry of the burial environment. Conservation and Management of Archaeological Sites, 2004, 6(3−4): 155−165.

[14] Hopkins D, Shillam L-L. Do geotextiles affect soil biological activity in the 'reburial' environment? Conservation and Management of Archaeological Sites, 2005, 7(2): 83−88.

[15] Huisman D, Müller A, van Doesburg J. Investigating the impact of concrete driven piles on the archaeological record using soil micromorphology: Three case studies from the Netherlands. Conservation and Management of Archaeological Sites, 2011, 13(1): 8−30.

[16] Pollard AM, Wilson L, Wilson AS, et al. Assessing the influence of agrochemicals on the rate of copper corrosion in the vadose zone of arable land part 2: Laboratory simulations. Conservation and Management of Archaeological Sites, 2006, 7(4): 225−239.

[17] Bøe Sollund M-L, Holm-Olsen IM. Monitoring cultural heritage in a long-term project: The Norwegian sequential monitoring programme. Conservation and Management of Archaeological Sites, 2013, 15(2): 137−151.

[18] Jones KL. Native grasslands and the stabilization of earthwork archaeological sites on the Middle Missouri river, North Dakota. Conservation and Management of Archaeological Sites, 2000, 4(3): 139-150.

[19] Caneva G, Ceschin S, De Marco G. Mapping the risk of damage from tree roots for the conservation of archaeological sites: The case of the Domus Aurea, Rome. Conservation and Management of Archaeological Sites, 2006, 7(3): 163-170.

[20] Ngan-Tillard D, Dijkstra J, Verwaal W, et al. Under pressure: A laboratory investigation into the effects of mechanical loading on charred organic matter in archaeological sites. Conservation and Management of Archaeological Sites, 2015, 17(2): 122-142.

[21] Byrne D. Archaeology in reverse: The flow of aboriginal people and their remains through the space of New South Wales. Merriman N (ed). Public Archaeology. London: Routledge, 2004: 240-254.

[22] Cooke L, Kishvar S-iM-iF-i. To fill or not to fill? Retrospective backfilling at Merv, Turkmenistan. Preprint of Papers of the 9th International Conference on Study and Conservation of Earthen Architecture, Terra 2003, Yazd, Iran 29th November-2nd December 2003, 2003: 102-109.

[23] Goodman M. Site preservation at Gordian, an iron age city in Anatolia. Conservation and Management of Archaeological Sites, 2002, 5(4): 195-214.

[24] Cooke L. The archaeologist's challenge or despair: Reburial at Merv, Turkmenistan. Conservation and Management of Archaeological Sites, 2007, 9(2): 97-112.

[25] Jones S. Experiencing authenticity at heritage sites: Some implications for heritage management and conservation. Conservation and Management of Archaeological Sites, 2009, 11(2): 133-147.

[26] Cnockaert L, Demeter S, de Granada AH, et al. Paper 1: The Coudenberg archaeological site in Brussels: The stakeholders involved in the renovation process. Conservation and Management of Archaeological Sites, 2014, 16(1): 5-15.

[27] Lala D-M. Contemporary uses of archaeological sites: A case study of ancient stadiums in Modern Greece. Conservation and Management of Archaeological Sites, 2014, 16(4): 308-321.

[28] Galea M, DeBattista R, Grima M, et al. Pollution monitoring for sea salt aerosols and other anionic species at Hagar Qim temples, malta: A pilot study. Conservation and Management of Archaeological Sites, 2015, 17(4): 315-326.

[29] Cleere C, Trelogan J, Eve S. Condition recording for the conservation and management of large, open-air sites: A pilot project at Chersonesos (Crimea, Ukraine). Conservation and Management of Archaeological Sites, 2006, 8(1): 3-16.

[30] Minissale P, Trigilia A, Brogna F, et al. Plants and vegetation in the archaeological park of Neapolis of Syracuse (Sicily, Italy): A management effort and also an opportunity for better enjoyment of the site. Conservation and Management of Archaeological Sites, 2015, 17(4): 340-369.

[31] Matero F. Mud brick metaphysics and the preservation of earthen ruins. Conservation and Management of Archaeological Sites, 2015, 17(3): 209-223.

[32] Farci A, Floris D, Massidda L, et al. Long-term performance evaluation of an earthen grouting mortar:

The Nuraghic complex of Genna Maria, Sardinia. Conservation and Management of Archaeological Sites, 2006, 7(3): 171−178.

[33] Correia M, Guerrero L, Crosby A. Technical strategies for conservation of earthen archaeological architecture. Conservation and Management of Archaeological Sites, 2015, 17(3): 224−256.

[34] Mueller D, Pliett H, Kuhlmann KP, et al. Structural preservation of the temple of the Oracle in Siwa Oasis, Egypt. Conservation and Management of Archaeological Sites, 2002, 5(4): 215−230.

[35] Miura K. A note on the current impact of tourism on Angkor and its environs. Conservation and Management of Archaeological Sites, 2006, 8(3): 132−135.

[36] Rossi AM, Webb RE. The consequences of allowing unrestricted tourist access at an aboriginal site in a fragile environment: The erosive effect of trampling. Conservation and Management of Archaeological Sites, 2007, 9(4): 219−236.

[37] Çalışkan M. A model for assessing the reuse of an ancient place of performance: The bouleuterion of Teos. Conservation and Management of Archaeological Sites, 2017, 19(4): 288−318.

[38] Schmidt H. The impossibility of resurrecting the past: Reconstructions on archaeological excavation sites. Conservation and Management of Archaeological Sites, 1999, 3(1−2): 61−68.

[39] Nohlen K. The partial re-erection of the Temple of Trajan at Pergamon in Turkey: A German archaeological institute project. Conservation and Management of Archaeological Sites, 1999, 3(1−2): 91−102.

[40] Ashurst J (ed). Conservation of ruins. Oxford: Elsevier Limited, 2007.

[41] Baillieul E, Leroux L, Chaoui-Derieux D. Reconstructing the fallen arch of Notre-Dame. New insights into Gothic vault-building. Journal of Cultural Heritage, 2024, 65: 68−73.

[42] Colosi F, Gabrielli R, Malinverni ES, et al. Strategies and technologies for the knowledge, conservation and enhancement of a great historical settlement: ChanChan, Peru. Monitoring conservation and management. Boriani, 2013: 56−64.

[43] Emami MJ, Tavakoli AR, Alemzadeh H, et al. Strategies in evaluation and management of Bam earthquake victims. Prehospital and disaster medicine, 2005, 20(5): 327−330.

[44] Savage J, Wyeth W. Exploring the unique challenges of presenting English heritage's castles to a contemporary audience. 2020.

[45] Bristow RS, Taylor J. Recreating the massasoit spring house with 3dimensional modelling. Conservation and Management of Archaeological Sites, 2020, 22(3−6): 199−214.

[46] Ro HL, Matero F. Repeat photography and virtual reconstruction of los santos de Ángeles de guevavi, tumacácori national historical park, Arizona. Conservation and Management of Archaeological Sites, 2021, 23(3−4): 145−171.

[47] Jacquot K, Saleri R. Gathering, integration, and interpretation of heterogeneous data for the virtual reconstruction of the Notre dame de Paris roof structure. Journal of Cultural Heritage, 2024, 65: 232−240.

[48] Gratch A. Masada performances: The contested indentities of touristic spaces. Louisiana State University and Agricultural & Mechanical College, 2013.

[49] Fodde E, Watanabe K, Fujii Y. Preservation of earthen sites in remote areas: The Buddhist monastery of Ajina Tepa, Tajikistan. Conservation and management of archaeological sites, 2007, 9(4): 194−218.

[50] Fodde E. Analytical Methods for the Conservation of the Buddhist Temple II of Krasnaya Rechka, Kyrgyzstan. Conservation and management of archaeological sites, 2006, 8(3): 136−153.

[51] Fodde E. Conserving sites on the Central Asian silk roads: The case of otrar tobe, Kazakhstan. Conservation and management of archaeological sites, 2006, 8(2): 77−87.

[52] Ndoro W. Restoration of dry-stone walls at the great Zimbabwe archaeological site. Conservation and management of archaeological sites, 1995, 1(2): 87−96.

[53] Matero FG, Bass A. Design and evaluation of hydraulic lime grouts for the reattachment of lime plasters on earthen walls. Conservation and management of archaeological sites, 1995, 1(2): 97−108.

[54] Dal Rì C, Fruet S, Bellintani P, et al. Preserving archaeological remains in situ: Three case studies in Trentino, Italy. Conservation and management of archaeological sites, 2017: 242−251.

[55] Ababneh A, Darabseh F, White R. Assessment of visitor management at the archaeological site of Umm Qais: Condition and problems. Conservation and management of archaeological sites, 2014, 16(4): 322−340.

[56] Baxter I, Chippindale C. From 'national disgrace' to flagship monument: Recent attempts to manage the future of Stonehenge. Conservation and management of archaeological sites, 2002, 5(3): 151−184.

[57] Maddison D, Mourato S. Valuing different road options for Stonehenge. Conservation and management of archaeological sites, 2001, 4(4): 203−212.

[58] Matero FG. Managing change: The role of documentation and condition survey at Mesa Verde National Park. Journal of the American Institute for Conservation, 2003, 42(1): 39−58.

[59] Bertaux J-P, Goutal M, Mechling J-M, et al. The Gallo-Roman sanctuary at Grand, France: II The protection and development of the amphitheatre. Conservation and Management of Archaeological Sites, 1998, 2(4): 217−228.

[60] Stanley-Price NP, Jokilehto J. The decision to shelter archaeological sites three case-studies from Sicily. Conservation and Management of Archaeological Sites, 2002, 5(1−2): 19−34.

[61] Laurenti MC. Research project on protective shelters for archaeological areas in Italy a status report. Conservation and Management of Archaeological Sites, 2002, 5(1−2): 109−115.

[62] Cabello-Briones C. Comparative performance evaluation of the shelters at Complutum, a Roman archaeological site in Spain. Conservation and Management of Archaeological Sites, 2020, 22(1−2): 38−51.

[63] Cabello Briones C, Viles H. An assessment of the role of an open shelter in reducing soiling and microbial growth on the archaeological site of the Bishop's Palace, Witney, England. Conservation and Management of Archaeological Sites, 2018, 20(1): 2−17.

[64] Matero F. Lessons from the great house: Condition and treatment history as prologue to site conservation

and management at Casa Grande Ruins national monument. Conservation and Management of Archaeological Sites, 1999, 3(4): 203−224.

[65] Aslan Z. Designing protective structures at archaeological sites: Criteria and environmental design methodology for a proposed structure at Lot's Basilica, Jordan. Conservation and Management of Archaeological Sites, 2002, 5(1−2): 73−85.

[66] Jerome P, Taylor MR, Montgomery JR. Evaluation of the protective shelter at blackwater draw archaeological site, New Mexico. Conservation and Management of Archaeological Sites, 2002, 5(1−2): 63−72.

[67] Agnew N. Methodology, consetvation criteria and performance evaluation for archaeological site shelters. Conservation and Management of Archaeological Sites, 2002, 5(1−2): 7−18.

技术与实践

圆明园澹怀堂遗址夯土病害分析及加固研究

张 涛 刘振东 王菊琳*

摘要：本文根据现场勘测结果发现澹怀堂遗址土体主要存在病害有坍塌、开裂、表面酥粉、虫洞、植物、雨蚀等。成分检测表明土体属于偏中性或碱性，主要为石英、方解石、斜长石、微斜（钾）长石等，且当 CaO 成分含量约占 30% 时，多为灰土（含石灰）。通过色差、水滴接触角、渗透系数、孔隙比、冻融循环等测试对高模数硅酸钾（PS）、改性糯米浆、有机硅改性苯丙乳液、改性正硅酸乙酯模拟加固后土体保护效果进行评估，发现各加固材料均存在优缺点。现场试验结果表明采用正硅酸乙酯进行表面喷洒时，对密实土质（灰土）起到的保护效果最好；对于缺失夯补区域采用夯实法并加入改性糯米浆加固后可提高夯土的坚实性和耐水性。

关键词：遗址；夯土；病害；加固

1 引言

"圆明三园"的重要组成部分长春园宫门于清乾隆十二年（1747 年）建成，宫门区南起宫门前大影壁，北至临河众乐亭，正中为该园正殿——澹怀堂，亦称勤政殿，南北长约 220 米，东西宽约 95 米，是建于湿地上的一组建筑。现地面以上建筑基本无存，仅余部分建筑台基、夯土、散水、甬路、排水沟及散落的柱础、条石等遗存，现存地基灰土、三合土破损、缺失严重。

为了减小遗址发掘后受到进一步的自然破坏，根据遗址目前状况与文物保护原则和设计要求，残存的砖、石、灰及夯土等均应严格保护，不得扰动破坏，要求尽可能多地展示现状，因此采取最小干预的保护方法，即对遗址外露的灰、土、砖、石等文物遗存进行保护，包括各殿座外露的灰、土遗存，散水及甬路遗存、庭院夯土遗存、砖石构件等遗存。

本项目虽然前期进行了土体、砖石防护、加固的现场可行性试验，但受条件所限，试验的目的主要是对防护、加固的技术进行现场可行性研究，而未进行技术数据采

---

* 张涛：北京市考古研究院（北京市文化遗产研究院），北京，邮编 100061；刘振东、王菊琳：北京化工大学材料科学与工程学院，北京，邮编 100029。

集[1]。为配合"圆明园澹怀堂遗址保护展示工程",根据圆明园遗址公园总体保护规划以及相关展示要求,本文将开展如下工作:① 对澹怀堂周边现存土体进行病害勘测[2, 3];② 实验室环境下针对所取土样进行成分解析、形貌观察等;③ 实验室环境下通过四种加固剂(高模数硅酸钾[4-7]、改性糯米浆、有机硅改性苯丙乳液[8, 9]、改性正硅酸乙酯[10, 11])对土体进行模拟加固研究及评估;④ 结合现场加固试验,针对不同病害遴选出保护效果最佳的加固剂并给予应用。

2 实验材料及测试方法

2.1 实验材料

实验所用素体及灰土(三合土)分别取自澹怀堂北侧和南侧病害处。加固剂材料分别为高模数硅酸钾(PS)、改性糯米浆、有机硅改性苯丙乳液、正硅酸乙酯,具体相关性能指标见表1。

表1 加固剂基本性能参数

种类	密度(g/ml)	固含量(%)	pH值	黏度(mPa·s)	外观、颜色
有机硅改性苯丙乳液	0.83	14.27	7.00	1.54	乳白色
正硅酸乙酯	0.82	13.36	6.00	54.83	无色透明
改性糯米浆	1.04	8.76	11.00	2.63	无色浑浊
高模数硅酸钾(PS)	1.17	32.22	11.00	3.73	无色透明

2.2 材料处理

2.2.1 灰土配比

对澹怀堂塌落的黄土进行过筛,并置于120℃烘箱中8h至土体中不含水分。被加固的土样分为加石灰和砂子(三合土)、不加石灰和砂子(素土)两种;其中三合土中土与砂的质量比为8∶2,土与砂混合物与水硬性石灰的体积比为7∶3,夯土的最佳含水率约为混合物的16%~17%。

2.2.2 试样制备

抗压试样制备:自将混合料加入模具,边加入边压实,填满后,用夯实锤夯实,夯实次数约为110~120次,所得的试样直径4cm,高4~5cm,密度约为1.18g/cm³。脱模后将试样表面打磨平整,自然风干5天,分别采用4种加固剂进行加固。

抗折试样制备:制备长度约为8cm、直径为4cm的用于抗折强度测试的试样。每次在模具中装满土、按实,自下至上逐渐增加夯锤打击次数,共打击 160 次,制成的样品质量约为 175g。将试样自然风干 5 天,用四种加固剂加固后,进行抗折强度测试,同时做空白试验,平行样为 3 个。

圆饼状试样制备:在环刀中制作圆饼状试样(Φ60mm×40mm),自然条件下干燥 5 天后,用四种加固剂分别进行第一次加固,5 天后进行第二次加固,试样养护 28 天后进行冻融、渗透系数、接触角、孔隙比测试等实验。

2.3 测试方法

2.3.1 病害土样测试方法

(1) pH 值测试方法

取适量研磨过的土样,按质量比 1:1 的比例加入去离子水,充分混溶后在离心机中离心分离,取离心清液,将校正好的电极插入待测液中测定 pH 值,测量三次取平均值。

(2) 含水率测试方法

干燥的烧杯重量 M_0,取适量土样(湿土)置于烧杯中,称重 M_2,将烧杯置于 120℃ 烘箱 6~8h,取出冷却,称量总重量 M_1,由式计算出土的含水率:

$$含水率 = \frac{M_2 - M_1}{M_1 - M_0} \times 100\%$$

(3) 电导率测试方法

取适量烘干后的土样按水土比为 5:1 加入去离子水,充分搅拌后,取少量液体用离心机离心,取上层清液用电导率测试仪测量土壤电导率。

(4) 可溶性盐含量测试方法

取适量烘干土 M_3,按水土比大于 5:1 加入去离子水,充分搅拌得到混悬液,抽滤(滤纸重 M_4),滤液收集备用。取下滤纸和土样,置于烘箱 6~8h,冷却称量滤纸和土样重量 M_5,由式计算出可溶性盐含量:

$$盐含量 = \frac{M_3 - (M_5 - M_4)}{M_3}$$

(5) X 射线荧光光谱仪(XRF)测试

取少量土样用研钵研碎并混合均匀,置于型号为 EDX-800HS X 射线荧光仪中进行测试。

(6) X 射线衍射仪(XRD)测试

取少量土样用研钵研碎并混合均匀,置于型号为日本理学 RINT2000 型 X 射线衍射仪中进行测试。

(7) 扫描电子显微镜(SEM)测试

把所取土样粘在样品台上,并喷金处理,用扫描电子显微镜下观察土样的微观结构。

2.3.2 加固土体测试方法

（1）抗压强度测试

采用电子万能试验机进行相应的抗压强度测试。

（2）接触角测试

采用 JC2000C 接触角测定仪测定四种加固剂的接触角并记录数据[12]。

（3）孔隙比的测定

称取环刀的质量 m（精确至 0.1g）。先测定土样的容重（单位体积干燥土壤重量与同体积水重之比），通过以下公式得到：容重（g/cm³）= 烘干土的质量（g）/ 环刀的容积（cm³）。一般土壤比重为 2.6~2.7，通常取其平均值 2.65（比重是每单位体积固体土颗粒重量与同体积水重之比）。根据公式计算孔隙比：

$$孔隙比 = (1 - 容重 / 比重) \times 100\%$$

（4）渗透系数的测定

采用环刀法制样并测定渗透系数，根据达西定律：$K = Q \times L / S \times t \times h$ 算得[13]。

（5）冻融试验

冻融循环试验相关参数如下：冷冻温度 -20℃，融化温度室温；冻融循环时间 2h，冷冻时间 1.5h，融化时间 0.5h；冻融转换时间 10min。每次冻融循环试验结束后，观察表面，并记录冻融循环次数[14, 15]。

3 结果与分析

3.1 土体病害分析

本次考察主要对象是基本未经施工扰动的圆明园澹怀堂遗址。为了配合保护和修复遗址的工作，对澹怀堂四面及其周边进行了调查分析，发现存在大量的土遗址病害，如严重的坍塌、开裂、表面酥松脱落、植物、虫洞、雨蚀等病害，且常见几种病害交叉在一起，具体现场病害调研结果见图 1。

3.2 土体基本性能分析

3.2.1 pH 值、含水率、电导率、可溶性盐含量

从表 2 可见澹怀堂的土样基本为中性至偏碱性，其中北黄土、北夯土、北酥粉土、顶层夯土、素土 pH 值在 8 左右，碱性较强。西灰土、塌落土近于中性，有酸化现象。澹怀堂西灰土、北酥粉土含水率较高，而南红白土及素土含水率最低。由于所取土样经过了一定时间的室内封闭放置，在放置过程中由于密封不完全等原因，含水率会有所

图 1 澹怀堂各侧面调研病害
1.北西侧坍塌 2.北西侧裂缝 3.南侧植物和虫洞 4.南侧酥松脱落 5.北西侧雨蚀 6.东侧泛白土

表 2 澹怀堂土样物理化学性质测试结果

土样	pH 值	含水率（%）	电导率（μS/cm）	含盐量（%）
北黄土	8.01	3.72	460	3.36
北夯土	7.87	3.58	154	1.5
北酥粉土	7.81	4.49	153	0.87
顶层夯土	8.21	3.46	141	4.78
塌落土	7.25	3.46	224	1.72
西灰土	7.07	6.11	430	12.91
泛白土		3.51	440	6.14
南红白土	7.48	1.54	450	1.45
素土	8.04	1.01	61	1.02

降低。其土体的含水率主要与周围湿度、光照强度、粉化程度等因素相关，此结果具有一定的借鉴意义。

电导率较高的有北黄土、南红白土、泛白土、西灰土，相对应的西灰土、泛白土、顶层夯土的含盐量较高。澹怀堂的几份样品含盐量比较平均，多数在 1% 左右，顶层夯土和泛白土含盐量较高，可能是钙离子、钠离子等含量较多造成的，个别样品电导率和可溶性盐含量不一致可能是电导率由可溶性盐中阳离子和阴离子共同贡献的，而阳离子和阴离子对电导率的贡献程度不同所致。综上所述，在进行保护时，对病害较为严重的西灰土、泛白土、北黄土、南红白土、顶层夯土应引起重视，最好采取治理措施后再进行保护。

3.2.2 病害土氧化物组成及含量

从表3、表4可见北酥粉土、黄土、南红土、塌落土含Si较高，是土壤中SiO_2造成的；顶层夯土、北对面夯土、西面灰土含Ca量较高，是夯土时加入大量的石灰造成的，黄土含Ca量最少，可能此土是未加石灰的素土，因此顶层夯土、北对面夯土中石灰含量大约是30%（重量百分比），而西面灰土中含Ca量更高表明加入的石灰更多；黄土含K、Fe量较高，是钾斜长石和含铁的矿物形成的；西面灰土含有一定量的P；泛白土、南红土、素土、西面灰土含有一定量的S元素，对于含S、P较多的土遗址，应该予以去除或清洁后再行保护。

表3　澹怀堂病害土样元素成分测试结果　　　　（单位：wt.%）

土样	元素占比（%）						
	Si	Ca	Fe	K	P	S	Ti
顶层夯土	47.33	35.30	12.03	2.76	—	—	—
北酥粉土	60.60	15.85	15.82	4.70	—	—	—
黄土	67.28	5.00	19.63	5.27	—	—	—
南红土	59.00	17.21	14.53	4.16	—	1.35	1.65
泛白土	47.65	22.51	15.06	3.43	—	9.27	—
塌落土	57.24	18.65	17.44	4.04	—	—	—
北对面夯土	43.14	39.23	13.37	2.52	—	—	—
素土	52.55	21.31	16.80	3.75	—	2.52	1.46
西面灰土	23.52	52.25	10.58	1.93	7.02	3.04	—

表4　澹怀堂病害土样氧化物成分测试结果　　　　（单位：wt.%）

土样	氧化物占比（%）						
	SiO_2	CaO	Fe_2O_3	K_2O	P_2O_5	SO_3	TiO_2
顶层夯土	65.30	24.37	7.25	1.74	—	—	—
北酥粉土	77.33	9.77	8.65	2.62	—	—	—
黄土	82.36	2.92	10.42	2.76	—	—	—
南红土	75.52	10.60	7.88	2.41	—	1.63	1.12
泛白土	62.56	14.16	8.38	1.95	—	11.71	—
塌落土	74.35	11.97	9.89	2.34	—	—	—
北对面夯土	60.88	27.97	8.33	1.65	—	—	—
北对面黄土	69.23	13.84	9.59	2.20	—	3.22	1.04
西面灰土	35.32	39.96	7.16	1.36	10.30	4.72	—

3.2.3 病害土物相分析

由图2、表5中成分分析结果可知，主要含有的矿物组成为土壤中常见物质石英 SiO_2、方解石 $CaCO_3$（含量较多时表明加入了石灰）、斜长石 $(Na,Ca)Al(Si,Al)_3O_8$、微斜（钾）长石 $K(AlSi_3)O_8$，同时含有少量的云母 $(K,Na)(Al,Mg,Fe)_2(Si,Al)O_{10}(OH)_2$、绿泥石 $(Mg,Al,Fe)_6(Si,Al)_4O_{10}(OH)_8$ 等。其中石英、长石属于砂岩类，方解石、云母属于非黏土矿物，绿泥石属于非膨胀型黏土矿物，矿物层间存在氢键，为晶质矿物，所以该土遗址的土质为粉砂土而非黏土。含量最多的是石英，呈单晶出现，圆度差，边缘较模糊，由于其含量高，砂性重，成型时可塑性较差，结合力较差。将病害土与黄土（不含 $CaCO_3$ 说明其是素土）进行比较，澹怀堂北对面夯土、顶层夯土、西面灰土含有大量的 $CaCO_3$，说明制作当时加了大量的生石灰作为加固剂，而泛白土和顶层夯土还含有石膏 $CaSO_4·2H_2O$，这是石灰与外界环境介质发生反应而降低了胶结作用且使表面发白。结合XRF测试结果可知，除黄土外含Ca量较少的北酥粉土、南红白土，它们的 $CaCO_3$ 含量也低，胶结物质含量低，因此容易出现病害。

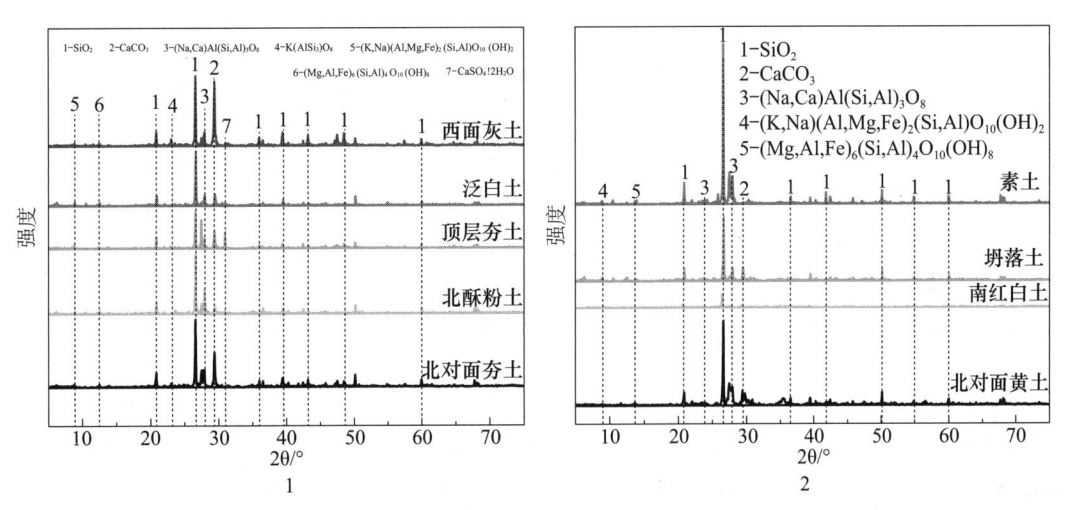

图 2 不同位置土体 XRD 图谱

1.西面灰土、泛白土、顶层夯土、北酥粉土、北对面夯土叠加 XRD 图谱
2.素土、坍落土、南红白土、北对面黄土叠加 XRD 图谱

表 5 澹怀堂病害土样主要成分

土样	主要成分
顶层夯土	SiO_2、$K(AlSi_3)O_8$、$CaCO_3$、$CaSO_4·2H_2O$、$(Na,Ca)Al(Si,Al)_3O_8$、$(K,Na)(Al,Mg,Fe)_2(Si,Al)O_{10}(OH)_2$、$(Mg,Al,Fe)_6(Si,Al)_4O_{10}(OH)_8$
北酥粉土	SiO_2、$CaCO_3$、$(Na,Ca)Al(Si,Al)_3O_8$、$K(AlSi_3)O_8$、$(K,Na)(Al,Mg,Fe)_2(Si,Al)O_{10}(OH)_2$、$(Mg,Al,Fe)_6(Si,Al)_4O_{10}(OH)_8$
素土	SiO_2、$(Na,Ca)Al(Si,Al)_3O_8$、$K(AlSi_3)O_8$、$(K,Na)(Al,Mg,Fe)_2(Si,Al)O_{10}(OH)_2$

续表

土样	主要成分
南红白土	SiO_2、$CaCO_3$、$(Na,Ca)Al(Si,Al)_3O_8$
泛白土	SiO_2、$CaCO_3$、$(Na,Ca)Al(Si,Al)_3O_8$、$(K,Na)(Al,Mg,Fe)_2(Si,Al)O_{10}(OH)_2$、$(Mg,Al,Fe)_6(Si,Al)_4O_{10}(OH)_8$、$K(AlSi_3)O_8$、$CaSO_4 \cdot 2H_2O$
塌落土	SiO_2、$CaCO_3$、$(Na,Ca)Al(Si,Al)_3O_8$、$(K,Na)(Al,Mg,Fe)_2(Si,Al)O_{10}(OH)_2$、$(Mg,Al,Fe)_6(Si,Al)_4O_{10}(OH)_8$
北对面夯土	SiO_2、$CaCO_3$、$(Na,Ca)Al(Si,Al)_3O_8$、$K(AlSi_3)O_8$、$(K,Na)(Al,Mg,Fe)_2(Si,Al)O_{10}(OH)_2$、$(Mg,Al,Fe)_6(Si,Al)_4O_{10}(OH)_8$
北对面黄土	SiO_2、$CaCO_3$、$(Na,Ca)Al(Si,Al)_3O_8$、$K(AlSi_3)O_8$
西面灰土	SiO_2、$CaCO_3$、$(Na,Ca)Al(Si,Al)_3O_8$、$K(AlSi_3)O_8$、$(K,Na)(Al,Mg,Fe)_2(Si,Al)O_{10}(OH)_2$、$(Mg,Al,Fe)_6(Si,Al)_4O_{10}(OH)_8$

3.2.4 扫描电子显微镜（SEM）分析

澹怀堂黄土主要由形状和大小基本一致的石英晶体颗粒组成，颗粒与颗粒之间的连接较少。北对面夯土因有碳酸钙存在而使颗粒之间的结合相对紧密，且有包裹的晶体核存在，可能是生石灰与水、空气反应生成碳酸钙并由一部分生石灰未发生反应而被包裹形成的。顶层夯土中由于碳酸钙晶体颗粒与石英晶体颗粒共存而较为杂乱，颗粒与颗粒之间的结合相对紧密，有的长出了新的、尺寸细小的晶体颗粒和树枝状晶体颗粒。西面灰土的结构较为疏松，结晶程度也较同样含有碳酸钙的北对面夯土和顶层夯土低，也比黄土的结晶程度低，可能是含有P、S导致的。南红白土的结构类似于黄土，但由于它含有少量的碳酸钙，在土颗粒之间分布而使颗粒之间结合黄土的紧密。北对面黄土颗粒较小，夹杂少量大的晶体颗粒，颗粒之间的连接较为紧密。北酥粉土的结构类似于北对面夯土，但颗粒之间的结合程度不如北对面夯土，也没有包裹的晶体核。泛白土在较大的晶体颗粒之上生成了较小的晶体颗粒，这些颗粒有可能就是所检测到的石膏成分，也是石膏导致发白的原因。裂缝处土的颗粒大小、形状不均匀，说明碳酸钙晶体连接土体颗粒程度不同。塌落土的结构类似于黄土，但颗粒较为细小，由于有少量碳酸钙胶结物存在而比黄土的结合紧密（图3）。总之，土遗址不同位置的土其组成和结构不同，颗粒之间的连接程度不同，以及环境条件不同，导致了不同的病害，针对这些病害应采取相应的治理措施。

3.3 模拟加固土体综合性能分析

3.3.1 力学性能

从表6可以看出，采用四种不同的封护加固剂，试样的抗压强度都有了很大的提高，其中用正硅酸乙酯加固后试样的抗压强度最小为714.32KPa，较之原样440KPa提

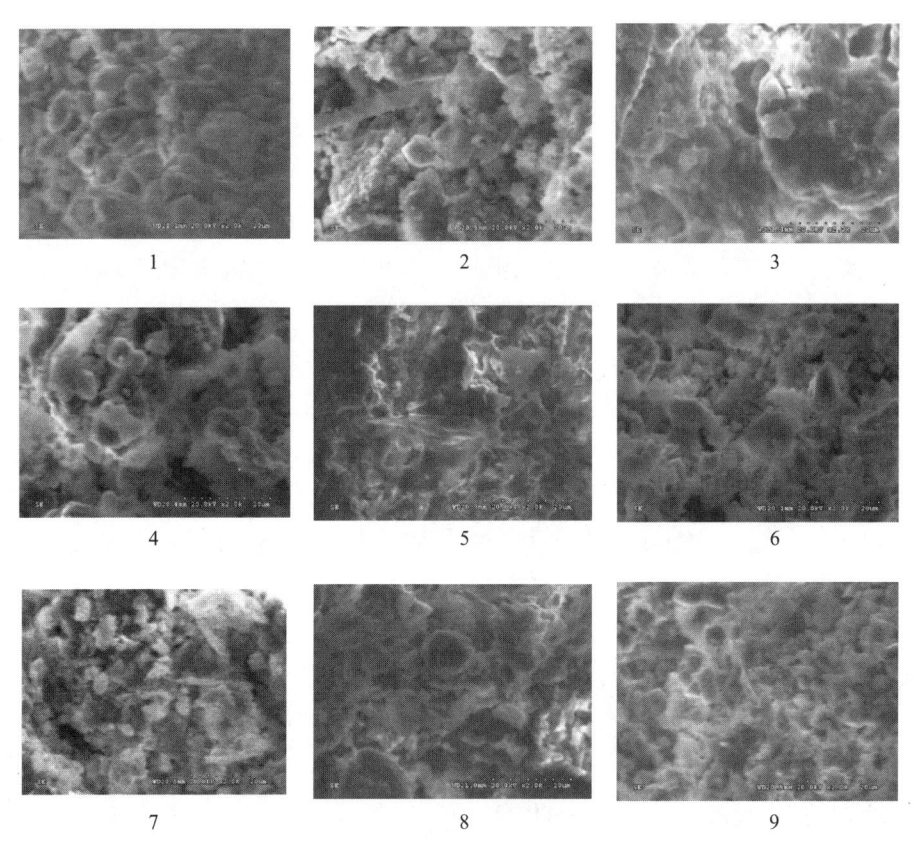

图 3　澹怀堂不同位置土体扫描电子显微镜（SEM）形貌

1. 黄土　2. 顶层夯土　3. 北对面夯土　4. 西面灰土　5. 北对面黄土　6. 南红白土　7. 泛白土
8. 北酥粉土　9. 塌落土

表 6　土体抗压、抗折强度参数

处理方法	力学性能指标	
	抗压强度（KPa）	抗折强度（KPa）
原样	440	83.22
高模数硅酸钾（PS）加固改性	757.74	75.97
糯米浆改性	1022.78	74.8
有机硅苯丙乳液改性	1243.74	129.37
正硅酸乙酯改性	714.32	121.94

高的 62.35%；有机硅改性丙烯酸乳液加固后的试样抗压强度最大为 1243.74KPa，较之原样提高了 182.67%。加固材料对试样的抗压强度提高效果显著，且提高程度都低于 200%，不至于使土遗址这一局部加固区域提高的强度过高而影响原土遗址的稳定性。用 PS 和改性糯米浆封护加固的试样抗折强度略低于原样的抗折强度，而苯丙乳液和正

硅酸乙酯加固的试样抗折强度明显高于原样，其中有机硅改性苯丙乳液提高最为明显，提高了55.46%。

3.3.2 接触角、孔径比、渗透系数

各加固剂在渗透过程中渗透速度由大到小为：正硅酸乙酯＞有机硅改性苯丙乳液＞改性糯米浆＞高模数硅酸钾（PS）。测试接触角时，在高模数硅酸钾（PS）封护的土样上，水滴迅速下渗；在改性糯米浆和有机硅改性苯丙乳液上，水滴的接触角均为锐角（具有一定疏水性），但测量结束后一段时间，在改性糯米浆加固试样的表面，水滴继续下渗，而在改性丙烯酸乳液上，仍保持水滴状态；在正硅酸乙酯上，水滴与表面的接触角为钝角，始终保持着不润湿的状态[16]。从表7可见，经过高模数硅酸钾（PS）、改性糯米浆、有机硅改性苯丙乳液和正硅酸乙酯加固封护后，土样的孔隙比分别减少了5.9%、6.82%、7.62%、0.29%，在保护土遗址的同时不会明显堵塞土壤孔隙，影响土壤的呼吸功能。

有机硅改性苯丙乳液、正硅酸乙酯加固封护后的试样，渗透系数很小（无水通过），说明水的透过能力差，渗透系数比未封护土样小两个数量级左右，一方面防止了外界水分进入破坏土遗址，另一方面也会把土遗址内部的水分封住而无法蒸发出去导致土遗址的破坏。高模数硅酸钾（PS）和改性糯米浆的渗透系数比未封护土样减少了二分之一以上，还能让部分水通过，一方面可以减小外界环境中水分对土遗址的侵蚀，另一方面没有完全封住土遗址内部的水分。

表7 加固前后土体基本性能参数

处理方法	用量（ml）	接触角（°）	孔径比	渗透系数（cm/s）	色差现象
原样	—	0	0.3806	8.49×10^{-5}	—
高模数硅酸钾（PS）加固改性	25	0	0.3612	4.15×10^{-5}	发白
糯米浆改性	25	79.1	0.3575	3.15×10^{-5}	变深
有机硅苯丙乳液改性	15	79.1	0.3271	$<6.56 \times 10^{-7}$	略深
正硅酸乙酯改性	35	105.7	0.3764	$<6.56 \times 10^{-7}$	变深

3.3.3 冻融试验结果

从图4和表8可见，未封护加固的土样在浸泡入水中0.5h内就崩解，用封护剂加固封护后的试样耐冻融循环性能均优于未封护加固的试样，其中用高模数硅酸钾（PS）、正硅酸乙酯封护加固的试样耐冻融循环性能优于改性糯米浆、有机硅改性苯丙乳液封护加固的试样。

图 4 不同冻融循环次数下各加固试样宏观形貌
1.加固后形貌 2.循环3次—高模数硅酸钾（PS）加固试样 3.循环2次—有机硅改性苯丙乳液
4.循环3次—改性糯米浆 5.循环3次—改性正硅酸乙酯

表 8 冻融循环次数及损坏状况

封护剂	冻融循环次数	损坏状况
高模数硅酸钾（PS）	3	掏蚀
改性糯米浆	3	掏蚀
有机硅改性苯丙乳液	2	掏蚀
正硅酸乙酯	3	掏蚀
未加固空白样	0.5	崩解

3.4 现场试验保护效果分析

3.4.1 现场加固及结果分析

（1）现场加固试验

按照设计要求，针对四种加固材料进行现场适用性研究，在澹怀堂西游廊西北角处用白灰划定12平方米的面积，把该区域分为四行三列，12个格区，每个格区1m²。在1区用有机硅改性苯丙乳液，2区用正硅酸乙酯，3区用高模数硅酸钾（PS）材料进行加固保护，具体分区及加固过程见表9和图5。

（2）现场加固结果

经十几天的固化后对实际加固效果进行评估：有机硅改性苯丙乳液有一定的加固效果，但渗透性差，表面形成结构性网膜。正硅酸乙酯加固效果明显，有一定的渗透性（5mm），表观可满足预期效果。高模数硅酸钾（PS）基本不渗透，可能是此处土壤相对

表 9 现场加固区域分区

1 区（1.1）	2 区（2.1）	3 区（3.1）	3 区（3.3）
	1 区 1.2	2 区（2.2）	3 区（3.2）
		1 区 1.3	2 区（2.3）

注：表格中浅色区域为素土夯实加固区；深色区域为灰土夯实加固区；白色区域为素土夯实空白对比区

图 5 现场加固试验过程
1. 平面喷涂加固剂　2. 侧面喷涂加固剂

西北地区干燥土的湿度大造成的。对于密实坚固的灰土层，用正硅酸乙酯喷涂后，再经雨水冲刷、浸泡后无变化，能达到设计强度要求。但对于表面回弹强度 10 以下的夯土层或素土，由于自身强度不足、耐水性差，用正硅酸乙酯加固后的耐水性也差，表面已经起皮。

3.4.2 夯实试验保护结果分析

由于现场基址上土体条件的限制，如强度低，有些区域含水率高，有些区域破损严重，表面喷涂加固法难以达到加固目的。因此采用原址扰动土、配三七灰土、加土体加固剂（改性糯米浆）进行方形模型夯实进行保护效果分析，具体实施过程见图 6。

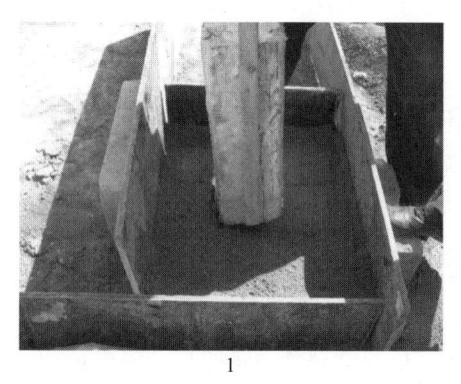

图 6 方形模具中夯实土制作过程
1. 夯实过程　2. 表面形貌

经定期试验观测可知看出，加入改性糯米浆夯实后的灰土，能提高土体的干密度，使土体强度有所改善；经雨水浇洒后表面未发生崩解坍塌现象，同时具有较低的含水率，表明该加固剂在土体中具有一定耐水性。

4 结论

1) 澹怀堂周边土遗址现存病害主要有坍塌、开裂、表面酥粉、植物、虫洞、雨蚀等，且多种病害同时交叉存在，对现存土体的保护具有极大的危害。

2) 根据病害土体的pH值、含水率、电导率、含盐量、成分、形貌测试结果可得出澹怀堂的土属于粉砂土，颗粒与颗粒之间的胶结物含量少，容易出现病害。少数区域含S、P及可溶性盐较多。其中灰土由于石灰分布不均匀，灰土中白色部分CaO含量在63%左右，灰色部分CaO含量在30%左右，白色与灰色混合后CaO含量在19%~37%之间。

3) 根据对四种加固材料的用量、加固前后土体色差变化、与水滴的接触角、抗压强度、抗折强度、孔隙率、渗透系数、冻融循环试验的评估，得出四种加固材料各有优缺点；但根据现场加固试验结果，可发现当采用表面喷涂法时，四种加固材料中正硅酸乙酯对于加固密实土质（灰土）效果最好，对于缺失夯补区域采用夯实法并加入改性糯米浆加固后可提高夯土的坚实性和耐水性。

注 释

[1] 王旭东. 土遗址保护关键技术研究. 北京：科学出版社. 2013.

[2] 陆继财. 新疆惠远老城遗址病害特征及成因分析 // 石窟寺研究（第十辑）. 北京：科学出版社. 2020：271-280.

[3] 豆静杰. 西安半坡遗址病害分析及化学加固研究. 陕西师范大学硕士学位论文. 2015.

[4] 赵海英，李最雄，汪稔，等. PS材料加固土遗址风蚀试验研究. 岩土力学，2008（2）：392-396.

[5] 赵海英，李最雄，韩文峰，等. PS材料加固西北干旱区土遗址试验研究. 湖南科技大学学报（自然科学版），2008（1）：45-49.

[6] 李最雄，赵林毅，孙满利. 中国丝绸之路土遗址的病害及PS加固. 岩石力学与工程学报，2009，28（5）：1047-1054.

[7] 李璐，郭青林，杨善龙. PS表面防风化工艺研究. 文物保护与考古科学，2010，22（4）：71-76.

[8] Del Grosso C.A., Mosleh Y., Beerkens L., et al. The photostability and peel strength of ethylene butyl acrylate copolymer blends for use in conservation of cultural heritage. Journal of Adhesion Science and Technology, 2021, 36(1): 75-97.

[9] Tianzhen Li, Yongli Fan, Kaiyi Wang, et al. Methyl-modified silica hybrid fluorinated Paraloid B-72 as

hydrophobic coatings for the conservation of ancient bricks. Construction and Building Materials, 2021, 299: 123906.

［10］Victoria E. García-Vera, Antonio J. Tenza-Abril, Marcos Lanzón. The effectiveness of ethyl silicate as consolidating and protective coating to extend the durability of earthen plasters. Construction and Building Materials, 2020, 236: 117445.

［11］Wenwu Chen, Yingmin Zhang, Jingke Zhang, et al. Consolidation effect of composite materials on earthen sites. Construction and Building Materials, 2018, 187: 730-737.

［12］中华人民共和国国家质量监督检验检疫总局，中国国家标准化管理委员会．玻璃表面疏水污染物检测　接触角测量法（GB/T 24368—2009）．2009-09-30．

［13］黄四平，李玉虎，张慧．土遗址加固保护中色差和透气性测试之评价研究．咸阳师范学院学报，2008（2）：40-42．

［14］Qiyong Zhang, Wenwu Chen, Wenjun Fan. Protecting earthen sites by soil hydrophobicity under freeze-thaw and dry-wet cycles. Construction and Building Materials, 2020, 262: 120089.

［15］Chonggen Pan, Keyu Chen, Danting Chen, et al.Research progress on in-situ protection status and technology of earthen sites in moisty environment. Construction and Building Materials, 2020, 253: 119219.

［16］余政炎，黄宏伟．正硅酸乙酯的水解缩聚反应及其应用．杭州化工，2009，39（1）：37-40．

湖北九连墩车马坑保护

陈子繁　周松峦[*]

摘要：湖北省博物馆展厅内九连墩车马坑因环境改变及搬迁振动，出现收缩、坍塌等病害。本文通过环境监测、土样X射线衍射分析、含水量和密度试验等，对车马坑土样进行多方面检测，针对性选用以膨胀珍珠岩、生物纤维素为原料的复合加固保护材料，对车马坑进行现场加固。该加固方法改良了土壤性能，增强了土体强度与耐久性，实现了生物纤维素与土壤复合胶凝体系的优势互补，为土遗址保护提供了成功范例。

关键词：车马坑；保护；修复

九连墩墓地位于湖北省枣阳市吴店镇东赵湖村与兴隆镇乌金村以西，地处枣阳南部大洪山余脉的一条南北向低岗上。岗地的基岩为白里纪第三系紫红色砂岩，原生土为第四纪黄褐土母质发育形成的山岗土壤。2002年为配合建设，湖北省文物考古研究所对九连墩墓地一、二号墓及其附属车马陪葬坑进行了抢救性发掘。一号车马坑位于一号墓西侧约25.2米。坑口呈长方形，南北长52.7、东西宽9.5、残深2.3米。坑内陪葬的车马呈南北向双排放置，全坑陪葬车33乘、马72匹[1]。由于公路建设，车马坑需要回填，经过论证对车马坑进行加固、翻模，然后将其中不同结构、不同类型且具有代表性的6乘车马搬迁到湖北省博物馆收藏[2]。过去用有机硅和硅酸钠加固土遗址及其泥化文物，由于有机硅抗水性能差，吸水力过大，削弱了车马文物的强度和耐压度，不能保证车马文物的稳定性。用瓦灰和一些成膜性物质进行表面保护，也因瓦灰和成膜性物质与文物的物理特性差别很大，在一定时间里会出现分离现象导致文物在它们的外力作用下崩溃。所以湖北省博物馆以此为契机开发新一代土遗址加固材料。

1　病害分析

根据对湖北省博物馆内车马坑遗址现存病害的调查统计，各部分主要病害因材质的不同而不同。车马由原来的浸泡、绝氧、不见光、相对温度恒定的条件，移至富氧、高湿、见光、温度变化较大的展厅，加之搬迁过程中的振动，目前主要存在以下几方面的病害。

---

[*] 陈子繁、周松峦：湖北省文物考古研究院，武汉，邮编430077。

收缩、坍塌主要表现在车马局部土体凹陷、整体收缩、车轮坍塌变形。车马坑内的木质车辆原是木质文物，但是因所处地理位置，处于当地水浸泡的复杂变化的环境下，不具备长期保存的良好条件，加之无机盐、土壤中的酸碱作用、微生物作用，因而导致这类文物的逐渐腐烂。这一过程的转变是一连续发生的动态过程，即在木质逐渐腐朽损害时，埋藏环境中的土壤颗粒或矿物质成分在水及其他地质应力的作用下也同时逐渐地填充到木质糟朽降解以后留下的空间，如此一个反复进行的过程，实际上是土壤颗粒或矿物质置换木质而变为土质车辆的过程。上述土壤化过程使原有木质文物实际变成类似于土遗址文物，但相对于土遗址来讲它的结构质地更为疏松、脆弱且不定型，因而更易遭受破坏。由于种种因素作用和条件变化，长达几千年的密闭条件，水系溶解平衡，无机盐的浓度平衡，周围土壤的压力支撑平衡，腐蚀平衡减少和停止，多相相对平衡，使其处于相对稳定中。

车马文物移至博物馆后，文物承受的周围的压力发生了巨大的变化，上端及周围支撑压力消失，使文物的受力平衡受到破坏，搬迁振动都可能导致文物的局部松动。压力的减小，温度水大量蒸发，土壤体积收缩，导致局部收缩和坍陷，以及车轮的变形。温度上升过快，文物内部水分扩散不均匀，和表面结构的不同，常使文物产生不均匀的竖向或水平的胀缩变形，造成位移、开裂、倾斜甚至塌陷，严重表现为开裂、变形，且往往成群出现，危害性极大。裂缝特征有垂直裂缝，端部斜向裂缝和下水平裂缝，泥化文物内、外对称或不对称的倒八字形裂缝等，裂缝宽度大的1～10厘米不等，小的0.1～1厘米不等。原本竖立的车轮也出现倾斜、倒塌迹象，虽然反复用泥浆（遗址土调制）修补，但始终阻止不了其开裂、倾斜、倒塌现象的发生（图1～图3）。

图1 车轮倒塌

图2 车轮上的裂缝及松散的土体

图3 车厢上的裂缝

2　材料选择

针对过往保护材料的缺点，本文选择了以氯化镁、高镁矿粉、膨胀珍珠岩、氯化铁、含有生物纤维素的复合加固保护材料。

氯化镁 $MgCl_2$，无色六角晶体，易潮解，溶于水。氯化镁溶液与氧化镁混合后成镁水泥。

高镁矿粉的主要成分是 MgO，选用高镁矿粉和氯化镁为原料，比硅铝胶黏剂的强度提高 2~3 倍，吸水率降低 50%~70%。

珍珠岩经膨胀而成为一种轻质、多功能新型材料。珍珠岩掺合料对土壤起到了降低孔隙、减小孔径和孔表面积的作用，可改善和优化后期土壤结构体的孔结构，使这些微孔从早期的有害孔（孔径 20~50nm）细化为后期的无害孔（孔径<20nm）甚至消失，有助于提高加固基材的力学强度和耐久性，充分体现出抗气候性强的优点和良好的抗收缩膨胀能力，能在此方法中充当骨料，能极好地改变胶结物的弹性，尤其是在液态系统中使用时，能使砂浆的流动性大大提高。

氯化铁作为催化剂在此方法中使用，氯化铁添加量的多少决定了化学浆固化速度及颜色的深浅。

本文使用的复合添加剂是一种含有生物纤维素材料的溶液。由于生物纤维素和植物或海藻产生的天然纤维素具有相同的分子结构单元，但生物纤维素纤维却有许多独特的性质：

1）生物纤维素与植物纤维素相比无木质素、果胶和半纤维素等伴生产物，具有高结晶度（可达 95%，植物纤维素的为 65%）和高聚合度（DP 值 2000~8000）。

2）超精细网状结构。由直径 3~4nm 的微纤组合成 40~60nm 粗的纤维束，并相互交织形成发达的超精细网络结构。

3）生物纤维素的弹性模量为一般植物纤维的数倍至十倍以上，且抗张强度高。

因而，本文选择了氯化镁、高镁矿粉、膨胀珍珠岩、氯化铁、含有生物纤维素的复合添加剂以及遗址土，按照一定比例（视加固对象受损情况而定）配制成浆液，对车马坑进行灌浆加固。

3　试验材料和所用仪器

采用仪器：D/Max-2500 型 X 射线衍射仪、光电式液塑限联合测定仪。

材料：纤维素、氯化镁、高镁矿粉、膨胀珍珠岩、氯化铁。

3.1 分析与检测

3.1.1 环境监测

展厅环境监测选择温度和相对湿度两个参数，记录连续 5 个月的温湿度变化，由温湿度数据可知，博物馆展厅内的温湿度每天都有着明显变化（图 4），主要原因在于博物馆属于公共服务场所，开馆过程中为了保证游客的舒适度使用了空调，闭馆后由于安全需要而关闭空调。大部分展出文物由于在展柜中并有恒温恒湿系统有着独立的环境，受到外界环境变化影响较少，但是车马坑属于敞开式展出大幅度的温湿度变化，不利于文物的保存。

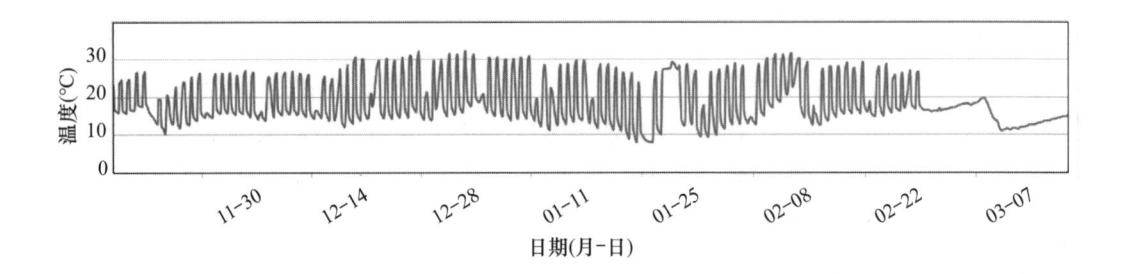

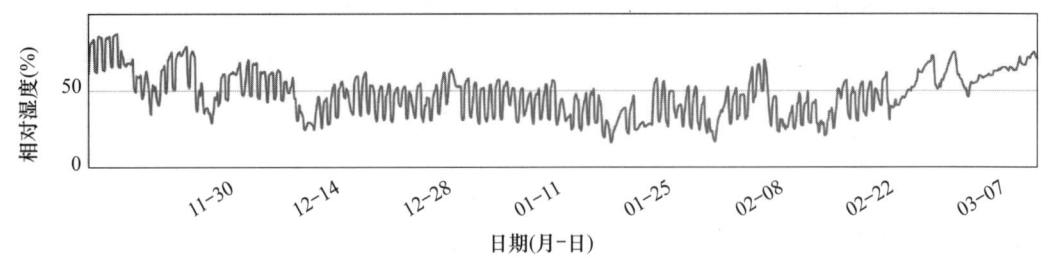

图 4 车马保存展厅的温度（上图）、相对湿度（下图）监测记录

3.1.2 土样 X 射线衍射（XRD）分析

九连墩车马坑土样 XRD 分析结果如表 1 所示。其具体成分有石英、斜长石、钾长石、铁白云石、蒙脱石、伊蒙混层、高岭石。长石是钾、钠、钙等碱金属或碱土金属的铝硅酸盐矿物，也叫长石族矿物。斜长石，斜长石属于 $NaAlSi_3O_8$（Ab）-$CaAl_2Si_2O_8$（An）类质同象系列的长石矿物的总称，晶体属三斜晶系的架状结构硅酸盐矿物。钾长石（$KAlSi_3O_8$）通常也称正长石，属单斜晶系，其理论成分为 SiO_2 64.7%，Al_2O_3 18.4%，K_2O 16.9%。铁白云石的结构基本上由碳酸钙以及不等量的铁、镁和锰组成。铁白云石是一种次生矿，由石灰石和白云石在含镁溶液的作用下形成。高岭石是长石和其他硅酸盐矿物天然蚀变的产物，是一种含水的铝硅酸盐，是黏土矿物的主要成分物质。蒙脱石又名微晶高岭石。

表 1　九连墩车马坑土样射线衍射分析结果

矿物名称	含量 W（%，重量百分比）
石英	75.6
斜长石	9.7
钾长石	2.3
铁白云石	0.4
蒙脱石	2.0
伊蒙混层	7.0
高岭石	3.0

3.1.3　土样的含水量和密度试验及土样的界限含水量试验

对扰动土样进行含水量试验，对其中小块土样进行密度试验，测定土样的含水量、湿密度和干密度。

含水量试验采用烘干法，密度试验采用蜡封法。测定出小块土样的湿密度、含水量及干密度、饱和度、孔隙比值见表 2。其中湿密度及干密度系所有小块试样密度的平均值，孔隙比计算时土粒比重取 2.72。

进行界限含水量试验，提供土样的液限、塑限及塑性指数。

土样的界限含水量试验用液限塑限联合测定法。由双对数坐标系中含水量与锥体下沉深度的直线关系确定出锥体下沉深度为 2mm、10mm 时土的含水量分别为塑限、液限，再计算出土样的塑限指数。测定出土样的塑限、液限、塑性指数见表 2。本次试验按照《岩土工程勘察规范》（GB 50021—2001）[①] 对土样进行分类定名，对土样进行分类定名为黏土。

表 2　九连墩车马坑土样的物理性质指标

测试指标	数值
湿密度（g/cm³）	1.25
含水量（%）	17.82
干密度（g/cm³）	1.17
孔隙比	1.442
饱和度（%）	29.7
液限（%）	43.37
塑限（%）	25.76
塑性指数	17.91

---

① 本次试验进行时该标准有效。2022 年 4 月 1 日起该标准部分条文废止，实施《工程勘察通用规范》（GB 55017—2021）。

3.2 对于车马坑土样的加固试验

3.2.1 试验样品制备

1）把原土（即陪葬坑土）、氧化镁、氯化镁按照2∶2∶1的比例混合好，之后填充到100mm×100mm×100mm的1号模具中，尽量压实，直到填满为止，然后滴加水，直到完全渗透。

2）同样按照2∶2∶1的比例混合好材料，并加入适量的水制成浆，之后填入到2号模具中，压实。

3）称量一定量的原土，填充到3号模具中，计算填充量，之后滴加足量的水使之完全渗透。

4）同3）称量一定量的原土，之后加入适量的水，制成泥浆，填充到4号模具中，压实，填满为止。

5）同1）按比例称好材料，并在其中加入100g珍珠岩，混合好，之后填充到5号模具中，压实，之后滴加足够的水，使之完全渗透。

6）同5）按比例混合好材料，加入水，制成浆，然后填充到6号模具中，压实。

7）同5）按比例混合好材料，填充到7号模具中，在滴加的水中加入2.5%三氯化铁溶液。

8）同5）按比例混合好材料，加入2.5%三氯化铁溶液，制成浆，填充到8号模具中，压实。

以上过程如表3。

表3 样品制备 （单位：g）

项目编号	原土	MgO	MgCl$_2$	珍珠岩	H$_2$O	制作方式	剩余
1	609	609	304	—	325	滴加	—
2	609	609	304	—	300	制浆	—
3	1235	—	—	—	400	滴加	—
4	1485	—	—	—	450	制浆	240
5	609	609	304	100	325	滴加	220
6	609	609	304	100	300	制浆	175
7	609	609	304	100	325	滴加（FeCl$_3$）	220
8	609	609	304	100	300	制浆（FeCl$_3$）	175

3.2.2 性能检测

此次试验主要检测四个方面的性能：干燥收缩强度、抗水变形模量、紫外线老化、粘接强度，委托权威部门——湖北省建材产品质量监督检验站检测，博物馆辅助检测膨胀收缩率、抗水性、抗酸性。辅助性能测试如下：

（1）膨胀收缩率（表4）

表4　样品膨胀收缩率　　　　　　　　　　（单位：cm³）

编号	原体积	后体积	变化	变化率（%）
土样1	43	37	-6	13
土样2	43	38	-5	11
土样3	43	37.5	-4.5	10
加固样1	43	43.5	+0.5	1
加固样2	43	43	0	0
加固样3	43	43	0	0

（2）抗水性

将样品放入纯净水中浸泡，土样立刻溶解崩塌，加固样品一个月内无明显变化。

（3）抗酸性

将样品放入pH=6的溶液中，土样立刻溶解崩塌，加固样半个月无明显变化。

湖北省建材产品质量监督检验站对干燥收缩强度、抗水变形模量、紫外线老化和粘接强度等项技术指标进行了检测，检测结果显示：固体晶加固遗址土的干燥收缩强度为1.05～8.4MPa之间，远远大于原状遗址土的0.39MPa；固体晶加固遗址土的抗水变形模量是0.21～0.7MPa之间，优于原状遗址土的0MPa。这两项检测指标与本实验室的实验结果基本一致。

3.3 现场加固

为使车马坑的现场加固取得成果，特别制定了相应的加固修复方案。对车马坑的整体加固，鉴于塌陷、开裂的情况严重，加固工作分四部分进行：粘接车体断裂处部分；加固车坑部分；加固马坑部分；还原表面部分。

按照实验设计的内容，对车马坑采用灌浆加固法，所用材料为：氯化镁、高镁矿粉、膨胀珍珠岩、氯化铁以及遗址原装土。

3.3.1 车体断裂处粘接

三号车坑的右侧车轮长期处于向外严重倾斜状态，由于自重原因，车轮上半部一大块断裂，因此，粘接修复首先从此处开始。

第一步：用牙签准确地把断裂的土块适当固定在车轮上的原位置，并且用木棍支撑好，然后用一定湿度的泥浆从下到上堵好，在顶部留一个小孔，并在周围筑一个围堰，以方便灌浆。

第二步：和浆。分别将三氯化铁按照1∶2的比例配制成水溶液；氯化镁配制成5∶2的水溶液，然后加入8份的高镁矿粉，混合并搅拌均匀，之后加入2%的复合添加剂并搅拌均匀。

第三步：准备好一盆湿泥，再用水瓢舀一定量的化学浆，并酌量加入碾碎干燥后的遗址原装土，搅拌好，装入洗瓶中。

第四步：把浆从顶部小孔灌入，并注意车轮的两边，以防止浆液从其他孔漏出，一旦漏出就用准备好的湿泥堵好，并用海绵清除漏出的浆液，之后用清水小心搽洗，以防留有痕迹。

第五步：待浆液半硬化，立即清除围堰和湿泥，并清除多余的浆液，并用遗址原装土还原遗址出土的形貌。

3.3.2 车坑加固

加固车坑部分包括加固车坑基座和加固车体。首先加固基座部分，使它能够具有一定的承重能力，并且防止车体坍塌和下陷。此后再加固车体本身。

第一步：探裂缝。为了全面结实地加固车坑的基座，必须把所有粗缝（对车坑构成威胁）都找出来，并灌浆充实，使之结实牢固，能长久支撑整个车体。因此首先用一定大小的钢条把基座边沿的松散土块小心揭取，用竹签探明所有的粗洞内部情况。

第二步：配制浆液，加固基座。首先按照前面第一部分所介绍的比例配制好化学浆，之后将每条粗裂缝充灌一遍，使坑内每条细小但又无法看见的小缝都能填充上加固料。如此加固一遍后，在配制的化学浆中加入一定量的膨胀珍珠岩，量的多少视缝的大小而定。在以上的过程中，都有可能遇到漏浆的情况，因此，随时注意用湿泥土堵漏，灌浆完成以后，再把揭取的泥块放回原位置，再用一些稍稀的浆把泥块灌注粘接起来。

第三步：配制浆液，加固车体。首先按照5∶2∶8的比例将氯化镁、水、高镁矿粉，配制成化学浆，之后加入三氯化铁催化剂，再将其灌入洗瓶中，并且加入一定量的遗址原装土和复合添加剂，如同第一步所述，用细铁丝探洞并筑围堰，之后将薄膜覆盖在缝的周围，以防止化学浆滴到车体上。如果车体上的缝比较大，则采用漏斗间隔灌浆，直至灌满。在灌浆过程中，需经常用竹签轻戳，以防堵塞。

3.3.3 马坑加固

马坑的加固试验也与车坑一样，只是在灌浆时，将马骨及泥化木车用薄膜盖好，防止浆液对它们的"污染"。在配制浆液时，根据需要筛好不同粗细的膨胀珍珠岩。

3.3.4 表面还原

在所有的裂缝得到加固之后，开始对车马坑进行表面还原处理。

第一步：用浆液加固四周土块与钢板（承托整个搬迁遗址）之间的缝隙，用比较稀的浆液灌进去，之后施压使之严实。

第二步：还原车坑中表面部分，用扫帚把一些泥渣清扫干净，之后用毛刷再清扫一遍。

第三步：配置一定浓度的浆液，加入大量的土灰和三氯化铁，使之有明显的黏稠感，之后用瓢从上浇入，使之缓慢沿着坑面往下流，同时用毛刷不停地刷，使浆液与车坑表面充分接触，而且分布均匀，之后用毛刷轻轻地戳，使之具有与发掘土表面有同样的质感，同时发挥出抗裂和防表面灰化的作用。

第四步：整个车马坑表面的还原。首先用猪毛刷把表面清扫干净，防止还原时化学浆与土块剥离，之后配置一定浓度的化学浆，加入适量的遗址原装土，使之黏稠合适，浇在车马坑表面，再用建筑铲用力刮均匀，然后再用毛刷轻轻蘸一下，然后再用筛子在其表面撒上一层细土，即还原如初。对于比较完整的表面，直接在其上刷一遍氯化镁溶液，之后再撒上细土。表面还原工作完成后清扫马骨上的浮灰，使之清晰可辨。

整个表面还原之后，加固修复工作基本完成。修复前后的照片见图5。

修复前　　　　　　　　　　修复后

图 5　车马坑修复前后对比

4　结果与讨论

此次修复是湖北省博物馆对土遗址保护的一次试验，从 2006 年加固至今车马坑状态良好。

车马坑土体的松散沙化以及开裂、变形都是由于土体水分的流失致使土体体积收缩不均匀引起的。氧化镁的加入使酸性晶转化为酸性镁，水化热过程中加入膨胀土，使整个物料交变为晶体硬骨架，从而使晶结格达到硅酸水泥的强度和硬度，遇水而不分散。同时，硬度的增加，可使酸性镁的吸水性控制在技术要求范围内。较好地控制了氧化镁的吸水率和晶结格增强了酸性镁的密实度和强度，此两项技术突破了世界性的难题，也跨越了长久以来世界应用氧化镁上的技术难关。

（1）针对土壤中阳离子吸收性和代换性进行改良

一方面随着水化反应的进行，溶液中的盐可提高土壤物质的溶解度，当增加矿质胶体后，进一步激发了矿物材料的活性，使得渗透力及离子代换量得以显著提高；另一方面附卧[①]文物土壤中沉积腐殖质的有机物和其他丰富的硅酸盐层之间由钙离子和镁离子承担连接，具有带电性的钙镁离子可显著提高土壤结构的交换量，增强加固材料与土壤之间的吸附、嵌镶能力，部分离子不断发生重新排列而致密化，形成另一种非结晶体矿物结构。同时，利用土壤中丰富的金属离子铁和铝进行牢固的氧桥结合，不仅平衡了晶体中的电荷，还填充了结构空隙。

适当的非金属矿物质珍珠岩的加入，具有可协调离子交换容量、较强的保水能力、良好的粘接性能，保证了土壤及附卧文物结构中的孔径下降，总孔隙减少，大大改善了文物中孔结构的分布。尤其在液态系统中使用时，砂浆的流动性能非常好，彻底改变了加固材料的扩散途径，使其优先由表面接触向内部扩散并不断进行交换，使加固材料的结构越来越致密，从而得到土壤结构适宜的应力强度。车马坑土体经过加固保护，其结构更加密实、强度显著提高、抗裂防渗能力和耐久性明显改善，同时大大提高了遗址土体抵抗周围环境介质侵蚀的能力。

（2）生物纤维素与土壤复合胶凝体系的优势互补

生物纤维素的参与使得被加固的泥化文物与其载体土之间具有了更加牢固结（嵌）合的媒介力。生物纤维素作为一种新型生物材料与高等植物细胞中的纤维素相比，具有优良的理化性能，如超强的吸水性、不同凡响的机械性能、结晶度高、分子取向好等。由于生物纤维素的分子量小于水，经机械匀浆后与各种相互不亲和的有机、无机纤维材料混合，作为膨胀土材料中的合成添加剂，用于加固文物十分牢固。由于遗址土体中含有蒙脱石成分，蒙脱石具有较强的吸附性和阳离子交换性能，对生物纤维素同样也具有

---

① 附卧，文物的一种状态，指文物平铺、卧倒部分被土体掩埋。

很强的吸附作用，因此，在加固过程中，生物纤维素很容易随水分子渗入到泥化文物和土体中，在泥化文物与土体间能够以嵌合的方式形成网络结构，同时由于生物纤维素具有的优异特性，它的加入弥补了其他材料刚性有余、柔韧性不足的缺陷。

此外，生物纤维素还与无机胶体存在共性，如颗粒极小、拥有巨大的比表面以及带有电荷。土壤胶体也常带有负电，相互都具有负的电动电位而相互排斥，电动电位愈高排斥力愈强，成为稳定的溶胶状态。当电动电位降至一定程度时，胶体即可凝聚。随着结晶水化物的生成，使混合物产生适度的膨胀，并在其邻位约束下，在微区产生小而均匀的预应力。复合添加剂生物纤维素的引入，不仅改善了早期结构，还使附卧文物及土壤在没有地下水干扰和并非恒温恒湿环境下获得较为适宜的晶/胶比，即当土壤周围水分过高时，生物纤维素会利用自身超强的吸水能力，将过多的水分吸入；而当土壤周围水分偏低时，它又会在周围相邻物质强大的电位力作用下，将自身所含水分释放出来，由此协调和保持遗址土体水率的稳定。因此，生物纤维素的参与可保证遗址土体体系中保水率始终处于可调控状态。从而保持土体与所卧文物成为牢固而稳定的结构体，由此才能达到保护文物的最终目的。

注　释

[1] 王红星. 湖北枣阳市九连墩楚墓. 考古，2003（7）.
[2] 胡家喜. 枣阳九连墩车马坑翻模及部分车马复原、复制研究. 江汉考古，2006（3）.

黄梅南北山古道遗产价值及保护研究

王 慧 郝 瀚 王 静[*]

摘要：禅宗文化是中国佛教文化的重要组成部分，湖北黄梅是中国禅宗的策源地，千余年来留下了丰富的禅宗文化历史实物遗存。南北山古道始建于宋代，是为朝觐南北山（乌崖山）中佛寺所建，是禅宗文化传播、民间宗教祭祀、日常通行的重要路径，沿线历史文化遗迹类型丰富。文章对南北山古道沿线文物古迹构成、分布进行梳理，分析古道保存现状特点和问题，并针对古道现状提出遗产保护策略。

关键词：南北山古道；文物古迹；遗产价值；保护策略

佛教文化是中国文化的重要组成部分，佛教早在东汉已传入中国，经魏晋南北朝的发展，到隋唐后达到鼎盛。这时南北政治统一，国家经济发达，文化交流融合，佛教也随着异说求同求通的趋势，表现为出现中国化佛教——天台宗、三论宗、法相唯识宗、律宗、华严宗、密宗、净土宗、禅宗等，并传播到日本、朝鲜，在那里又产生了新的流派。

禅宗的出现是佛教中国化的主要标志[1]。佛教到了宋代，主要流传的是禅宗分支，这一时期，中国佛教各宗派已走向融通，佛、儒、道之间日益相互调和，宋代以后，佛教逐渐走向衰落[2]。佛教对中国文学、风俗、艺术有极大的影响，成为中国传统文化的很重要的组成部分。禅宗的发展主要经历从初祖达摩到六祖慧能的中国禅宗发展初期，唐末之后禅宗分支产生五家七派。黄梅是四祖、五祖祖庭所在地，是中国禅宗的策源地，千余年来留下了丰富的禅宗文化历史实物遗存，本文所研究的黄梅南北山古道正是黄梅地区禅宗传播发展下存留的宝贵文化遗产。

1 黄梅南北山古道概况

南北山古道位于湖北省黄冈市黄梅县，是黄梅南山、北山两条古道的统称，全长约6千米，宽1.4~3米。至今古道大部分保持完整。整个古道用青麻石条、石块铺砌，石

---

* 王慧：马鞍山市自然资源和规划局，马鞍山，邮编243000；郝瀚：湖北省古建筑保护中心，武汉，邮编430077；王静：黄梅县博物馆，黄冈，邮编435500。

板厚 20~30 厘米，多为与路同宽的整块石板，是为朝觐南北山（乌崖山）中佛寺所修，沿路分布多处文物古迹，是禅宗文化传播、民间宗教祭祀、日常通行的重要路径。

两条古道分别位于黄梅县柳林乡村南北山南北两侧，两者互通、形成环路。南山古道始建于宋代，是为朝觐南山灵峰寺（又称南山寺）所建，该古道起点自徐湾村（作为起点的徐湾村因建古角水库而被淹没，致使起点段古道也没于水中），终点到灵峰寺（南山寺）。北山古道始建于元代，古道起点是古月石村的塝上附近，终点是南北山村北山宝相禅寺道（图1）。南山古道所在的南山与北山合称南北山，古称乌崖山，上有长岗换袍垄，雨水在此南北分流，往南称南乌崖，往北称北乌崖，即今天所称的南山与北山。清顺治十七年（1660年）版《黄梅县志》卷一《舆地志》记载："曰南山，即普庵禅师道场；曰北山，即无迹禅师道场，两山顶皆相依，故曰南山煮火北山烟。"[3]黄梅当地俗话："先有南北山，后有四五祖"，南山古道和南山寺（灵峰禅寺）以及北山古道和北山宝通禅寺可能比四、五祖寺更早。

图1 南北山古道现状

2 黄梅南北山古道文物遗迹构成及分布

南北山古道文物古迹主要沿途分布（图2），南山古道蜿蜒曲折，逶迤上行，沿途有20余处古迹，包括镇蟒佛、祖师塔及祖师洞、脚印石、南乌崖石刻、晒经石、寿字摩石刻、灵峰寺遗址、望云桥等人文古迹。此外，保存完好的南山石径沿途的自然景观也很奇特，如夫妻松、蛤蟆石等，使得该古道的内涵较为充实。北山古道沿线分布着凉亭、北山宝相禅寺、北山寺花桥、北山寺塔、北山娑椤遗址等历史遗迹。宝相禅寺原物已圮，现状为一座新建大殿和一座年代不久远的民宅式大殿。此外，在宝相禅寺遗址处随处可见一些建筑构件散置，有柱础、砖瓦、石门枕、门框等。

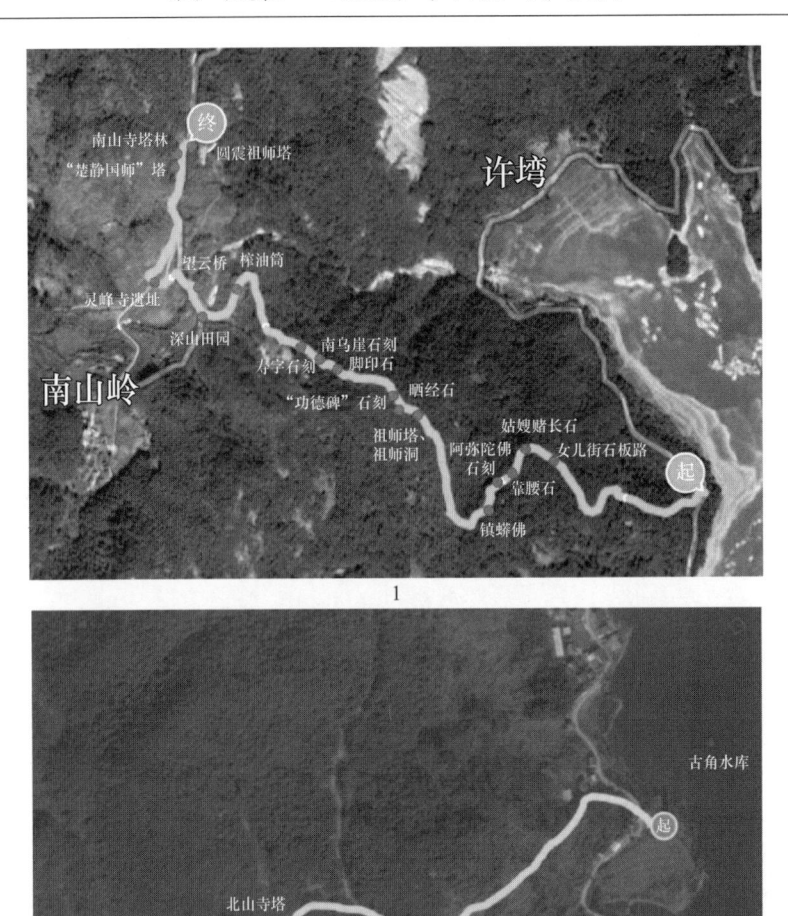

图 2　南北山古道及沿线文物古迹分布图
1. 南山古道　2. 北山古道

黄梅南北山古道沿线文物遗迹由古遗址、古建筑、寺观塔幢、摩崖石刻、桥涵码头等类型构成，古建筑遗址、寺观塔幢大多出现在唐宋时期（图3~图5），其他摩崖石刻、桥涵码头分布唐之后各个时期（表1、图6）。

表 1　黄梅南北山古道文物古迹构成

类别	文物名称	年代	面积（m²）
驿站古道遗址	南山古道遗址	宋辽金	4500
驿站古道遗址	北山古道遗址	元	6000

续表

类别	文物名称	年代	面积（m²）
古建筑遗址	宝相禅寺遗址	唐	200
	灵峰寺遗址	唐	20000
古建筑	北山凉亭	明	50
摩崖石刻	晒经石	待定	10
	寿字石刻	清	2
	"功德碑"石刻	清	10
	南乌崖石刻	宋辽金	4
寺观塔幢	祖师塔、祖师洞	清	6
	圆震祖师塔	唐	2
	"楚静国师"塔	唐	2
	北山寺塔	清	100
桥涵码头	南山岭桥	明	80
	望云桥	元	80
	北山寺花桥	待定	50
石雕	脚印石	待定	1
	"镇蟒佛"摩崖造像	待定	2
其他古遗址	北山娑椤遗址	唐	60

图 3　北山宝相禅寺（遗址重建）及原有石柱础构件

3　黄梅南北山古道遗产价值分析

佛教文化是中国传统文化的很重要的组成部分，禅宗是佛教中国化的主要标志。黄梅拥有非常浓厚的佛教文化底蕴，禅宗四祖道信、五祖弘忍都曾在这里开设道场，是中国佛教史上十分辉煌的史实，对于禅宗的发展有着十分重要的影响。

图 4　北山凉亭现存遗迹图　　　　　　图 5　圆震祖师塔

图 6　南山古道现存摩崖石刻及摩崖造像遗迹

　　黄梅禅宗文化浓厚，无论南北山与四、五祖谁先谁后，都是佛教禅宗的发源，南山灵峰寺、北山宝相禅寺在当地佛教历史上所占据的地位也很高，南北山古道则是通往两座寺庙的必经之路，是朝觐的必要通道，古道承载着日常通行、宗教祭祀、佛教传播等多种功能，古道本体和古道沿线的历史遗存都具有非常高的历史价值、艺术价值、科学价值和社会价值。

3.1　历史价值

　　"先有南北山，后有四五祖"，南北山作为佛教圣地的历史可能比四五祖所在的隋唐时期更早。据《黄梅县志》记载，唐代无迹祖师以北山作为道场，并建造了宝相禅寺，唐代圆震祖师以南山作为道场并建造了灵峰寺,南北山古道则是山下通往灵峰寺、宝相禅寺的祭祀神道[3,4]。除了该神道以青麻石精细铺装之外,古道沿线还保留有诸多与佛教有关的古迹。南北山古道历史悠久,沿线文物古迹已经成为该处佛教活动的实证,它与五祖东山古道一起,成为黄梅佛教禅宗历史古道研究的主体,具有很高的历史价值。

3.2 艺术价值

南北山古道由厚度在20~30厘米之间的青麻石板铺成,该古道的石板铺砌十分讲究,除了大量使用整块切割齐整的石板外,部分路段还采用大小、长短不一的石板交错铺砌,既节约了石材,又形式美观。古道转弯处采用扇形石板,部分段落还利用原始山石开凿,其艺术性很强。沿线的摩崖石刻、洞塔石雕等,形式古朴、线形流畅、文字隽秀、粗犷通俗,体现出南山古道在历朝历代的各类艺术品味。北山凉亭尽管已经垮塌,但残存的部分墙垣还是能看出其独特的地域特征,其残存的彩绘也十分精美;宝相禅寺散落的建筑构件,既有规模宏大的石柱础,也有十分精巧的门枕石等,这些遗存都是值得深入研究的课题。南北山古道与中国传统古道的特点类似,但其佛教氛围较浓,古道及沿线古迹的时代较久远,艺术品味较高,佛教内容丰富,具有较高的艺术价值。

3.3 科学价值

北山古道本身的材料选择和铺砌都反映出当时工匠高超的技艺和严谨的态度,沿线保留的古迹,多与佛教相关联,其制作也是比较精妙,如凉亭的建造,即是借助了当地民间传统建筑形式;祖师洞的建造,即是利用了垮塌山石形成的空腔;晒经石则是利用了天然的石壁;宝相禅寺的石构显示出当时工匠的精湛的工艺;北山寺花桥、望云桥的石拱拱形完整、连接细密、工艺精湛等。这些沿线文物生动地展现了古代匠人的制作技法和营造观念,具有较高的科学价值。

3.4 社会价值

南北山古道是为朝觐灵峰寺(南山寺)和宝相禅寺(北山寺)而建,该古道满足了当地人朝山进香的要求,沿线古迹也能烘托南北山的佛教氛围,对大众起到一定的教化作用。同时,因为南北山村等附近村寨的存在,南北山古道还承担着百姓进出山林的交通功能,是当地人经济生活与外界联系的纽带,是作为特定时期或特定地域内人群生产、生活遗留下的物质遗存,能为延续至今或业已消逝的文化或文明提供特殊的佐证[5]。

4 黄梅南北山古道保护现状与保护策略

4.1 保护现状及困境

改革开放以来，城市化进程不断加快，高速公路、铁路等道路设施缩短了区域沟通的时间，成为现代人们出行的首选通道，而曾经车水马龙、带动区域发展的古道却因失去了交通要道的地位而逐渐消亡。南北山古道位于山林野地中，环境严峻，居民保护意识淡薄，古道保护现状堪忧，存在着巨大的问题：① 古道本体结构受损、阻断，沿线建筑遗址、古桥等文化遗产分布散乱，自然损害与人为损害较为严重；② 古道线路长，对于沿线文物定级定点定时的保护机制不完善，保护力度不足，就地保护管理单位保护意识淡薄；③ 古道整体形象薄弱，未与区域文化协同发展，社会认知度低，未能展现其所蕴含的文化价值[6]。

4.2 保护策略

1）以文化线路为导向，实施从"单一文物—文化古道—地域文化"点线面的保护模式[7]。文化线路既有"跨文化融合"的整体性意义，又有持续发展的"动态性"特征，以古道沿线的单一文物为连接点，以南北山古道本体为串联线，以古道所在行政村文化发展为地域面，形成点线面由小及大的保护体系[8]。基于单一文物和古道本体保护现状，对已损坏文物进行保护性还原与修复，整治环境，制定针对山体滑坡等自然灾害的应对措施，及时化解文物所受到的外力侵害，对可能造成的损伤应采取预防性措施，建立自然灾害、文物本体、环境以及开放容量等监测制度，积累数据。所在行政村作为就地保护管理单位，发挥监督作用，将文物保护与乡村文化发展工作同步推进[9]。

2）从规划层面入手，分类、分等级、因地制宜制定保护机制与区划，与乡村建设协同发展。将文物分类、分等级纳入保护体系中，形成系统化的保护机制，做好定期定点保养维护工作，实现对保护设施的定期和季节性的检查和维修，建立定期巡查制度，保证文物本体安全，及时发现并排除不安全因素，利用周边建筑改造文物管理用房，完善保护制度及应急预案制度，建立长效机制[10]。强化村庄村民参与保护，开展普及教育工作，充分利用沿线居民形成的关于保护环境和文化遗产的村规民约，树立村民对于文物保护的意识。加强古道所属地方政府、文物管理部门和博物馆之间的联系，将文物保护与乡村建设协同发展，加强古道遗产资源的管理和保护[11]。

3）以文化遗产价值为基本点，构建利用展示性保护体系，实现文化输出[12]。在保护的基础上，联系起黄梅区域禅宗文化的发展路线，成为区域文化输出站点，与区域文化协同发展，将保护与利用发展并重，探索实施文物综合保护利用机制。制定展示利用计划，合理展示，坚持可持续发展。加强调查和资料整理工作，继续充分挖掘南北山古道所蕴含的历史文化、科学研究、审美艺术、社会经济价值，为学术研究、宣传提供条件。建立完善的展陈体系，塑造古道的整体形象，有效解决古道整体形象薄弱、社会认知度低、文化价值未能体现的问题[13]。

5 思考与总结

历史上的古道是当地居民日常生活、经济文化交流的通道，古道的保护及利用是文物保护需要解决的问题，也是推进乡村振兴、建设文化自信的有效载体[14]。古道的历史渊源、兴盛及衰败、路线以及沿线分布的文物遗迹、名胜传说等都是宝贵的物质或非物质文化遗产，值得后人去挖掘及学习，其沿线丰富的自然物种也值得后人去研究及科普，针对其的保护与利用方法正处于不断探索发展与完善中。探究如何合理保护和活化利用古道资源，最大程度地发挥其综合效益，对带动区域文化的建设与发展，以及乡村旅游，促进区域乡村振兴都具有重要的现实意义。

注　释

[1] 方立天. 心性论——禅宗的理论要旨. 中国文化研究，1995（4）.

[2] 任继愈.《禅宗的形成及初期思想研究》（序）. 哲学研究，1989（11）.

[3] 黄梅县地方志编纂委员会重刊. 清代黄梅县志重刊合订本黄梅县志·顺治十七年. 武汉：长江出版社. 2015.

[4] 黄梅县地方志编纂委员会重刊. 清代黄梅县志重刊合订本黄梅县志·乾隆五十四年. 武汉：长江出版社. 2015.

[5] 张泽洪. 岷江上游茶马古道多元宗教研究. 青海民族研究，2015（4）.

[6] 潘雁飞. 论潇贺古道的文化根脉及文化特征. 广西教育学院学报，2018（2）.

[7] 王影雪，郑文俊，胡金龙. 文化线路视角下潇贺古道遗产价值及保护. 中国城市林业，2019（6）.

[8] 霍丹，孙晖，齐康. 整体性保护视角下辽南古代驿路价值与保护规划. 中国园林，2017，33（4）：114-118.

[9] 吴晓松，王珏晗，吴虑. 南粤古驿道驱动乡村转型发展研究——以西京古道韶关乳源—乐昌段为例. 南方建筑. 2017（6）：25-30.

[10] 张亮. 徽州古道的概念、内涵及文化遗产价值. 中华文化论坛，2015（9）：39-43.

[11] 张立安，王娣，虞伟君. 古道的保护与利用规划初探——以云和县古道保护与利用为例//2019中国城市规划年会. 2019.

[12] 戴湘毅，李为，刘家明. 中国文化线路的现状、特征及发展对策研究. 中国园林，2016，32（9）：5.

[13] 丁笃本. 丝绸之路古道研究. 乌鲁木齐：新疆人民出版社. 2012.

[14] 唐曦文，梅欣，叶青. 探寻南粤文明复兴之路——《广东省南粤古驿道线路保护与利用总体规划》简介. 南方建筑，2017（6）：5-12.

富阳泗洲宋代造纸遗址的科学研究

龚钰轩　李程浩　施梦以　龚德才[*]

摘要：浙江富阳泗洲宋代造纸遗址的发现，对于研究我国宋代造纸工艺具有十分重要的意义。本文以浙江富阳泗洲宋代造纸遗址遗迹上附着的土壤和石质工具上的残余物为研究对象，通过借鉴造纸工业中纸浆回收与纤维筛分的方法，以及植物考古中植物遗存的提取方法，建立土壤中纤维的提取方法，从样品中提取纸张纤维，作为判定遗址造纸功能的直接证据。研究表明遗址中发现的竹纤维和纤维分散程度良好，基本排除是埋藏过程中自然降解而成的可能性；桑皮纤维经染色后呈紫红色，应经过了蒸煮加工；而竹纤维的润胀和切断现象说明其经过了打浆处理。这些提取到竹纤维和桑皮纤维的遗迹与造纸工艺流程高度相关，分别应为制浆工具石磨、抄纸槽和盛放纸浆的陶缸。这些研究结果为确定富阳泗洲遗址的造纸功能提供了科学、可靠的直接证据，同时对研究我国宋代造纸工艺具有十分重要的意义。

关键词：富阳泗洲宋代造纸遗址；纸张纤维；造纸原料；造纸工艺

1 引言

浙江富阳泗洲宋代造纸遗址位于浙江省杭州市富阳区，地处凤凰山至白洋溪之间的台地上，地势南高北低，地面平整开阔，属于低山丘陵区。2008年至2009年杭州市文物考古所与富阳区博物馆组成联合考古工作队对遗址进行了两期的考古发掘，于2010年6月8日至7月6日进行了覆土回填，并于2013年被确定为全国重点文物保护单位。2014年工作队对遗址又进行了勘探和小范围发掘，发现了火墙、水沟、水池、灶和缸等遗迹[1]。

据发掘报告，该遗址是我国目前发现的年代最早、规模最大、工艺流程保存最完备的造纸遗址[2]。遗址分布面积约16000平方米，前两期总发掘面积为2512.5平方米。

---

[*] 龚钰轩：江苏科技大学科学技术史研究所，镇江，邮编212100、中国科学技术大学文物保护科学基础研究中心，合肥，邮编230026；李程浩：山东省文物考古研究院，济南，邮编250012；施梦以：杭州市文物考古研究所，杭州，邮编310014；龚德才：中国科学技术大学文物保护科学基础研究中心，合肥，邮编230026。

遗址自南向北分别有沤料池、漂洗池、灰浆池、蒸煮锅、纸药缸、抄纸槽、舂料抄纸工作间、火墙、焙纸工作间、贯穿南北的水沟及贯穿东西的水渠等一系列造纸遗迹。遗址所在地的富阳是浙江最重要的手工纸产地，手工纸生产历来在富阳的经济中占有重要的地位，其中，富阳元书纸是浙江竹纸的代表。富阳的造纸原料具有极高的多样性，除生产竹纸外，富阳还生产皮纸和草料纸，原料有竹、桑皮、构皮、山棉皮、稻草等，分别用于制作祭祀、书写、包装等不同用途的纸[3]。

宋代是我国传统造纸的全面成熟阶段，具体表现为造纸原料种类的增加以及造纸工艺与技术的进步，这一时期出现了《文房四谱·纸谱》《负暄野录·论纸品》《笺纸谱》等多篇纸张论述专著，这些文献记载了纸张的历史典故，并对各种纸张的产地、排名、用途、规格、价格等进行了品评，但几乎未提及具体的造纸技术[4]。因而富阳泗洲宋代造纸遗址的发现，对于研究我国宋代造纸工艺具有十分重要的意义。

2009年，唐俊杰在《中国文物报》上对富阳泗洲造纸遗址的发现进行了报道[5]。遗址属性研究方面，黄舟松[6]根据遗址出土的一件"司库"或"库司"墨书碗底、大量的茶盏和瓷炉，结合宋代地方志及唐代宗教场所兼职造纸的史实，判断该遗址可能是一处官方或宗教场所的大型造纸作坊。2012年，遗址的发掘报告《富阳泗洲宋代造纸遗址》中详细地记录了遗址的地层堆积、遗迹和出土遗物[2]。在残留物分析方面，报告中提到了竹纤维和其他纤维的发现，但未提及纤维的提取方法以及具体的鉴定依据。

为了弥补相关研究的不足，本文以遗址遗迹上的土壤和石质工具上的残余物为研究对象，通过借鉴造纸工业中纸浆回收与纤维筛分的方法，以及植物考古中植物遗存的提取方法，建立土壤中纤维的提取方法，从样品中提取纸张纤维，作为判定遗址造纸功能的直接证据，进而为研究富阳泗洲宋代造纸遗址所使用的造纸原料提供科学、可靠的依据。

2　实验材料与方法

2.1　样品

样品主要分为两类：

（1）遗迹上残留的土样

采用手铲或钢勺有针对性地取样，采样前对工具进行清洗，未使用纸、纺织品等纤维类材料擦拭工具，以防止污染。

取样的遗迹类型包括灶、水池、水沟和陶缸。由于取样时间距离遗址发掘时间较久远，为减少发掘后因雨水冲刷等问题对遗址造成的影响，水沟、水池样品均取自沟壁和底部的石缝，将表面污垢去除干净后进行取样。遗迹土样取样信息见表1。

表1 遗迹土取样记录表

探方号	单位	样品编号	取样位置
T2	G2	G2∶1	沟壁上
T8		G2∶3	沟壁上
T7	C3	C3∶1	水池西壁和北壁
		C3∶2	淤土，腐烂三合板和碎编织袋下
	G7	G7∶1	G7西侧的石块堆积石块夹缝
	Z7	Z7∶1	Z7中部石块堆积内
T4	G3	G3∶1	G3很浅，取自沟底
T5	C2	C2∶1	东侧壁上
		C2∶2	接近东侧壁底部
	G6	G6∶1	G6由砖垒成，清理十分干净，样品取自沟外
	G4	G4∶0	G4回填用黄沙
		G4∶1	拐角处沟壁石缝
T10	G缸5	G缸5∶1	缸外侧遗址土
		G缸5∶2	缸内底部黑土
T19	G8	G8∶1	沟壁
		G8∶2	沟底
T21	C8	C8∶1	西壁、南壁两壁中部
		C8∶2	西壁、南壁两壁靠近池底处
		C8∶3	底部，生土、淤土及木板腐殖质的混合物

（2）石质工具上的残留物

据发掘报告，遗址共出土24件石器，包括石臼、石碓和石磨等[2]。多数石器已交由富阳区博物馆保管，因拍照绘图需要，这些石器多进行了清洗，因而只对仍放置在遗址的一个石臼（图1）和石磨（图2）进行了取样，样品信息如表2所示。

表2 石质工具残留物取样记录表

探方号	器物类型	样品编号	取样位置
T19	石臼	T19臼∶1	回填用黄沙
		T19臼∶2	石臼外侧土
		T19臼∶3	石臼外遗址土
		T19臼∶4	石臼内侧清洗液
	石磨	T19磨∶1	石磨所在探方土
		T19磨∶2	石磨非使用面
		T19磨∶3	石磨使用面清洗液
		T19磨∶4	石磨使用面清洗液

图1　T19石臼　　　　　　　图2　T19石磨扇

2.2　实验方法

实验仪器：分样筛（10目、48目、200目，直径5cm）、电子天平、GL-88B漩涡混合器（海门市其林贝尔仪器制造有限公司）、ZHP-100M智能恒温培养振荡箱（上海三发科学仪器有限公司）、DHG型智能电热鼓风干燥箱（上海成顺仪器仪表有限公司）、TGL-20B两用离心机（上海安亭科学仪器厂）、XWY-Ⅵ型纤维仪（珠海华伦造纸科技有限公司）、载玻片及盖玻片（载玻片为75mm×25mm，盖玻片为22mm×22mm）、不锈钢解剖针、尖头镊子、KQ-50B型超声波清洗器（昆山市超声仪器有限公司）。

其他工具：一次性牙刷、一次性胶头滴管、样品管、烧杯、量筒、塑料杯等。

试剂：氯化锌、碘化钾、碘，均为国药集团化学试剂有限公司生产。

2.2.1　纤维的提取

（1）样品称取与浸泡

取样品约20g于小烧杯中，加入适量水，用玻璃棒充分搅拌、揉搓至无泥团，在此过程中将土样中石子取出，用封口膜密封，静置24h。

（2）样品分散

再次进行搅拌和揉搓，将上述混合液转移至200mL小口锥形瓶中，加蒸馏水至200 mL后用封口膜封口，并在恒温培养振荡箱中进行振荡，振荡频率为200r/min，振荡时间2h。

（3）过滤

1）将混合液移至500mL烧杯中，加水至500mL，充分搅拌，待大颗粒开始沉淀后缓缓将上层液倒入分样筛（依次采用10目、48目和200目），剩余样品继续加水至500mL并过滤，重复上述操作至烧杯中液体不再浑浊。

2）清除烧杯中剩余物，并将三个分样筛中纸浆和土壤的混合物全部转移至大烧杯，重复1）的操作，至烧杯中液体不再浑浊，分样筛中不再有土壤颗粒。

(4)纤维的收集与保存

先用样品勺刮取分样筛中的纤维,再用蒸馏水对分样筛的筛壁和筛网进行反复清洗,将清洗液收集于样品管中进行离心(2500r/min,5min),离心后用一次性胶头滴管吸出大部分上层液。参照造纸厂纸浆的保鲜方法,纤维继续保存于样品管中不再进行干燥。

(5)设备的清洗

用高速水流对分样筛、烧杯和锥形瓶等进行反复冲洗,然后用超声波清洗器清洗2min,再用干净的水流冲洗干净,防止样品之间的相互污染。

2.2.2 纤维的鉴定

(1)配制碘氯化锌染色剂(Herzberg染色剂)

(2)制片

遗址采集到的降解较严重的竹片、三合板和编织袋碎屑用蒸馏水浸泡24h,用镊子夹取少量碎屑用手指充分揉搓,提取物也经手指充分揉搓后置于载玻片上,滴两滴Herzberg染色剂,用解剖针均匀分散纤维,盖上盖玻片,用滤纸从盖玻片边沿缓缓吸去多余的染色剂。

(3)纤维鉴定

将制好的试片置于纤维分析仪的载物台上,调焦使图像清晰。然后从试片的一端开始按顺序观察每个视野中每根纤维。依据王菊华的《中国造纸原料纤维特性及显微图谱》[7]进行纤维鉴定。

3 实验结果

3.1 遗迹土样

各遗迹提取物结果如表3所示。纤维束组织块、带胶纤维状物质、不带胶纤维状物质在遗迹中普遍存在,但在水池C2和陶缸G缸5内发现了竹纤维和桑皮纤维,而两个遗迹外的探方土对比样品中均未见该两种纤维。

表3 遗迹提取物鉴定结果

编号	提取物类别				
	纤维状物质(带胶)	纤维状物质(不带胶)	纤维束组织块	竹纤维	桑皮纤维
G2:1	○	○	○	—	—
G2:3	○	○	○	—	—
C3:1	○	○	○	—	—

续表

编号	提取物类别				
	纤维状物质（带胶）	纤维状物质（不带胶）	纤维束组织块	竹纤维	桑皮纤维
C3：2	○	—	○	—	—
G7：1	○	○	○	—	—
Z7：1	○	—	○	—	—
G3：1	○	○	○	—	—
C2：1	○	○	○	○	○
C2：2	○	○	○	—	—
G6：1	○	○	○	—	—
G4：0	○	○	○	—	—
G4：1	○	○	○	—	—
$G_{缸}5$：1	○	○	○	—	—
$G_{缸}5$：2	○	○	○	○	○
G8：1	○	○	○	—	—
G8：2	○	○	○	—	—
C8：1	○	—	○	—	—
C8：2	○	—	○	—	—
C8：3	○	○	○	—	—

注：○表示含有该类物质，—表示不含有该类物质

水池 C2 和陶缸 $G_{缸}5$ 均发现有竹纤维，如图 3、图 4 所示，与染色剂作用后纤维呈蓝紫色，纤维较为僵硬，纤维壁较厚，腔径较小，没有或者有轻微的弯曲现象，纤维壁上有明显的节状加厚，部分纤维出现纵向条痕，因而判断该纤维为竹纤维[7]。纤维基本保持原长度，少量纤维端部被切断，少量纤维有扭曲、润胀现象。

除竹纤维外，水池 C2 和陶缸 $G_{缸}5$ 均发现有韧皮纤维，推测为桑皮纤维。如图 5、图 6 所示，纤维多呈圆柱形，有明显的横节纹，纤维外壁上有一层透明胶衣，以端部尤为明显，部分纤维上附着有蜡状物，推测该纤维可能为桑皮纤维。纤维经碘—氯化锌染色后显紫红色，而熟料韧皮纤维染色后显紫红色，生料显黄绿色，故推测该纤维可能为熟料桑皮纤维。

显微镜下对水池 C2、$G_{缸}5$ 的竹纤维和桑皮纤维进行配比计算，$G_{缸}5$ 中竹纤维：桑皮 = 4.5：1，水池 C2 中竹纤维：桑皮 = 3.5：1。由于提取到的纤维数量有限，埋藏过程中纤维也可能出现不同程度的降解，因而配比可能有所偏差。

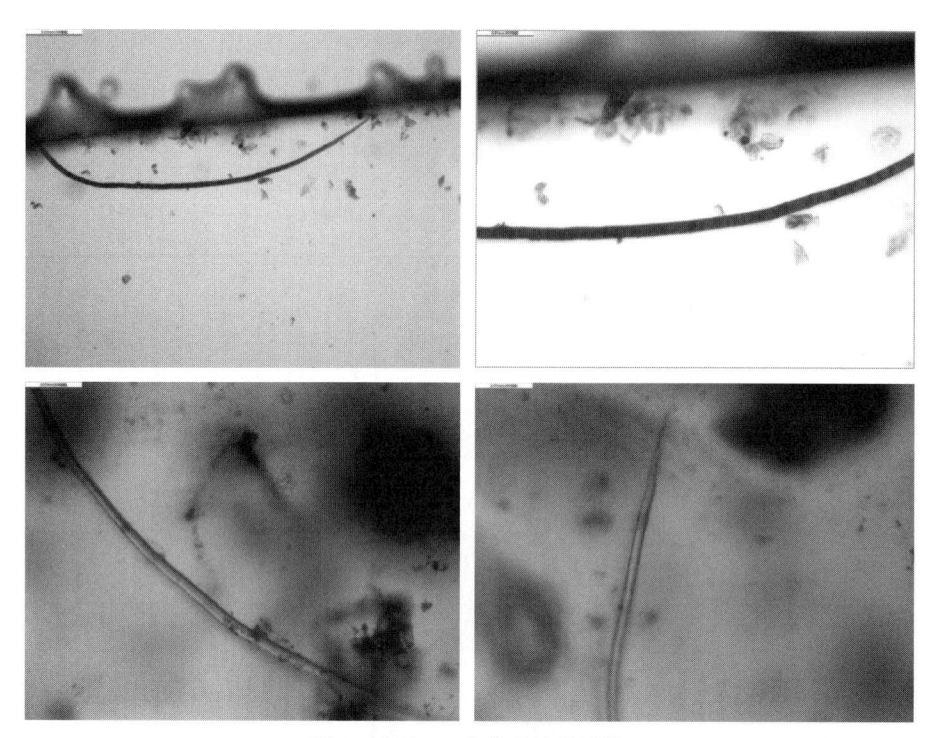

图 3　水池 C2 中发现的竹纤维

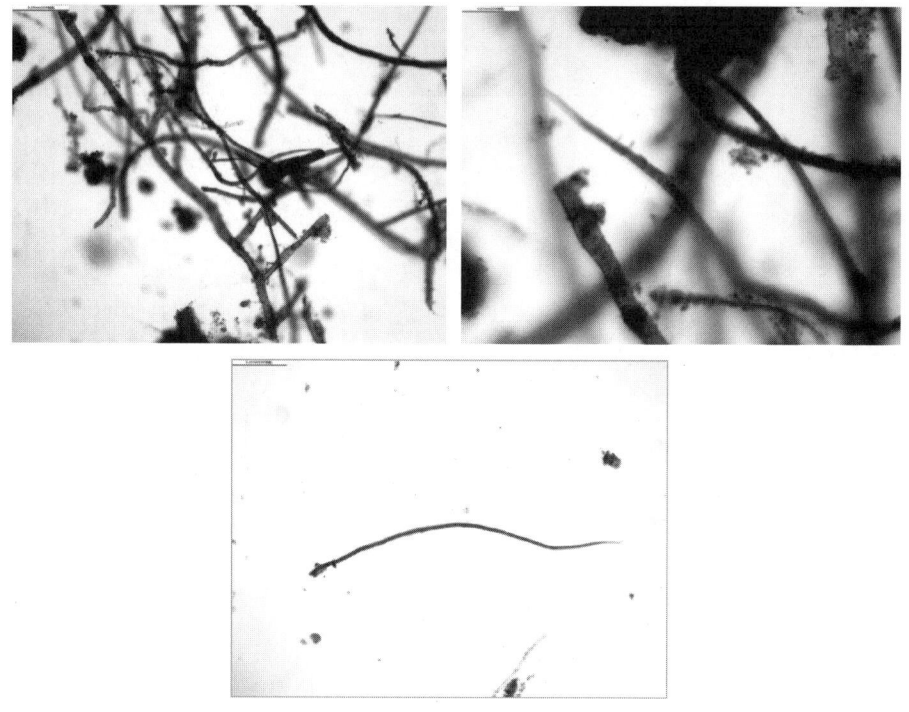

图 4　G缸 5 中发现的竹纤维

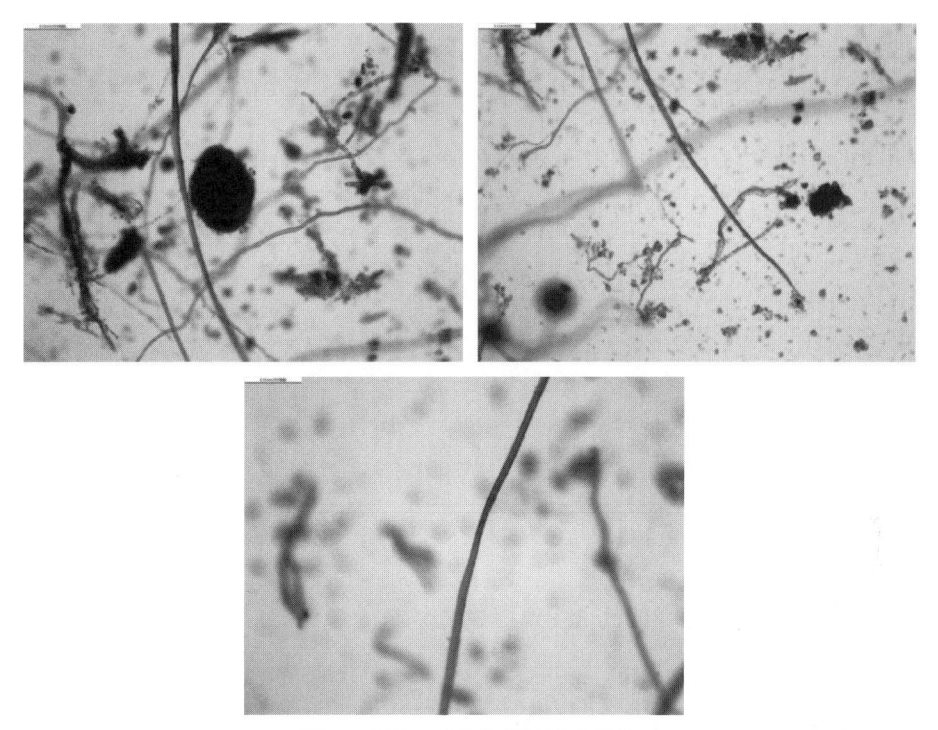

图 5　水池 C2 中发现的桑皮纤维

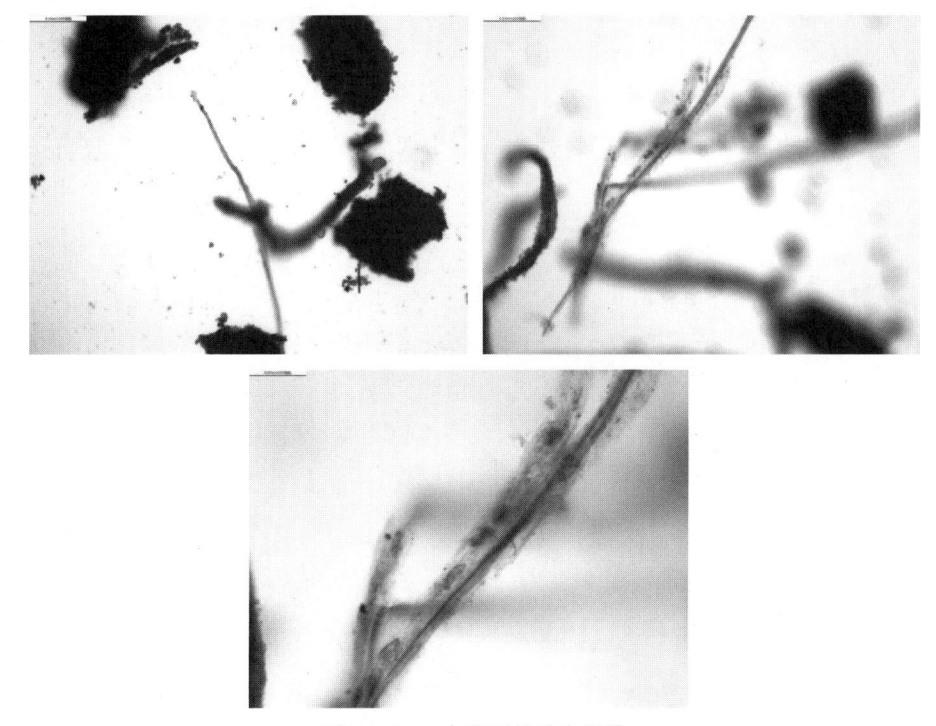

图 6　G$_{缸}$5 中发现的桑皮纤维

3.2 石质工具上的残留物

石质工具提取物如表4所示，组织块、带胶纤维状物质、不带胶纤维状物质在石质工具所在的探方地层或遗迹土中普遍存在。石臼内侧未见上述物质，此外，也未发现竹纤维或桑皮纤维；石磨的使用面（磨齿）则发现有竹纤维，但纤维数量较少。

表 4　石质工具上残留物的提取物鉴定结果

样品编号	纤维状物质（带胶）	纤维状物质（不带胶）	组织块	竹纤维	桑皮纤维
T19臼：1	○	○	○	—	—
T19臼：2	○	○	○	—	—
T19臼：3	○	○	○	—	—
T19臼：4	—	—	—	—	—
T19磨：1	○	○	○	—	—
T19磨：2	○	○	○	—	—
T19磨：3	○	—	—	○	—
T19磨：4	—	—	—	○	—

注：○表示含有该类物质，—表示不含有该类物质

石磨的使用面（磨齿）发现的竹纤维，如图7所示，与染色剂作用后呈蓝紫色，纤维壁较厚，腔径较小，纤维较为僵硬，没有或者有轻微的弯曲现象，纤维壁上有明显的节状加厚，部分纤维出现纵向条痕，故判断该纤维为竹纤维[8]。纤维基本保持原长度，纤维端部未见切断痕迹，少量纤维有扭曲、润胀现象。

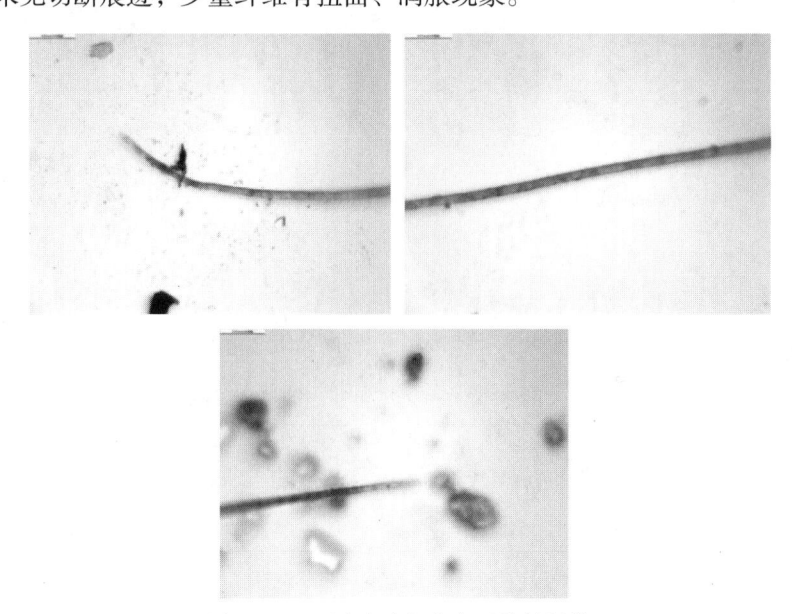

图 7　T19石磨磨齿部位发现的竹纤维

理论上，石臼作为打浆工具，应在其内侧发现纸张纤维，但本次实验未提取到纤维。该石臼内壁光滑，遗址发掘时石臼内侧已做过清理，发掘过程中及发掘后的一段时间内，石臼可能因暴露在外界环境中而受到雨水冲刷，因而纤维难以在石臼内壁上保留下来，而石磨的磨齿部位之间的细小凹槽则为纤维的保留提供了有利条件。

4 讨论

4.1 分散的纤维

通过对比发现，遗迹中发现的纤维普遍存在杂质，包括：植物组织块与纤维束、带胶纤维状物质与不带胶纤维状物质。这些杂质与中国古代常见造纸原料纤维在形态上有明显的差异，在生土中并未发现，考虑到遗址文化层堆积较浅，推测上述物质可能来自现代植物根系。除上述杂质外，在水池C2和陶缸$G_{缸}5$内还发现了竹纤维和桑皮纤维，在石磨磨齿发现有竹纤维。竹和桑皮是中国古代常见的造纸原料，这些纤维在形态上保留有人工制浆的痕迹。

植物纤维在组织结构及化学成分分布上具有极不均匀性，在天然状态下都是包裹于非纤维物质层中（主要是木素，还有半纤维素、果胶、蛋白质等），纤维要用于造纸必须通过化学和机械作用使之从非纤维中分离出来。根据非纤维物质的化学组成，传统造纸工艺常采用沤制和碱性蒸煮法将其去除，使得被包裹的纤维分散开来。而南方埋藏环境多为酸性，因而竹和桑皮在埋藏过程中自然降解出竹纤维和桑皮纤维的可能性很小。文献中尚未见竹或树皮在土壤埋藏过程中降解为纤维的相关记载。因此，基本排除提取到的分散的竹纤维和桑皮纤维是竹竿或树皮在埋藏过程中自然降解而成的可能性，其应为经过机械或化学作用分离出来的造纸纤维。

4.2 韧皮纤维的颜色与蒸煮工艺

经Herzberg染色剂染色后，熟料韧皮纤维会显紫红色，而生料显黄绿色[7]。泗洲造纸遗址提取到的桑皮纤维经染色后均呈紫红色，由此判断该纤维是熟料而非生料。所谓熟料是指用碱液蒸煮过的纤维，生料指未经蒸煮的纤维。蒸煮是中国传统造纸中的一项基本工艺，我国自汉代起就采用碱液蒸煮技术加工造纸原料，这一技术也被后世所沿用[9]。在碱性溶液中蒸煮可以有效去除造纸原料中的非纤维物质[10]，现今逐渐演化为碱法制浆，即采用更高的温度和碱性来处理更为复杂的造纸原料，以缩短造纸时间[11]。遗址发现有一大型灶遗迹Z7，该遗迹平面略呈椭圆形，东西长径约540cm，南北短径约455cm，深约65cm。由大小不一的石块垒砌而成，现仅存底部的倒塌堆积，其中心的石块垒砌较规整，疑为火塘，其上堆满了倒塌的乱石。近底部填土中包含有大量的红烧土及炭粒，其内采集到石灰颗粒。上述发现表明，该遗迹应为蒸煮锅，进而结合提取到的纤维颜色可以判断，该遗址发现的桑皮纤维应在此处进行过蒸煮处理。

4.3 纤维的润涨与打浆工艺

纤维细胞壁的结构包括胞间层、初生壁和次生壁，其中次生壁是指细胞壁的内层，可分为次生壁的外层、中层和内层。打浆使纤维受到切力，除了搓揉、梳解浆料之外，在打浆过程中纤维还会发生一系列变化，包括：细胞壁的位移与变形、初生壁层以及次生壁外层的破除、纤维的切断、纤维的润胀、纤维的外部细纤维化与内部细纤维化、纤维整体变形等[11-13]。

如图8所示，遗址中提取到的竹纤维存在一定的润胀现象。"润胀"是指高分子化合物在吸收液体的过程中伴随体积膨胀的一种物理现象。纤维的化学组成中含有纤维素和半纤维素，这些成分的分子结构中含有极性羟基，会与水分子产生极性吸引，在这种吸引下，水分子进入到纤维素内部的无定形区，从而增大了分子链之间的距离，纤维因此产生变形；变形又使分子间的氢链进一步被破坏，游离出更多的羟基，进而促进了润胀作用[11]。纤维的润胀主要发生在纤维次生壁的中层，而纤维细胞壁的初生壁层、次生壁的外层含有较多的木质素，由于木质素不能发生润胀，并将次生壁的中层紧紧包裹，因而次生壁的中层内的细纤维无法得到润胀。因此，纤维要产生润胀现象，必须通过打浆的机械作用破除其初生壁层和次生壁中层[11]。

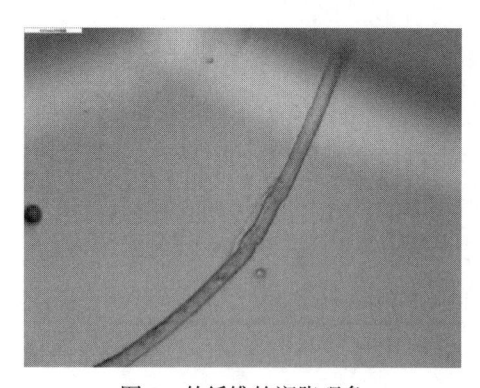

图8 竹纤维的润胀现象

4.4 纤维的切断与打浆工艺

切断区别于一般意义上的剪断，是打浆过程中发生的横向断裂现象。打浆时，纤维会受到设备的剪切力，纤维与纤维之间也会产生互相摩擦，从而导致纤维被切断。切断可以发生在任何部位，但一般发生在纤维的薄弱部位[11]。曲腾云曾对竹纤维在土壤埋藏过程中的降解作了研究，发现竹纤维降解过程中会发生劈裂并出现孔洞，并逐渐降解为蜷曲的碎片状[12]。这种劈裂与打浆过程中发生的断裂有所区别，纤维发生劈裂时端口往往不止一个，纤维既发生横向的断裂，又发生纵向断裂。富阳泗洲遗址提取到的竹纤维中，部分纤维发生了横向断裂（图9）。综上分析，该纤维的断裂可能是打浆造成的。值得注意的是，在石磨磨齿处也提取到了少量竹纤维，因而石磨很可能是该遗址重要的打浆工具。尤明庆等在对石转磨力学原理的研究中提到，沟槽可以剪断颗粒，石磨上扇的重量一般要大于石磨下扇才能产生较大的水平剪切力[13]。

由此可见，富阳泗洲宋代造纸遗址中发现的这些被切断的竹纤维很可能与石磨打浆有关。

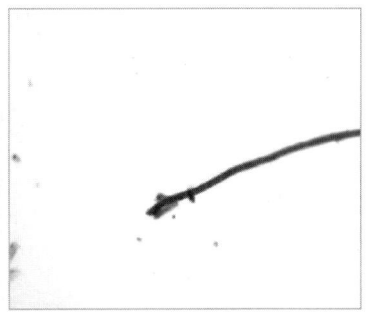

图 9　竹纤维的切断痕迹

5　结论

从遗址中提取纸张纤维，一方面可以作为判定遗址造纸功能的直接证据，另一方面也是确定遗址造纸原料的根本方法。本研究将过滤法应用于富阳泗洲遗址纸张纤维的提取中，所采用的样品包括：遗迹上附着的土样和石质工具上的残余物。经纤维提取和鉴定后发现，在水池C2和陶缸$G_{缸}5$内残留有竹纤维和桑皮纤维，在石磨磨齿部位也发现有竹纤维。水池C2中竹纤维与桑皮纤维的比例为4.5∶1，陶缸$G_{缸}5$中竹纤维与桑皮纤维的比例为3.5∶1。遗址发现的竹纤维和桑皮纤维分散程度良好，基本排除是埋藏过程中自然降解而成的可能性；桑皮纤维经染色后呈紫红色，应经过了蒸煮加工；而竹纤维的润胀和切断现象说明其经过了打浆处理。这些证据表明，提取到竹纤维和桑皮纤维的遗迹与造纸工艺流程高度相关，分别应为制浆工具石磨、抄纸槽和盛放纸浆的陶缸。本研究的结果为确定富阳泗洲遗址的造纸功能提供了科学、可靠的直接证据，对研究我国宋代造纸工艺具有十分重要的意义。

注　释

［1］杨金东，方健. 富阳泗洲宋代造纸遗址的考古发现与研究——守望竹纸. 杭州：浙江文艺出版社. 2016：139-166.

［2］杭州市文物考古所，富阳市文化广电新闻出版局，富阳市文化馆. 富阳泗洲宋代造纸遗址. 北京：文物出版社. 2013.

［3］富阳市政协文史委员会. 中国富阳纸业. 北京：人民出版社. 2005：39-47.

［4］潘吉星. 中国科学技术史·造纸与印刷卷. 北京：科学出版社. 1998：1-184.

［5］唐俊杰. 杭州富阳泗洲发现宋代造纸遗址. 中国文物报. 2009-01-17（002）.

［6］黄舟松. 温州泽雅四连碓造纸作坊遗址. 东方博物，2005（3）：40-44.

［7］王菊华. 中国造纸原料纤维特性及显微图谱. 北京：中国轻工业出版社. 1999：50-260.

[8] 闫赫. 呋喃树脂基木塑复合材料的制备及其性能的研究. 中北大学硕士学位论文. 2012.
[9] 潘吉星. 中国科学技术史·造纸与印刷卷. 北京：科学出版社. 1998：1-20.
[10] 彭洋平. 中国古代农作物秸秆利用方式探析. 郑州大学硕士学位论文. 2012.
[11] 何北海. 造纸原理与工程. 北京：中国轻工业出版社. 2010：18-60.
[12] 曲腾云. 纺织纤维在土壤填埋和生理盐水中降解行为表征. 东华大学硕士学位论文. 2015.
[13] 尤明庆，苏承东. 关于石转磨力学原理的注记. 力学与实践，2014（36）：520-523.

（本文收录于2023富阳泗洲造纸论坛会议论文集）

天津张湾2号古船保护修复

吴昌雄[*]

摘要：天津张湾古船是天津考古历史上首次科学考古发掘与发现的大运河沉船，对于研究中国古代漕运史、水利史、交通史、船舶发展史都有非常重要的价值。天津张湾2号古船的保护修复以考古资料为依据，严格遵循了古船修复的原则，按照古船营造方式较好地复原了古船的原始型线，完成了古船的整体修复，展现出该古船的原始风貌。

关键词：张湾；古船；保护修复

2012年4月，在北运河清淤整治过程中，在天津市北辰区双街镇张湾村东南，北运河河道转弯处发现了3艘古沉船。天津市文化遗产保护中心进行现场调查并开展抢救性考古发掘，其中木质保存最好、结构保存最完整的是2号古船（图1），其船体连同船舱内的包含物被整体提取并运回临时展厅进行二次考古发掘。2013年2月，天津市文化遗产保护中心委托荆州文物保护中心编制了《天津张湾出土古船保护修复方案》。荆州文物保护中心和天津市文化遗产保护中心共同开展了该古船的保护修复工作。

图1 天津张湾2号沉船发掘现场

天津张湾沉船，是天津考古历史上首次科学考古发现与发掘的大运河沉船。21世纪以来，在我国黄河以北地区正式考古发现与发掘的运河沉船数量寥寥可数，此次3艘

---

[*] 吴昌雄：荆州文物保护中心，荆州，邮编434020。

古沉船的发掘是非常重要的考古发现。根据沉船的尺寸、形制和船上所载物资推断，张湾古船可能为明代内河漕运中浅船中的一种，对于研究中国古代漕运史、水利史、交通史、船舶发展史都有非常重要的价值。

1 古船现状分析

1.1 古船船材鉴定及分析检测

为了解天津张湾 2 号古船船材种属，对所选取木材样品进行了鉴定（图 2～图 7、表 1）根据材质鉴定结果，2 号船底板为杉木质地、隔舱板为红椎质地，符合古船用材特点。

通过对天津张湾 2 号古船上所取样品进行含水率、干缩率测试，检测结果古船隔舱板绝对含水率 148.75%，底板绝对含水率 210.09%。隔舱板径向收缩率为 4.46%，弦向收缩率为 13.62%，顺纹收缩率为 0。底板径向收缩率为 0，弦向收缩率为 0，顺纹收缩率为 0。

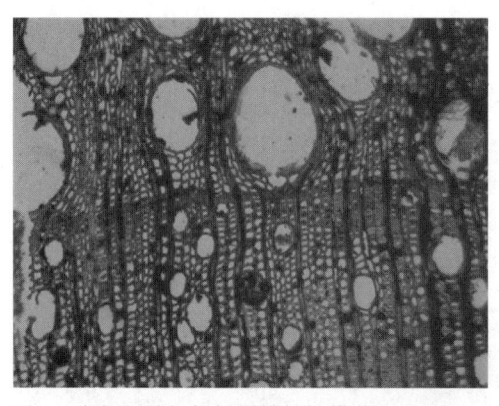

图 2 古船隔舱板船材纤维结构横截面（100×）

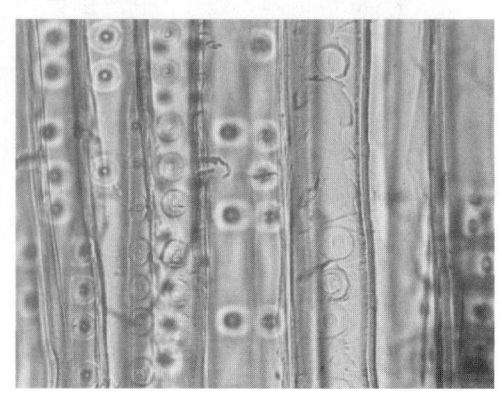

图 3 古船隔舱板船材纤维结构纵截面（400×）

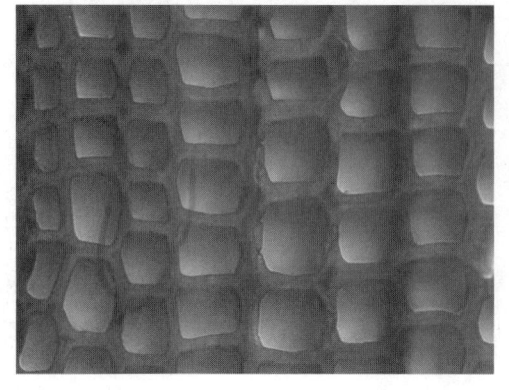

图 4 古船船底板船材纤维结构横截面（400×）

图 5 古船船底板船材纤维结构纵截面（400×）

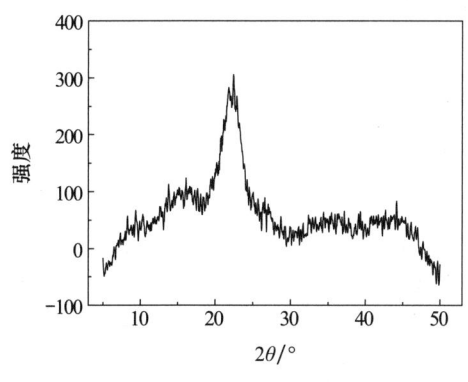

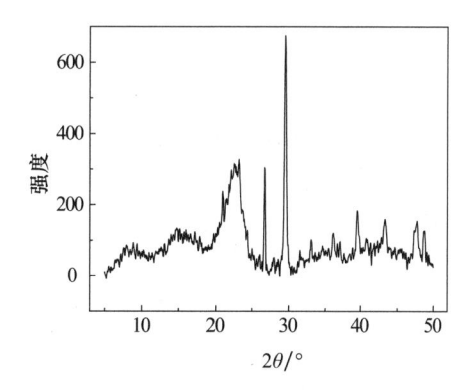

图 6　古船隔舱板船材衍射图　　　　图 7　古船船底板船材衍射图

表 1　天津张湾 2 号古船船材衍射峰强度及结晶度

位置	2θ（°）	峰强度（Ip）	背景强度（Ig）	结晶度（%）
隔舱板	22.2	274.9	78.2	71.6
船底板	22.6	297.6	72.5	75.6

注：结晶度 =（Ip − Ig）/Ip × 100%

1.2　船底板及外板保存现状

天津张湾 2 号古船正底 9 列船板保存十分完好。底板总长度 11.15 米，最宽 1.4 米，最窄 0.96 米，均厚 0.045 米。纵向板缝平口对接，板端企口搭接截口深度约二分之一厚，长约 0.05 米。大部分底板船材均由两段以上板材拼接而成。接口处均在隔舱板附近，单列最长底板总长 10.05 米。以主龙骨板为中心，左右各 4 列底板依次由铲钉钉连。钉坑呈三角形，间距均在 0.17 米左右，用舱料填补钉坑及板缝。

船尾后设有三块横板构件，总长 1.45 米，宽 0.51 米，前与船底板相连，后与艉封板相连。与艉封板相连板材两端各有长 0.18 米，宽 0.02 米，深 0.018 米的槽口，应是船尾外板插找痕迹，由此推断插找宽度 0.18 米，厚 0.04 米。

外板仅残存左右各 2 列，其中帮底 1 列，拖泥 1 列，板残宽 0.26 至 0.28 米，厚 0.04 米。外板与隔舱板由直钉钉连。

1.3　隔舱板、艉封板保存现状

天津张湾 2 号古船共有 10 道隔舱板（含艉封板），自船尾依次编号 F0 至 F9。隔舱板其中 1 道缺失，现残存 9 道，残高均不足 0.3 米，厚度在 0.05 米左右。多数隔舱板下边均开有对称流水孔两个，孔径规格约 0.04 米 × 0.04 米，全部流水孔均沿底板第 3 与第 4 板缝对瓶处开凿。

艉封板保存了最底部的一块，残长 0.85 米，宽 0.25 米，厚 0.03 米。但残板端部与外板尖结构部位上面开有宽 0.1 米、深 0.01 米浅口，应该是定位所用。比较清晰地保存了此部分的结构信息。下部处菱角打圆，有利于减小航行阻力。

1.4 桅座保存现状

第 6 道舱壁板前设有一长 0.78 米、宽 0.25 米、厚 0.09 米桅座（图 8），由规格较大一些的船钉与底板相连。底座上面除对称桅袄开孔外，另设有 0.1 米 × 0.1 米，高约 0.03 米的小型构件，估计也是桅杆底部的定位装置。

图 8　桅座现状

1.5 保存状况评估

正常船体应该是船头和船尾翘，中部底，船体外侧型线光顺。从天津张湾 2 号古船船体型线现状分析，船体扭曲变形严重。船首基本维持原状，船中部左侧微上翘，右侧则下沉，船尾部分整体下沉，且倾斜，船体中后部扭曲变形较严重。

舱上部分全部缺失，隔舱板缺失严重，多只保留底部一个隔舱板。船外板只保留一两块，多数缺失。因船体扭曲变形，外力造成了隔舱板与船底板、船外板脱离。船板材开裂、扭曲、缺失。船钉松动，舱料缺失（图 9）。

图 9　船板材、船钉、舱料现状

1.6 对古船初步认识

天津张湾 2 号古船残存外板共 13 列，其中底板 9 列，帮底拖泥板左右各一列，出水栈以上部分缺失。古沉船船底部分保存尚好，沿底线上 30 厘米以下部分有复原依据。隔舱板共 10 道，残高 0.3 米，以上部分缺失。

天津张湾 2 号古船造船工艺规范工整，保留宋元时期内河板式结构木船的制造风格。船板接口、钉连、密封主要工艺成熟、可靠，既遵循传统又灵活大胆，是我国船史研究中重要的实物资料。

残存的船材中有多处宽窄不一，多为拼接搭配而成，连接用船钉锻打得不够丰满，应为古船营造期间物料匮乏所致。

从古船的材质、含水率、收缩率、显微结构、纤维素结晶度分析，古船的底板和隔舱板保存状况较好，可采取自然脱水方法对该船进行脱水保护。

2 保护修复过程

对天津张湾 2 号古船的保护修复应以考古资料为依据，确保修复、复原后能体现该古船的原始风貌。尽可能保留原有结构，不刻意去修补残缺，除非已经影响到古船的力学性能和结构性能的构件。无论是处理的方法还是修复用选材，都应充分考虑到可重复操作性，即修补部位易于拆除，且不影响和损坏古船的原始材料。古船制作技术属于我国传统工艺，在古船保护修复过程中，注重采用传统工艺及传统材料，并能结合现代新材料和新工艺综合考虑，所选用修复的材料在物理、化学等性能上必须是相同或接近古船原制作材料。修补后的古船，修复部分应比较容易识别，即"远看一致、近观有别"。同时也不能因为这种识别而破坏古船整体的观赏性和完整性。修复部分应有记录资料。

2.1 古船的脱水与清理

天津张湾 2 号古船的船底板和隔舱板保存状况较好，含水率较低，基本为杉木及红椎质地，可采取自然干燥的方法脱水。古船在临时展厅已停留数年，基本完成自然脱水。脱水效果良好，木材色泽自然，各向收缩极微。

古船清理工作的主要目的是清除船材表面的泥沙和污物。清理方法为扫、吸、吹、剔、洗（图 10），局部采取了干、湿交替的方法进行了清理，工具有吸尘器、强力吹风机、毛刷、竹签等，特殊部位采用自制专用清理工具。使用的化学试剂主要有蒸馏水、复合清洗剂。

2.2 船底板矫正

为方便古船的保护修复，需将原有支撑去除，改为采用钢木复合结构进行支撑。钢木复合支撑结构是以钢管和十字扣件搭建基本立体框架，再利用吊装带、木砖、木楔子、千斤顶（液压）等，通过顶、压、抬等方式根据古船受力点分布的特点进行支撑（图 11）。

在更换支撑的同时，也要考虑到船底板的矫正工作。船底板矫正是整个修复工作的基础。船底板矫正工作依据古船营造方式以及考古绘图进行的。古船营造工艺是从船底中心龙骨板开始，逐渐钉连两侧船底板、船外板等，确定船底中心板的中心线尤显重要。利用激光水平仪确定船底中心板的中心线，在船底左右两侧使用千斤顶、吊装带等工具推、拉方式，摆动船首或船尾，缓慢将船底中心板的中心线调整到一个平面内。再通过调整钢木复合支撑结构，提升或降低船首、船尾及左右两侧，使船底横向水平、弧线近似古船原始状态。

图 10 清理　　　　　　　图 11 更换支撑

2.3 隔舱板修复

张湾古船隔舱板保存状况较差，残留部分较少，甚至完全缺失（隔舱板 F7），对修复、复原带来了困难。但每个隔舱板在船外板上均残有连接痕迹，这为隔舱板的修复、复原带来了一定有利条件。

经仔细分析现状，参照考古绘制图纸，依据船外板与隔舱板紧密结合的情况以及船板上钉孔残留痕迹，绘制隔舱板上端缺失部分的型线图（图 12）。

将隔舱板从船底板取下，取下残余的船钉并清理钉孔后对隔舱板进行回潮矫形，使隔舱板逐渐恢复平整。依据隔舱板的线型图及隔舱板残存情况，对隔舱板进行补配，使补配部分与隔舱板接触部位完全吻合（图 13）。使用不锈钢螺杆将隔舱板与补配部分连接固定后，将修补后的隔舱板固定到船底板上。

图 12 绘制型线图　　　　　　　图 13 隔舱板补配

2.4 船外板修复

船外板大多发生了变形、开裂等情况，需进行船外板矫形、加固。对需矫形的部位进行回潮处理后，利用钢管、木砖、木楔子、G 形夹等，通过顶、压等方式逐渐将变形的船板矫回原始位置（图 14）。最后用不锈钢螺杆将外板固定。

船外板的补配以船外板 B6 的补配为例，以隔舱板和船外板 B5 作为依据，对补配使用的木板进行初步矫形，将船外板 B6 的补配部分与船外板 B5 相吻合，通过木砖、G 形夹、木楔子等，使补配板完全紧贴隔舱板。船外板 B6 还有部分残余，按照残余 B6 的位置和形状在补配板上绘出形状，用曲线锯去除，再用雕刻刀进行微调，使补配板与残余的 B6 吻合（图 15）。补配部分与隔舱板、船外板 B5、船外板 B6 残余部分完全吻合后，用不锈钢螺杆将其固定到船上。

采用同样的方法对船左右两侧的外板进行补配，补配后古船整体外形光顺，线条流畅。

图 14　船外板矫形　　　　　图 15　补配板与船外板吻合

2.5　桅座修复

张湾 2 号古船桅座变形较为严重，需将桅座从船板上拆卸下来单独矫形。将桅座进行清理后放入蒸馏水中浸泡数天，桅座韧性会大大提高，将桅座取出放在平整的木块上，在扭曲点两侧及各着力点均使用木砖及木质垫板支撑，利用 U 形夹对扭曲点缓慢施压，可使桅座恢复原本的空间形状（图 16）。将矫形后的桅座自然干燥，最终放回原始位置固定。

2.6　整体脱盐

通过分析测试，发现张湾 2 号古船船材含盐较高。为便于后期养护，进行了脱盐。使用蒸馏水喷湿船材，缠裹紧潮湿纱布后覆盖塑料薄膜（图 17）。经过 3~5 天时间，通过毛细作用，让船体中盐分逐渐转移到纱布上。将纱布取样放入蒸馏水浸泡，通过监测浸泡液电导率的变化来确定脱盐效果。重复三次后，浸泡液电导率接近蒸馏水电导率，达到脱盐目的。

2.7　船钉保护

船钉保护主要分为除锈、缓蚀、封护三个步骤。首先用手术钢刀对铁钉表面的部分

图16　桅座矫形 　　　　　　　　图17　脱盐

比较酥散的铁锈进行处理，剩余较为坚硬的部分铁锈则采取带锈保护的方式进行保护处理。在常温通风的操作房间内采用1%苯骈三氮唑溶液对铁钉进行分批对号缓蚀浸泡，4小时后取出阴干。待缓释后的铁钉干燥后，用软毛刷蘸取2%苯骈三氮唑丙酮溶液对干燥后的铁钉涂刷2~3遍进行封护（图18）。对封护干燥完成后的铁钉按照原有的编号进行收装分袋保存。

2.8　填补舱料

舱料是木船营造过程中必不可少的材料，主要起到密封作用。张湾2号古船船板缝隙间填充舱料，现因腐朽而丢失，使用舱料进行填充不仅可以起到粘结船板的作用，同时也起到密封船钉的作用。通过调油灰、制麻饼、开缝、抹桐油和油灰、舱船、抹平缝隙等步骤对古船船板间缝隙、钉孔及船体新做部分钉孔进行了舱料填补（图19）。

图18　船钉保护 　　　　　　　　图19　填补舱料

2.9　新材做旧

张湾2号古船的隔舱板、船外板缺失严重，在有据可依的前提下进行修补、补配。新修补木材多使用了松木，新鲜木材与旧材色泽上差距较大，必须进行做旧。使用水溶性黏合剂与赭石、熟褐等矿物颜料由浅及深进行整体协色，达到"远看一致、近观有别"的效果（图20）。

图 20　修复完成后的张湾 2 号古船

2.10　船体托架制作

完成张湾 2 号古船整体保护修复后，需制作古船托架。以 140mm 槽钢为横向底座，150mm × 100mm 钢管为立柱，以 120mm 槽钢为主要构件，钢材壁厚均为 6mm。打磨钢材表面锈蚀物，刷涂防锈漆，制作完成后再刷上一层红色面漆。每个隔舱板下均有横向槽钢支撑，且槽钢内有垫木，有效地分散了船体重量，增加了船体与托架接触面积，避免了因槽钢硬度过大对木质造成的破坏。横梁托架弯曲伸出，解决了船体左右晃动的问题（图 20）。

3　结语

第一，天津张湾 2 号古船的保护修复严格遵循了古船修复的原则，以船钉、钉孔位置作为重要依据，按照古船营造方式，船底板、隔舱板和船外板相互印证，较好地复原了古船的原始型线，完成了古船的整体修复。

第二，天津张湾 2 号古船的修复，设计并采用了钢木复合结构进行支撑，方便了修复过程中对古船高度及线型的调整，减少了木材的使用，有效节约了修复成本。

第三，古船修复过程中，松动的船钉都被取出，并对钉孔进行了清理保护，改为使用不锈钢螺杆在原钉孔位置进行钉连。不锈钢螺杆稳定性好，更加牢固，且不易生锈，避免了对古船进行二次伤害。去除的铁钉都进行了保护处理，并标号保存。

参 考 文 献

李铖，蔡薇，吴轶钢，等. 中国古船外板端接同口结构的力学分析. 中国水运（下半月），2014(6)：1-4.
天津市文化遗产保护中心张湾沉船考古发掘队. 天津北辰张湾发现三艘明代沉船. 中国文物报. 2012-07-13(008).
吴双成，吴昊，尚津济，等. 菏泽古船保护修复. 江汉考古，2014(S1):164-173.
袁晓春，张爱敏. 蓬莱四艘古船保护技术解析. 中国文物科学研究，2013(1)：81-84.

不同风化程度砂岩的盐风化试验研究*

洪 杰 彭宁波 董 云 黄继忠**

摘要：以石窟寺为代表的石质文物极具珍贵的价值，受多种因素的影响风化严重。由于岩性和赋存环境的差异，即使位于同一区域的石质文物，其风化程度也不一致。随着近年来生物、人类活动等因素影响降低，同一区域的风化环境趋于稳定，不同风化程度石质文物在相同的风化条件下，其"再风化"特征成为石质文物预防性保护中的重要问题。通过冻融循环构造不同风化程度的砂岩，之后针对风化样品开展盐风化模拟试验，综合采用多种表征技术获取表面硬度、波速及抗压强度等指标参数，揭示病害形成的内在机制。结果表明：冻融循环是构造不同风化程度岩石的有效方法；Na_2SO_4结晶对砂岩破坏严重，试样初始风化程度越高，劣化特征越明显，风化速率越快；表面硬度在一定范围内其衰减过程可以近似使用对数函数来分析，但不能完全反映岩石的整体风化情况；单轴抗压强度与波速等风化指标存在较强的关联性。本文的研究结果为石质文物的预防性保护提供理论依据。

关键词：石质文物；砂岩；冻融循环；盐风化；风化特征

我国石质文物数量众多，截至2019年12月，国务院公布的石质类文物遗迹达1674处，是我国文化遗产的重要组成部分[1]。不可移动石质文物多处于露天或半露天的环境中，在长期的风化作用下，岩石胶结性变差、强度降低，存在裂隙发育、剥离脱落、变色堆积等病害现象，对文物产生极大破坏[2,3]。引起岩石风化的因素很多，大体上可分为内因和外因两类：内因主要包括岩性、物质组成及微观结构等岩石本身的性质，外因包括地质条件、外荷载、自然灾害等外在环境。从石质文物长期的保存时间尺度上看，不同阶段风化主导因素不同，且风化病害很少由单一因素引起，更多的是多种因素的共同作用。比如黄继忠等[4]认为多种因素共同作用导致石质文物风化，特别是在水的参与下，岩石极易发生盐结晶、干湿交替和冻融等。严绍军等[5]在研究龙门石

---

* 本文受国家自然科学基金项目（51808246）、国家重点研发计划（2019YFC1520500）资助。

** 洪杰：上海大学文化遗产与信息管理学院，上海，邮编200444。彭宁波：淮阴工学院建筑工程学院，淮安，邮编223001；上海大学文化遗产保护基础科学研究院，上海，邮编201900。董云：淮阴工学院建筑工程学院，淮安，邮编223001。黄继忠：上海大学文化遗产与信息管理学院，上海，邮编200444；上海大学文化遗产保护基础科学研究院，上海，邮编201900。

窟的破坏作用时，将其分为力学、化学及生物作用，认为多种风化因素共同作用加速了石窟的劣化。

石质文物因岩石岩性、建造时间、分布区域、历史遭遇、微环境等不同，其风化因素和风化程度也不同[6]。比如，在我国北方寒冷地区，冻融是影响石质文物风化的主要因素之一，在温度、水分变化的基础上发生冻融循环，使得文物处于不同的风化状态[7]。学者们[8-10]在实地调研的基础上，开展室内模拟试验，试验结果与现场检测数据相吻合，总结出岩石的损伤机制和力学性能衰减规律，认为冻融循环次数越多，岩石损伤程度越深。近年来空气中 SO_x、NO_x 等酸性气体含量明显增多，与水、岩石等发生反应后生成可溶盐，在可溶盐的反复结晶过程中，形成结晶挤压力，对文物造成难以修复的损伤，成为影响岩石风化的主要因素之一。王锦芳[11]通过把岩石浸泡在盐溶液中，发现盐分在岩石样品内部大量结晶，岩石表面出现破坏。李黎等[12]对龙游石窟砂岩进行可溶盐破坏加速试验，证明可溶盐对钙质胶结砂岩破坏作用明显。

风化作用本身也在改变岩石的岩性，相同岩性的岩石，处在不同的环境下，其风化程度不同。同一环境下不同岩性岩石的劣化特征、风化速率以及对整个文物稳定性的破坏程度等也可能不同，致使石质文物中的现状也不尽相同。近年来，我国石质文物的保护取得了巨大成效，但石质文物无法脱离于环境而存在，其必然会继续遭受风化作用的影响。石质文物中不同状态的岩石，在遭受风化之后，其风化特征是否不同，岩石的不同状态对再风化有何影响，这是石质文物从抢救性保护走向预防性保护过程中不可回避的问题。本文采用浸没冻融的方式构造不同风化程度的岩石，模拟寒冷地区砂岩类文物在长期受冻融作用的基础上，再受到可溶盐风化作用的现状。对岩样的质量、波速以及单轴抗压强度等进行测试与分析，探明不同风化程度砂岩经受再风化的劣化特征与变化规律，预测文物未来可能的风化情况，旨在为石质文物的保护提供理论依据和指导基础。此外，由于我国石质文物岩石类型众多，不同阶段风化主导因素也不同，拟在后续的研究中开展其他岩石类型文物的再风化劣化特征以及砂岩类文物遭受风化因素的变化规律。

1 试样制备

1.1 不同风化程度岩石制备方案

选取 36 块 50mm×50mm 的新鲜红砂岩样品，将其中的 18 块均分为 6 组，编号：F1~F6，先后进行冻融和盐风化试验。把另外的 18 块也均分为 6 组，编号：C1~C6，只进行冻融试验，完成后开展单轴压缩试验，作为 F1~F6 组试样不同冻融循环次数后抗压强度的参照组。利用冻融循环构造不同风化程度的岩样，冻融试验采用型号 RHPS-408BT 的快速温度变化湿热试验箱，其温度控制范围为 -40~120℃，误差范围 ±1℃，升降温速率最高达 10℃/min，满足使用要求。将岩样置于试模盒中，注入纯水至浸没岩样（试验过程中保持岩样完全浸没水中），完成后将试模盒放入试验箱中。考虑升降温速率、部分地区最低气温以及水是否完全溶解等因素，温度循环设定：40℃ 至 -25℃ 历时 0.5 h，于 -25℃ 时冻结 4 h；-25℃ 至 40℃ 历时 0.5 h，于 40℃ 时溶解 4 h，如此反复，如图 1 所示。对 F1~F6 组、C1~C6 组岩样分别进行 0、5、10、15、20 及 25 次的冻融循环试验。

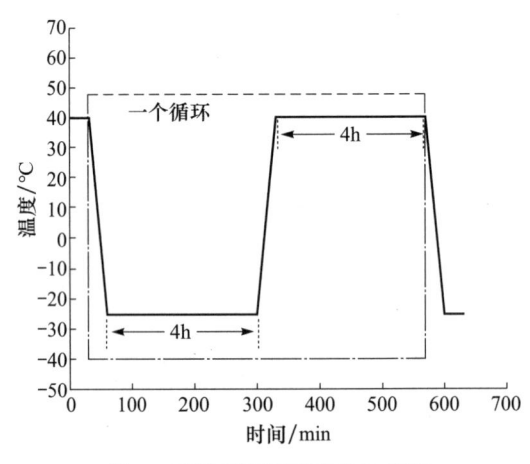

图 1 冻融循环温度变化示意图

1.2 风化指标测试方法

经过国内外学者的长期研究，岩石风化程度不同，其在物理力学性质、矿物化学成分、微观结构上存在差异[13, 14]。岩石风化程度越深，表层结构越疏松，裂隙发育越明显、孔隙变化越显著、颗粒间胶结物流失越严重，风化指标明显增大或减小。在一定范围内，超声波速与里氏硬度随着风化程度的加深而减小，孔隙率、吸水率、毛细吸水系数会随着风化程度的加深而增大。相应的指标能够作为岩石风化程度划分的依据[15, 16]。

将试样置于 105℃ 的烘干箱中烘 48 h 至恒重，在干燥器中自然冷却至室温。使用净水天平、里氏硬度计、非金属超声波检测仪等设备测定岩样的烘干质量、表面硬度、波速等物理量。之后对试样先后进行天然饱和 48 h 和强制饱和 48 h，并称量其天然饱和质量、强制饱和质量以及浸没质量，通过计算得出试样的基本物理参数。吸水率计算如式（1）：

$$A_w = \frac{M_{\text{wet}} - M_{\text{dry}}}{M_{\text{dry}}} \times 100\% \quad (1)$$

其中 A_w 表示岩样的吸水率（%），M_{dry} 与 M_{wet} 代表烘干样品的质量和天然饱和样品的质量（g）；

孔隙率以及有效孔隙率由式（2）确定：

$$\phi = \frac{M_{sat} - M_{dry}}{M_{sat} - M_w} \times 100\% \ ; \qquad \phi_e = \frac{M_{wet} - M_{dry}}{M_{sat} - M_w} \times 100\% \ ; \qquad (2)$$

式中 ϕ 代表孔隙率，表示总孔体积与总样品体积之比（%）；ϕ_e 代表有效孔隙率，表示连通的空隙与整个岩石样品的体积比（%）；M_{sat} 表示通过沸水饱和法饱和样品并擦拭样品表面水分后的质量（g）；M_w 是将饱和的样品浸入水中后测得的浸没质量（g）。

冻融循环完成后，将岩样烘至恒重状态下测定风化指标，数据如表1所示。各组岩样之间物理参数差异明显，冻融循环次数越多，参数变化幅度越大，其风化程度越高。试验数据表明，通过冻融循环可以构造出不同风化程度的岩石。

表 1 不同循环次数砂岩各指标情况

编号	开口孔隙率（%）	吸水率（%）	毛细水系数（$kg \cdot m^{-2} \cdot h^{-1/2}$）	波速（$km \cdot s^{-1}$）	里氏硬度（HL）	干密度（$g \cdot cm^{-3}$）
F1组	6.25 ± 0.25	2.35 ± 0.25	1.5 ± 0.1	2.500 ± 0.200	670 ± 15	2.52 ± 0.25
F2组	6.35 ± 0.15	2.40 ± 0.20	2.0 ± 0.1	2.450 ± 0.150	655 ± 10	2.48 ± 0.20
F3组	6.65 ± 0.35	2.50 ± 0.20	2.1 ± 0.1	2.400 ± 0.100	625 ± 10	2.42 ± 0.30
F4组	6.70 ± 0.30	2.55 ± 0.25	2.3 ± 0.2	2.300 ± 0.100	615 ± 15	2.37 ± 0.25
F5组	6.95 ± 0.55	2.60 ± 0.20	2.4 ± 0.2	2.250 ± 0.150	610 ± 15	2.24 ± 0.20
F6组	7.50 ± 0.50	2.75 ± 0.25	2.5 ± 0.2	2.150 ± 0.150	605 ± 20	2.12 ± 0.25

从试验结果来看（图2），在冻融循环过程中试样没有明显的裂缝和掉块，所有试块表层形貌无显著变化，整体形态与新鲜岩石基本相似。但与初始状态相比，也存在一些细微的差别，遭受冻融循环的试样表层触摸感变得粗糙，棱角处存在明显的颗粒流失现象，且局部轻微破损。

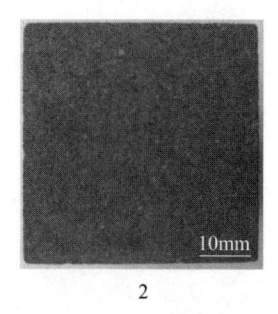

图 2 冻融前后岩样表层形貌特征
1. 新鲜试样 2. 冻融循环15次 3. 冻融循环25次

2 盐风化试验方案

试验目的是探究可溶盐风化作用对不同风化程度砂岩的破坏效应以及变化规律。危害文物的可溶盐类型很多，其中 Na_2SO_4 对文物的破坏最显著，且具有普遍性，现有研究大都选择 Na_2SO_4 进行盐风化模拟试验[17]。此外，温湿度不同，形成的可溶盐晶体状态也不同。斯泰格尔（Steiger）等[18]提出 $Na_2SO_4 \cdot H_2O$ 体系相态控制温度 T 和湿度 RH 表，结合文物所处的实际情况，模拟高温低湿的环境进行试验，具体步骤如下：

1）将 F1～F6 岩样放入纯水中自然饱和 16 h，完成后置于恒温、恒湿箱中 8 h，温度为 35℃，湿度为 50%；待冷却至室温后称重，作为样品初始质量，并测定波速与表面硬度。

2）把各组岩样放入到 25℃ 饱和 Na_2SO_4 溶液中（温度由环境试验箱控制），自然饱和 16 h；擦拭后将岩样放入恒温、恒湿箱中 8 h，温湿度分别为 35℃、50%，以此作为一个循环。

3）重复步骤 1），当盐风化循环次数为 5、10 和 15 时，将试样从恒温恒湿箱取出后对所有岩样称重，测定波速与表面硬度，描述岩样的形貌变化。

4）盐风化试验结束后，记录岩样宏观特征，并对 F1～F6 岩样进行单轴压缩试验。

3 试验结果

3.1 表层形貌特征

盐风化作用下岩样表层劣化特征如图 3 所示。随着盐风化试验的开展，试样表层逐渐生成白色结晶体，颜色变暗，原本光滑的表面变得粗糙不平。硫酸钠易富集在试样相对软弱的胶结物处，泥质团块逐渐脱落形成溶坑，沿着层理面不断加宽加深，最终导致试样呈层状开裂。棱角部位风化最为显著，如试样各水平面与相对应垂直面的交界处，粉化严重且伴随着小型掉块，极为影响试样的整体形貌。主要因素是饱和盐溶液进入孔隙中，生成的 Na_2SO_4 晶体不断造成新的裂隙，进一步促进盐溶液的吸收，不断反复直至出现宏观可见的损伤。上述病害现象与砂岩类文物实际风化情况相符，盐风化作用严重损伤了文物的表层形貌，降低了文化艺术价值。

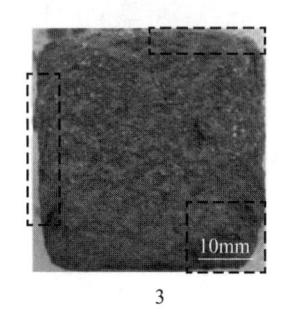

图 3 盐风化侵蚀下岩样浅表层共性损伤特征
1. 生成白色结晶体　2. 出现凹凸不平的溶孔　3. 棱角处破坏显著

图 4 为 F1～F6 岩样盐风化试验后宏观特征。岩样在历经盐风化循环 15 次后，岩样出现明显的劣化特征，且呈现出由表层逐渐延伸至内部的层进式损伤趋势。各组试样间风化形貌差异明显，试样风化程度越高，形貌损伤程度越大，颗粒脱落越严重，白色结晶体越多。可能是因为初始风化程度高的试样，其孔隙率相对较大，孔隙间连通性好，在同一风化作用下，表层吸收的盐溶液就越多，盐结晶所产生的挤压力较大。此外，风化程度高的试样表面软化性强，结构疏松严重，在挤压力相对大的情况下，风化导致的宏观形貌损伤速率越快。

图 4 不同风化程度岩样盐风化循环 15 次后宏观特征
1.F1 组岩样　2.F2 组岩样　3.F3 组岩样　4.F4 组岩样　5.F5 组岩样　6.F6 组岩样

3.2 质量变化分析

风化作用整体上导致岩石质量呈衰减的趋势，但盐风化试验过程中试样质量表现为先增加后减小。图 5 为盐风化过程中试样质量变化率曲线。图中曲线表明，在盐风化试验初期，各组试样质量随循环次数的增加而增多。主要因素是 Na_2SO_4 溶液不断进入岩石裂隙中引起试样质量增加；盐风化作用造成岩石颗粒流失，但这种破坏主要发生在盐风化循环 5 次后。至试验中后期尤其是盐循环 10 次以后，盐风化导致的颗粒脱落等占主导地位，试样质量逐渐损失，且衰减速率越来越快。至盐风化循环 15 次时，各组试样质量均有一定的衰减，不同组别间有轻微差别。F1、F2 组试样质量损失为 1.9%，F3～F5 组试样达 4.11%，F6 组试样质量损失最多，高达 5.63%，约为 F1、F2 组试样质量损失的 3 倍多。大体呈现出试样初始风化程度越高，质量损失越多的变化特点。该现象可能是岩石初始风化程度越高，其表面硬度越低，反映出样品表层结构越疏松，在盐风化过程中颗粒脱落也相对较多。

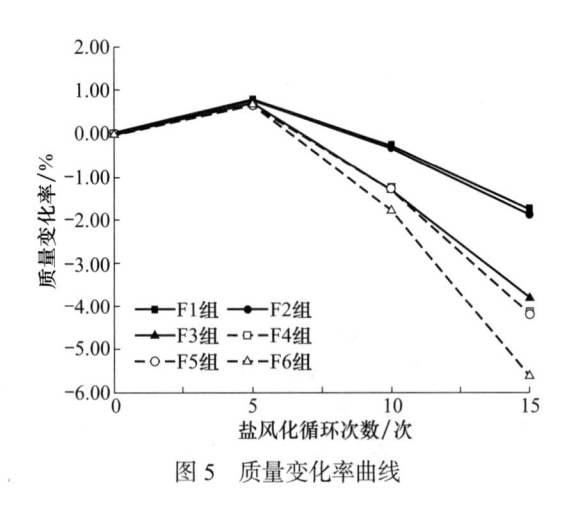

图 5　质量变化率曲线

3.3　纵波波速变化分析

波速与岩石本身性质密切相关，岩石颗粒越致密、内部结构越完整，波速越高，反之则波速越低，波速大小直观反映了岩石内部结构的劣化情况。试样波速实测与拟合曲线如图 6 所示。在盐风化作用下，试样波速表现为线性下降，F4～F6 组试样的下降速率略高于 F1～F3 组试样的下降速率。可能是 F1～F3 组试样风化程度较低，表层结构致密且孔隙小，部分 Na_2SO_4 晶体在裂隙"喉部"封堵，阻碍了黏土矿物的水解，也相当于减缓了岩样的内部劣化情况[19]。不过这种延缓相对于盐风化对试样结构的破坏要小很多，因此波速总体还是呈较均匀的下降趋势。而 F4～F6 组试样风化程度较高，孔

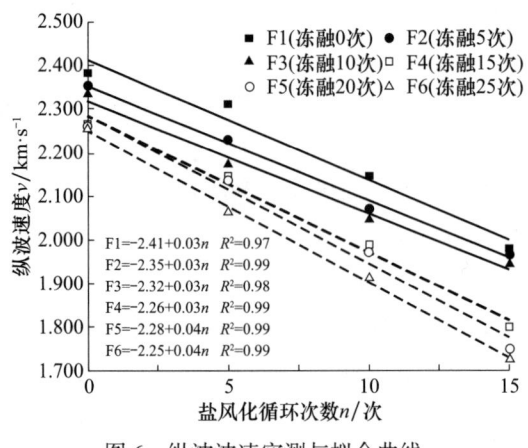

图 6　纵波波速实测与拟合曲线

隙相对较大，不足以形成封堵的情况，盐风化作用导致的试样内部结构的劣化是其波速下降较快的主要因素。

3.4 表面硬度变化分析

表面硬度与岩样表层结构、孔隙大小等因素相关，硬度越大，岩石颗粒间密度越高，表层结构致密性越强。盐风化试验岩样表面硬度变化曲线如图7所示。不同风化程度试样的表面硬度都是随着盐风化循环次数的增加而减小的，但各组间下降趋势有较大差异。F1~F3组试样在整个盐风化试验中呈现先快速后缓慢的下降趋势。特别在盐风化循环0~5次过程中，试样表面硬度下降幅度最大，至5次循环时测得几组试样硬度值损失率均达初始值的11.5%左右。至试验中后期，硬度值下降幅度逐渐减小。可能是试样逐渐吸入可溶盐增多，形成的Na_2SO_4晶体集中在岩石表层，使得表层出现"硬化"现象，但仅相当于延缓了风化速率。

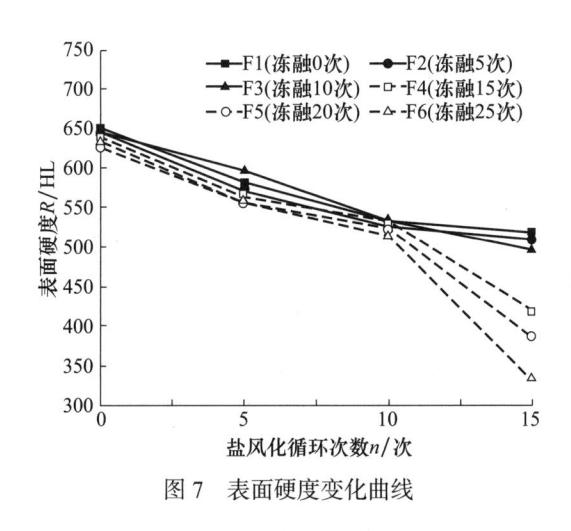

图7 表面硬度变化曲线

F4~F6组试样在盐风化循环10次前硬度值变化趋势与F1~F3组试样基本一致。在盐风化循环10次后，F4~F6组试样硬度值出现陡降现象，试样初始风化程度越高，下降幅度越大，表层结构劣化速率越快。至盐风化循环15次时，测得初始风化程度最高的F6组试样硬度值下降了292HL，约为未盐风化前F6组试样硬度值的0.5倍，下降幅度最小的F4组试样也为其初始硬度值的0.3倍。造成这种现象可能是试样孔隙中晶体不断生长，表面开始产生自由能，自由能增大逐渐限制晶体生长，相当于对结晶体施加了机械力。此种力引起溶解度增加，提高结晶体周围的浓度，进而促进结晶体的产生，晶体挤压力达到岩石结构所能承受荷载"临界点"，不断循环重复，引起试样表层结构剧变[20]。

由于盐风化循环10次后，风化程度高的试样表层形貌破坏显著，局部区域甚至无法测出硬度值，此时测定的表面硬度值不能够准确体现试样表层结构正常的衰减情况。因此，仅选取 F1～F3 组试样循环 15 次，F4～F6 组循环前 10 次的硬度值进行拟合。由图 8 可以看出，在盐风化作用下不同初始风化程度砂岩表面硬度的变化趋势与拟合曲线基本一致，砂岩表面硬度与盐风化循环次数之间呈现了良好的对数函数关系：

$$f_n = -100.14\ln(n) + 639.31$$

式中 f_n 为第 n 次循环岩石的表面硬度（HL），n 为循环次数。

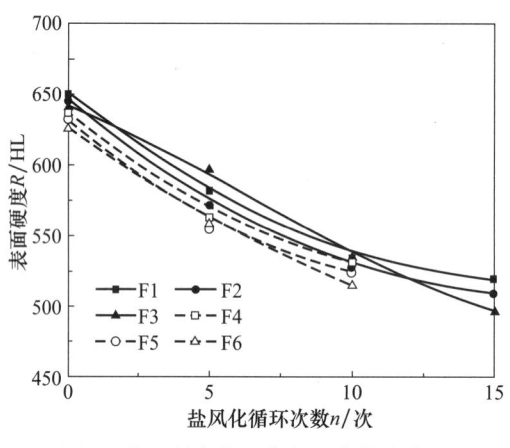

图 8　表面硬度实测值与拟合模型曲线

本次试验因盐风化循环至 15 次时部分试样破坏较严重，无法继续开展试验。从整个试验来看持续时间有限，上述关系近似反映了不同初始风化程度砂岩盐风化试验初期表面结构的损伤过程。结合岩石宏观形貌劣化特征，在盐风化作用下，试样呈现逐层递进的损伤形式。可以预见若盐风化试验继续进行直至岩石完全破坏，其硬度值的变化可能会呈现周期性对数衰减的趋势，此结论需通过更多的试验来验证。

3.5　单轴压缩破坏特征及强度变化分析

3.5.1　单轴压缩破坏特征

盐风化试验完成后，对 F1～F6 组试样开展单轴压缩试验。图 9 为试样单轴压缩后的破坏形式，可以发现试样间区别明显。F1、F2 组试样以斜面剪切破坏为主，裂隙集中在试样侧边，呈片状脱落，脆性破坏特征表现更为明显，破坏后试块较完整。F3 组试样裂缝多出现于粉化严重的侧边处，从表层形貌来看，盐风化循环 15 次后 F3 组岩样在破坏处颗粒脱落显著。F4、F5 组试样多沿层理劈裂，多条裂隙贯穿试样，碎块崩落明显，破坏后的完整性较差。F6 组试样在中部产生裂缝开裂破坏，表面无明显的碎裂和剥落，主要是试样内部结构劣化显著，整个样品"酥化"严重，软性特征更为明显。若继续施加荷载力，试样沿裂隙处断裂。对比各组试样的破坏特征，发现随着试样初始风化程度的增高，破坏裂隙逐渐由侧边向中部变化，破坏形态由完整转变为碎裂，间接体现出试样内部结构劣化程度是逐渐加深的。

图 9　盐风化后样品单轴压缩破坏特征
1.F1 组岩样　2.F2 组岩样　3.F3 组岩样　4.F4 组岩样　5.F5 组岩样　6.F6 组岩样

3.5.2　单轴抗压强度变化分析

冻融作用下砂岩抗压强度随循环次数的增加而降低，但变化速率逐渐减小（图 10，1），这与前人[21]的研究成果一致。针对冻融后的试样开展硫酸盐风化模拟试验，基于单轴抗压强度分析发现冻融次数多的岩石强度下降越显著。另外，根据盐风化前后岩样的强度值计算强度损失率，并绘制曲线（图 10，2）。结果表明初始风化程度越高的岩样，其强度损伤率按照先慢后快的指数趋势上升。F1 组试样作为新鲜红砂岩，

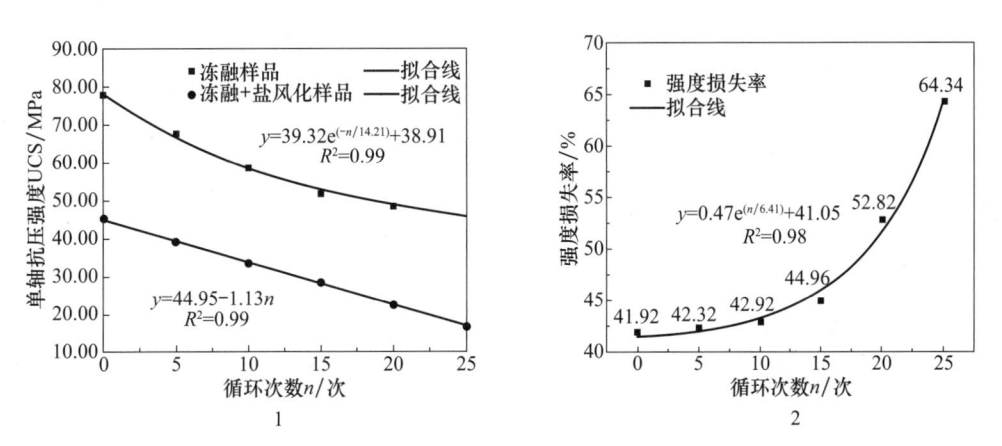

图 10　强度及其损失率变化曲线
1.冻融及冻融+盐风化岩石强度对比曲线　2.盐风化岩石强度损失率曲线

在经过盐风化循环 15 次后，测得其单轴抗压强度由 77.8 MPa 变为 45.19 MPa，降低近 41.92%。初始风化程度最高的 F6 组试样抗压强度由 47.33 MPa 变为 16.52 MPa，下降了 30.81 MPa，占初始值的 65.11%。其余各组试样与其对应的初始值相比下降 20 MPa 左右。

4　无损检测指标与力学性能的关联性

图 11 为在盐风化作用下不同冻融循环次数试样抗压强度与波速变化曲线。两个风化指标均随盐循环次数的增加而降低，试样风化程度越高，抗压强度与波速越低。不管与盐风化哪一次循环的波速进行比较，试样抗压强度的变化趋势与其都基本相似。两者都是可以体现岩石整体风化情况的风化指标，在本试验中反映出较强的联系性。今后在研究岩石风化的过程中，特别是精细化诊断文物风化程度时，在有操作条件的情况下可以大体测定文物的波速与单轴抗压强度，两个风化指标相互印证，可以更为准确地反映岩石整体的劣化情况。

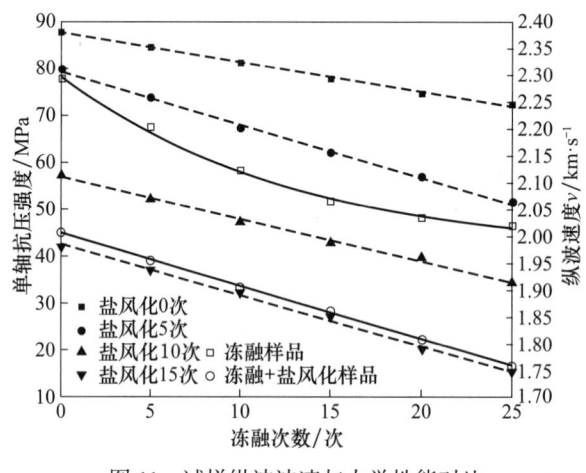

图 11　试样纵波波速与力学性能对比

对比在盐风化作用下不同冻融循环次数试样表面硬度与抗压强度曲线（图 12），同时结合 C1～C6 组试样的抗压强度，发现表面硬度不能准确反映岩石劣化程度。在盐风化循环 10 次时风化程度高的试样硬度值反而变大。以 F1～F6 组试样的表面硬度为例，其反映岩石风化程度的准确性逐渐发生变化。冻融风化初期各指标均随风化程度的增加而减小，此时表面硬度与强度以及波速等指标相互印证，较为准确地反映文物表层结构及风化情况。随着试验的开展，在盐风化作用下表面硬度会出现因盐结晶引起试样表层结构剧变从而导致硬度值出现陡降、风化程度高的岩石吸附盐产生硬化其硬度值反而增大等现象。可以得出表面硬度不能完全体现岩石整体的风化情况，其反映风化程度的精确性与风化方式、风化深度等有一定关系。无论何种风化方式，表面硬度在风化初期可以较准确地反映岩石的风化程度，但风化逐渐加深后其适用范围存在一定的局限性[22]。

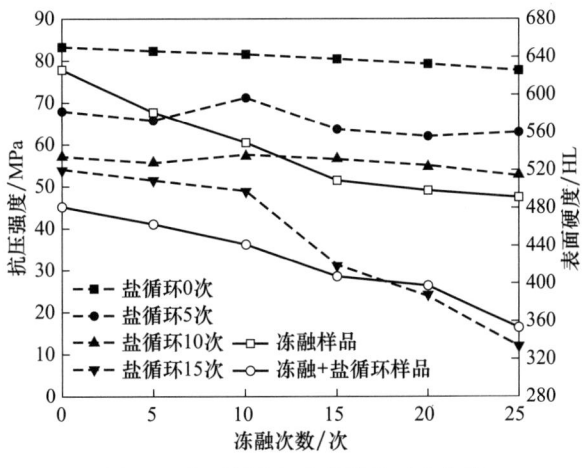

图 12 表面硬度与力学性能对比曲线

5 结论

本文通过冻融循环制成不同风化程度的岩石，以其作为研究对象开展硫酸盐风化模拟试验。综合采用多种表征技术获取纵波波速、硬度和单轴抗压强度等指标，探讨了不同风化程度岩石的再风化特性，揭示了硫酸盐对岩石造成的损伤机制。分析了无损检测指标的适用性。得到的主要结论如下：

1）冻融循环是构造不同风化程度岩石的有效方法。随着冻融试验的不断进行，岩石的孔隙率、毛细水系数呈现出轻微上升趋势，而波速、表面硬度及抗压强度等物理参数显著下降。

2）硫酸盐结晶对岩石表层形貌造成显著破坏，其浅表层存在颗粒脱落、棱角处破损、粉化与溶蚀等风化现象，局部位置产生层状开裂，总体表现为从表层逐渐延伸至内部的层进式风化过程。岩石初始风化程度越高，损伤越显著，质量、波速及抗压强度等指标变化速率越快。

3）表面硬度随着盐风化循环次数的增加而减小，呈现出先快速后缓慢的非线性下降趋势，一定范围内其衰减过程可以近似使用对数函数来分析，其风化全过程极有可能呈现周期性对数衰减的趋势。

4）盐风化过程中单轴抗压强度与波速的下降趋势大体相似，存在较强的联系性，能够较准确地反映岩石内部劣化情况。而表面硬度作为岩石表征指标之一，主要体现岩石表层结构的风化情况，不能完全反映岩石整体的风化情况。

注 释

[1] 一言，陈昀. 全国重点文物保护单位统计特征分析与研究. 东南文化，2021（4）：2，6-15，191-192.

[2] 李宏松. 文物岩石材料劣化形态分类研究及应用. 文物保护与考古科学, 2011, 23（1）: 1-6.

[3] 傅晏, 王子娟, 刘新荣, 等. 干湿循环作用下砂岩细观损伤演化及宏观劣化研究. 岩土工程学报, 2017, 39（9）: 1653-1661.

[4] 黄继忠, 郑伊, 张悦, 等. 云冈石窟砂岩水汽扩散特性研究. 西北大学学报（自然科学版）, 2021, 51（3）: 370-378.

[5] 严绍军, 方云, 孙兵, 等. 渗水对龙门石窟的影响及治理分析. 现代地质, 2005（3）: 475-478.

[6] 方云, 邓长青, 李宏松. 石质文物风化病害防治的环境地质问题. 现代地质, 2001（4）.

[7] 张继周, 缪林昌, 杨振峰. 冻融条件下岩石损伤劣化机制和力学特性研究. 岩石力学与工程学报, 2008（8）.

[8] 李震, 张景科, 刘盾, 等. 大足石刻小佛湾造像砂岩室内模拟劣化试验研究. 岩土工程学报, 2019, 41（8）: 1513-1521.

[9] 杨鸿锐, 刘平, 孙博, 等. 冻融循环对麦积山石窟砂砾岩微观结构损伤机制研究. 岩石力学与工程学报, 2021, 40（3）: 545-555.

[10] 张金风. 石质文物病害机理研究. 文物保护与考古科学, 2008（2）.

[11] 王锦芳. 孔隙材料盐劣化及可溶盐特征. 甘肃科技, 2011, 27（2）: 55-58.

[12] 李黎, 王思敬, 谷本親伯. 龙游石窟砂岩风化特征研究. 岩石力学与工程学报, 2008, 27（6）: 1217-1222.

[13] Wang P, Jin Y, Liu S, et al. A prediction model for the dynamic mechanical degradation of sedimentary rock after a long-term freeze-thaw weathering: Considering the strain-rate effect. Cold Regions Science and Technology, 2016, 131: 16-23.

[14] Freire L, Fort R, Varas M. Thermal stress-induced microcracking in building granite. Engineering Geology, 2016, 206: 83-93.

[15] 周霄, 高峰. 石质文物风化病害研究及无损微损检测方法. 中国文物科学研究, 2015（2）.

[16] 刘成禹, 何满潮. 石质古建筑风化深度确定方法. 地球科学与环境学报, 2008（1）.

[17] Cherith M, David R, John B. Methods for measuring rock surface weathering and erosion: A critical review. Earth-Science Reviews, 2014, 135: 141-161.

[18] Steiger M, Asmussen S. Crystallization of sodium sulfate phases in porous materials: The phase diagram $Na_2SO_4 \cdot H_2O$ and the generation of stress. Geochimica Et Cosmochimica Acta, 2008, 72(17): 4291-4306.

[19] 王逢睿, 焦大丁, 刘平, 等. 硫酸盐对麦积山砂砾岩风化影响的试验研究. 岩土力学, 2020（7）.

[20] White A, Bulum A, Bullen T, et al. The effect of temperature on experimental and natural chemical weathering rates of granitoid rocks. Geochimica Et Cosmochimica Acta, 1999, 63(19): 3277-3291.

[21] Michael S, Sönke A. Crystallization of sodium sulfate phases in porous materials: The phase diagram $Na_2SO_4 \cdot H_2O$ and the generation of stress. Geochimica Et Cosmochimica Acta, 2008, 72(17): 4291-4306.

[22] 孙进忠, 陈祥, 袁加贝, 等. 石质文物风化程度超声波检测方法探讨. 科技导报, 2006（8）.

静态热机械分析（TMA）方法测定考古木材线膨胀系数*

秦振芳　吴梦若　韩向娜　韩刘杨**

摘要：出土/出水的考古木材作为一种区别于现代健康木材的特殊材料，大多腐朽程度高、机械强度严重降低且降解不均匀，尺寸稳定性较差，易受环境影响产生形变和裂隙，危及木质文物长期保存和展陈中的安全性。线膨胀系数是评估环境温度变化下木质文物尺寸稳定性的重要指标，但由于现有测试方法在测试范围和精度上的局限，难以适用于考古木材。鉴于此，本文提出采用静态热机械分析（Thermomechanical analysis，TMA）方法，对采自"南海Ⅰ号"沉船的木质文物样品轴向、径向、弦向上的线膨胀系数进行测定。结果表明，TMA能够有效精确测定考古木材微小样品的线膨胀系数，数据重复性良好。在−10～50℃区间内，考古木材三个解剖学方向上的平均线膨胀率趋向于相近水平，与健康马尾松的线膨胀规律存在显著差异，轴向平均线膨胀率增大近10倍。这是首次对考古木材在储藏环境温度下的线膨胀系数的精确测定，对木质文物的安全存放和保护修复具有科学指导意义。

关键词：静态热机械分析；考古木材；线膨胀系数

考古木材通常是指来自沉船、棺椁、木器具、木构件等的木质文物。随着我国考古事业的蓬勃发展，出土/出水考古木材数量急剧增加，对木质文物的科学认知和保护提出了更高要求。由于长时间的埋藏过程中生物、化学等多种因素造成的降解，考古木材大多具有较高的腐朽程度且降解不均匀，其机械强度严重降低，物理化学性质发生极大变化，已经成为一种区别于现代健康木材的特殊"新"材料。考古木材的尺寸稳定性较差，对保存环境的波动更为敏感，在温湿度变化下容易产生形变和裂隙，若要木质文物能够长期安全稳定地保存和展陈，精确测定考古木材随环境因素的变化规律是科学保护的首要前提。

物体的体积或长度随温度的升高而增大的现象称为线膨胀，线膨胀系数是材料的主

---

* 本文得到国家重点研发计划项目（2020YFC1521804、2020YFC1521803、2020YFC1522404）、中央高校基本科研业务费资助项目（FRF-MP-20-53）资助。

** 秦振芳、吴梦若、韩向娜、韩刘杨：北京科技大学科技史与文化遗产研究院，北京，邮编100083。

要物理性质之一。在环境温度波动下木材会发生热胀冷缩,且由于木材天然的各向异性,不同解剖方向的线膨胀系数存在差异,考古木材三向上线膨胀规律与健康木材存在差异,易造成木质文物的变形、扭曲,增加安全风险。因此对木质文物轴向、径向、弦向的线膨胀系数的精确测定,对于掌握木质文物尺寸随温度的变化规律、评估木质文物存储安全性具有重要意义。

现有线膨胀表征手段主要为热膨胀仪或石英膨胀计,广泛应用于金属、陶瓷、橡胶等材料的线膨胀测试。在文物领域,赵静等[1]曾利用热膨胀仪对故宫养心殿燕喜堂古建筑琉璃构件和模拟釉层样品进行25~300℃区间的线膨胀测试,从而探明其劣化机制。但此方法对于力学性能更低的考古木材而言载荷较大、精度不足,在应用于小尺寸的脆弱考古木材样品时存在较大困难,且测试方法一般为常温到高温测试,无法表征在0℃以下低温环境的尺寸变化。孙元平等[2]利用自制线膨胀测试设备对竹缠绕复合材料在-40~80℃内的线膨胀系数进行测定,测试效果较好,试验发现试样横向线膨胀系数为纵向的2倍。

静态热机械分析(Thermomechanical analysis,TMA)方法适用于塑料[3]、树脂[4]等高分子材料及无机非金属材料[5]等多种材料的热形变测试。为了探明考古木材线膨胀规律与健康木材的区别,并为研究这种温度影响下的尺寸变化对木材稳定性的影响提供基础数据,本工作提出采用静态热机械分析(TMA)方法,在-10~50℃区间内,对采自"南海Ⅰ号"沉船的考古木材样品三个解剖学方向(轴向、径向、弦向)上的平均线膨胀系数进行测定。

1 试验

1.1 考古木材样品

本试验中的饱水考古木材样品来自"南海Ⅰ号"沉船,具体样品信息和物理性质数据如表1所示,将考古木材切割成约10 mm×10 mm×10 mm(轴向×径向×弦向,饱水状态下尺寸)的样块。

表1 "南海Ⅰ号"沉船考古木材样品树种识别结果和物理性质数据

样品编号	树种	最大含水率(%)	基本密度	降解等级
M1	马尾松	164.19	0.45	中度2级(大量沉积物)
M2	马尾松	242.77	0.33	重度3级
M3	马尾松	452.13	0.19	重度3级
M4	马尾松	617.80	0.15	重度3级
S1	杉木	235.24	0.33	中度2~3级

续表

样品编号	树种	最大含水率（%）	基本密度	降解等级
B1	柏木	515.27	0.18	重度 3 级
L1	栎木	315.73	0.26	重度 3 级
F1	枫香	501.53	0.18	重度 3 级
H1	柿木	561.82	0.16	重度 3 级
G1	榕树	1042.95	0.09	重度 3 级
R1	马尾松	62.40	0.66	健康
R2	杉木	442.61	0.33	健康

对照组样品为健康马尾松和健康杉木，根据《无疵小试样木材物理力学性质试验方法》（GB/T 1927.2—2021）锯解为 10 mm × 10 mm × 10 mm（轴向 × 径向 × 弦向）的样块，在 85℃ 热水中蒸煮至饱水状态。

以上所有样品在烘箱中 105 ± 3℃ 烘干至重量恒定后，将样块相对表面打磨至平行并垂直于测试方向，测试前在 TMA 样品炉中常温（20℃）下用干燥氮气吹干至尺寸不发生变化。

1.2 TMA 线膨胀系数测试

本测试中使用的静态热机械分析仪是 HITACHI TMA7100（日立分析仪器，日本），载荷范围 ±5.8 N，载荷分辨率 9.8 μN，位移分辨率 0.01 μm，温度范围 −60~450℃，温度分辨率 10^{-8}℃。线膨胀系数测试中，静态热机械分析仪恒定载荷为 50mN，测试温度范围 −40~70℃，升温速率 5℃/min。每个样品重复测试 3 次。

温度区间（t_1, t_2）内的平均线膨胀系数 α_l 由式（1）算出，其中 l_t 为该点温度对应的实时试样长度，以室温氮吹至绝干状态的长度作为初始试样长度 l_0。为模拟木质文物库房温差条件，本工作数据处理中选取 −10~50℃ 温度区间进行平均线膨胀系数计算。

$$\alpha_l = \frac{l_{t_2} - l_{t_1}}{l_0 (t_2 - t_1)} \tag{1}$$

2 结果与分析

2.1 TMA 测试考古木材线膨胀系数可行性

2.1.1 TMA 线膨胀测试原理

TMA 的测试原理是在程序控温、非振动负载下精密测量试样形变与温度关系，以石英探针施加的 50 mN 以下微小载荷将文物样品固定在样品管垫片上，使样品炉内温度匀速上升，探针即可记录样品在测试方向上随温度变化的膨胀量，形成温度—形变曲线，进而通过计算得到该温度区间内的平均线膨胀系数。

此方法的突出优势在于所需样品量少（样品测试方向高度 2～20 mm，石英探针直径仅 3 mm），灵敏度高（载荷分辨率为 9.8 μN，形变分辨率为 0.01 μm），适用于脆弱木质文物的微损取样精确测试，无需大量取样，也避免了一般热膨胀仪施加载荷相对文物样品强度而言过大引起的误差。控温范围为 −60～450℃，可满足文物实际存储环境的测试需求，样品炉内可持续通入氮气使样品保持干燥状态，避免外界环境湿度变化的影响，数据准确性高。

2.1.2 考古木材平均线膨胀系数测试实例

图 1 为考古马尾松木材 M4 和健康马尾松 R1 样品在 −40～70℃ 区间内的轴向线膨胀测试曲线，每组样品重复测试三次。将室温（20℃）下的绝干样品长度定义为初始长度，温度匀速升高过程中 M4、R1 样品轴向上的长度逐渐增大，长度变化量与温度变化量均呈线性关系，三次测试结果重复性良好。

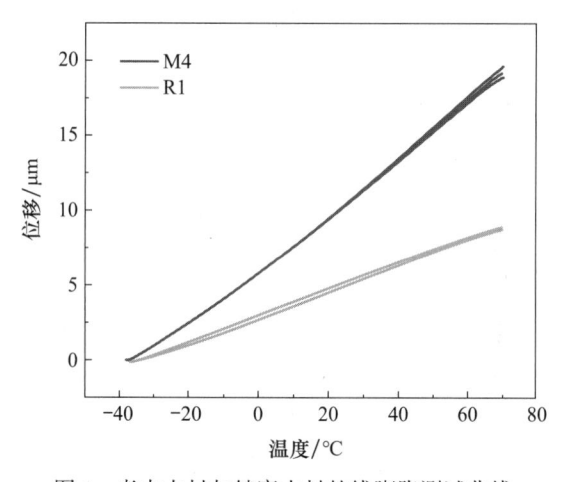

图 1 考古木材与健康木材的线膨胀测试曲线

2.2 考古木材平均线膨胀系数规律

为模拟饱水考古木材在文物仓库或博物馆展陈保存环境中可能经历的由温度变化引起的形变量，选择 −10～50℃ 温度区间的平均线膨胀系数作为评估指标进行数据分析和讨论。表 2 所测全部考古木材及两种健康木材样品在 −10～50℃ 温度区间内、三个解剖方向上的平均线膨胀系数，图 2 显示了考古木材三向平均线膨胀系数与健康材的差异。将室温（20℃）下的绝干样品长度定义为初始长度，温度匀速升高过程中考古木材样品长度逐渐增大，样品尺寸变化量与温度变化量呈线性关系。

表2 考古木材在 -10～50℃ 温度区间内的三向平均线膨胀系数

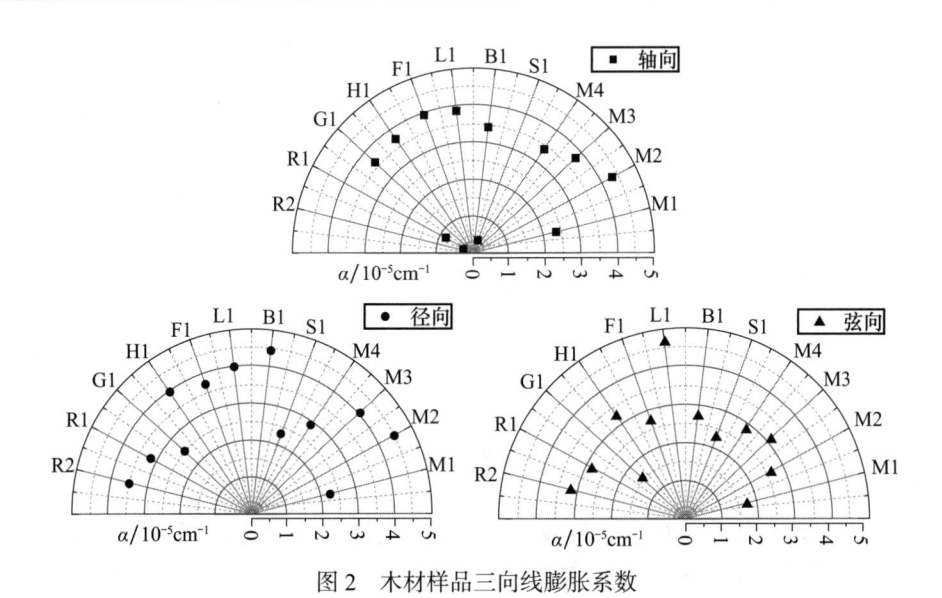

样品编号	样品尺寸（mm）			三向平均线膨胀系数（$10^{-5}℃^{-1}$）		
	轴向	径向	弦向	轴向	径向	弦向
M1	5.799	6.982	5.477	2.37 ± 0.10	2.22 ± 0.07	2.05 ± 0.05
M2	4.141	4.605	6.722	4.33 ± 0.10	4.38 ± 0.09	3.12 ± 0.08
M3	8.407	4.230	4.182	3.83 ± 0.11	3.97 ± 0.02	3.67 ± 0.02
M4	5.545	5.144	4.695	3.40 ± 0.02	2.84 ± 0.01	3.39 ± 0.04
S1	8.323	6.370	3.417	0.37 ± 0.02	2.26 ± 0.04	2.72 ± 0.04
B1	6.138	4.821	4.119	3.41 ± 0.04	4.32 ± 0.16	3.21 ± 0.02
L1	6.064	4.743	3.462	3.86 ± 0.06	3.89 ± 0.13	5.55 ± 0.04
F1	3.635	2.472	4.789	3.97 ± 0.04	3.64 ± 0.01	3.25 ± 0.18
H1	5.035	5.068	2.037	3.74 ± 0.02	3.91 ± 0.01	3.89 ± 0.03
G1	4.663	5.589	2.683	3.65 ± 0.12	2.49 ± 0.12	1.91 ± 0.14
R1	10.715	9.951	10.008	0.84 ± 0.01	3.12 ± 0.01	3.41 ± 0.02
R2	9.647	8.332	10.192	0.28 ± 0.01	3.43 ± 0.02	3.81 ± 0.02

图2 木材样品三向线膨胀系数

如图2所示，与对照组健康木材相比，除S1样品以外，所测所有考古木材样品线膨胀规律均发生显著变化，轴向线膨胀系数显著增大近10倍，径向线膨胀系数相对弦向线膨胀系数也略有增大，三个解剖学方向上的平均线膨胀系数变得较为接近。而S1样品较为特殊，该样品保存状况良好，降解程度较低，尤其木材纤维结构保存相较其他样品非常完整，其线膨胀规律与健康杉木样品R2相近。

因此推测考古木材线膨胀规律发生变化的原因是考古木材埋藏过程中，木材细胞壁结构物质降解严重,细胞壁结构发生变化,半纤维素的降解尤其严重。根据现有的细胞壁模型,半纤维素是细胞壁中与纤维素紧密联结的物质,起黏结作用,半纤维素的降解,使细胞壁主要成分之间的相互作用力减弱,一定程度上破坏了细胞壁的完整性[6],从而使考古木材线膨胀系数的各向异性减弱。对于树种同为马尾松的M1~M4样品,除了存在较多沉积物M1样品数据较为特殊以外,其余M2~M4三个样品的轴向线膨胀系数随降解程度增加而略有减小,推测是由于随降解程度增大,考古木材纤维结构受损,细胞壁结构物质含量降低。

3 小结与展望

通过本研究可知,应用静态热机械分析(TMA)方法,能够有效精确测量考古木材样品的线膨胀系数,测试结果重复性好,具有一定参考性。试验结果表明,考古木材的线膨胀规律与健康木材存在较大差异,轴向平均线膨胀率增大约10倍,三向平均线膨胀率差异不明显。初步推测是由于考古木材在埋藏过程中细胞壁结构成分降解,木材孔隙度大大增加,半纤维素的大量降解削弱了细胞结构的完整性,考古木材线膨胀规律失去各向异性。该结果表明,经脱水干燥后的木质文物受环境变化引起的尺寸变化规律与健康木材存在一定差异,在保存和展陈过程中,应警惕这种差异对文物外观和完整性可能造成的风险。这是首次对考古木材在储藏环境温度下的线膨胀系数的精确测定,对木质文物的安全存放和保护修复具有科学指导意义。

注　释

[1] 赵静,迪丽热巴·阿迪力,钱荣,等. 故宫养心殿燕喜堂古建筑琉璃构件的釉面损毁研究. 文物保护与考古科学,2020,32(2):1-12.
[2] 孙元平,姚毅恒,张淑娴,等. 竹缠绕复合材料的线膨胀系数测试. 材料导报,2020,34(S1):539-541.
[3] 塑料热机械分析法(TMA)第2部分:线性热膨胀系数和玻璃化转变温度的测定(GB/T 36800.2—2018). 2018-09-17.
[4] 许晓璐. 低线膨胀系数环氧树脂的制备与性能研究. 塑料科技,2017,45(8):31-34.
[5] 沈容,王天民. $Al_2Mo_{3-x}W_xO_{12}$的合成及热膨胀特性的研究. 稀有金属材料与工程,2004(1):91-95.
[6] 任双丰. 植物半纤维素单糖组成对生物质降解转化的影响. 华中农业大学硕士学位论文. 2011.

高度风化石质古建筑加固修复研究
——以意大利威尼斯拿撒勒圣玛利亚教堂正立面修缮为例*

曹颐戬　Mara Camaiti　王　聪　冯万前**

摘要： 意大利威尼斯拿撒勒圣玛利亚教堂是威尼斯地区巴洛克建筑的典型代表，其设计、用材独特，内部装饰精美且穹顶有巨幅壁画，具有极高的价值。本工作围绕教堂的保护修复工程，以正立面石构件为研究对象，从新型加固材料及工艺筛选、综合性能评价、副作用评估等方面入手，系统研究了高度风化石构件的加固技术。研究结果表明，以贴敷的方法先后用质量分数为7.5%的纳米SiO_2水性分散液和四乙氧基硅烷加固石材样品效果显著。在保护石材样品透气性、表面颜色特征的同时，该加固工艺的整体加固强度、渗透深度及耐老化性能突出。该方法操作简单、使用的原材料种类少且成本适中，更为重要的是加固后石材样品表面不疏水，因而不影响后续黏接、灌浆等修复措施，有望为教堂正立面的修复提供重要技术支撑。

关键词： 石质古建筑；加固工艺；纳米复合材料

拿撒勒圣玛利亚教堂（Chiesa di Santa Maria di Nazareth）又名赤足教堂（Chiesa degli Scalzi），是一座罗马天主教教堂，坐落于意大利北部著名岛屿城市威尼斯的卡纳雷吉欧区，毗邻威尼斯圣路济亚火车站（图1a）。教堂于1672~1680年在当地贵族资助下由朱赛佩·萨尔迪（Giuseppe Sardi）建成，是典型的威尼斯晚期巴洛克风格（图1b）。教堂正立面自下而上有三层石雕像，雕塑内容为圣母子像、圣凯瑟琳、圣托马斯阿奎那等天主教圣像。教堂内部整体装饰为洛可可风格，由六个礼拜堂、中殿、主祭坛组成。其中主祭坛顶部（穹顶）原本是乔万尼·巴蒂斯塔·提埃波罗（Giambattista Tiepolo）绘制的巨幅湿壁画——"洛雷托圣殿的交通"，但一战时期被损毁，后由埃托雷·蒂托（Ettore Tito）在19世纪30年代重新绘制（图1c）。

---

* 本文由科技部"一带一路"创新人才交流国家级外国专家项目、中央高校基本科研业务费资助。

** 曹颐戬：西北工业大学考古探测与文物保护技术教育部重点实验室，西安，邮编710072；意大利国家研究委员会地球科学与地质资源研究所，佛罗伦萨，邮编50121。Mara Camaiti：意大利国家研究委员会地球科学与地质资源研究所，佛罗伦萨，邮编50121。王聪：中国—中亚人类与环境"一带一路"联合实验室（西北大学），西安，邮编710127。冯万前：西北工业大学考古探测与文物保护技术教育部重点实验室，西安，邮编710072。

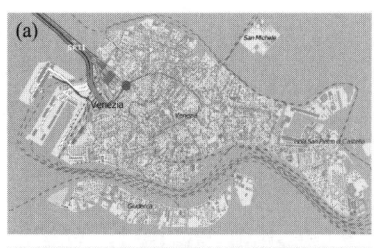

图1 拿撒勒圣玛利亚教堂地理位置（a）、修缮前教堂外立面（b）及教堂内部（c）

2013年7月拿撒勒圣玛利亚教堂正立面柱头鼠尾草叶构件突然坠落，引起了当地政府的高度重视，随即启动了教堂正立面的整体修缮工程。正立面所用石材均是产自意大利托斯卡纳大区马萨省卡拉拉市的大理石，这是威尼斯古代、现当代建筑中唯一一处完全以卡拉拉大理石为原材料的大型建筑。自古罗马时期以来，卡拉拉大理石就被广泛用作欧洲地区皇家、贵族的建筑材料，代表性建筑包括万神殿、图拉真柱、大卫像，以及英国伦敦维多利亚女王纪念碑等世界遗产。一方面，这种开采历史悠久、美观且经济价值高的建筑材料赋予了拿撒勒圣玛利亚教堂独特的历史、艺术和科学价值；另一方面，由于卡拉拉大理石不适应威尼斯潟湖气候特征，致使教堂正立面风化严重，急需保护修复。

卡拉拉大理石是一种灰白色的变质岩大理石，其结构致密（孔隙率<2%，孔隙<1 μm）且化学成分均一，主要组成为方解石（相对含量>95%）及少量 SiO_2、Al_2O_3、MgO、Fe_2O_3 等影响颜色、纹路的副矿物[1]。修缮工程启动之初首先对正立面石构件的保存现状进行了细致调查和评估，并研究了其风化机理。整体而言，石构件的风化程度高，现有典型病害包括粉化、鳞片状起甲、剥落、裂隙、表面结壳等（图2）。上述病害不但严重损害石构件表面纹饰、雕刻技法等重要历史信息及价值，而且也对建筑整体稳定性构成威胁，保护修复刻不容缓。在威尼斯昼夜温差大、高湿、海风强烈的潟湖气候特征下，石材风化原因为：①频繁且波动程度大的温湿度差引发的冻融循环、溶盐溶解-结晶循环、本体热胀冷缩；②夹杂溶盐的强烈海风引起的物理侵蚀，以及溶盐诱发的化学风化；③大型轮渡、工厂排放空气污染物的干湿沉降导致的化学风化[2]。高度风化卡拉拉大理石内部的方解石晶体间内聚力已基本丧失、晶体逐渐崩解，石材原有物理和机械性能基本丧失[3]。因此，为了减缓石材风化并重建机械性能，加固修复是修缮工程的关键措施，而加固材料及工艺的研发是核心问题。

图 2　正立面已脱落石构件

加固修复是指将加固剂引入劣化石材内部，重建机械强度并延长石材保存时间的修复措施。加固剂的作用是恢复内部各组分间的结合力，但不能改变石材外观和原始理化特性。现阶段国内外常用的石质文物加固材料以烷氧基硅烷为主，例如四乙氧基硅烷（TEOS）、甲基三甲氧基硅烷、甲基三乙氧基硅烷等[4-7]。烷氧基硅烷系列材料的性能优势明显，包括：① 黏度低，渗透能力强；② 与基材间结合力强（与硅酸盐质、含石英的石灰石等形成 Si-O-Si 键）；③ 物理化学兼容性好（无明显的孔隙堵塞、颜色改变或反应性副产物形成）；④ 稳定性和耐久性较好[4]。然而，它们在实际应用中也存在一些问题。首先，烷氧基硅烷在石材内自聚合过程中伴随着溶剂的挥发，所形成的脆性微孔凝胶网络在液-气界面毛细管张力差的作用下会发生收缩和开裂[8]。因此，自聚合后的凝胶网络既不能有效加固石材内部裂隙，也不能抵抗石材体积收缩或膨胀产生的应力差。其次，烷氧基硅烷对以碳酸钙为主要成分的大理石、石灰岩的加固效果较差，因为其自聚合产物硅胶与方解石晶体之间无法形成化学键[9]。最后，烷氧基硅烷的加固效果受环境温湿度、所用溶剂类型或用量、操作工艺等影响显著[10-13]。近年来，随着纳米技术的迅速发展，纳米 $Ca(OH)_2$、纳米 SiO_2 等也被推荐用于石质文物加固[14-16]。作为气硬性加固材料，纳米 $Ca(OH)_2$ 使用简便而且物理化学兼容性突出。但是目前纳米 $Ca(OH)_2$ 还未在石质文物保护中规模化应用，主要原因是其渗透深度差（受材料粒径影响）、碳酸化反应较慢（受环境温湿度影响）及整体加固强度不足[17]。此外，其他无机材料，例如氢氧化钡、氢氧化锶和草酸铵也被用于石质文物加固，但是它们的渗透深度不足，只能用表层加固[18-20]。最近，国内外文保学者尝试利用基于纳米 SiO_2、烷氧基硅烷的纳米复合材料，以及基于羟基磷灰石的钙磷复合物加固砂岩、大理石质文物，取得了一系列成果[21-24]。

尽管目前国内外文保学者已经开发了一系列石质文物加固材料和工艺，但是总体而言材料的性能仍不能完全满足文物保护的实际需求，诸如加固强度、渗透深度、耐候性等仍需进一步提升[25]。因此，本研究旨在研发加固强度好、渗透好且环境耐候性好的新型加固工艺，为威尼斯拿撒勒圣母教堂正立面的修缮提供技术支撑。

1 试验材料和方法

1.1 石材样品

虽然教堂正立面原材料为卡拉拉大理石,但是由于其已高度风化,孔隙率大增(≥10%)。因此,为了保证模拟加固试验的有效性,本研究选择了化学成分与卡拉拉大理石相近但孔隙率较高、孔隙较大的意大利莱切石作为模拟石材样品。莱切石是一种产自意大利南部莱切地区的米色石灰岩,它的特点是表面粗糙、孔隙率高(35%~47%)且孔径较大(0.1~2 μm)[26]。模拟加固试验前,莱切石已被制成尺寸为 5 cm×5 cm×2 cm 的标准样块。

1.2 加固材料及工艺

1.2.1 加固材料及其他

纳米 SiO_2(NS,15% 水性胶体分散液,粒径为 7 nm,意大利 Geal S.R.L.)、四乙氧基硅烷(TEOS,100%,意大利 Remmes S.R.L.)、烷基烷氧基硅烷(Silo,100%,意大利 CTS S.R.L.)、$Ba(OH)_2$(95%,德国 Merck)、纤维素粉末(意大利佛罗伦萨 Zecchi)、封口膜(Parafilm M,德国 Sigma-Aldrich)、去离子水(实验室内生产)。

1.2.2 加固工艺

总体加固策略为以纳米 SiO_2 为基本材料,利用其粒径小、渗透好的特点与传统加固材料复合使用,以期同时满足加固强度和渗透深度的要求。加固试验前先将 NS 分散液稀释至质量百分数为 7.5%,然后用纤维素糊贴敷方法将其单独使用,或与 $Ba(OH)_2$、TEOS 等复合使用(表1)。针对每种加固工艺使用石材样品 3~6 个,具体操作工艺如下。

1)NS:在石材样品表面(5 cm×2 cm)覆盖一定量的纤维素糊剂(2 g),用移液管将一定量的 NS 水性分散液逐步滴加入糊剂中,随后使用封口膜覆盖糊剂以减缓水蒸发。当糊剂中的液体吸收完后,再次滴加 NS 分散液,整个过程持续24小时,最终 NS 用量如表1所示。

2)$Ba(OH)_2$:首先使用去离子水在室温下配制 $Ba(OH)_2$ 饱和溶液,然后使用纤维素糊剂贴敷的方法加固石材样品,操作方式同(1),材料用量如表1所示。

3)$Ba(OH)_2$+NS:首先使用纤维素糊剂贴敷法将一定量的 $Ba(OH)_2$ 饱和溶液加固样品。在室温下干燥24小时后,再使用同样工艺用 NS 分散液加固样品,材料用量如表1所示。

4）NS+TEOS：首先使用一定量的 NS 分散液加固样品，操作方法及用量同（1），随后再使用 TEOS 加固样品直到样品不再吸收为止，材料用量如表 1 所示。

5）NS+TEOS/Silo 70/30：首先将 TEOS 与 Silo 按质量比 70/30 配制为混合剂备用。使用一定量的 NS 水性分散液加固样品，操作方法及用量同（1），随后再用配制好的 TEOS/Silo（70/30）混合剂加固样品直到样品不再吸收为止，材料用量如表 1 所示。

表 1　模拟加固试验使用材料及用量

材料	用量（ml）			
	NS	TEOS	TEOS/Silo 70/30	Ba(OH)$_2$
NS	25.6			
Ba(OH)$_2$				8
Ba(OH)$_2$+NS	25.6			8
NS+TEOS	25.6	6		
NS+TEOS/Silo 70/30	25.6		6	

1.3　结构表征及性能测试

1.3.1　加固强度

使用意大利辛特技术－卡伦扎诺（Sint Technology-Calenzano）公司的钻孔阻力测量系统（DRMS）测试原始样品、加固后样品、加固后且老化后样品的机械强度，其中钻头为金刚石材质，直径为 5 mm，操作条件为：①转速 300 rpm；②钻孔速度 20 mm/min；③钻孔深度 10 mm。针对每个样品钻孔 3 个，结果取其平均值。

1.3.2　微观结构和渗透深度

利用意大利佛罗伦萨大学分析测试中心扫描电子显微镜（Zeiss EVO MA 15）及能谱仪（Oxford INCA 250 X-EDS）表征石材样品在加固处理前后微观结构、元素组成及分布等变化情况。加固材料渗透深度研究通过在 20 KV、700 pA 及 200 倍放大倍数下的元素面扫和元素分布分析实现，研究 Si 元素相对含量（wt，%）与其距加固面距离（深度）的相对关系。

1.3.3　表面颜色

表面颜色测试按照欧盟标准 UNI-EN 15886-2010[27]，利用 X-Rite SP60 色度仪测试石材样品在加固处理前后表面颜色的变化情况（每个样品测试 5 次取其平均值），并将色差结果按 CIE-L*a*b* 标准颜色系统处理为 ΔE*。

1.3.4 透气性

透气性测试按照欧盟标准 UNI-EN 15803-2010[28]，利用自制的"小杯子"（"Bicchierino"）装置在恒温下测试加固前后石材样品的水蒸气扩散率，并将结果处理为残留水蒸气扩散率（RD，%）[29]。

1.3.5 耐老化性能

使用人工气候箱（Heraeus CH 4030）模拟教堂所在地威尼斯的自然气候环境，研究一定老化时间后不同加固工艺的耐久性。根据威尼斯气候特征，设置老化条件为温度 −5℃ 至 40℃ 循环，湿度 40%~90% 循环，以及 1440 分钟为一个周期。加速老化 10 或 20 个周期后测试样品加固强度、表面颜色等。

2 结果与讨论

2.1 加固性能

加固处理前后石材样品的钻孔阻力值如图 3 所示。相比对照样品（NT），$Ba(OH)_2$、$Ba(OH)_2$+NS 的加固作用不明显，其中 $Ba(OH)_2$ 仅提升了样品最表层（0~0.5 mm）的机械强度。NS 的加固作用一般，加固后样品在 0~10 mm 深度内的机械强度均有小幅提升。当加固工艺中使用了烷氧基硅烷（TEOS 或 Silo），样品的机械强度提升显著，

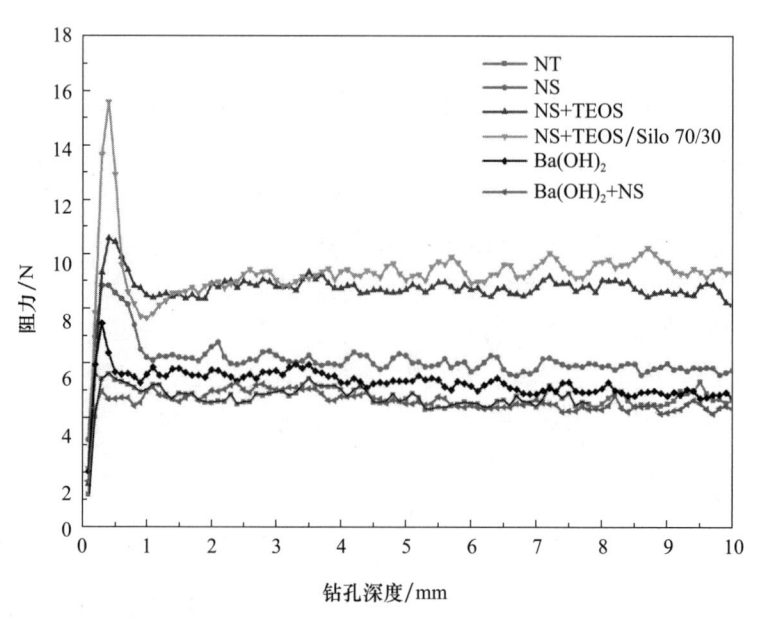

图 3 对照样品（NT）及不同加固工艺处理后样品的钻孔阻力图

如 NS+TEOS/Silo 70/30 加固后样品的最高钻孔阻力值约为对照样品的 2.8 倍。NS+TEOS 同样也提升了样品的机械强度,其最大钻孔阻力值为 10.6 N,位于 0.4 mm 深度处。

为了客观评价不同加固工艺对于样品整体机械强度的提升作用,避免加固材料仅在样品表层富集的不良情况,将样品在 1.5~10 mm 深度范围内的钻孔阻力值取平均处理为图 4。与图 3 结果一致,经 NS+TEOS/Silo 70/30、NS+TEOS 加固后样品的整体机械强度显著增强,其阻力平均值分别为 9.4 N 和 8.8 N,而其他工艺的加固效果不明显。

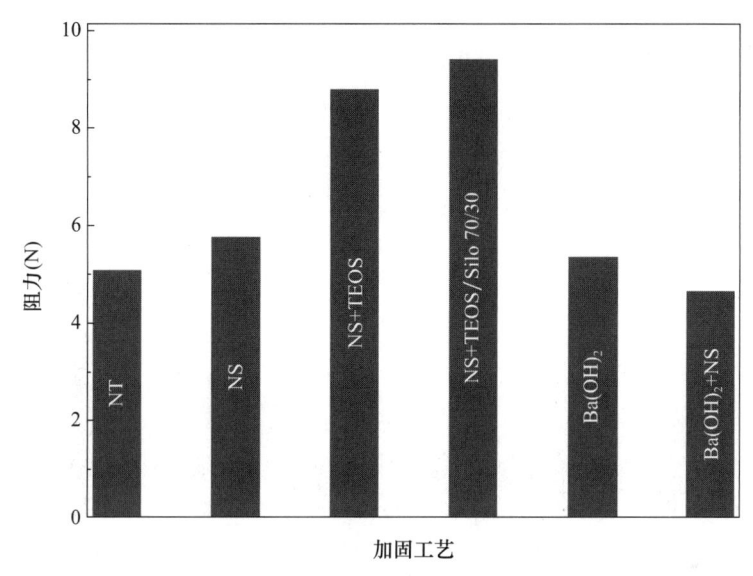

图 4　对照样品(NT)及不同加固工艺处理后样品在 1.5~10 mm 深度范围内阻力平均值

评估石材样品在加固处理前后透气性、表面颜色的变化情况也是加固性能评价的重要内容。如图 5 所示,样品在 NS+TEOS/Silo 70/30 处理后透气性骤降,残余水蒸气扩散率仅为 36%,远低于欧盟标准对文物保护材料透气性的要求(>85%)。其他四种加固工艺较好地保障了石材的透气性,残余水蒸气扩散率均高于 88%。图 6 为加固处理前后石材样品表面颜色变化情况,其中 NS+TEOS/Silo 70/30、Ba(OH)$_2$+NS 加固工艺改变了样品表面颜色特征(ΔE*>3),不符合欧盟相关标准要求。因此,就加固工艺的宏观性能、对文物的副作用而言,NS+TEOS 加固工艺的性能最优,但其微观结构及渗透深度、耐老化性能等仍需进一步研究。

2.2　微观形貌及渗透深度

根据上述加固性能的初步评价结果,深入研究 NS、NS+TEOS 及 NS+TEOS/Silo 70/30 等三种较优加固工艺与样品基体间的作用方式及材料渗透深度。如图 7(a)、(b)所示,天然莱切石粗糙、多孔,而且其孔径分布较广,包括较小(直径<10 μm)和较大(直径>100 μm)的孔隙。图 7(c)是图 7(a)内虚线方框区域元素面扫描

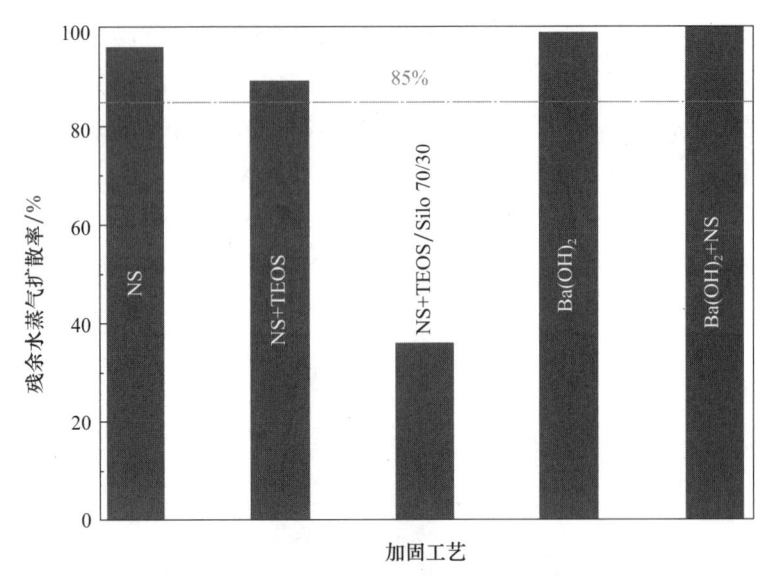

图 5 不同加固剂工艺处理后样品残余水蒸气扩散率

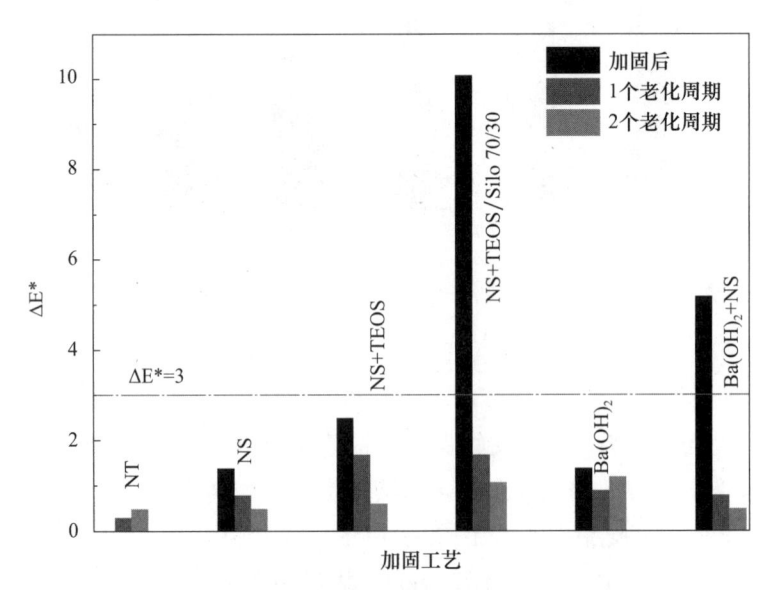

图 6 不同加固工艺处理后样品表面颜色变化

谱图，结果显示莱切石主要组成元素为 Ca、O、C，而 Si 元素的含量极低。该结果与文献中描述一致，即莱切石的主要成分为方解石，以及少量的黏土矿物、硅酸盐矿物[30]。使用 NS 加固后，莱切石的微观形貌没有发生明显改变，如图 7（d）。在图 7（e）区域内，利用能谱仪点扫分析莱切石基体表面附着物质（点 1、2、3），结果显示表面絮状团聚物（直径＜10 μm）为 NS 加固剂，其中点 3 处的元素谱图见图 7（f）。与 NS 相似，使用 NS+TEOS 加固后莱切石的微观形貌也没有显著变化，见图 8（a）、（b），而且基体表面附着物也被证实为加固材料，见图 8（c）。为了掌握 NS+TEOS 加固工艺在样品基体内渗透的均匀程度，选取图 8（b）等区域进行 Si 元素分布分析。如图 8（d）所示，Si 元素在整个区域内分布较为均匀，即 NS+TEOS 加固工艺在样品基体内的渗透程度较为均匀。图 8（e）、（f）是 NS+TEOS 处理后莱切石的微观形貌。图 8（g）为图 8（f）区域内点 3 处的能谱仪点扫谱图，较高的 Si 元素含量证实表面附着物为加固材料。然而与 NS+TEOS 处理后的 Si 元素分布情况不同，如图 8（h）所示经 NS+TEOS/Silo 70/30 加固后样品基体内 Si 元素的分布不均匀，说明在该加固工艺中加固材料的渗透不均匀。

不同加固工艺中加固材料的渗透深度研究通过在扫描电镜同样放大倍数下，使用能谱仪线扫模式分析样品由表面（加固面）至底部整个深度范围内 Si 元素的相对含量实现。如图 9，三种加固工艺均渗透了样品整个厚度（20 mm），并且在样品底部有大量 Si 元素富集。形成上述渗透现象的主要原因是三种加固工艺都使用了粒径小、渗透能力强的 NS。值得注意的是，样品在 NS+TEOS/Silo 70/30 处理后基体表层（0～15 mm）Si 元素的含量远高于其他同样含有 NS、TEOS 的加固工艺。这一特征证明 NS+TEOS/Silo

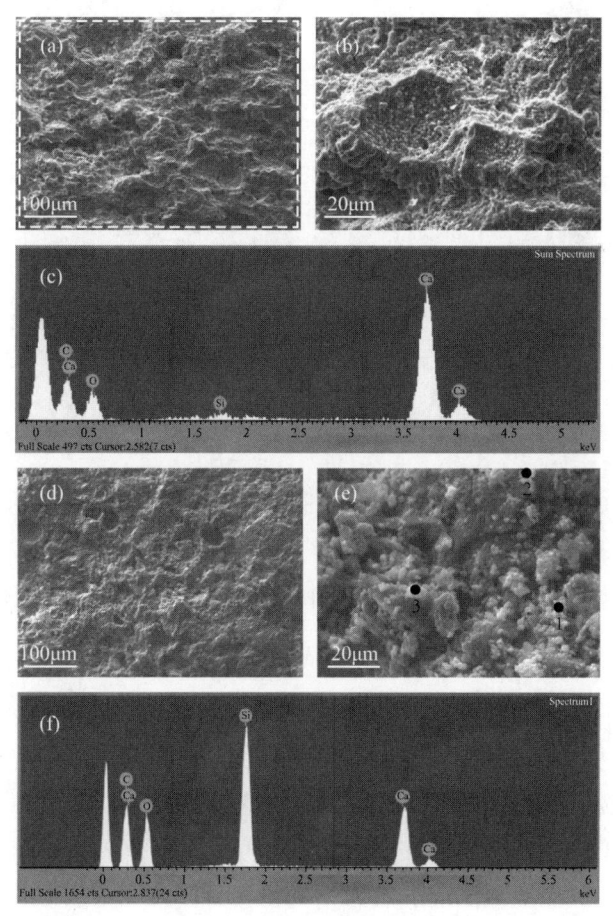

图 7 天然莱切石的扫描电镜图（a、b）及区域 a 的元素组成谱图（c），NS 加固后莱切石的扫描电镜图（d、e）及区域 e 内点 3 处能谱仪点扫谱图（f）

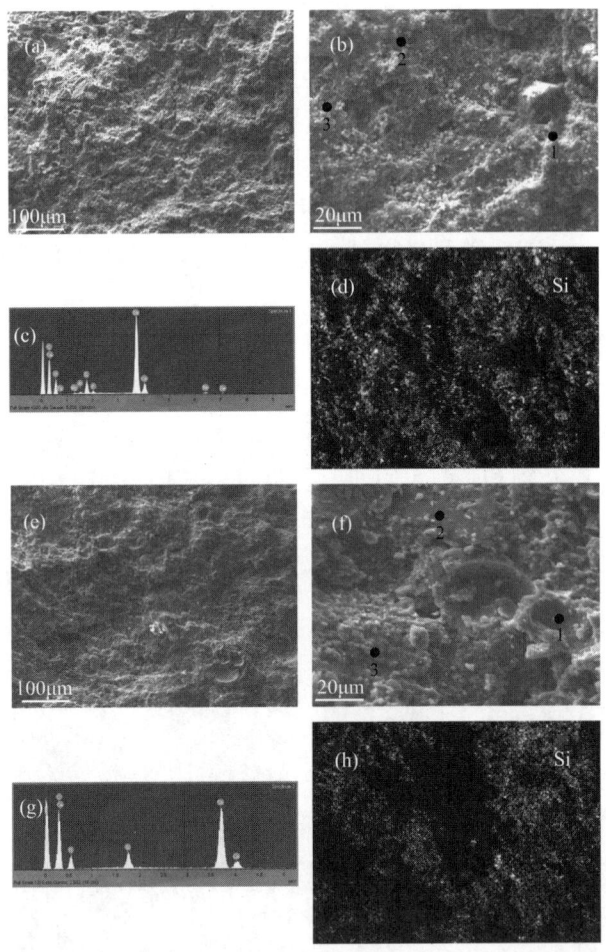

图 8　NS+TEOS 加固工艺处理后莱切石的扫描电镜图（a、b）、区域 b 内点 1 处能谱仪点扫谱图（c），以及区域 b 的 Si 元素分布图（d）；NS+TEOS/Silo70/30 加固工艺处理后莱切石的扫描电镜图（e、f）、区域 f 内点 3 处能谱仪点扫谱图（g）以及区域 f 的 Si 元素分布图（h）

70/30 工艺的特有成分 Silo 渗透较差。上述结论与样品表面接触角测试结果一致，即 NS+TEOS/Silo 70/30 加固后样品表面由亲水性变为疏水性，而 NS+TEOS 加固后样品表面仍为亲水性。与此同时，正是由于 Silo 在基体表层的富集也造成了样品透气性降低（图 5）。

2.3　耐老化性能

利用人工气候箱加速模拟威尼斯地区一个自然年温湿度循环，研究不同加固工艺的耐老化性能。如图 10 所示，NS+TEOS 加固后样品在 20 个老化周期后机械强度没有明显变化，1.5～10 mm 深度范围内的阻力平均值相近，仅在最表层（0～1 mm）稍有降低。NG+TEOS/Silo 70/30 加固工艺同样也有较好的耐老化性能。

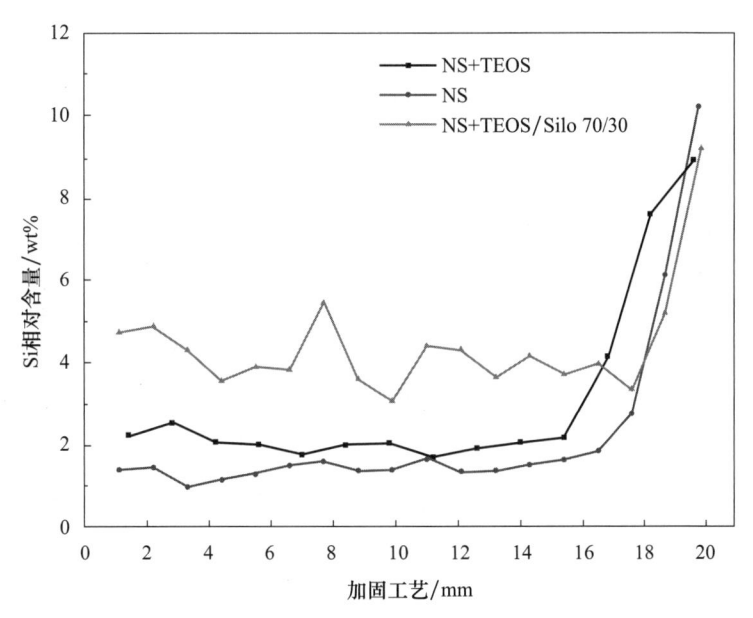

图 9　三种加固工艺处理后样品 Si 元素的相对含量与其深度关系图

经过 10 或 20 个老化周期后，石材样品的表面颜色没有发生肉眼可辨识的改变（ΔE*＜3，图 6），而且随老化时间的增加表面颜色变化呈递减趋势。同样，石材样品的透气性也没有改变，残余水蒸气扩散率与老化处理前十分接近。

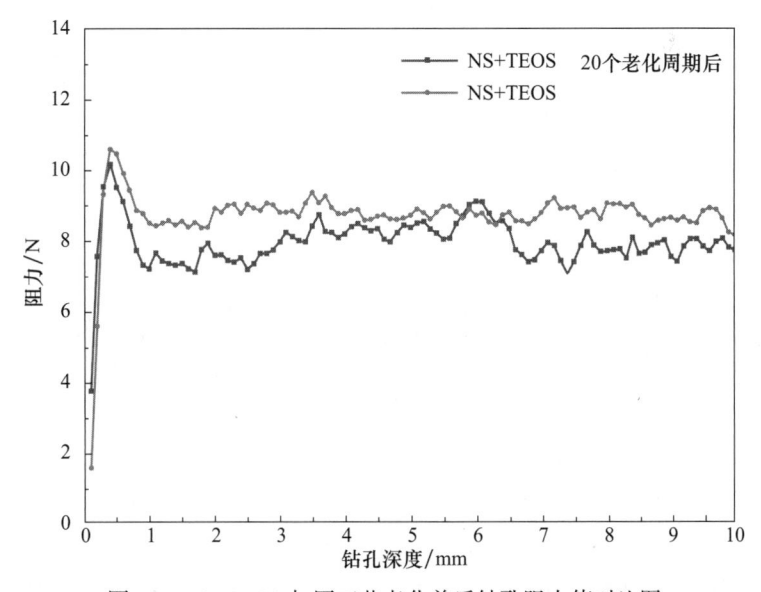

图 10　NS+TEOS 加固工艺老化前后钻孔阻力值对比图

3　结论

围绕威尼斯拿撒勒圣母教堂正立面的修缮，本研究聚焦高度风化石构件加固材料及加固工艺筛选、综合性能评价等石质文物保护共性关键问题，通过调控纳米 SiO_2、四乙氧基硅烷、氢氧化钡等材料的使用方式及用量，开发并系统评测了 NS、NS+TEOS、NS+TEOS/Silo 70/30、$Ba(OH)_2$、$Ba(OH)_2$+NS 等五种加固工艺。对五种加固工艺加固强度、耐老化性能，以及对石材透气性、表面颜色影响的实测结果表明：NS 的渗透性能好但加固强度欠佳；$Ba(OH)_2$、$Ba(OH)_2$+NS 的加固强度不足；NS+TEOS 的渗透性能力强、加固强度及环境耐久性好，并且保护了石材的透气性、外观特征；NS+TEOS/Silo 70/30 虽然赋予了石材较高的机械强度，但是由于 Silo 在表层富集造成了石材孔隙堵塞、透气性丧失。此外，与 NS+TEOS/Silo 70/30 不同，使用 NS+TEOS 加固后石质基体不具有疏水性，不影响黏接、灌浆等其他修复措施。综上，实验室模拟加固试验发现 NS+TEOS 工艺的性能最优，为在石构件本体及残块上开展后续研究提供了科学依据。

注　释

[1] Cantisani E, Fratini F, Malesani P, et al. Mineralogical and petrophysical characterization of white Apuan marble. Periodico di Mineralogia, 2005. 74(2): 117-140.

[2] Doehne E, Price C A. Stone conservation: an overview of current research. Los Angeles: Getty Publications, 2010.

[3] Spagnoli A, Migliazza M, Zucali M, et al. Thermal degradation in Carrara marbles as the cause of deformation of cladding slabs. Frattura ed Integrità Strutturale, 2014, 30(30): 145-152.

[4] Wheeler G. Alkoxysilanes and the consolidation of stone. Los Angeles: Getty Publications, 2005.

[5] 王丽琴，党高潮，赵西晨，等. 加固材料在石质文物保护中应用的研究进展. 材料科学与工程学报，2004（5）：778-782.

[6] 苏伯民，孙秀娟，张化冰，等. ZB-WB-S 砂岩加固材料的性质表征和加固作用的初步研究. 敦煌研究，2013，（1）：7-12, 125.

[7] 范敏，张国梁，傅英毅，等. 砂岩文物加固材料与实验室工艺研究. 文物保护与考古科学，2020，32（4）：45-51.

[8] Mosquera M J, Pozo J, Esquivias L. Stress During Drying of Two Stone Consolidants Applied in Monumental Conservation. Journal of Sol-Gel Science and Technology, 2003, 26(1-3): 1227-1231.

[9] Vergesbelmin V, Orial G, Garnier D, et al. Impregnation of badly decayed Carrara marble by consolidating agents: comparison of seven treatments//The conservation of monuments in the Mediterranean basin: proceedings of the 2nd international symposium. Geneva: Museum of Art and Natural History. 1991: 421-437.

[10] Salazar-Hernández C, Zárraga R, Alonso S, et al. Effect of solvent type on polycondensation of TEOS catalyzed by DBTL as used for stone consolidation. Journal of Sol-Gel Science and Technology, 2009, 49(3): 301-310.

[11] Zornoza-Indart A, López-Arce P. Silica nanoparticles (SiO_2): Influence of relative humidity in stone consolidation. Journal of Cultural Heritage, 2016, 18: 258-270.

[12] Pinto A, Rodrigues J D. Stone consolidation: the role of treatment procedures. Journal of Cultural Heritage, 2008, 9(1): 38−53.

[13] Franzoni E, Graziani G, Sassoni E. TEOS-based treatments for stone consolidation: acceleration of hydrolysis−condensation reactions by poulticing. Journal of Sol-Gel Science and Technology, 2015, 74: 398−405.

[14] Rodriguez-Navarro C, Suzuki A, Ruiz-Agudo E. Alcohol Dispersions of Calcium Hydroxide Nanoparticles for Stone Conservation. Langmuir, 2013, 29: 11457−11470.

[15] Pozo-Antonio J S, Otero J, Alonso P, et al. Nanolime-and nanosilica-based consolidants applied on heated granite and limestone: Effectiveness and durability. Construction and Building Materials, 2019, 201: 852−870.

[16] 杨雯, 王晨仰, 刘军民, 等. 无机纳米材料在文物修复与保护中的应用研究. 无机化学学报, 2021, 37（8）: 1345−1352.

[17] Rodriguez-Navarro C, Elert K, Sevcik, R. Amorphous and crystalline calcium carbonate phases during carbonation of nanolimes: implications in heritage conservation. CrystEngComm, 2016(18): 6594−6607.

[18] Ciliberto E, Condorelli G G, Delfa S L, et al. Nanoparticles of $Sr(OH)_2$: synthesis in homogeneous phase at low temperature and application for cultural heritage artefacts. Applied Physics A, 2008, 92(1): 137−141.

[19] Burgos-Cara A, Ruiz-Agudo E, Rodriguez-Navarro C. Effectiveness of oxalic acid treatments for the protection of marble surfaces. Materials & Design, 2017(115): 82−92.

[20] Sassoni E, Graziani G, Franzoni E. Repair of sugaring marble by ammonium phosphate: Comparison with ethyl silicate and ammonium oxalate and pilot application to historic artifact. Materials & Design, 2015(88): 1145−1157.

[21] Illescas J F, Mosquera M J. Producing surfactant-synthesized nanomaterials in situ on a building substrate, without volatile organic compounds. ACS Applied Materials & Interfaces, 2012, 4(8): 4259.

[22] Salazar-Hernandez C, Alquiza M J P, Salgado P, et al. TEOS−colloidal silica−PDMS-OH hybrid formulation used for stone consolidation. Applied Organometallic Chemistry, 2010, 24(6): 481−488.

[23] Verganelaki A, Kilikoglou V, Karatasios I, et al. A biomimetic approach to strengthen and protect construction materials with a novel calcium-oxalate−silica nanocomposite. Construction & Building Materials, 2014(62): 8−17.

[24] 杨富巍, 刘研, 张坤, 等. 羟基磷灰石材料在文物保护中的应用评述. 文物保护与考古科学, 2021, 33（2）: 105−109.

[25] 张秉坚, 魏国锋, 杨富巍, 等. 不可移动文物保护材料研究中的问题和发展趋势. 文物保护与考古科学, 2010, 22（4）: 102−109.

[26] Bugani S, Camaiti M, Morselli L, et al. Investigating morphological changes in treated vs. untreated stone building materials by x-ray micro-CT. Analytical and Bioanalytical Chemistry, 2008, 391(4): 1343−1350.

[27] UNI-EN 15886−2010, Conservation of Cultural Heritage−Test methods−Measurement of the color of

the surface. European Standard, 2010.
[28] UNI-EN 15803−2010, Conservation of Cultural Heritage–Test methods–Determination of water vapor permeability. European Standard, 2010.
[29] Cao Y, Salvini A, Camaiti M. Facile design of "sticky" near superamphiphobic surfaces on highly porous substrate. Materials & design, 2018, 153: 139−152.
[30] Calia A, Tabasso M L, Mecchi A M, et al. The study of stone for conservation purposes: Lecce stone (southern Italy). Geological Society London Special Publications, 2014, 391(1): 139−156.

预防性与数字化保护

挑战、机遇与思考
——全球气候变化下的不可移动文物预防性保护

滕 磊 蔡禹权[*]

摘要：本文分析了全球气候变化对不可移动文物的影响，回顾和对比了国际、国内预防性保护理念在不可移动文物领域的发展历程，基于中国"防微杜渐"的文物保护传统和现代文物预防性保护的理念，结合我国文物保护实践，提出了加强气候环境变化监测、定期巡视和日常保养维护等技术和管理手段和措施建议，力求应对全球气候变化加剧，降低或延缓气候和环境变化对文物的损害，从而达到使文物延年益寿的目的。

关键词：气候变化；不可移动文物；预防性保护

1 全球气候变化对不可移动文物的影响

气候变化是当前国际社会最关注的全球性问题之一。早在1979年举办的第一次世界气候大会上，气候变化便成为一个重要全球议程。学界普遍认为，全球气候变化分为三个阶段。第一个阶段是地质时期（距今1万年以前）。第二个阶段是历史时期（距今1万年以来）。第三个阶段是近现代时期（主要是指近一两百年来）。工业革命后因人为原因导致的二氧化碳排放量迅速增加，导致全球气候加速变暖。全球气候变化，影响到的不仅仅是冷暖问题。它加剧了自然灾害，洪涝、台风、森林火灾等灾害更加频繁；地球自然资源条件显著变化，陆地和海洋面积、冰川覆盖率、森林覆盖率等等变化导致地球原生生态系统的改变，对农业、畜牧业等主要生产领域的影响非常显著；极端天气和气候事件不断威胁到人类的正常生产、生活，并不断扩大某些疫病的流行，对人体健康造成危害从而威胁整个人类文明的存续。

在文物保护领域，气候变化对不可移动文物的影响同样显著。不管是文物建筑，还是古遗址、墓葬、石窟寺及石刻等不可移动文物，绝大多数都是人类适应不同气候环境的产物。日常天气的变化如风吹日晒、雨淋霜冻等，以及灾害性天气如暴雨、洪涝、台风、雷电、高温、冻雨、冰雹等都是破坏不可移动文物的主要因素。在全球气候变化的背景下，不可移动文物保护也面临着前所未有的威胁和挑战。

---

[*] 滕磊：中国文物保护技术协会，北京，邮编100009；蔡禹权：成都文物信息咨询中心，成都，邮编610095。

一方面，自然灾害加剧，不可移动文物面临着更加频繁、更加复杂多变、更加猛烈的灾害性天气，保护难度加大。以 2019 年为例，我国 37 项世界文化遗产、61 处遗产地监测统计结果显示，共有 11 项遗产、13 处遗产地遭受自然灾害，占遗产地总数的 12%。从自然灾害类型看，10 处遗产地遭受到了诸如暴风、台风为主的气象水文灾害；4 处遗产地遭受了以地震为主的地质灾害；2 处遗产地遭受到了以植物病虫害为主的生物灾害；2 处遗产地遭受以沙漠化、石漠化为主的生态灾害。部分灾害性天气的强度远远超过历史纪录，对本就年老体弱的文物造成了致命的破坏。如 2016 年 9 月 15 日，全国重点文物保护单位——浙江泰顺廊桥中的薛宅桥、文兴桥、文重桥在台风"莫兰蒂"带来的强风暴雨下，接连被洪水冲垮，文物严重损毁。

另一方面，气候资源条件发生较大改变，有些地区气候发生了根本性的改变，甚至"沧海变桑田"，影响到不可移动文物的依存环境，从而影响文物的真实性、完整性。如 2000 年以来，云南红河元阳持续干旱，许多小型坝塘和水库已经干枯见底，直接影响到世界文化遗产——哈尼梯田。2005 年 5 月以来，哈尼梯田旅游核心区内海拔 800 米到 1200 米范围内的梯田已基本干涸。2010 年，哈尼梯田中有超四分之一干涸，很多田埂开裂废弃。

再一方面，原生生态系统更加敏感、脆弱，受全球气候变化影响更大。以一些文化景观类的文化遗产、农业遗产等为代表，如江西庐山、云南哈尼梯田、普洱景迈山古茶园、河北黄骅聚馆贡枣园等。2018 年，云南红河哈尼梯田文化景观老虎梯田片区遭受泥石流、山体滑坡等地质灾害，致使景观核心区大面积梯田严重损毁。

2　不可移动文物预防性保护的发展历程

不可移动文物的最初功能往往都是人类活动的场所，对于这些活动场所的看管和日常养护一直都是中国的传统。比如中国古建筑多为木构，火灾的隐患突出。宋代《营造法式》中，就有专门的"望火楼功限"一节，记载着火灾观测建筑——望火楼的设计，作为俯瞰全城的制高点，起到观察与监测的作用，在第一时间发现火灾。可以说，望火楼的设计就是古人对建筑火灾的预防性保护。明清时期，对建筑物防微杜渐式的定期检查、日常维护已经形成传统。《大清会典·内务府》制定了详细的条例，工程保固年限十分明确，如"宫殿内岁修工程，均限保固三年"，指的是属于保养性质的工程，每三年进行一次。对于地方乡土建筑的保护，自古就有一套约定俗成的民间维护系统，一般居民都懂一些房屋维护常识。这样一套由工匠和居民共同形成的民间维护系统，对保护古代建筑尤其是乡土建筑起了非常大的作用。这种预防建筑发生灾害或破损而进行的经常性的观察和监测，定期的保养等，发展成为现代的预防性保护理念。

现代预防性保护（Preventive Conservation）的概念最早是在 1930 年意大利罗马召开的艺术品检查和保护科学方法研究会议中提出来的。作为艺术品保护的一种新的科学方法，其出发点是提倡在文物保护中，应关注整体，注重环境对文物的影响。预防性保护理念在不可移动文物保护领域的提出要晚于可移动文物。1964年在意大利威尼斯召开的第二届历史古迹建筑师及技师国际会议上，与会者一致认为"古迹的保护至关重要的一点在于日常的维护"。

回顾现代预防性保护理念在国际、国内的发展历程（表1），可以看到从馆藏文物保护领域到不可移动文化遗产保护领域，预防性保护的内涵、外延不断扩展，从日常的维护、检测、监测到风险管理和防范，已经形成了较为系统的预防性保护理念，并开展了大量的实践。而我国的现代预防性保护理念延续了传统的"防微杜渐"的日常维护传统，在20世纪80年代后期开始逐步与国际接轨。总体来看，国际、国内的预防性保护的概念本质是一致的，前瞻性、日常性保护是其重点所在。

自"十二五"起，我国开始推进文物保护"抢救性保护"与"预防性保护"的有机结合，并开始强调"监测"等现代科技手段在预防性保护中的应用。《国家文物博物馆事业发展"十二五"规划》中首次将"抢救性保护"与"预防性保护"并置于同等重要的位置，明确指出了"十二五"的主要任务是"实现文物抢救性保护与预防性保护的

表1 现代预防性保护理念在国际、国内的发展对比表

	国际	国内
20世纪30年代	1930年，意大利罗马"作为艺术品保护的一种新的科学方法，其出发点是提倡在文物保护中，应关注整体，注重环境对文物的影响"	民国时期，延续了"防微杜渐"式的日常维护传统
20世纪50年代至90年代	1964年，意大利威尼斯"古迹的保护至关重要的一点在于日常的维护" 1973年，荷兰率先出现了专门为教堂等建筑提供定期检查和维护的文物古迹监护组织（MOWA）。受其影响，比利时、英国、匈牙利等国也建立类似的工作组织 20世纪七八十年代，意大利开始探索以风险地图的形式对各类风险进行了图示，并据此对建筑和考古遗迹进行科学保护、长期维护和及时修复 1994年科勒教授在第一届预防性保护国际会议上提出了文物建筑的预防性保护措施，分为"由建筑结构带来的被动措施（气候控制、防水、表面保护等）和人为的主动措施（定期清洗、维护和保护层的更新）" 20世纪90年代，国际社会开始更加关注诸如地震、火山爆发、洪水、火灾等导致文化遗产大面积毁坏甚至毁灭的风险，提出了文化遗产风险管理和防范的理念。国际文化财产保护与修复研究中心（ICCROM）和国际蓝盾委员会制定了《文化遗产风险防范指南》，该指南提出了文化遗产风险防范的基本原则和内容。意大利建立了系统的文化遗产风险评估系统。欧洲其他国家也开展了很多实践	1963年4月17日，文化部发布《文物保护单位保护管理暂行办法》第七条：（一）经常进行保养、整理环境工作，防止人为和自然的破坏，有条件的可以开展有关保护、修复的试验研究工作……（三）定期进行全面检查工作，向上级汇报，如发生特殊情况，应及时汇报 20世纪60年代，莫高窟首次建立了气象站，观测区域气象环境 1982年11月19日，《中华人民共和国文物保护法》第十四条 核定为文物保护单位的革命遗址、纪念建筑物、古墓葬、古建筑、石窟寺、石刻等（包括建筑物的附属物），在进行修缮、保养、迁移的时候，必须遵守不改变文物原状的原则 1985年中国加入《世界遗产公约》。1987年第一批6个遗产地被列入世界遗产名录。中国的文物保护工作开始与世界接轨。20世纪80年代中期开始，莫高窟与美国盖蒂保护研究所等持续开展了窟区的环境监测和评价，风沙运动规律和流沙治理研究，环境监测及评价，岩体水汽运移监测等研究。这些都是中国与国际合作开展预防性保护的早期实践

续表

	国际	国内
21世纪以来	2007~2008年,"建筑遗产的预防性保护和监测论坛"形成的指导方针中提到:建筑遗产的预防性保护应用范围包括从对地震区域建筑结构的稳定加固到对建筑的检测和日常维护,也包括对建筑遗产所有改动和破损进行监测的各项技术,以及如何选择正确的修缮材料等方面。预防性保护体现在两个层面:大的层面,预防方法意味着正确到位的遗产管理;第二层面,考虑到风险发生的不同尺度和规模,预防性保护的目的在于尽早发现可能造成的损害,预防性保护需要遵循风险评估的程序 2009年,比利时成功申请了"关于建筑遗产预防性保护、监测、日常维护的联合国教科文组织教席"。建立了第一个关于建筑遗产预防性保护的科研平台和网络体系。"预防性保护包括所有减免从原材料到整体性破损的措施,可以通过彻底完整的记录、检测、监测,以及最小干涉的预防性维护得以实现。预防性保护必须是持续的、谨慎重复的,还应该包括防止进一步损害的应急措施。它需要居民和遗产使用者的参与,也需要传统工艺和先进技术的介入。预防性保护只有在综合体制、法律和金融的大框架的支持下才能成功实施"	2008年,单霁翔认为目前迫切需要构建和落实文化遗产本体的日常养护长效机制,同时加强文化遗产保护基础研究,向全面、规范的预防性保护转化。2009年,詹长法提到风险管理和防范是预防性保护研究的新课题。认为文物预防性保护需要整体分析和持续不断地评估,而风险防范可有效保存在风险隐患的文化遗产 《中国文物古迹保护准则》(2015年修订版)第12条中指出,预防性保护是指通过防护和加固的技术措施和相应的管理措施减少灾害发生的可能、灾害对文物古迹造成损害以及灾后需要采取的修复措施的强度 2011年东南大学"建筑遗产预防性保护国际研讨会"。建筑遗产预防性保护是指防止遗产价值丧失和建筑结构破损的所有行动。预防性保护不同于以往建筑遗产损毁后应急性的保护工程,它基于信息收集、精ограммас勘察、价值评估和风险评估等来确定建筑遗产面临的风险因素,通过定期检测和系统监测来分析掌握遗产结构的损毁变化规律,通过灾害预防、日常维护、科学管理等措施及时降低或消除面临的风险,使建筑遗产处于良好的状态以避免盲目的保护工程,最终实现遗产的全面保护。2019年东南大学"预防性保护——第三届建筑遗产保护技术国际学术研讨会",建筑遗产的预防性保护是一种系统性思维,"日常维护胜于大兴土木,灾前预防优于灾后修复",整合材料劣化研究、依存环境控制、定期巡视监测和日常保养维护等技术和管理手段,降低或延缓气候和环境变化对建筑遗产的损害

有机结合"。《国家文物保护科学和技术发展"十二五"规划》强调:"推进文物的抢救性保护与预防性保护文物的有机结合,加强文物的日常保养、监测文物的保护状况,改善文物的保存环境。"《国务院关于进一步加强文物工作的指导意见》(国发〔2016〕17号)提出:"加强文物日常养护巡查和监测保护,提高管理水平,注重与周边环境相协调,重视岁修,减少大修,防止因维修不当造成破坏……做好世界文化遗产申报和保护管理工作,加快世界文化遗产监测预警体系建设。"2018年,中共中央办公厅、国务院办公厅印发的《关于加强文物保护利用改革的若干意见》要求:"支持文物保护由抢救性保护向抢救性与预防性保护并重、由注重文物本体保护向文物本体与周边环境整体保护并重转变。"财政部、国家文物局印发的《国家文物保护专项资金管理办法》(财文〔2018〕178号)中对资金管理作出较大调整,支出范围中增加了预防性保护内容。2021年10月28日,国务院办公厅发布《"十四五"文物保护和科技创新规划》强调要提高预防性保护能力。正在编制的《不可移动文物预防性保护导则》,按文物保护单位、

保存文物特别丰富的市县、省域三个层级开展常态化、标准化预防性保护，基本实现全国重点文物保护单位从抢救性保护到预防性保护的转变。培育预防性保护工作机构，支持有能力的科研机构参与预防性保护。我国的文化遗产保护已经从抢救性保护发展到抢救性保护与预防性保护相结合的新的历史阶段。

3 全球气候变化加剧下我国不可移动文物预防性保护的挑战与机遇

在气候变化的全球背景下，世界遗产委员会于2007年通过政策文件，希望建立世界遗产保护与巴黎协定之间的密切联系；自2015年以来，世界遗产委员会重视缔约国开展、落实《巴黎协定》的宏伟目标，减轻气候变化带来的风险，通过保护具有气候变化重要性的遗产，包括海洋遗产，达到解决人类面临全球共同挑战的目的。

我国首次在应对气候变化发展战略文件中涉及文化遗产相关的内容是在2013年出台的《国家适应气候变化战略》，第三章第七节中要求"采取必要的保护性措施，防止水、热、雨、雪等气候条件变化造成旅游资源进一步恶化，加强对受气候变化威胁的风景名胜资源以及濒危文化和自然遗产的保护"。

国家文物局也一直积极贯彻落实应对气候变化战略，并将其与我国的文化遗产保护实际情况相融合。目前主要从两个角度来确保气候变化下的文化遗产保护工作。从宏观调控和微观角度及时下发相关安全工作的通知，加强在极端天气情况下文化遗产的监测和险情排查以预防、减少文物安全事故，并在保护对策上加强对气候变化趋势的评估和针对措施，确保文化遗产得到保护。早在2012年，国家文物局已经设立了中国世界文化遗产监测中心，开展对我国世界文化遗产地的日常保护管理、监测和巡查。其中与自然环境、气候变化相关的指标是监测工作关注的重点之一。

此外，我国的遗产学术机构和非政府组织也针对气候变化开展了一定的科研与能力建设工作，以提升一线遗产工作者在气候变化大背景下对于文化遗产的潜在隐患和威胁的反应能力和处理能力。如中国古迹遗址保护协会于2016年成立了文化遗产防灾减灾专委会，致力于文化遗产防灾减灾的理论、方法、科学技术的研究、运用、推广和普及。另外，2020年，由中国文化遗产研究院承担，联合国教科文组织二类机构——中国科学院空天信息创新研究院等单位参与的"不可移动文物自然灾害风险评估与应急处置研究"正式启动。作为国家重大自然灾害监测预警与防范的重点专项课题，该研究针对不可移动文物的主要灾害风险评估方法、自然灾害风险要素信息与定量表达、自然灾害风险图构建、自然灾害风险监测策略和风险管理框架、自然灾害风险预防和应急处置措施等五大项目进行详细研究。课题将完成省域尺度的不可移动文物灾害组合的风险评估，实现受灾影响的不可移动文物的精细动态监测，为气候变化背景下的我国不可移动文物保护工作提供研究数据和经验。2021年，国家文物局考古研究中心也启动了"气候突变对我国考古遗址的影响前期研究",旨在探索以西北地区为代表的受气候变化影响较大的土遗址应对气候变化的措施,为防止灾害性天气对遗址造成毁灭性破坏提供坚实的理论基础。

经过多年的实践经验总结,基于中国"防微杜渐"的文物保护传统和现代文物预防性保护的理念,面对全球气候变化加剧,应坚持"日常维护胜于大兴土木,灾前预防优于灾后修复",加强气候环境变化监测、定期巡视和日常保养维护等技术和管理手段,降低或延缓气候和环境变化对文物的损害,从而达到使文物延年益寿的目的。

总结历史经验,研究分析不同类型不可移动文物所处的气候环境特征,评估经历漫长的历史岁月,在各种气候变化条件下保存至今的各种因素。坚持"日常维护,防患未然"的文物保护传统。加大各级文物保护单位日常维护经费的投入,建立较为固定的资金渠道,形成规范、有效的预防性保护管理模式。

加强在极端天气情况下不可移动文物的监测和险情排查,以预防、减少文物安全事故。重点就极端天气影响频繁地区的不可移动文物,如水利设施、交通桥梁等,制定防灾减灾应急抢救预案,落实主体责任,增强应急处置能力。

加强气候变化趋势下的不可移动文物劣化的机理和面临风险的前瞻研究。针对气候资源条件的变化,生态环境的变化,开展跨学科、跨部门合作,综合评估气候变化带来的安全风险因素、等级、变化趋势,潜在的受灾程度和损失情况等,结合数字化技术绘制风险地图动态展示,并据此加强针对性的监测预警机制、体系建设。

从宏观、中观、微观层面研究解决预防性保护涉及的气候环境风险隐患、预防、控制和应急处理的综合理论和技术方法问题,促进预防性保护技术、管理水平、应变能力和宏观决策能力的全面提升。

积极探索"预防性保护公益基金""文物+保险"等的创新模式,坚持政府主导,科学规划,有效整合,多渠道筹措资金,鼓励社会力量广泛参与。

不可移动文物数字化保护的发展困境与路径探索[*]

吴育华[**]

摘要：不可移动文物数字化保护是一类特殊的文物保护工程，历经早期探索、重点实践和创新发展三个阶段的实践，在文物数字存档、病害调查、保护修复、展示利用等领域已取得一定成果与经验，但是在技术和管理方面均存在一些困境亟须破解。基于不可移动文物数字化保护项目实践和主要问题分析，从定义内涵界定、标准规范研制、保护利用创新、关键技术突破及管理评估提升等方向探讨不可移动文物数字化保护的路径模式。

关键词：不可移动文物；数字化保护；国土空间规划；发展困境；方向路径

1 引言

我国不可移动文物具有数量大、类型多、价值高、时间跨度长、分布地域广等显著特点。根据最新统计，第三次全国文物普查共登记不可移动文物总数近76.7万处，全国重点文物保护单位5058处，世界文化遗产57项。由于不可移动文物多暴露于野外环境，受长期自然营力因素与人为破坏影响，特别是自然灾害的风险威胁[1]，不可避免地遭受损坏甚至消亡的威胁，迫切需要利用高新科技手段加强文物保护工作。数字化保护作为一类特殊类型的文物保护工程，近年来开展了广泛实践，得到了飞速发展，取得一定成果经验。然而，数字化保护项目的技术和管理均存在一定困境，亟须厘清关键问题，明确方向路径，促成文物数字化保护工作的良性发展，为满足"保护第一、加强管理、挖掘价值、有效利用、让文物活起来"的新时代文物工作要求提供科技支撑。

---

[*] 本文受国家重点研发计划项目"面向文物保护与利用的国土空间规划关键技术研发与应用"（2023YFC3803900）资助。

[**] 吴育华：中国文物信息咨询中心（国家文物局数据中心），北京，邮编100029。

2 不可移动文物数字化保护的主要进展

文物数字化保护进展与文物古迹保护理念的发展变化密不可分，同时数字信息技术的发展有力促进了文物数字化保护工作水平的提升。

2.1 主要阶段

我国文物数字化工作大致可以分为三个阶段：

一是早期探索阶段（20世纪80年代至2000年）。文物数字化作为文博信息化工作的重要内容，与其他行业齐步甚至更早，国家博物馆、故宫博物院、上海博物馆、南京博物院等主要文博单位率先开展电脑化工作，随后部分省级博物馆及敦煌研究院等文博单位陆续开启了信息化工作。这一阶段是以文博单位作为独立个体开展数字化尝试，其工作相对零散且水平参差不齐。

二是重点实践阶段（2001年至2015年）。国家文物局成立信息化领导小组，撤并组建中国文物信息咨询中心，后加挂国家文物局数据中心，负责全国文博单位信息化工作，召开了第一次全国文物信息化工作会。国家文物局统筹实施多个国家级重大文博信息化项目，先后启动文物调查及数据库建设、全国博物馆馆藏文物腐蚀调查、第三次全国文物普查、长城资源调查、第一次全国可移动文物普查等重点项目。此阶段开始注重文博行业的顶层设计与标准规范，建设了重要的全域性的文物基础数据资源，为文物数字化工作打下了坚实基础。

三是创新发展阶段（2016年至今）。2016年国务院印发《关于进一步加强文物工作的指导意见》，建立国家文物资源总目录和数据资源库，国家文物局"互联网+中华文明"三年行动计划启动。2017年十九大报告中正式提出"数字中国"，数字文博顺势而出。2018年中共中央办公厅、国务院办公厅印发《关于加强文物保护利用改革的若干意见》，正式提出建设国家文物资源大数据库。2021年国务院办公厅印发《"十四五"文物保护和科技创新规划》，提出建设国家文物资源大数据库，健全文物安全长效机制。2022年，中共中央办公厅、国务院办公厅印发《关于推进实施国家文化数字化战略的意见》，提出国家文化大数据体系建设及重点任务。2023年中共中央、国务院印发《数字中国建设整体布局规划》，要求提升数字文化服务能力。2023年年底国家数据局等17部门联合印发《"数据要素×"三年行动计划（2024—2026年）》，要求推动发挥数据要素乘数效应，释放数据要素价值。这一阶段着力推进统筹规划、协同构建、开放共享与科技创新。文物数字化进入高速发展的全新时期，各地对文物的数字化工作也日益重视。2020年，山西省文物局在全国率先出台《山西省不可移动文物数字化保护指导意见》，旨在规范开展重要全国重点文物保护单位、省级文物保护单位及濒危彩塑壁画数字化采集工作，逐步实现山西省文物数字化保护全覆盖。近年来又针对低级别不可移动文物，开展了系统的数字化保护工作。

相比博物馆及可移动文物，不可移动文物的数字化保护工作相对滞后，这与不可移动文物保护的复杂性与艰巨性相关。"十三五"时期，国家文物局推动文物保护实现"两个转变"：由注重抢救性保护向抢救性与预防性保护并重转变，由注重文物本体保护向文物本体与周边环境、文化生态的整体保护转变。《"十四五"文物保护和科技创新规划》提出在国土空间规划中落实保护不可移动文物的空间管制措施，统筹划定文物保护单位保护范围和建设控制地带、地下文物埋藏区、水下文物保护区等，纳入国土空间规划"一张图"。这极大促进了不可移动文物的数字化保护工作，吸引了更多的文博相关科研院所及其他行业单位加入文物数字化工作队伍，文物数字化保护逐步深入，其水平也得以逐步提升。

2.2 主要技术

不可移动文物的数字化保护主要技术涉及信息采集、加工处理、存储管理、展示利用等方面。

文物信息采集是数字化工作的基础，主要包括文物的外形空间信息和表面纹理信息采集。空间信息采集的技术主要为测绘技术，从简易的拉尺测量，发展到全站仪、摄影测量与遥感、无人机、三维扫描等，其中，三维扫描技术因具有安全性高、精密度高、效率高及应用前景广等优势特点，在文物保护工作中的应用愈来愈广泛[2]。纹理信息采集主要依靠摄影技术，从传统的胶片式摄影到现代的高清数码摄影，其色彩信息进一步丰富，影像分辨率也不断提升。此外，对于隐性或弱性文物信息，还借助红外、高光谱、多光谱成像等技术进行甄别与提取[3-5]。与文物数据加工处理相关的技术主要包括原始数据处理、三维建模和二维制图等方面，以三维数据为例，主要包括点云处理、几何建模、纹理映射、专题制图等。文物数据的存储管理主要涉及存储安全及知识产权的保护管理，包括存储分类分级与介质互转、区块链及数字水印授权与追踪等关键技术。在展示利用方面，从数字孪生到元宇宙[6]，主要包括虚拟现实（VR）、增强现实（AR）、混合现实（MR）、全息投影、3D打印等技术。

2.3 应用方向

文物数字化保护的主要应用方向包括文物信息留存[7]、病害调查[8]、虚拟修复[9-11]、考古研究[12, 13]、保护工程[14, 15]、展陈展示[16, 17]、风险监测[18, 19]等。

文物信息留存是最为常见的一项基础应用，即实现文物信息的翔实记录与永久存档。病害调查过程中利用高清数字化底图或模型，进一步实现文物病害的定性到定量统计。数字修复是利用逼真的数字模型或者图件，结合考古与历史资料进行虚拟修复或数字复原，降低直接修复干预的风险。考古研究方面主要为考古信息提取及线划图制作。保护工程方面主要提供传统文物保护工程设计施工时所需的平立剖图件及相关数据。展陈展示主要包括数字展示中提供文物数字模型、图片或复仿制品。文物监测主要是通过多期数字化数据对比，分析文物病害变化特点与趋势。

3 不可移动文物数字化保护面临的发展困境

不可移动文物数字化保护工作日益受到重视，为文物保护利用发挥了重要作用，但是也存在一些问题困境需要破解，主要包括工作边界不清、顶层设计欠缺、保护利用脱节、关键技术制约及管理评估不足等。

3.1 工作边界不清

在不可移动文物保护工程管理办法中，与保养维护、抢险加固、修缮、保护性设施建设、迁移等传统类型文物保护工程相比，数字化保护尚属于新兴类型。在国家文物保护资金管理办法中，明确了数字化保护属于保护资金的补助范围，并规定了其支出内容及上限。但是由于工作边界模糊不清，广度和深度难以把握，目标导向和问题导向不统一，至今仍难以不可移动文物数字化保护的内涵。需要结合不可移动文物差异性特点及具体保护利用需求，明确数字化保护的工作边界。

3.2 顶层设计欠缺

不可移动文物数字化保护的顶层设计主要包括相关法律法规与标准规范管理制度的建设。《中华人民共和国文物保护法》于1982年发布施行，至今经历多次修正，但是在数字化保护方面，特别是文物数字资源资产的保护管理，欠缺专门阐述。在文物保护行业标准建设领域，2016年以来国家文物局列立了多项数字化保护相关的标准，但是文物数字化保护标准规范编制存在较大难点，主要体现在一是文物的丰富多样性而又唯一性，如何从差异性中寻求共性具有较大难度，二是文物保护行业是多学科交叉介入，如何吸收不同行业中的相关标准的优点为文物行业所用，需要一个较长的求同存异过程。因此，截至目前得以正式公布施行的不可移动文物数字化保护相关标准寥寥无几，近期发布的标准主要包括石窟寺壁画数字化勘察测绘、石窟寺二维及三维数字化采集与加工等。

3.3 保护利用脱节

文物数字化保护理论上包括数字化与保护两个关键词，由于工作边界的模糊，很多数字化保护项目过分偏重数字化记录，将保护仅体现在历史信息永久存档这一方面，片面追求数字化的高精度，存在高技术过度、低水平重复的普遍问题。在文物保护利用方面，未进行深入的共性需求与差异性需求分析，其通用性和针对性研究不足，往往导致文物数字化成果不实用，多用于提供数字展示的素材，而与文物保护第一的基本需求脱节。

3.4 关键技术制约

文物数字化保护利用技术已成为研究热点，通过国家重点研发计划项目"数字文化遗产安全保护与利用关键技术研究和示范""丝路文物数字复原关键技术研发"，取得一定成果，但是仍存在关键技术瓶颈。如采集技术发展迅速，但是目前的高精度的三维扫描仪设备及相应数据处理软件仍依靠国外进口，在数据增强与量化比对、智能检索、智能识别与理解、多源异构数据库及管理系统建设，以及存储管理等方面均存在亟须突破的关键技术。

3.5 管理评估不足

不可移动数字化保护的管理评估主要包括成果质量及经费两方面。按照现行文物保护工程管理模式，文物数字化保护项目基本由各省自行管理，包括项目的立项计划、方案设计及实施，国家层面尚未开展系统的评估工作，但均发现此类项目的管理评估存在难度。由于工作目标内容的不确定性以及评估标准规范的欠缺，在成果检查验收工作中，特别是专业性较强的数据（如点云数据、三维模型等），多只能从感官去定性把握，难以进行量化评估。在项目经费的预算编制和竣工结算时，也缺乏相应的测算依据，从而对其支出合理性难以评估。

4 不可移动文物数字化保护的方向路径

针对上述问题，结合工作实践，从定义内涵界定、标准规范研制、保护利用创新、关键技术突破及管理评估提升等方面提出不可移动文物数字化保护的可能路径模式。

4.1 定义内涵界定

文物数字化保护通常是指利用测绘、摄影等信息记录手段，采集文物本体、载体及赋存环境数据，通过计算机技术手段进行加工处理，制作图像、模型、视频等各类数字产品，应用于各项文物保护工作。可见，数字化技术是关键，而文物保护应用是目标。不可移动文物数字化保护的内容可分为两类：文物基本信息的数字化留存和文物病害信息的数字化勘察。文物基本信息的数字化留存主要包括文物现状的空间、纹理特征信息的记录和存档，也包括文物档案资料的数字化，是文物保护利用工作的重要基础。针对需要实施保护修复的不可移动文物，可在文物基本信息的数字化留存基础上，利用数字化技术开展专业的文物病害信息勘察，辅助进行文物病害的成因诊断与量化评估，为保护提供依据和数据支撑。

4.2　标准规范研制

在不可移动文物数字化标准规范的研究起草过程中，应以已公布的石窟寺数字化采集与加工相关标准规范为基础，借鉴可移动文物数字化保护相关标准规范，分析不可移动文物的特点差异和保护利用需求，加强不可移动文物精细化数字采集、建模与质量评估、多元数字化表达体系、安全存储管理等方向的标准规范的研制。在数据采集规范中，应对精细化的概念、精度的选择、采集的对象范围等作出规定；在建模与质量评估规范中，需对建模数据处理的各个环节及最终成果提出质量评估方法，且宜包括文博单位自身就可以开展的简易评估以及更为专业的第三方检测评估；在数字表达体系规范中，宜结合文物工作程序特点及传统平立剖面图规范，建立基于三维模型的文物多元数字化表达体系；在安全存储管理规范方面，应注重不同存储介质的高效转换、知识产权授权与版权跟踪，以及数字化保护方案编制、项目验收、预算编制等。

4.3　保护利用创新

数字化技术水平的提升为文物的信息留取表达、病害诊断评估、保护修复效果跟踪监测、虚拟修复、数字展示等领域提供了广阔的创新空间。在文物信息留取表达方面，一方面要加强多源、多尺度和多维动态数据的融合，另一方面需要构建完善多层次具有衍生拓扑关系的多元数字化表达体系[20]（图1）。在病害诊断评估方面，可进一步加强局部缺失与内部裂损诊断的评估，以及彩绘脱落和褪色的辅助诊断评估，实现文物病害的精准量化评估。在修复效果跟踪监测方面，可以进行保护修复全过程的跟踪监测，实现修复工作量及修复效果的精准量化评估。在虚拟修复或数字展示方面，可加强基于5G、MR、AR、知识图谱及人工智能的虚拟修复或数字复原，避免不当修复，增强沉浸式互动体验。

图1　文物多元数字化表达体系

4.4 关键技术突破

针对文物数字化保护中的技术瓶颈，进一步加强技术装备自主研发和应用关键技术突破。在数据采集处理方面，着重加强国产化高精数字化技术装备、特殊复杂文物（如彩塑等）空间信息采集技术装备研发，在快速轻量化建模及多源数据融合技术等方面进一步突破。在文物保护修复应用方面，加强兼顾空间与光谱特征的精准提取与量化比对研究。在预防性保护与数字展示利用方面，加强众包协同标注与多模态智能检索、图像智能识别与理解等关键技术研究。

4.5 管理评估提升

基于文物数字化保护相关标准规范研究成果，加强数字化保护项目规划设计、成果质量评估与经费管理，探索文物数字化保护项目设计施工一体化模式。在安全存储管理方面，研发基于磁光电融合的软硬件一体化存储互转方法和装备。在安全共享利用方面，研究基于数字水印与轻量级区块链的分级授权与高效追踪方法。

5 结语

不可移动文物数字化保护是文物保护利用的重要方向，也是落实新时代文物工作要求的重要举措。研究表明，做好不可移动文物数字化保护宜遵循以下基本原则：一是文物价值和安全风险等级优先原则，即对文物价值较高且存在较大安全风险的文物，优先开展数字化保护工作；二是文物保护利用需求优先原则，即结合文物保存现状，以及文物保护利用现势和长远需求，确定合理的目标、内容、精度和深度，避免盲目性，注重性价比；三是标准统一原则，即数据采集、数据处理和数据成果等均须遵循已有的国家及文物保护行业的标准规范要求，方便数据共建与共享利用；四是文物本体与数字化资源安全原则，即在文物数字化保护过程中须有保障文物本体的安全措施，同时加强文物数字化资源的存储安全及知识产权保护管理。"独行快、众行远"，文物数字化保护需要进一步加强跨行业交叉合作与科技创新，将文物数字化保护成果纳入国土空间规划"一张图"，推进文物保护利用和文化遗产传承。

注　释

[1] 乔云飞，郭小东，王志涛．文化遗产防灾减灾概论．北京：文物出版社．2022．
[2] 吴育华，胡云岗，张玉敏．大足石刻大佛湾文物三维扫描及保护应用．北京：文物出版社．2017．
[3] 吴育华，刘善军．岩画病害的红外热成像检测技术初探．文物保护与考古科学，2010，22（2）：12-17．

[4] 王乐乐. 繁华刹那——佛教彩绘文物数字化与科技保护研究. 北京：文物出版社. 2021.

[5] 侯妙乐, 孙鹏宇, 杨雪韵, 等. 基于光谱增强指数与LeNet-5的古书画褪色文字提取与识别. 文物保护与考古科学, 2022, 34（5）：72-80.

[6] 党安荣, 张智, 信泰琦, 等. 长城文化遗产保护与传承数字化发展进程与趋势//长城学研究. 2022. 北京：燕山大学出版社. 2022：203-216.

[7] 侯妙乐, 吴育华, 胡云岗, 等. 石质文物三维信息留取技术及应用. 北京：中国大地出版社, 2015：71-89.

[8] 方明珠, 王晏民, 侯妙乐. 基于ArcGIS Engine的馆藏壁画病害调查. 北京建筑工程学院学报, 2010, 26（1）：10-13, 19.

[9] 吴育华, 胡云岗. 试论数据采集与虚拟修复在大足石刻修复中的应用, 中国文物科学研究, 2013（3）：33-36.

[10] 王瑞玲, 董友强, 乔云飞, 等. 基于众源数据的广武月亮门虚拟修复. 地理信息世界, 2020, 27（5）：7-11.

[11] 耿国华, 冯龙, 李康, 等. 秦陵文物数字化及虚拟复原研究综述. 西北大学学报（自然科学版）, 2021, 51（5）：710-721.

[12] 周明全, 李璨, 解国栋, 等. 基于三维模型的考古线图提取方法. 北京理工大学学报, 2018, 38（3）：286-292.

[13] 高振华, 侯妙乐, 马昇, 等. 多种测绘技术综合应用的考古发掘信息记录——以闻喜酒务头墓地为例. 中国文化遗产, 2021（1）：66-73.

[14] 樊锦诗. 敦煌石窟保护与展示工作中的数字技术应用. 敦煌研究, 2009（6）：1-3.

[15] 吴育华, 王金华, 侯妙乐, 等. 三维激光扫描技术在岩土文物保护中的应用. 文物保护与考古科学, 2011, 23（4）：104-110.

[16] 王旭东. 数字故宫的过去、现在与未来. 科学教育与博物馆, 2021, 7（6）：524-531.

[17] 柴秋霞, 邓又溪. 不可移动文物的虚拟现实展示方式新探——以数字艺术特展"雕画汉韵——寻找汉梦之旅"为例. 东南文化, 2023（6）：12-19, 191-192.

[18] 吴育华, 侯妙乐, 石力文. 文物古迹监测中空间信息技术应用的要点分析及实践探索. 地理信息世界, 2018, 25（5）：18-22.

[19] 张荣, 王麒, 陈竹茵, 等. 基于文物本体与环境监测的佛光寺东大殿预防性保护研究. 自然与文化遗产研究. 2022, 7（4）：35-47.

[20] 吴育华, 许东. 3D技术在文物保护应用中的若干问题与对策探究. 东南文化, 2017（S1）：86, 87-92.

关于中国文物数字化相关问题的初步思考

李志荣[*]

摘要：文物数字化工作是让文物"活"起来的基础，是升级中国文物基础档案的重要契机。本文明确了文物数字化的定义及其根本目标，并结合浙江大学文物数字化团队的工作指出文物数字化的理念标准和现存问题。

关键词：文物数字化；文化遗产；数字档案；工作理念；现存问题

文物数字化是对文物进行全息记录和转化的工作，一可抢救性记录保全文物全面信息，实施文物的数字化信息保护，为永续的文物保护研究夯实基础，二可实现文物资源由物质资源向数字资源的转化，使其成为数字时代可不断增值永续发掘转化利用的文化资源基础。文物数字化建设，是实现文化资源长久保存并发挥更大作用的基础性工作，也是习近平总书记多次强调的让文物活起来，参与中国软实力建设，参与文明互鉴的基础性工作。

1 让文化遗产"活起来"与文物数字化

习近平总书记多次强调："要系统梳理传统文化资源，让收藏在禁宫里的文物、陈列在广阔大地上的遗产、书写在古籍里的文字都活起来。"对文化遗产领域提出了明确的工作要求。在数字时代，其核心工作之一就是系统地建构文化遗产的数字资源和基础。这个系统资源基础建构的首要工作，就是进行文物（文化遗产）的数字化工程，通过文物（文化遗产）数字化实现文物由物质形态向数字形态的转化，从而成为数字时代中国文物及其承载的文化信息走向公众参与教育和价值观建构、走向世界参与文明互鉴的基础。没有实现数字化，"活起来"的基础就不存在。据了解，国家图书馆系统，已经基本实现了馆藏图书古籍的数字化工程。对于国家文物局来说，文物数字化的核心工作就是实施可移动文物的数字化和不可移动文物的数字化。目前各地也都在不同程度地进行着文化数字化工作，但理念、标准、认识，有待梳理和提升。

---

[*] 李志荣：浙江大学艺术与考古学院，杭州，邮编310000。

2　文物数字化是全面夯实升级中国文物基础档案工作的契机

　　1949 年以来，国务院陆续公布了 8 批全国重点文物保护单位，列入世界文化遗产的文物数量也逐渐增加。国家也实施了三次文物普查和一次馆藏文物普查，工作成果丰硕。但就我工作接触的实际看，不容否认的是，中国文物的基础档案是十分不健全的。举例来说，第一批全国重点文物保护单位中的古建筑文物，至今没有一处有全面翔实的档案，不能保证文物一旦出现不可抗力破坏的时候，这些档案可以全面复原文物信息。这是严峻但客观的事实。国家文物局实施的"四有档案"工程非常重要，但是这个档案缺乏细致全面的标准，亟待完善升级。三普完成之后形成的档案，距离文物全面信息档案建构的要求也差距很远。因此，当前实施中国文物的数字化工程，正是一次系统梳理检核自身文物基础工作并提升夯实文物基础工作的机会。其最终的成果是，一套物理分散、逻辑互联、全国一体的完备的文物资源大数据。考虑到工作量浩大与文物系统自身科技水平的差距，建议将这项工作纳入国家新基建计划中，引进数字科技领域先进的思维、技术手段，使这个数据库的建设能够与国家正在进行的数字新基建同步。

　　因此文物数字化的根本目标应是：充分认识当前时代技术优势，为中国文物建立矿藏级别的数字档案。实现文化遗产资源从物质形态向数字形态的转化，使文化遗产资源成为与山川大地、煤炭、石油、天然气、稀土等同样的国家资源中的核心资源，成为可永久保存，可持续再现，在可持续的保护、研究、利用中不断增值的文化资源。从学术的角度看，只有实现了矿藏级别的文物档案建设，相关研究的基础才可靠扎实，研究水平的提升才有可靠的基础。

3　文物数字化成果的标准和工作理念

　　浙江大学文化遗产研究院文物数字化团队在近 10 年的工作实践中，建立和坚持的文物数字化理念是：考古的立场、考古的在场、考古的标准。"考古的立场"，强调数字化技术是为记录文物遗迹服务的，这项技术应当跟着文物遗迹不同而产生的不同的考古记录要求改进和升级；"考古的在场"，是强调数字化田野作业过程中，考古工作者必须和数字化工程师一起工作联合作业，向他们解析不同方位、类型遗迹的内容，提出需要数字化技术进行工作的明确需求；"考古的标准"，是强调数字化实施过程，计算处理过程必须符合考古学"科学客观"的要求，确保其过程的科学性，杜绝人工干预和违背科学路径的任何虚假结果，其成果要达到"一旦文物毁废，可以据考古记录重建"的标准。

　　简言之，文物数字化的根本目标是全面、系统、科学地记录文物的全面信息，为其建立翔实档案，使之可以永久保存并可持续再现。所以，文物数字化，就是对文物本体信息的保全和保护，是文物保护的重要方法之一，从抢救保全文物信息的角度看，甚至更加重要。

目前浙江大学已经实现的山西忻州九原岗壁画的数字化和再现、云冈第三窟西后室的异地（青岛）重建、云冈石窟12窟的积木式可移动再现，就是坚持文物数字化理念标准，在坚实的数字化档案的基础上实现文物"活起来"的具体成果。

目前浙江大学与山西省有关单位合作制定的《古建筑彩塑壁画数字化标准》《石质文物数字化标准》已基本完成，正在等待山西省刊布。

4 文物数字化目前存在的几个问题

缺失顶层设计。没有明确的从国家层面对文物数字化的政策和支持，各地区各自为政，目前尚未形成大数据理念之下为国家文物建设数据资源的共识。

文物数字目标不明确。总的来说，整个文物系统，对文物数字化的根本目标认识不足。需要各级文物行政部门组织学习，明确文物数字化的根本目标是为国家文物建立翔实的数字档案，博物馆、文物点、旅游部门数字化成果的应用，是在科学档案基础上的应用。如果说数字化的档案建立是前端的话，VR、AR和3D打印，都是后端应用，应当以前端为核心基础。纯粹为了应用而进行的数字化，有可能会达不到前述建立矿藏级别资源档案的标准。

经费普遍不足。文物数字化前端工作，与一般的档案工作建设最大的区别是，高科技的技术和设备特别是软件和高科技计算研发和实施人才的投入，致使其成本偏高，而国家文物局系统给予的数字化经费，似乎显得不足。浙江大学由于学校重视，也争取到一些基金的支持，但数字化工作仍然面临极其困难的工作条件。我们从没有放弃过坚持既定标准，直接的后果是队伍不稳，难以留住高级人才。

综合性跨界融合人才不足。文物数字化是一项跨领域甚至跨行业的工作，因此需要跨界综合性人才投身其中。特别是需要一大批文物考古工作者和数字化领域的人才，通力合作工作。如果没有文物考古专业工作者参与文物数字化，从田野到室内整理，都会面临很多专业缺失的问题，要达成"为文物建立矿藏级别的档案"目标困难。建议加强培训或在大学本科和研究生教育中增加类似课程和实习环节。

综合性技术研发人员不足。数字科技日新月异，而考古学尽管根本原则稳定不变，但文物类型极其丰富和复杂，要求文物数字化领域的数字科技因文物而改变而进步，这需要跨界的综合性的技术和设备研发团队和人员。

文物数字化成果转化立法研究不足。文物数字资源与社会其他领域资源共享的前提是科学合理完备的立法，解决困扰整个行业的知识产权问题。目前经济各领域，如互联网行业、旅游、工业产品制造、教育产品开发、影视工业等领域，对文物数字化资源应用转化都有强烈的需求和合作意向，但是由于国家尚未出台较完备合理的知识产权立法，很多合作难以进行。

（本文原刊登于《中国文物报》2020年7月24日第7版，略有增删）

古遗址预防性保护监测信息系统设计初探
——以南京大报恩寺遗址为例

张金玥[*]

摘要：保护不可移动文物，尤其是古遗址类型，时常伴随着多种不确定的风险因素。利用基于物联网的远程实时监测技术建立预防性保护监测信息管理系统，通过对文物本体及其环境的监测数据进行采集与处理，在发生异常时触发预警功能，并持续进行智能可视化的数据分析，能够有效提升对不可移动文物风险的预控能力，最大限度地防止或减缓各类因素对遗存材料、构件和结构的破坏作用。本文以全国重点文物保护单位南京大报恩寺遗址为例，对其当前保存状况所面临的多种潜在风险进行分析，建立了针对性的监测预警系统，通过对监测成果进行持续跟踪，初步达到预防性保护的目的，期望可为同类型文物监测预警系统的设计建设提供借鉴。

关键词：古遗址、文物预防性保护；监测系统；文化遗产数字化保护

我国古遗址数量众多且价值丰富，是中华文明史的重要代表。同时，相比其他类型的不可移动文物，古遗址具有复杂性、不确定性以及脆弱性的特点，在保存过程中极易受到破坏，遗址类文保单位的保护研究工作十分迫切。同时，面向古遗址类型的展示利用项目较多，且建设规模庞大，在日常使用与开放过程中，其可能造成的潜在影响以及维护难度也日益增大[1]。根据越来越多的研究及实际案例论证，针对遗址本体及环境保存情况进行系统性监测能够有效提升对遗产风险的预防性保护能力。

预防性保护概念最早于1930年在罗马召开第一届艺术品检查和保护科学方法研究的国际会议上提出，强调"通过科学记录、定期检测、系统监测和日常维护等方法及时发现并消除隐患"[2]。不同于以往过分依赖于遗产损毁后应急性的保护工程，它强调基于信息收集、精密勘查、价值评估和风险评估等来确定建筑遗产面临的风险因素，通过定期检测和系统监测等方法分析掌握遗产结构的损毁变化规律，通过灾害预防、日常维护、科学管理等措施及时降低或消除各种风险，使遗产一直处于良好的状态以避免盲目的保护工程[3]。通过对文物风险的准确识别、科学评估、及时响应以及有效控制，可大大提高文物保护的效率[4]。而实现预防性保护的前提为建立全面的风险管控机制，

---

[*] 张金玥：上海建为历保科技股份有限公司，上海，邮编201315。

加强文物的日常保养，监测文物的保存状况，改善文物的保存环境[5]。王旭东基于文化遗产风险管理理论指出了构建风险监测预警体系的目的，即实现"变化可监控、风险可预知、险情可预报、保护可提前"的预防性保护管理目标，并论述了莫高窟风险监测体系的框架和内容，明确提出遗产保护正从抢救性保护向预防性保护过渡[6]。王娟等分析了适用于遗产建筑的结构健康监测系统，在某古建筑上进行了监测试验，并对系统在建筑遗产上应用的特殊性及存在问题进行了讨论[7]。

自"十二五"以来，规划和建设预防性保护的监测预警体系，已成为我国文物遗产保护的重要建设内容，而古遗址预防性保护也成为国家文物局发布的《大遗址保护"十三五"专项规划》的重要组成部分。通过将遗址实时监测传感器、互联网、遗产监测管理平台集成起来构成遗产物联网监测系统，能够对遗产结构的物理力学性能进行无损监测，对结构的损伤位置和程度进行诊断，令遗产本体在突发事件下或使用状况严重异常时触发预警信号，为遗址的维修、养护与管理决策提供决策依据。如何合理有效地设计并实现面向古遗址的预防性保护监测系统？建立监测系统后对遗址地的保护利用具体有何帮助？本文将通过大报恩寺遗址的实际案例具体展开论述以上问题。

1 大报恩寺遗址概况及现存问题

大报恩寺作为明代最重要的皇家寺院，规模巨大[8]。寺院山门朝西，建筑布局总体上可分为南、北两大部分。北区建筑沿着中轴线依次设置山门（金刚殿）—香水河桥—天王殿—大殿—琉璃塔—观音殿—法堂等核心建筑；在中轴线两侧还设置了御碑亭、油库、祖师殿、伽蓝殿等建筑。大报恩寺塔于清末1856年毁于太平天国兵火，于2007年开始进行考古发掘与重建工作，2015年大报恩寺遗址公园举行开园仪式，正式对外开放。遗址现存区域东西长约300米，南北宽约180米，区内现存遗址本体平面面积约8670平方米。该遗址于2010年获评"全国十大考古新发现"；2012年作为中国海上丝绸之路项目遗产点之一，列入中国世界文化遗产预备名单；2013年被国务院核定公布为全国重点文物保护单位。遗址公园中保护性展示了大报恩寺遗址中的千年地宫和珍贵画廊，以及从地宫中出土的石函、铁函、七宝阿育王塔、金棺银椁等世界级国宝[9]。其中，七宝阿育王塔是迄今世界发现体形最大、制作最精、工艺最复杂、等级最高的阿育王塔，并在塔内发现佛祖顶骨舍利等佛教圣物[10]。

历经千百年的沧桑变迁，大报恩寺遗址的保存状况已存在诸多安全隐患，如：① 馆内遗址渗水致使遗址大规模被浸泡遭受水浊，发生塌陷，开裂破坏；② 香水河桥遗址面临塌落，侵蚀，开裂等多重潜在破坏威胁；③ 地宫壁面出现的开裂变形很可能会日趋严重，甚至存在整体塌陷的可能；④ 博物馆内遗址的土体很能出现霉变、白化、开裂、滑移等病害；⑤ 塔基部分可能出现微生物侵害、龟裂等现象；⑥ 游客观览过程中及周边施工可能出现对遗址的破坏。

以上风险病害情况，也成为设定监测任务、建立大报恩寺遗址监测系统的最主要依据。

2 大报恩寺遗址预防性保护研究

自 2004 年南京市开始筹划大报恩寺遗址的保护利用工作以来，已有诸多学者对该遗址的保护进行研究，多数集中在对于遗址本体的保护技术上。淳庆和潘建伍通过软件 ANSYS 有限元模拟对地宫遗址的现状结构性能进行分析，模拟计算对比了不同技术方案以及工况下的结构性能，并提出了适用于大报恩寺地宫遗址和类似文物保护方案设计的建议[11]。陈晓琳等采用"活性碱"作为润胀复原剂，对严重干缩变形的阿育王塔檀香木胎进行了复原试验，并采用 X 射线衍射仪和环境扫描电镜对复原前后的木质结构进行了表征[12]。随着利用现代科技进行文物保护以及预防性保护理念逐渐加强，陆续有学者开始采用监测设备对大报恩寺遗址进行更加长期持续性的研究。张景科等通过模拟大报恩寺地宫开挖中和成型后井体变形、含水量、井内水位的监测，并根据监测数据揭示了地宫井体的变化特征，再现了地宫遗址的破坏过程，为后续地宫的保护加固方案设计奠定了科学的地质基础[13]。汤众和戴仕炳提出大报恩寺遗址保护监测需根据文物本体保护的需要及其特点进行针对性地设计，对于处于不同空间性质中的文物进行本体和环境监测需要设计和建设具有针对性的方法和设施的监测系统[8]。该研究具体针对大报恩寺遗址内五种类型的文物进行了监测设计，对大报恩寺遗址监测系统的建立和实施提供了丰富的理论依据。

然而，尚未有研究针对如何系统性建立大报恩寺遗址的整体监测与防控系统提出详细的方案规划。大报恩寺遗址作为第七批全国重点文物保护单位，其保存状况面临多种潜在的病害威胁，其可能造成的危害不可小觑，尤其在场馆内曾经被水淹没浸泡过的区域，其土体结构的稳定性着实令人担忧。为了杜绝此类情况再次发生，十分有必要安装一套基于物联网的预防性保护监测系统进行持续性保护。

3 大报恩寺遗址监测系统设计

目前针对遗址类文物的监测系统设计研究仍处于探索阶段。其中，杨永林等采用一种基于地面三维激光扫描（TLS）技术的文物土遗址变形监测方法对大福殿遗址的形变量进行监测与分析，根据监测数据最终得出大福殿遗址南侧中部上部边缘剥落量较大，其次是北侧上部边缘，东侧和西侧个别点仅有少量剥蚀的结论，并持续跟踪遗址变形整体趋势[14]。刘亚明以曲江池国家遗址公园和大唐芙蓉园景观水系为研究对象，对其进行水质监测、水量监测以及水质模拟等工作，并选用模糊综合评价法来评价曲江池、芙蓉园水系水质，同时选用单因子评价法做出对比[15]。王树峰针对西安大明宫国家考古遗址公园景观水系的水质进行监测分析，并验证整个水系水质可基本满足景观娱乐用水标准，但由于氮磷含量较高，有必要进行水质改善[16]。以上研究的共同点在于都明确提出，建议相关遗址地务必进行长期的监测工作，以便积累有效数据进行后续分析。

综上，基于预防性保护理念，参考已有关于各类不可移动文物及世界遗产地监测系统建设的研究成果，为了对大报恩寺遗址进行全方位、系统化、实时化的监测，最大限度地对遗址进行保护，实现遗产保存状况的动态感知，建立在物联网智能监测技术以及人工定期巡查基础之上的遗址物联网监测系统，对遗产保存状况、病害发展状况、影响因素状况进行分析统计，对遗产面临的威胁进行预警。我们针对性地进行以下设计。

3.1 监测对象

经过考古发掘的寺内外各种建筑遗址，根据展示方式和遗址材质的不同可将监测对象具体分类为：

1) 密闭于玻璃地板下的土体：地宫与塔基以及其他重点保护展示之土遗址。
2) 直接暴露在室内展示的土体：画廊等建筑夯土台基。
3) 覆土后室外展示的土体：各殿堂建筑夯土台基。
4) 直接室内、半室内展示的砖石：御碑、水井。
5) 直接室外展示的砖石：香水河桥、御道、香水河道（青条石铺砌）、暗渠（明代石灰石砌筑）。

3.2 监测内容及标准

本次大报恩寺遗址监测系统的监测项主要选取文物本体完整性和稳定性监测、环境影响因素监测、古井水位监测等对遗址保存环境影响较大的监测内容。

对于不同监测内容选取对应标准及规范进行监测体系设计：

（1）温湿度

不同材质的文物对温湿度的要求不同。由于目前尚无有关文物保存环境的统一标准，故根据《文物保存环境概论》[17]，对不同质地的文物温湿度适应范围进行设置。

（2）土壤含水率

根据《南京大报恩寺保护设计方案》中关于土遗址含水率应该控制在10%～15%之间进行设置。

（3）土遗址裂隙

据研究，由裂隙的监测数据分析，裂隙的扩展量一般在0.1～0.2 mm之间，并且随着外界环境的变化存在回弹现象[18]。

（4）振动

根据土长城遗址的重要性和抗震现状研究，当峰值速度阈值为 1.5 mm/s 时，其安全性可以得到保障[19]。

（5）御碑变形

根据淳庆和潘建伍所作金陵大报恩寺御碑遗址结构性能及保护技术研究进行对应监测设计[20]。

3.3 监测设备

本项目结合物联网、人工智能、大数据等前沿技术，科学合理地布设了温湿度传感器、土壤水分及温度传感器、液位传感器、振动传感器、空气质量监测仪、图像识别分析设备等监测设备，并对数据进行了远程实时采集。

3.4 监测系统设计

大报恩寺遗址预防性保护监测系统软件架构采用浏览器/服务器（B/S）构架，基于 JAVA 开发环境，采用 MVC 模式进行分层。支持 Windows 操作系统并且能够保证系统运行效率，支持 IE、谷歌等主流浏览器最新版本。

系统采用模块化、面向对象的思路设计，采用面向服务的体系结构，以便于未来灵活扩展、迁移和升级，充分考虑今后纵向和横向的平滑扩张能力；采用面向用户的界面设计，具有突出的易用性和美观性。

3.5 监测系统功能实现

大报恩寺遗址预防性保护监测系统首先实现硬件与软件数据的实时对接与集成，进而在软件端实现具体七大功能模块，包括：环境监测子系统、本体监测子系统、本体监测预警子系统、数据分析子系统、设备管理子系统、管控措施子系统、系统设置子系统。功能架构及具体实现如下。

3.5.1 软硬件集成

系统实现软件与传感器硬件的关联与打通。系统可将实时数据全部集中到大报恩寺遗址数据监控中心，将各监测传感器采集的数据通过无线网络将数据传输至数据采集单元，再由数据传输单元暂存数据，同时发送至监测中心。数据监测中心通过应用服务器，建立软件监测系统。在软件展示端可实时展示硬件数据，并且进行硬件点位的图形化标记。图 1 为标记后的遗址监测点布点软件展示端示意图。

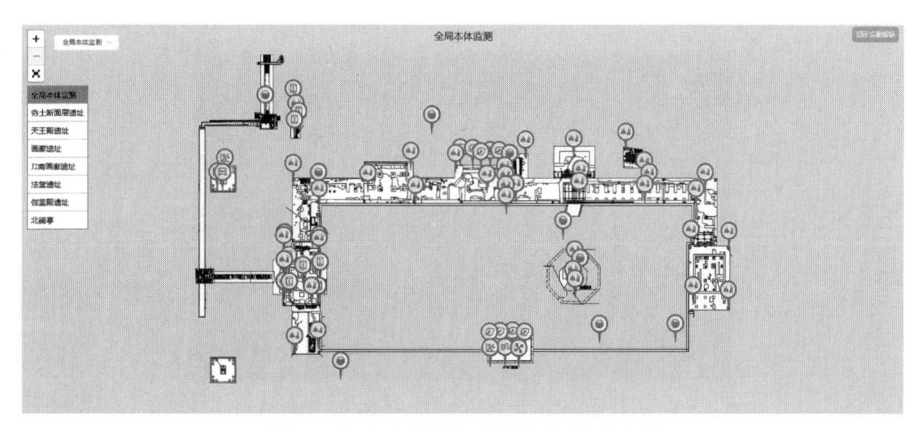

古遗址预防性保护监测信息系统设计初探——以南京大报恩寺遗址为例 ·215·

图 1 遗址（本体）监测点布点示意图

3.5.2 环境监测

环境监测能够对大报恩寺遗址的环境温湿度、周边环境（风速、风向、降雨量、大气温湿度、气压）、空气质量（PM10、PM2.5、二氧化硫、氮氧化合物）以及环境振动等环境影响因素进行实时采集。监管人员可在前端页面直观查看遗址当前的环境状态（图 2）。

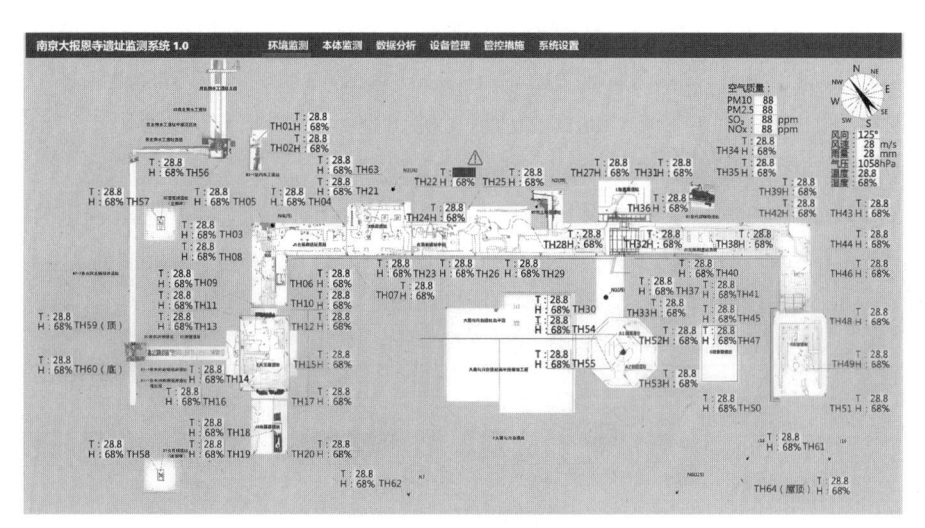

图 2 环境监测界面截图

3.5.3 本体监测

本体监测能够对大报恩寺遗址的水井液位、土壤温度含水率、本体振动、霉菌病变、夯土裂缝，以及土遗址区域渗漏等本体结构影响因素进行实时采集。监管人员可在前端页面直观查看遗址的本体状态（图 3）。

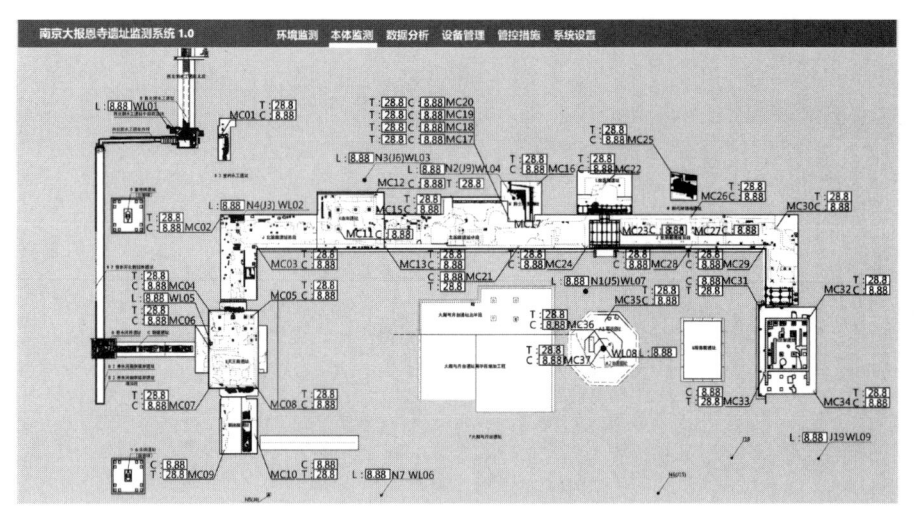

图 3 本体监测界面截图

3.5.4 监测预警

根据大报恩寺遗址保存状况以及威胁遗产价值载体保存的风险因素变化，对遗址监测指标和评估标准进行添加、修改、删除等管理；实现预警临界值、预警等级的量化和标准化。

建立完善的预警发布流程：根据设置，当监测数据达到预警值或设定状态后系统自动发布预警信息。同时，监测管理人员经过综合判断认为监测数据或监测信息的变化已经对文物或者大报恩寺遗址本体的保存造成威胁，则可以手动发布预警信息。预警信息包括预警类型、预警区域、预警时间、预警等级等。

实现有效的预警响应：针对预警信息，监测管理人员按照预警处理流程进行相关处理（图4），并将响应措施反馈回监测系统；同时，针对预警处理结果展开监测并评估处理效果。当预警信息处理完成后，关闭预警信息。

图 4 预警数据列表截图

3.5.5 数据分析

针对采集到的各类监测数据，系统可以按照参数类型、时间段、参数的平均值、参数的最大值、参数的最小值进行多角度、多展现形式的比较分析，以便直观地发现相关监测参数的变化趋势、变化规律，判断受监测对象的健康和安全状况。

基于这些数据，系统可以进行进一步的分析、评估，同时也可提供相关接口将数据分享给专业的科研单位进行科研分析。由此，为大报恩寺监测管理人员提供决策支持，以实现大报恩寺遗址的科学保护。

具体分析功能包括：

1）单项分析：仅对单一监测因素如振动进行数据分析、统计，评估现状态以及是否可能对遗址保存造成影响，如图5数据分析列表。

2）比较分析：分析遗址以及馆藏文物的整体保存状况及其变化趋势，以及变化产生的原因，从而为遗址、博物馆的调控提供依据，如图6展示本体温度与环境温度对比变化趋势。

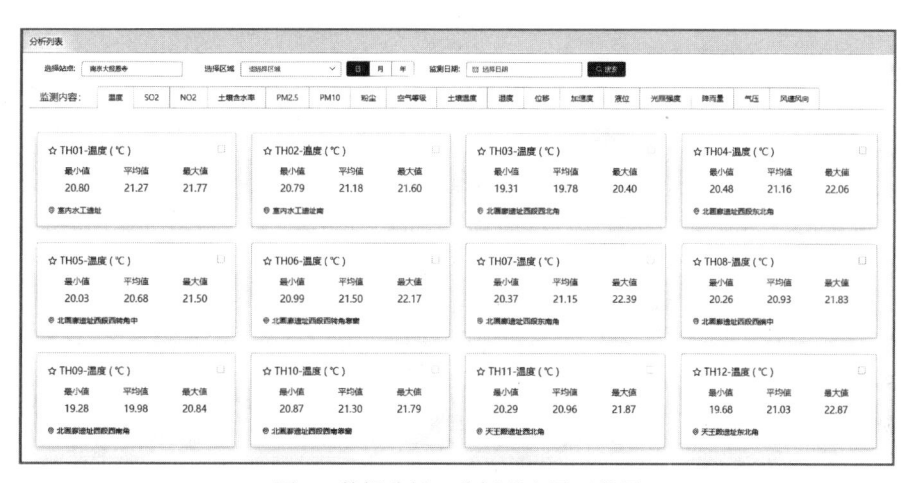

图5 数据分析—分析列表界面截图

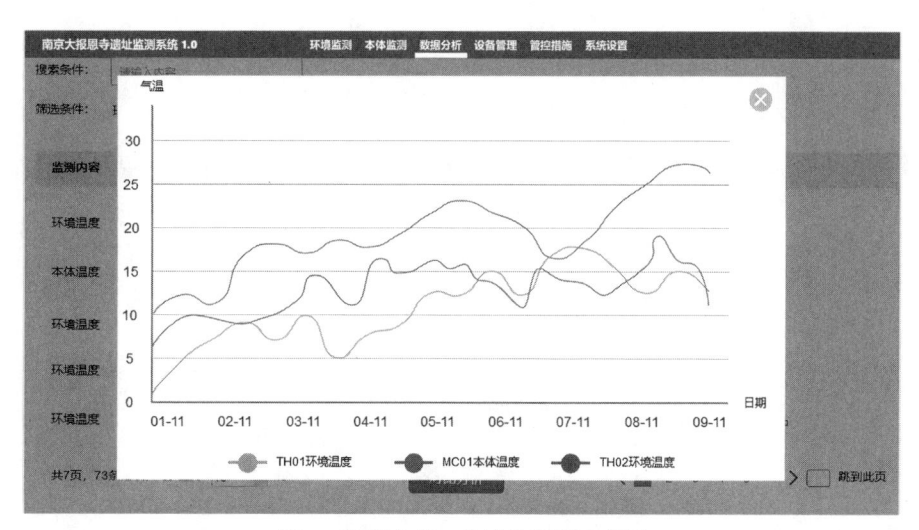

图6 数据分析—比较分析界面截图

3）监测分析报告：大报恩寺遗址预防性保护监测数据分析系统可根据对各项监测数据的对比、关联分析情况，以月、季度、年为单位，按照固定的报告格式，以内容半自动生成的方式产生监测报告。而监测管理人员可在系统自动生成的报告基础上，根据专家评估状况，进行深度编辑、补充，从而形成完整的监测报告。报告可直接上交给领导或文物局等上级主管部门，并可导出为 word 文件或者在线打印。

3.5.6 设备管理

设备管理子系统主要包括监测设备管理、监测指标管理、监测站点图形化标记等子模块。当传感采集设备损坏更换、撤销或新设备添加时，系统能够灵活处理，及时进行更新和升级（图 7）。当监测设备发生故障时，设备界面显示红色报警标志（图 8）。

图 7　设备管理界面截图

图 8　设备管理—故障界面截图

3.5.7　3D 图形化显示

针对遗址本体建立 3D 模型，并可在软件界面利用图形化标记工具进行监测点信息的添加、删除、修改等配置管理（图 9）。

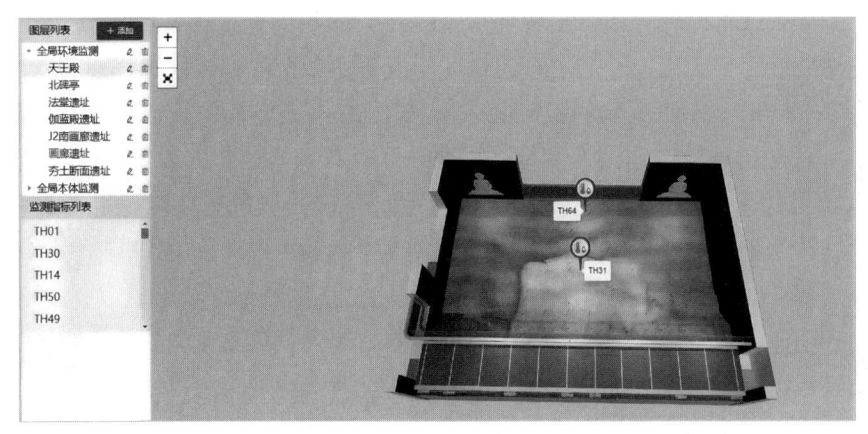

图 9　设备管理—图形化标记子界面截图

3.5.8　系统设置

系统设置子字体主要通过系统用户管理、日志管理、配置管理、备份管理、监测设备运行监管等多方面的功能，为系统运行与后期维护提供技术支持，保障系统正常运行，提升系统可靠性、扩展性（图 10）。

图 10　系统设置界面截图

4　大报恩寺遗址监测成果

大报恩寺遗址预防性保护监测系统，根据遗址的价值保存情况及风险影响因素，布设了不同类型传感器150余个（温湿度、土壤含水率、渗漏、液位、振动、微型气象站、空气质量等），搭配图像识别系统、三维扫描系统、数据采集传输系统，建立全面完整的监测数据采集体系，并将数据传输至云端数据库，通过软件实现数据的进一步清洗、分析与展示。

通过上述系统功能的设计、实现以及应用，从以下几个方面基本解决了系统建立之前大报恩寺遗址面临的相关安全隐患。①对于大报恩寺遗址本体保护存在的问题如主体材料土、砖、石的一系列病变与隐患能够进行实时有效的监测数据记录；②根据相关规范与标准，科学合理地设定预警阈值，在系统界面端，动态展示最新预警信息；③当出现异常数据时，触发预警处理提示，提示遗址管理人员进行及时处置，避免风险进一步扩大，给遗址安全带来威胁；④通过系统较为直观可视化的用户界面（UI）设计，使用人员可以随时随地了解地面以下遗址本体及周边环境的保存状态，并且通过一系列的数据分析功能，进一步研究相关点位的数据波动趋势对于遗址整体保存的影响。

以关联数据分析功能为例，系统支持对某段时间内特定监测数据与其周边环境有影响阶段的数据进行关联分析，查看整体数据变化率趋势是否稳定，并分析导致数据波动的原因，辅助工作人员判断是否需要针对数据波动采取人工干预，甚至启动应急方案，针对遗址地进行不同程度的管护。例如，将本体正常振动数据与周边有地铁建设期间或有发生台风期间数据进行关联分析，随后数据波动趋势及数据结论通过报表的形式进行实时动态的可视化展示。

为了验证监测系统的关联数据分析成效，本文专门选取2021年7月25日第6号台风"烟花"登陆后一周内系统监测数据的波动情况，查看该台风带来的大风与强降雨对于大报恩寺遗址保存情况的具体影响。

（1）台风"烟花"登陆期间大报恩寺遗址风速监测数据趋势

通过可视化折线图表的快速查询展示，可以明显评估台风期间布设在遗址本体周边的风速传感器数据产生较大波动（图11）。

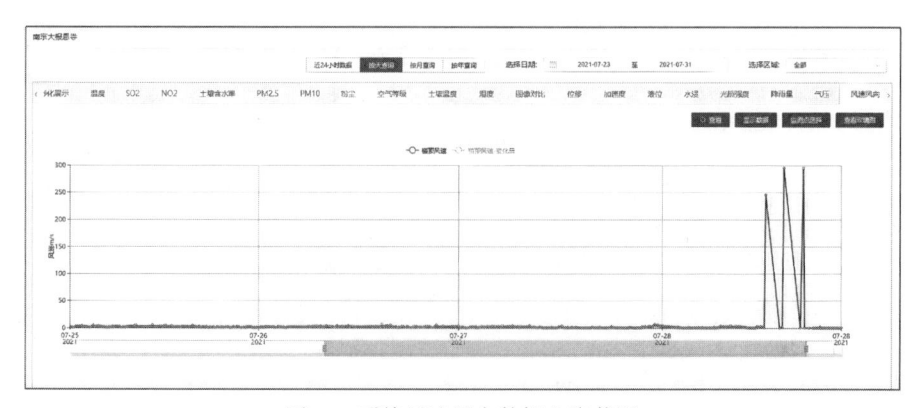

图11 系统风速风向数据查询截图

（2）台风"烟花"登陆期间大报恩寺遗址—天王殿水浸监测数据趋势

通过日历图表的快速查询展示，可以明显看到台风期间布设在遗址天王殿的水浸传感器数据状态异常（图12）。

同时，针对传感器的异常数据，系统也第一时间向管理人员的电脑端与移动端自动推送了预警信息，并通知其应在异常进一步加剧前采取干预措施对遗址地进行保护（图13）。

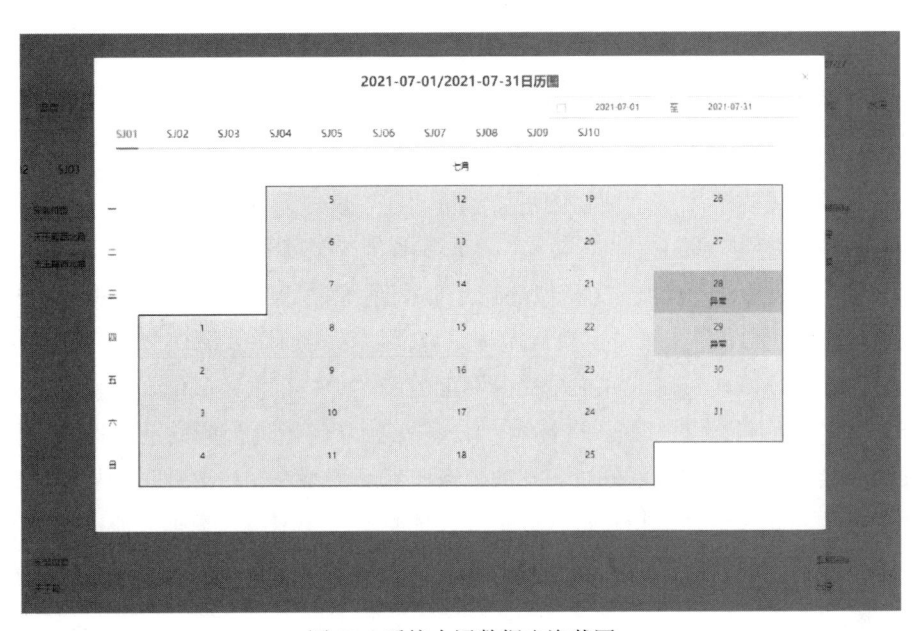

图12 系统水浸数据查询截图

图13 系统预警提示信息截图

5 结语

根据大报恩寺遗址监测预警系统的设计、建设、初步数据成果及真实用户反馈，本文认为其对古遗址预防性保护监测系统的建设可提供一定借鉴。

5.1　可持续性研究

预防性保护监测系统的建设是一项长期科研工作，应对后续数据分析工作进行持续跟踪，定期整理监测数据，不断优化监测报告深度与准确性。同时，将文物现存病害与更多环境因素进行关联性研究，根据研究成果，制定相应的对策，对管理机构日常工作提出合理的优化方案，甚至推动类似遗址类型的监测指标与预警阈值标准的建立。

5.2　增加游客管理、工作管理模块

游客对于遗址类不可移动文物的正面、负面，当前以及潜在影响均日益增大，目前游客流量监测、游客画像监测已广泛应用于诸多智慧旅游景区的信息化系统中。建议在与大报恩寺遗址公园开放情况相似的遗址监测系统设计中增加观众数据监测模块：① 首先通过技术手段统计并预控观众流量，界面展示端通过人流热力图的形式可视化呈现当前游客流量聚集程度，并根据提前测定的最大承载率设定阈值，避免由于人流聚集对于遗址地保存环境带来的不良影响；② 注重公众与遗址公园的互动体验，软件架构方面增加公众互动信息展示模块、增加公众监督反馈模块，主要针对开放型遗址公园内的保护行为和相关事件进行管理，以记录评估游客行为与反馈数据对遗址保护的双向影响。

5.3　利用数据可视化技术将优化监测数据的前端展示

对于文物风险监测与防控系统的研究，还应借鉴其他行业如智慧城市、数字驾驶舱、数字孪生系统的设计效果，努力提高监测结果展示的直观性与高效性。充分利用数据可视化技术，通过可视化图表、数据地图、仪表盘等图形化手段对核心监测指标进行整理归类、集中展示，让抽象信息具象化，清晰有效地传达海量监测信息，进一步提高监管人员对于遗产地保护工作的管理效能和决策力。

注　释

[1] 滕磊. 文物影响评估体系研究. 北京：科学出版社. 2019.
[2] 吴美萍，朱光亚. 建筑遗产的预防性保护研究初探. 建筑学报，2010（6）：37-39.
[3] 闫金强. 我国建筑遗产监测中问题与对策初探. 天津大学硕士学位论文. 2012.
[4] 李晓武，杨恒山，向南. 不可移动文物风险管理体系构建探讨. 自然与文化遗产研究，2019（7）.
[5] 国家文物局. 国家文物保护科学和技术发展"十二五"规划. 中国文物科学研究，2011（3）：6-14.
[6] 王旭东. 基于风险管理理论的莫高窟监测预警体系构建与预防性保护探索. 敦煌研究，2015（1）.

[7] 王娟, 杨娜, 杨庆山. 适用于遗产建筑的结构健康监测系统. 北京交通大学学报, 2010, 34（1）: 100-104.

[8] 汤众, 戴仕炳. 南京大报恩寺遗址保护监测设计 // 2014 年中国建筑史学会年会暨学术研讨会论文集.

[9] 新华视点. 南京大报恩寺遗址公园开放 重现千年琉璃塔. 2015 [2015-12-16]. https://www.sohu.com/a/48962760_114812.

[10] 曹福华. 建初寺与长干寺: 不得不厘清的史实. 江苏地方志, 2016（2）: 74-77.

[11] 淳庆, 潘建伍. 金陵大报恩寺地宫遗址保护技术研究. 文物保护与考古科学, 2014, 26（4）.

[12] 陈晓琳, 陈家昌, 张志国, 等. 南京大报恩寺遗址出土阿育王塔干缩变形木胎的润胀复原试验. 中原文物, 2017（4）: 117-121.

[13] 张景科, 谌文武, 和法国, 等. 南京报恩寺遗址模拟地宫开挖中及成型后的井体特征. 敦煌研究, 2010（6）: 41-45.

[14] 杨永林, 杨超, 丁吉峰, 等. TLS 技术在大福殿遗址变形监测中的应用. 兰州交通大学学报, 2019, 38（1）: 99-102.

[15] 刘亚明. 西安曲江新区景观水系水量平衡分析及水质控制研究. 西安建筑科技大学硕士学位论文. 2013.

[16] 王树峰. 大明宫国家遗址公园景观水系水量平衡分析、水质评价与模拟研究. 西安建筑科技大学硕士学位论文. 2012.

[17] 郭宏. 文物保存环境概论. 北京: 科学出版社. 2001.

[18] 李秋英, 周俊召, 夏国芳, 等. 土遗址综合监测技术及其应用. 工程勘察, 2013, 41（11）: 63-66.

[19] 石玉成, 王旭东, 郭青林, 等. 长城土遗址车辆振动效应测试分析. 地震工程学报, 2011, 33（S1）: 386-392.

[20] 淳庆, 潘建伍. 金陵大报恩寺御碑遗址结构性能及保护技术研究. 文物保护与考古科学, 2015, 27（1）: 1-6.

Logistic 预测模型在遗址勘探和保护中的应用
——以辽西红山文化分布区为例

曲宇蒙[*]

摘要：考古学遗存空间位置的分析、展示和预测对于考古学研究和文化遗产保护都具有重要意义。与地理信息系统相结合的预测建模方法的有效性已经得到了长期实践，具有发展潜力。本文在梳理国内外空间预测建模研究应用的基础上，使用 Logistic 回归预测模型，结合我国东北地区重要的史前考古学文化遗存——红山文化的考古学调查资料，对红山文化遗存的主要分布区域进行了预测，并评估了需要进一步展开考古发掘和调查的地区。本文为 Logistic 建模方法在考古学科中的发展、评估和应用提供了可供参考的案例，也为空间预测建模与考古学研究和文化遗产保护相结合的交叉领域带来启发。

关键词：Logistic 回归模型；考古；遗址预测；红山文化

1 引言

考古学遗存的空间位置，也就是古代先民活动的地理区域，体现了人与环境的互动。史前人群改造自然的能力有限，其生存空间的选择更多地依赖自然资源，是利用当地环境、规避自然灾害的生存策略的结果。环境考古学主张用生态环境因素来探究、解释社会文化变迁，促进了地理学与考古学交叉领域的发展。结合自然地理要素的文化遗存的空间分析和预测即是建立在人类活动与自然环境互动关系的探索之上，环境作为基础的要素，来分析和推断先民的分布区域和生存策略。随着新的考古调查和发掘不断进行，考古学家需要不断确定新的遗迹范围，并对已有的古代遗存进行展示和保护。因此，遗存空间位置的预测对于考古新材料的发现和已有文化遗址保护都具有重要价值。近年来，依托地理信息技术的空间建模已经成为环境考古学研究的热门领域[1]。空间预测建模方法自兴起以来，已经在资源探查与保护、自然灾害防治、城市规划与土地利用等诸多领域广泛应用。由此衍生的考古遗址预测建模作为一种有效工具，有助于评估

---

[*] 曲宇蒙：中国人民大学历史学院，北京，邮编100872。

考古遗址出现在不同地理位置的可能性[2]，从而更好地进行考古学调查发掘以及文化遗产的保护[3]。

随着计算能力的快速增强和建模方法的改进，空间预测建模已经衍生出相当多新的算法，并不断得到实践。其中包括权重[4]及其改进方法[5]、贝叶斯方法[6]、专家系统[7]、模糊逻辑[8]、机器学习算法[9]、神经网络[10]、图形分析[11]、最大熵[12]等。其中，运用最早、目前最为成熟的是方法是Logistic回归预测模型。自20世纪80年代以来，科瓦姆作为较早进行遗址空间预测建模的学者，基于人类的行为是参考环境信息进行选择而非随机的基本原理，尝试使用坡度、坡向、地形、遮蔽、水源等变量，使用Logistic回归方法，结合地理信息系统的呈现，预估了皮农峡谷人类活动遗址点的空间位置。[13]此后，沃汉根[14]、沃恩、克劳福德[15]、格雷福斯[16]等学者都对考古学中应用环境变量进行空间预测的理论和应用进行了综合阐述，提供了更多Logistic回归应用于遗址位置预测的案例。除了提供预测位置之外，很多学者还进一步从定居模式、农业、人口等视角进一步探讨史前人地关系。例如卡尔利用预测的意大利阿尔卑斯山遗址的位置，结合人类学和民族考古学证据，分析了季节性高地牧区的定居模式。[17]道施欧在着重考虑农业和定居之间关系的基础上，利用环境和农业因素，进一步分析了遗址分布与史前人口之间的关系等。[18]近年来也有新的呼声指出，Logistic回归方法虽然更常用，但和更新的最大熵方法相比，也有自身的局限，后者具有更大的拓展空间[19]。尽管如此，两个模型都是有效的，本文仍然使用成熟的Logistic回归方法。

2 研究方法

Logistic预测模型的基本假设是，古代遗址的位置不是随机的，而是反映了人类的选择，并受到自然环境的影响。另一个前提是，尽管存在可以证实的微小变化（可以忽略），古代遗址的环境变量仍然存在于现代环境中。因此，遗址时期的环境变量可以使用现代地图、卫星图像和其他地理来源进行测量。目前，这两个前提已经得到了很多研究的普遍接受。空间预测模型的基本原理是，通过已知考古学遗迹或遗物的空间分布位置，建立与环境因子之间的数学关系，并将其投射到所有的空间分布位置上，形成连续的空间概率分布，并表示为概率高值和低值的彩色图像。

Logistic回归的概率模型适用于因变量为二分类（是/否）的情况，用0到1之间的概率值来表示"事件发生"（例如考古遗址出现）的概率。环境因子被定义为自变量，Logistic模型构建自变量和因变量之间的关系，并计算因变量在地图上所有点的概率值。原则上，计算Logistic回归需要有"是"和"否"数据。在大多数情况下，我们可以知道哪些地方确实存在考古遗址，然而我们不能确定没有发现遗址的地方就没有遗址。但是，由于遗址是空间中罕见的"事件"，绝大多数存在考古遗址的区域通常不到该区域总面积的1%，即使我们选择随机点，几乎所有的点都会落在一个"否"位置上。另外，相比于一般的考古调查数据集，区域系统调查所得的考古学数据由于是通过全覆盖的地表拉网式搜查获得的，所以在没有遗物标记的区域，我们更有信心认为其为"否"。

早期人群的生存严重依赖自然资源，最重要的是食物、水源和地形。食物主要来自动植物资源，取决于以地表植被为基础的生态系统。水源由与河流的距离代表，地形则包含坡度、坡向、海拔等因素。如果环境因子和因变量满足近似线性关系，特征参数用来描述因子影响力，就可以构建 Logistic 回归模型。遗迹遗物的空间分布可以进行二值化处理，即将分布区赋值为 1，空白区赋值为 0，形成二值化空间分布图。将二值化空间分布按 50 米栅格大小提取成等量点，作为建模的样本点。然后，选取环境因子栅格图在研究区内进行叠加，将环境因子值提取至样本点，就构成了具有多个属性的样本数据集，用于建模。模型建立起多个因子与概率值之间关系的方程，可以根据该方程预测没有经过调查区域的概率值，最后通过对预测概率值进行插值运算，可以获得整个研究区概率空间分布图。

3 研究区域和数据处理

3.1 研究区域地理和生态背景

红山文化分布的主要区域处于内蒙古高原和松辽平原的过渡地带，西北高，东南低。研究区域地形复杂多变，西侧有七老图山，北侧接大兴安岭南缘，东侧连接辽东平原，中部低山丘陵丛生，山地河谷相间。本文的研究区域以凌源和建平交界处的牛河梁调查区为中心，范围南至青龙河上游，北至大兴安岭南缘，西至七老图山，东至大凌河中游，整体范围位于北纬 39°～43°，东经 118°～121°，主要包括辽宁朝阳市建平县、凌源市、喀喇沁左翼蒙古自治县、朝阳县、北票市；内蒙古赤峰市翁牛特旗、松山区、红山区、元宝山区、喀喇沁旗、宁城县；河北承德市平泉市、承德县、宽城满族自治县，面积约 53408 平方千米。研究区主体处于半干旱季风气候区，夏季湿热多雨，冬季严寒少雪。年平均气温 6.5℃，年均降雨量 300～400 mm。

3.2 考古数据集

该区史前文化序列比较清晰，经历了小河西文化（早于 8500 B.P.）、兴隆洼文化（8400～7000 B.P.）、赵宝沟文化（7200～6400 B.P.）、红山文化（6500～5000 B.P.）、小河沿文化（5000～4000 B.P.）以及青铜时代的夏家店下层文化（4000～3000 B.P.）和夏家店上层文化（3000～2500 B.P.）等发展阶段。红山文化时期，遗址数量大量增多，考古学文化进入繁荣时期。本文选择的考古数据来源于三个部分：一类是区域系统考古调查获得的遗物密集区数据，精确程度较高；二类是经过发掘记录的遗址点，以坐标点的形式呈现；三类是调查获得的遗址点，主要是凌源市、建平县的调查数据。

3.2.1 中美联合考古队红山文化区域系统考古调查数据

区域系统调查采取了比较标准的全覆盖式、徒步踏查的调查方法，地表上陶片散落的范围被确认为古人活动的区域。调查人员在打印出的卫星地图上勾勒出所有采集单位的界限，最终在 AutoCAD 中描绘为矢量。[20] 中美联合考古队在 2014 年对牛河梁遗址附近进行的调查总面积为 42.5 平方千米[21]；在 1999~2001 年，先后对赤峰地区的锡伯河、半支箭河及阴河流域进行了数次区域性考古调查，调查总面积约 765.4 平方千米[22]；在 2009 年对喀左大凌河上游进行的调查面积约为 200 平方千米[23]。中美联合考古队的调查数据是从匹兹堡大学比较考古研究中心网站（http://www.cadb.pitt.edu/）上下载，通过 ArcGIS 生成矢量文件，经过重投影工具转换为阿尔伯斯（Albers）等积投影（图 1）。

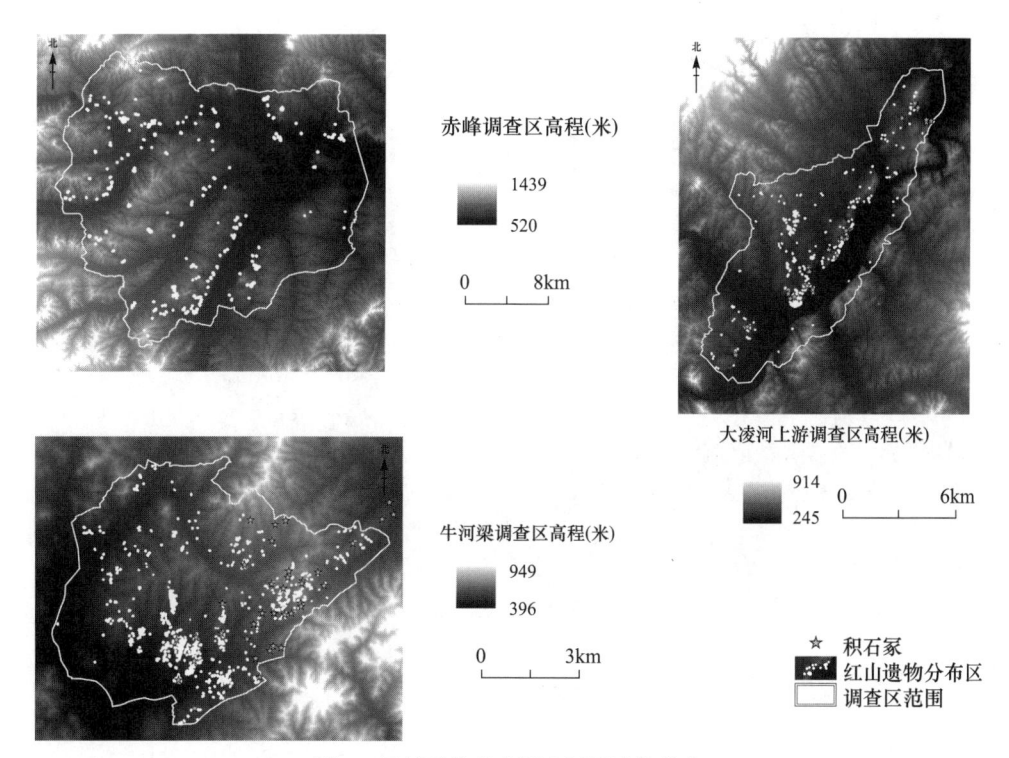

图 1　区域系统考古调查区及遗物分布

3.2.2 其他数据来源

2017 年开始，辽宁省文物考古研究院联合朝阳市文物考古研究所、喀左县博物馆、建平县博物馆、凌源市博物馆，组成联合调查队，对朝阳市的红山文化遗址进行了全面考古调查。2017年完成了建平县南部地区调查，2018年完成了建平县北部地区和凌源市北部地区调查，2019年完成了凌源南部地区调查。调查共发现遗址点409处。源文件为坐标数据集，通过ArcGIS生成矢量文件。吉林大学王向在其硕士论文《GIS辅助下的红山文化研究》中，对辽宁省和内蒙古自治区境内的红山文化遗址点进行了整理，主要遗址点数据来自《中国文物地图集·内蒙古自治区分册》和《中国文物地图集·辽宁分册》，其他数据来源还包括公开发表的考古调查数据、发掘报告等，将其整理成红山文化遗址点数据集，以矢量点的形式记录。以上数据均通过重投影工具转换为阿尔伯斯等积投影并对数据进行赋值运算，有遗物分布的区域赋值为1，没有的区域赋值为0，得到遗址和遗物分布位置的二值化空间分布（图2）。

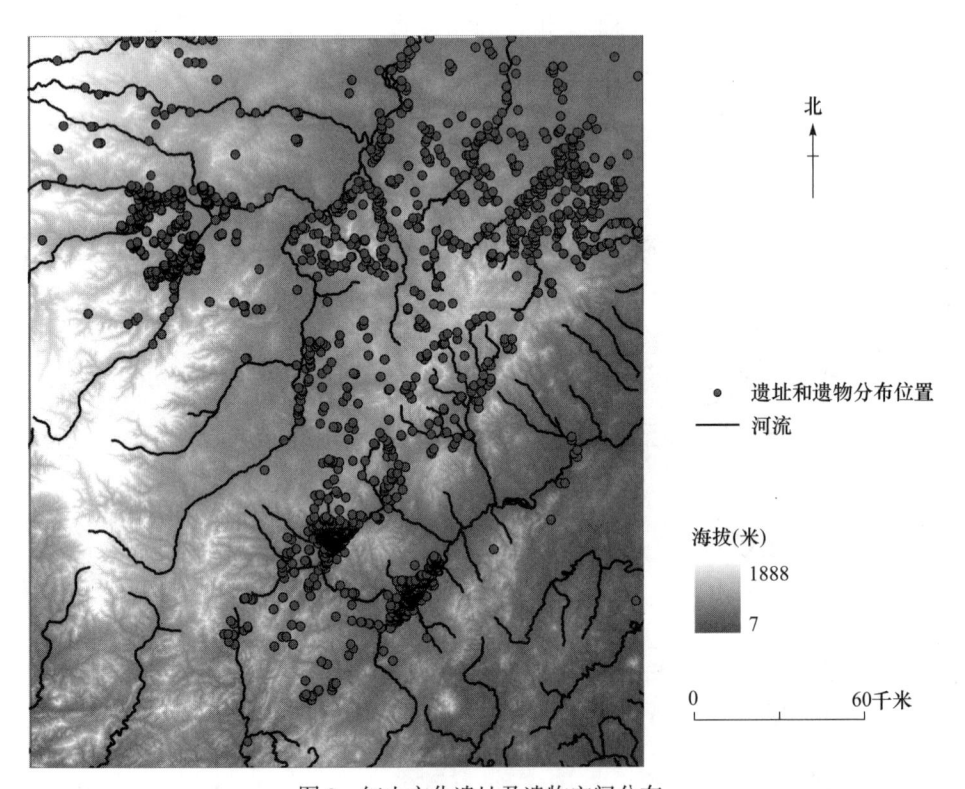

图2 红山文化遗址及遗物空间分布

3.3 环境变量数据来源及处理

3.3.1 因子评价

本文中用于预测的环境因子参考了文献中影响人类选址的因素[24]，这些变量包括：

（1）环境承载力

人口承载的上限取决于环境承载力，在适宜人类生存的环境下，环境承载力与人类基本生产活动空间分布有相关性。植被净初级生产力（NPP）是绿色植物呼吸后所剩下的单位面积单位时间内所生产的有机物质，是植物光合作用有机物质的净创造，是评估生态系统承载能力的重要指标。

（2）植被

早期人类所需要的主要植物性食物和有机生产生活资料来源于植被，狩猎的主要动物的食物也来源于植被，因此增强型植被指数（EVI）也是影响人类活动区域的重要因子之一。

（3）土壤

土壤的理化性质除了影响植物的繁育之外，自身对人类活动也有承载作用，不同类型的土壤适合不同性质的活动。

（4）坡度

人类活动对地面的倾斜较为敏感，因此坡度是人群居住的重要因素。

（5）坡向

向阳坡日照充足，较为温暖。背阴坡光照不足，气温偏低。坡向选择与人群活动偏好相关。

（6）水源

早期人群居址的选择与水源的关系较为密切，为了高效利用地表径流，必须与河流保持适宜的距离，既能避免洪水侵袭，又能快速汲水。红山文化时期的气候比现在更加暖湿，从侵蚀地形的分布情况来看，河流数量多，冲刷作用强烈。根据表面高程模型提取的河流代表了侵蚀状态下水流的方向，可以更好地模拟红山文化时期地表的河流状况。

通过观察发现，不论海拔高低的区域都有红山遗迹遗物的分布，因此，海拔高度不作为建模的影响因子。

3.3.2 因子选取

根据研究区域内的实际情况并综合考虑数据的可得性、准确性和科学性，选取植被净初级生产力（$X1$）、增强型植被指数（EVI）（$X2$）、坡向（$X3$）、坡度（$X4$）、土壤碎屑物（$X5$）、土壤有机碳（$X6$）、距离河网欧氏距离（$X7$）共7个因子作为建模因子（表1）。

3.3.3 因子数据的处理

为了选择更加适合数据分布的模型，需要对数据集进行统计和观察。根据1值样本数据因子数值的概率分布，对各环境因子进行重分类（表2）。各因子图层数据来源、格式、坐标等不同，为满足建模需要并保证数据精度，统一选用Albers等积投影并采用50米像元大小。

表 1 因子数据及其来源

因子类别		数据精度	数据介绍	数据来源
环境承载	植被净初级生产力（NPP）	500米栅格	来自美国数字地球动态模拟研究组（NTSG）的2000-2015年的MOD17A3HGF全球NPP数据，该数据参考BIOME-BGC模型与光能利用率模型建立的估算模型模拟得到陆地生态系统年NPP，已在全球和区域碳循环研究中得到了广泛应用。本数据时间范围为2015年	http://www.ntsg.umt.edu
植被	增强型植被指数（EVI）	250米栅格	MODIS-EVI数据集来源于美国国家航空航天局（NASA）的中分辨率呈像光谱仪（MODIS）陆地产品数据：全球250米分辨率合成的植被指数MOD13Q1的16天合成产品，数据编号为h25v04，h26v04, h26v05, h27v04, h27v05, h28v05。本数据的时间范围为2015年7月	https://ladsweb.modaps.eosdis.nasa.gov/search/order
地形	坡向	30米栅格	根据全球12.5米分辨率地表高程模型，使用ArcGIS环境计算得出	https://search.asf.alaska.edu/
	坡度	30米栅格		
土壤	土壤粗碎屑	250米栅格	全球数字土壤测绘系统SoilGrids绘制的全球土壤特性的空间分布图。该数据使用WoSIS数据库中超过23万个土壤剖面观测值，结合气候、土地覆盖和地形等400余个环境层拟合了SoilGrids预测模型	https://www.soilgrids.org/
	土壤有机碳	250米栅格	SoilGrid模型的输出可选不同的深度间隔，其空间分辨率为250米。模型精度超过90%。本组数据选取的空间深度为30~60厘米（可选），符合牛河梁地区红山文化地层的空间深度。根据统计，绝大多数积石遗迹的埋藏深度都在30~60厘米之间	
水源	河流距离	30米栅格	根据全球12.5米分辨率地表高程模型，使用ArcGIS环境计算得出	https://search.asf.alaska.edu/

表 2 环境因子重分类

变量	单位	1	2	3	4	5	6	7	8
NPP	gC/(m^3·a)	606-796	0-103	482-606	423-482	103-242	367-423	311-367	242-311
%		1	1.1	1.4	5.8	11.1	14.6	25.2	40.6
EVI	/	-0.1-0	0.51-0.71	0.44-0.51	0.38-0.44	0.33-0.38	0.28-0.33	0-0.23	0.23-0.28
%		0.2	0.6	3.3	6.1	9.6	20.3	29.2	30.8
坡向	°	0-4	4-9	9-15	15-19	19-24	24-30	30-38	38-79
%		13.3	13.5	14.5	13.4	13.6	10.3	10.6	10.8
坡度	°	-1-31	31-76	76-121	121-167	167-212	212-257	257-305	305-359

续表

变量	单位	1	2	3	4	5	6	7	8
%		36.1	28.1	17.7	9.2	4.8	2.6	1.2	0.3
土壤粗碎屑	cm^3/dm^3	266-332	0-152	152-175	247-266	175-194	231-247	194-213	213-231
%		2.1	2.7	5.3	8.6	12.3	19.5	24.2	25.3
土壤有机碳	dg/kg	263-483	169-263	130-169	104-130	84-104	0-56	69-84	56-69
%		0	0.1	1	2.6	9.5	14.2	27.6	45
水源距离	m	1188-2376	975-1188	798-975	631-798	464-631	0-130	130-297	297-464
%		1.2	4.9	8.1	12.8	17	17.4	19.1	19.6

3.3.4 建立 Logistic 回归模型

Logistic 模型适用于二分类或多分类因变量，自变量可为定性或定量数据。当因变量为二分类时，目标概率在 0~1 之间，表达式为：

$$P = \frac{e^{a+\sum_{i=1}^{m}\beta_i x_i}}{1+e^{a+\sum_{i=1}^{m}\beta_i x_i}}$$

上式中，P 为事件发生的概率，x_i 为自变量，β_i 是解释变量的系数，a 为常数项。遗址空间分布概率处于 0~1 之间。

（1）模型样本采样

利用 ArcGIS 对遗迹分布二值图随机抽取等量遗迹点和非遗迹点共 15114 个，再将全部样本随机分为训练数据集（80%：12091 个）和验证数据集（20%：3023 个），分别用于建模和模型验证。从训练数据中提取环境因子的属性值并导入社会科学统计软件包（SPSS），采用进入法（Enter 法）处理后的结果显示并无缺失和未选定样本。

（2）多重共线性诊断

多重共线性指变量间存在高度相关性而使模型估计失真，常用方差膨胀因子（VIF）预先进行判断，VIF<5 则无共线性，VIF>10 则存在严重共线性，需筛选变量。诊断结果显示，7 个变量的 VIF 值均小于 5，不存在多重共线性。

（3）模型参数估计

以遗迹分布为因变量，7 个环境因子为自变量，采用进入法（Enter 法），置信区间 95%，进行 Logistic 回归分析，0.05 显著性下各影响因子的显著性均小于 0.05，通过沃尔德检验，各因子系数见表 3。

表3　方程中的变量

模型变量	系数β	标准误差S.E.	Wald	自由度df	显著性Sig.	Exp（β）
NPP（X1）	0.432	0.061	49.7	1	0	1.54
EVI（X2）	−0.319	0.053	36.588	1	0	0.727
坡向（X3）	−0.029	0.01	9.43	1	0.002	0.971
坡度（X4）	−0.194	0.015	169.049	1	0	0.824
土壤粗碎屑（X5）	1.519	0.044	1189.39	1	0	4.566
土壤有机碳（X6）	2.134	0.119	115.067	1	0	8.451
河网距离（X7）	0.143	0.023	39.954	1	0	1.154
常量	−13.661	0.815	280.998	1	0	0

度量自变量对因变量影响程度的优势比 Exp（β）大于 1 时为影响较大，NPP、土壤粗碎屑、土壤有机碳、河网距离的 Exp（β）值均大于 1，其中，土壤粗碎屑和土壤有机碳的 Exp（β）值分别为 4.566 和 8.451，影响最大。EVI、坡向和坡度三个因子的 Exp（β）分别为 0.727、0.971 和 0.824，影响比较微弱。得到 Logistic 回归模型如下：

$$P = \frac{e^{(-13.661+0.432X_1-0.319X_2-0.029X_3-0.194X_4+1.519X_5+2.134X_6+0.143X_7)}}{1+e^{(-13.661+0.432X_1-0.319X_2-0.029X_3-0.194X_4+1.519X_5+2.134X_6+0.143X_7)}}$$

（4）ROC 曲线分析

ROC 是以 1−特异性和敏感度为横纵坐标绘制的曲线，AUC 为曲线下的面积，用于衡量二分类模型的优劣，取值 0.5~1，越接近 1 拟合效果越好，通常大于 0.7 时结果较准确。以选址概率为检验变量、是否发生（0/1）为状态变量进行 ROC 分析，得到 AUC 为 0.740，说明模型拟合结果较为准确（图 3）。

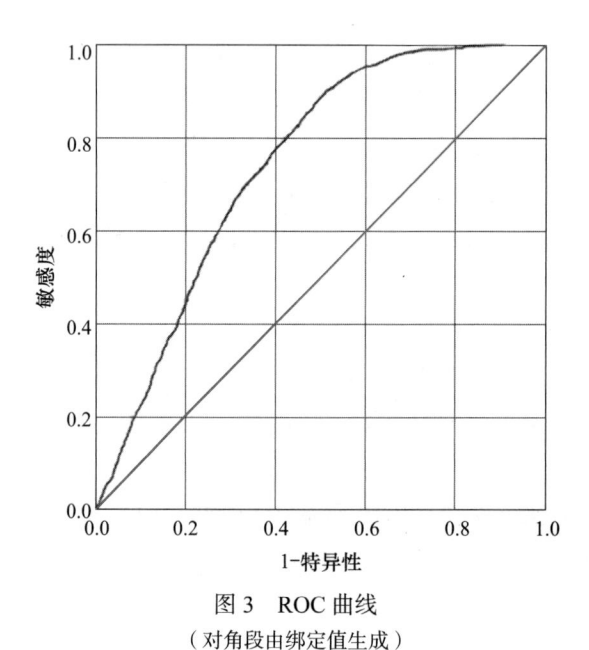

图3　ROC 曲线
（对角段由绑定值生成）

(5)模型检验

为进一步验证模型的准确性，由所建模型计算出验证数据集中分布的点所对应的概率，分为四级划分标准：极高（$P>0.7$）、高（$0.5<P\leqslant0.7$）、低（$0.3<P\leqslant0.5$）和极低（$P\leqslant0.3$）。统计1495个1值验证数据落入各等级的百分比，并据此验证模型的精度。统计显示（表4），验证数据集中约81%落入极高、高的等级中，落入高内的点最多，占55%，落入低和极低内的点仅占19%，证明了模型较好的拟合能力。

表4 验证数据集落入不同概率等级的数量和比例

概率等级	极高（$P>0.7$）	高（$0.5<P\leqslant0.7$）	低（$0.3<P\leqslant0.5$）	极低（$P\leqslant0.3$）
遗址点数量	386	832	220	57
百分比	26%	55%	15%	4%

4 模型结果

为了获取整个研究区的插值概率图像，对研究区创建500m×500m渔网，获取渔网中心点。基于所建Logistic模型，计算渔网中心点数据集中各样本点的概率，经反距离权重（IDW）插值，得到研究区概率的空间连续分布（图4）。

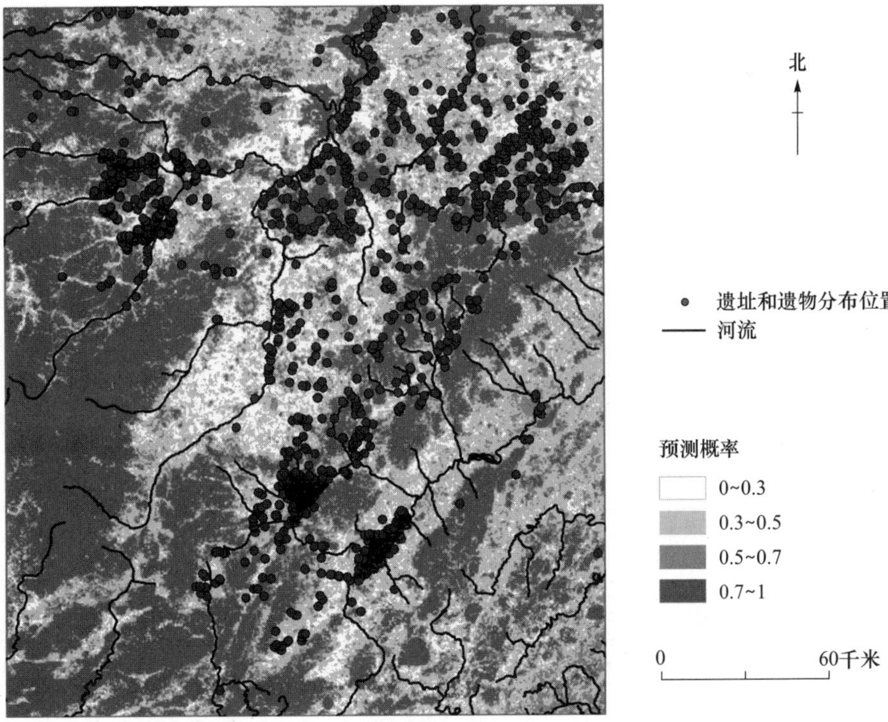

图4 红山遗址概率分布及空间区划

为进一步量化红山文化遗址的分布区域，为下一步调查和研究的区域做出规划和预测，统计各区县不同概率的面积并展示密集分布的区域（表5）。

表5 各个概率分类的预测面积及其占比

市	区县	极低面积	低面积	高面积	极高面积	研究总面积	极高占比	高占比	综合占比
秦皇岛市	青龙满族自治县	0.11	0.00	0.00	0.00	0.11	0.00%	0.00%	0.00%
承德市	承德县	1199.66	230.52	247.30	94.25	1771.70	5.32%	13.96%	19.28%
承德市	兴隆县	2.99	0.00	0.00	0.00	2.99	0.00%	0.00%	0.00%
承德市	隆化县	167.95	1.25	0.25	0.00	169.46	0.00%	0.15%	0.15%
承德市	宽城满族自治县	441.95	137.28	147.68	39.43	766.32	5.15%	19.27%	24.42%
承德市	围场满族蒙古族自治县	178.76	50.11	72.44	34.27	335.64	10.21%	21.58%	31.79%
承德市	平泉市	2077.66	506.95	552.39	157.85	3294.99	4.79%	16.76%	21.56%
赤峰市	红山区	81.75	119.78	175.10	112.01	488.63	22.92%	35.84%	58.76%
赤峰市	元宝山区	252.99	156.77	268.78	198.31	876.85	22.62%	30.65%	53.27%
赤峰市	松山区	2177.19	881.59	971.70	671.69	4702.11	14.28%	20.67%	34.95%
赤峰市	克什克腾旗	2.81	1.72	1.34	0.00	5.74	0.00%	23.32%	23.32%
赤峰市	翁牛特旗	1386.23	703.29	1227.85	340.18	3655.11	9.31%	33.59%	42.90%
赤峰市	喀喇沁旗	1973.51	405.78	390.85	305.21	3075.30	9.92%	12.71%	22.63%
赤峰市	宁城县	1982.99	419.21	1084.10	823.80	4310.05	19.11%	25.15%	44.27%
赤峰市	敖汉旗	2142.78	1122.58	2820.50	1418.09	7503.42	18.90%	37.59%	56.49%
通辽市	奈曼旗	171.74	133.17	372.11	252.67	930.29	27.16%	40.00%	67.16%
锦州市	凌海市	2.11	3.11	6.67	1.36	13.52	10.02%	49.30%	59.32%
朝阳市	双塔区	36.21	79.12	81.07	13.12	209.46	6.26%	38.70%	44.97%
朝阳市	龙城区	27.16	87.40	193.47	40.11	348.17	11.52%	55.57%	67.09%
朝阳市	朝阳县	1249.13	868.57	1645.03	448.19	4211.23	10.64%	39.06%	49.71%
朝阳市	建平县	1249.13	788.53	1684.90	1151.61	4874.08	23.63%	34.57%	58.20%
朝阳市	喀喇沁左翼蒙古族自治县	522.67	339.35	906.64	462.55	2231.19	20.73%	40.63%	61.37%
朝阳市	北票市	484.69	356.10	838.92	256.02	1937.59	13.21%	43.30%	56.51%
朝阳市	凌源市	1442.17	572.59	921.90	335.40	3272.00	10.25%	28.18%	38.43%
葫芦岛市	连山区	223.55	235.54	328.80	107.42	895.96	11.99%	36.70%	48.69%
葫芦岛市	南票区	133.86	98.27	132.43	34.75	399.69	8.69%	33.13%	41.83%
葫芦岛市	绥中县	0.00	0.00	0.14	0.02	0.16	0.12%	0.88%	1.00%
葫芦岛市	建昌县	785.73	397.92	729.69	331.54	2244.89	14.77%	32.50%	47.27%
葫芦岛市	兴城市	108.40	303.30	388.50	80.86	881.40	9.17%	44.08%	53.25%

统计显示，极高概率和高概率综合占比最大的是通辽市奈曼旗，朝阳市龙城区、喀喇沁左翼蒙古族自治县；其次是锦州市凌海市，赤峰市红山区，朝阳市建平县、北票市，赤峰市敖汉旗、元宝山区，葫芦岛市兴城市。其中，赤峰市和朝阳市中部分地区已进行过大量调查，预测结果与已有调查结果的密集情况相符，应着重保护。奈曼旗、龙城区、凌海市、北票市、兴城市尚未进行充分的调查和发掘，在以后的调查中需要进一步加强。另外，赤峰市翁牛特旗、宁城县，朝阳市双塔区、朝阳县，葫芦岛市连山区、南票区、建昌县占比也较高，在未来的遗址勘探中也应当多加注意。综合占比最低的是秦皇岛市青龙满族自治县，承德市兴隆县、隆化县，葫芦岛市绥中县等，因为其生态环境与已有样本差异较大，可能鲜少有红山居民活动，可不作为重点保护区域。

5 结论

基于红山文化核心区区域系统考古调查，以及已有的红山文化调查和发掘数据所构建的 Logistic 回归预测模型，在显著性水平 0.05 时通过模型系数检验，AUC 为 0.740，约 81% 的检验数据落入极高概率和高概率等级，低概率和极低概率内的数据仅占 19%，模型拟合能力良好。植被净初级生产力（NPP）、土壤粗碎屑、土壤有机碳、河网距离对人群活动的影响比较大，增强型植被指数（EVI）、坡向和坡度三个因子对人群活动影响比较微弱。

通辽市奈曼旗，朝阳市龙城区、喀喇沁左翼蒙古族自治县、建平县、北票市，赤峰市红山区、元宝山区、敖汉旗，锦州市凌海市，葫芦岛市兴城市等地人群活动极高概率和高概率综合占比大于 50%，属于红山文化人群重点分布区域。赤峰市翁牛特旗、宁城县，朝阳市双塔区、朝阳县，葫芦岛市连山区、南票区、建昌县等高概率占比也较高，有待进一步考古学调查的确认，在遗迹保护中应着重注意。秦皇岛市青龙满族自治县，承德市兴隆县、隆化县，葫芦岛市绥中县，红山文化先民分布的概率较低，可不作为重点保护区域。

目前，由中国社会科学院考古研究所牵头，国家文物局立项的"考古中国"重大项目——"红山文化社会文明化进程研究"正在开展，将联合辽宁省文物考古研究院、内蒙古自治区文物考古研究院、河北省文物考古研究院三省考古文物部门，重启对红山文化社会复杂化进程研究。作为长期项目的基础工作就是重新开展全覆盖的红山文化考古学调查，了解遗址数量和分布状况，建立完善地理信息系统的数据存储和展示，为进一步发掘准备参考资料，作前期准备。本文通过借鉴空间预测建模的经验，对红山文化人群活动的主要区域进行了预测，并评估了研究区范围内需要进一步展开考古调查和发掘的区域。本文提供的案例不仅为"考古中国"项目的调查工作方案提供了必要的借鉴，也为空间预测建模方法在考古学科中的应用提供了新的可能。随着预测方法的不断进步，或可在考古学研究和文化遗产保护相结合的领域起到抛砖引玉之作用。

注　释

[1] Wheatley D, Gillings M. Spatial technology and archaeology: the archaeological applications of GIS (2005 edition). New York: Taylor&Frances, 2013: 2-3.

[2] Altschul J H. Quantifying the Present and Predicting the Past: Theory, Method, and Application of Archaeological Predictive Modeling. Colorado: US Department of the Interior, Bureau of Land Management, 1988: 19-21.

[3] Verhagen P, Kamermans H, Leusen M, et al. The future of archaeological predictive modelling. Archaeological Prediction and Risk Management. Alternatives to current practice. The Netherlands: Leiden University Press, 2009: 19-25.

[4] Brandt R, Groenewoudt B J, Kvamme K L. An experiment in archaeological site location: modeling in the Netherlands using GIS techniques. World Archaeology, 1992, 24(2): 268-282.

[5] Verhagen P, Kamermans H, Van Leusen M, et al. New developments in archaeological predictive modelling// The cultural landscape and heritage paradox: protection and development of the Dutch archaeological-historical landscape and its European dimension. Amsterdam: Amsterdam University Press, 2010: 431-444.

[6] Millard A R. What can Bayesian statistics do for archaeological predictive modelling?// Predictive modelling for archaeological heritage management: a research agenda. Amersfoort: Nederlandse Archeologische Rapporten, 2005: 169-182.

[7] Canning S. 'BELIEF' in the past: Dempster-Shafer theory, GIS and archaeological predictive modelling. Australian Archaeology, 2005, 60(1): 6-15.

[8] Mink P B, Ripy J, Bailey K, et al. Predictive archaeological modeling using GIS-based fuzzy set estimation: case study of Woodford County, Kentucky. Lexington: University of Kentucky UKnowledge, 2009: 7-15.

[9] Oonk S, Spijker J. A supervised machine-learning approach towards geochemical predictive modelling in archaeology. Journal of archaeological science, 2015, 59: 80-88.

[10] Kirk S D, Thompson A E, Lippitt C D. Predictive modeling for site detection using remotely sensed phenological data. Advances in Archaeological Practice, 2016, 4(1): 87-101.

[11] Mertel A, Ondrejka P, Šabatová K. Spatial predictive modeling of prehistoric sites in the Bohemian-Moravian Highlands based on graph similarity analysis. Open Geosciences, 2018, 10(1): 261-274.

[12] Wachtel I, Zidon R, Garti S, et al. Predictive modeling for archaeological site locations: Comparing logistic regression and maximal entropy in north Israel and north-east China. Journal of Archaeological Science, 2018, 92: 28-36.

[13] Kvamme K L. A predictive site location model on the High Plains: An example with an independent test. Plains Anthropologist, 1992, 37(138): 19-40.

[14] Verhagen P. Testing archaeological predictive models: a rough guide// Layers of Perception. Proceedings of the 35th International Conference on Computer Applications and Quantitative Methods in Archaeology (CAA), 2008: 285-291.

[15] Vaughn S, Crawford T. A predictive model of archaeological potential: An example from northwestern Belize. Applied Geography, 2009, 29(4): 542−555.

[16] Graves D. The use of predictive modelling to target Neolithic settlement and occupation activity in mainland Scotland. Journal of Archaeological Science, 2011, 38(3): 633−656.

[17] Carrer F. An ethnoarchaeological inductive model for predicting archaeological site location: A case-study of pastoral settlement patterns in the Val di Fiemme and Val di Sole (Trentino, Italian Alps). Journal of Anthropological Archaeology, 2013, 32(1): 54−62.

[18] Dorshow W B. Modeling agricultural potential in Chaco Canyon during the Bonito phase: A predictive geospatial approach. Journal of Archaeological Science, 2012, 39(7): 2098−2115.

[19] Wachtel I, Zidon R, Garti S, et al. Predictive modeling for archaeological site locations: Comparing logistic regression and maximal entropy in north Israel and north-east China. Journal of Archaeological Science, 2018, 92: 28−36.

[20] 柯睿思, 吕学明, 周南, 等. 大凌河上游流域红山文化区域性社会组织. 匹兹堡: 匹兹堡大学比较考古学中心, 沈阳: 辽宁省考古文物研究所. 2014: 28−30.

[21] 辽宁省文物考古研究所, 中国人民大学历史学院. 2014年牛河梁遗址系统性区域考古调查研究. 华夏考古, 2015（3）: 3−8, 62.

[22] 中美赤峰联合考古队. 内蒙古赤峰地区区域性考古调查阶段性报告（1999~2001）// 边疆考古研究（第1辑）. 北京: 科学出版社. 2002: 357−368.

[23] 辽宁省文物考古研究所, 美国匹兹堡大学人类学系, 美国夏威夷大学. 辽宁大凌河上游流域考古调查简报. 考古, 2010（5）: 24−35, 109.

[24] 韩茂莉. 史前时期西辽河流域聚落与环境研究. 考古学报, 2010（1）: 1−20.

基于 GIS 的二十四块石遗址建筑保护研究

夏月亮[*]

摘要：学科融合与多技术引入是新时代考古研究与文物保护领域的一大创新，文物遗产的多样性使得传统考古手段的局限性日益凸显。GIS 技术是一项基于地理信息数据的空间分析手段，能够结合地理地貌、水文资源、环境信息综合给予文物保护工作以方向指引。数据叠置、资源整合以及多维分析是 GIS 技术的显著特征，将存在于地域空间中的不可移动文物以数据库的方式整合于 GIS 系统之中，综合评价文物遗产保护现状，分析得出周边环境影响下的文物保护不利因子，促进遗产的整体性保护与可持续性发展。本文以东北地区残存的渤海国时期古驿道沿线的二十四块石遗址建筑为研究对象，整合大量考古数据信息，借助 GIS 可视化技术，协同考古学、建筑学、地理学等多学科领域，于数据图表可视的基础上，给予建筑遗址以合理功能定性，并基于遗址周边环境信息，提出古建筑遗址的保护修缮对策与建议。

关键词：渤海国古驿路遗产；二十四块石；GIS；古建筑保护

1 二十四块石遗址建筑概述

1.1 研究背景

20 世纪 50 年代以来在我国东北吉林省和黑龙江省牡丹江等区域发现的一批平面形制怪异，构成方式极其相似，用途不明的二十四块石遗址，一直以来受到考古学界及建筑学界的关注，而多年来的考古研究并未得出关于其年代、特点、用途的明确结论，为考古界一未解之谜。

迄今为止，共发现 12 处二十四块石遗址。9 处位于国内，其中 7 处位于吉林省延边地区（敦化市 4 处、图们市 2 处、汪清县 1 处），2 处位于黑龙江省宁安地区。国际范围内目前发现的二十四块石遗址主要位于朝鲜境内，朝鲜咸镜北道的清津市、渔郎郡、金策市的海岸线附近各发现 1 处[1]。

---

[*] 夏月亮：哈尔滨工业大学，哈尔滨，邮编 150001。

1.2 遗址建筑断代分析

据《敦化县二十四块石考察记》《镜泊湖附近莺歌岭等地考古调查报告》《吉林省敦化市江东、林胜"二十四块石"遗迹的调查与发掘》《牡丹江下游考古调查简报》等考古调查与发掘报告，以及《敦化县志》《宁安县志》中关于二十四块石的文献记载，结合二十四块石建筑遗址周边遗址的考古调查发掘与断代研究成果，可以从遗址地理位置与出土文物特征两个方面对位于我国境内的9处二十四块石遗址建筑进行断代：

其一，目前发现的9处二十四块石遗址建筑均位于渤海国时期的疆域范围之内，在渤海国疆域以外而属于辽金时期疆域的地理区域内并未发现与二十四块石相似的建筑遗址，这在一定程度上为二十四块石遗址建筑提供了基于地理位置的判断研究证据。

其二，二十四块石遗址出土的用于屋身的陶片、瓦片等建筑遗存，以及二十四块石遗址周边遗址及出土的遗存，可以为判断二十四块石遗址建筑的时代提供一定的合理化的证据支撑。如官地二十四块石遗址建筑出土的灰色陶片，以及背部有布纹的灰色檐瓦残片，均带有渤海时期的特征[2]。位于黑龙江省牡丹江市镜泊湖风景区东岸的弯沟二十四块石遗址建筑中出土有一系列板瓦及莲花纹瓦当，据考古研究分析，其也具有渤海时期的文物遗存特点，确系渤海时期建筑用瓦无疑。其余几处二十四块石遗址建筑或其附近的遗址中均有多处灰色或红色板瓦及带有明显布纹的筒瓦残片的发现。这一系列陶片、瓦片等文物的出土，均能够为二十四块石遗址建筑的断代研究提供依据。

1.3 二十四块石遗址建筑功用性质推测

二十四块石遗迹自20世纪50年代在吉林省敦化市首次发现以来，学术界一直对其年代和性质有较大争议。考古报告显示，在二十四块石遗址发现的瓦片和陶片等遗物，均具有渤海国时期遗物的特征。二十四块石遗址基本上分布于渤海国的疆域范围之内，并且大多位于渤海国主要对外交通要道上。

渤海国的二十四块石遗址究竟为何种建筑，学术界在这个问题上众说纷纭。目前学术界共有以下八种功能猜测："寺庙、宫殿、官衙"说；"渤海国王死后还葬祖茔在路设祭时临时祭坛的础石"说；"渤海国王室之纪念建筑物"说；"官仓"说；"高床式仓库"说；"宗教崇拜物一类的遗存"说；"在渤海国主要交通路沿线上的驿站"说；"一般的民房、住房的建筑物"说。

而诸多猜想中，学术界较为认可的即为"驿站说"。文献记载给予此猜想以一定的证据支撑。《三国史记》卷37《地理志四》保留有唐总章二年（669年）唐将李绩《奉敕以高句丽诸城置都督府及州县目录》，其敕文曰："鸭绿北已降城十一，其一国内城，从平壤至此十七驿。则此城亦在北朝境内，但不知其何所耳。"这表明渤海国时期驿站分布是很广泛的。

考古发现也为"驿站说"提供了依据。现已发掘的二十四块石遗址虽各有其特征，但也有共性。首先，已发现的二十四块石遗址，均位于靠山临水、交通便利的要道附近。据《新唐书·渤海传》所记："龙原东南濒海，日本道也。南海，新罗道也。鸭绿，朝贡道也。长岭，营州道也。扶余，契丹道也。"[3]渤海国除了有朝贡道、营州道、契丹道、日本道、新罗道五条主要交通干线之外，还有从五京、十五府、六十二州通往上京龙泉府的古官道。在现已发现的渤海国二十四块石遗址中，江东二十四块石遗址、官地二十四块石遗址、海青房（林胜）二十四块石遗址、腰甸子二十四块石遗址以及弯沟二十四块石遗址、房身沟二十四块石遗址，均位于从旧国通往上京龙泉府的古官道近旁；而兴隆二十四块石遗址、马牌二十四块石遗址、石建坪二十四块石遗址，则位于上京通往东京的古道附近。

其次，现已发现的二十四块石遗址，在形制、规模、质地、建筑结构等方面均有相似之处。二十四块石为础石，分三行，每行八块，共有二十四块，行距为3米左右[4]。础石质地为玄武岩，位于遗址附近比平地略高的岗阜地带，放置在夯筑的地基上面，且遗址的础石面积、形制也基本相似，础石的长度和宽度基本上均在8米到10米之间，粗壮的柱石能够承受厚重的砖瓦重压，说明这类建筑十分坚固，并且是依照唐朝的官衙式建筑风格而建。

再次，所谓驿站，是为护送旧官吏或传达公文书、传达军令、运送贡品及贸易品以及为贡赋运输所需而设置的驿舍、驿马所在之处。既然为驿站，就需要城镇、聚落的支持、养护。在敦化盆地内的4处二十四块石遗址，位于从旧国通往上京的大道近旁，其间距为10千米到28千米。六顶山渤海国王室古墓群在江东二十四块石遗址的西南6千米处，敖东城在其西北约1千米处。渤海国时期的石湖古城位于官地二十四块石遗址的西南2.5千米处。这说明有村落和城镇坐落在驿道驿站周围。

综上所述，二十四块石遗址分布在渤海国的各个区域，这些遗址大都位于主要交通路上，建筑物朝南或东向，现存础石的数量虽不等，但大致为二十四块，础石形制、规格、质地、大小也相似，为瓦顶结构。这种统一性，显然不是各地域居民各自修筑的，而是由中央政府统一规划而建的具有特殊用途的建筑物。二十四块石遗址很少出土生活用具或生产工具，与军事相关的兵器也几乎没有发现，由于这类遗址面积较小，范围有限，更不属于官衙治所，就其建筑规模和大量使用大型砖瓦的特征而言，这类遗址与国家驿道有关的概率非常大。

2　GIS视角下渤海国驿路与遗址建筑关系研究

2.1　渤海国驿路分布概述

渤海国疆域范围内主要有五条主要驿路，即鸭绿朝贡道、长岭营州道、龙原日本道、南海新罗道以及扶余契丹道。根据《新唐书·地理志》中对于渤海国交通要道的相关记载，能够判定主要交通道行经的城市名称并还原其大体的行进方向。

（1）鸭绿朝贡道

朝贡道在渤海国境内起始于泊汋口，后行500里至丸都城，即渤海国桓都城（今集安市），再东北行进200里至神州，其为渤海国西京鸭绿府治所之所在（今临江市）。自西京鸭绿府行进400里，到达显州，即中京显德府，再东北行600里到达渤海国上京龙泉府。

（2）长岭营州道

自唐安东都护府以及盖牟新城沿浑河北上到达渤海国长岭府境内桦甸苏密城，自此进入渤海国疆域范围。后经渤海国长岭府治所瑊州东北而行经渤海"旧国"而最终抵达渤海国上京龙泉府。长岭营州道在五大驿道之中意义重大，与朝贡道一同起沟通中原唐王朝的作用，但由于契丹的武力侵扰以及唐安史之乱的爆发，对营州道的交通造成重大影响，以至于后期渤海国与唐王朝的交流主要依靠朝贡道。

（3）龙原日本道

龙原日本道有前后两条不同的路径，其与渤海国迁都有关，前期龙原日本道由渤海国"旧国"出发，向东翻越哈尔巴岭，经城子山山城，后抵达东京龙原府，后自龙原府境内盐州（今俄罗斯境内波谢特湾克拉斯基诺古城）出海口出海沿海路最终到达日本国港口。随着渤海国迁都上京龙泉府，日本道的走向也发生了一定的变化，自上京龙泉府南下，沿嘎呀河东南行进抵达东京龙原府，后与前期道路重合，继续沿用盐州出海口，自盐州出海日本。

（4）南海新罗道

新罗道前半段，即上京龙泉府至东京龙原府之间的路径与龙原日本道重合，后自龙原府南行，沿朝鲜半岛东海岸经今朝鲜咸镜北道清津市松坪区、渔郎郡会文里以及金策市东兴里，抵达北青土城，即渤海国南京南海府。渤海国南海府与新罗接壤，自南京南海府南行，便抵达新罗境内。

（5）扶余契丹道

扶余府为渤海国西北门户，能够起到沟通西北部契丹政权以及战时抵御外族武力侵袭的重要作用。根据考古发现与相关典籍记载，其大体走向为：自上京龙泉府逆牡丹江南下，翻越张广才岭与老爷岭，顺牤牛河西南行进最终抵达扶余府境内。

2.2 遗址建筑空间分布的可视化表达

根据渤海国五大驿道的空间分布特征，结合12处二十四块石遗址建筑的地理位置分布，基本能够确定依托GIS可视化技术进行复原的三大路径区域：

其一，鸭绿朝贡道上中京显德府通往上京龙泉府的驿路范围，处于该研究范围的有江东二十四块石、官地二十四块石、海青房（林胜）二十四块石、腰甸子二十四块石、房身沟二十四块石以及弯沟二十四块石等 6 处二十四块石遗址建筑。

其二，龙原日本道中上京龙泉府通往东京龙原府的驿路范围，该研究区域主要包括兴隆二十四块石、马牌二十四块石以及石建坪二十四块石等 3 处二十四块石遗址建筑。

其三，南海新罗道上东京龙原府通往南京南海府的驿路范围，其间主要涉及有松坪里二十四块石、会文里二十四块石以及东兴里二十四块石等 3 处二十四块石遗址建筑。

依托渤海国疆域范围坡度分布图，进行上述三段路径"成本距离"与"成本回溯"的相关计算分析，借助分析结果，于地形图上生成符合地理形势的驿道"最佳路径"走向。生成的可视化路径结果表示理想状态下的最优路线，然而古代交通地理勘察技术有限，实际驿路走向可能与其略有出入，但是能够确定的是，两者在整体方向性上当保持一致。

鸭绿朝贡道（中京显德府—上京龙泉府段）上的 6 处二十四块石遗址与推测复原的路径大致重合，基本上位于路线之上；龙原日本道（上京龙泉府—东京龙原府段）上的 3 处二十四块石遗址虽未完全落于推测复原的线路之上，但其距离较近，大约 2~5 千米误差，加之渤海国驿道本身与复原路径之间的误差前提，能够确定的是，该三处遗址建筑也应当与驿道存在较为紧密的联系；南海新罗道（东京龙泉府—南京南海府段）基本上沿海岸线展开，复原的路径结果与此线路上分布的 3 处二十四块石遗址间存在一定的距离误差，除去驿路走向误差的前提条件，海岸线随时间推移而逐渐外扩的自然界客观规律的存在，对路径复原也存在一定的影响，在此基础上进行大胆推测，该地域今日的海岸线应当较渤海国时期之海岸线略有回退，因而，此地区分布的 3 处二十四块石遗址建筑也应当基本位于驿道线路之上。

综上，结合二十四块石遗址建筑的空间分布特点、渤海国驿路的主要走向以及依托 GIS 可视化技术复原的三段渤海国驿道，能够得到较为明确的结论：二十四块石遗址建筑与渤海国驿路关系密切，在功用性质上为驿站建筑的可能性最大。

3 二十四块石遗址建筑复原研究

3.1 遗址建筑现状分析

由于二十四块石遗址具有较为统一的特征，故在进行小型驿站建筑复原时，选取保存最为完整、平面形制最为清晰的一处作为复原的基础载体即可。经田野调查及考古发掘，弯沟二十四块石遗址保存最为完整，所有础石均未遗失，础石表面人为破坏痕迹较轻，以此为蓝本进行复原研究，于操作层面最为可行。

弯沟二十四块石呈东西向排列三排，每排八块，各排础石间距约 3.5 米，各行础石间距约 0.65 米，础石伸出地表约 0.3 米，部分础石存在一定的位移与倒伏，根据倒伏的础石能够窥探础石的整体形态，其外在呈圆柱形，高约 0.8 米。经观察，础石顶面大多呈六角形，少部分呈五角形，见棱见角，形状较为规整。础石底部发现有东西长 17 米，南北宽 14 米的方形土台基，可能为建筑基础（图 1）。

图 1　弯沟二十四块石实测图

3.2　平面复原

二十四块石分三排进行排布，按照建筑体量进行分析，其面阔方向应当划分为三开间，次间间隔一块础石立柱，当心间间隔两块础石立柱，根据测量，当心间宽约 3.9 米，次间宽 2.55 米，于进深方向上，按照础石分布来看，应当划分为两开间，每间宽 3.55 米（图 2）。

3.3　立面形象探析

遗址建筑经考古未发现有土坯墙的痕迹，故建筑屋身应当为纯木构筑而成。对于三开间的小型驿站建筑而言，其立面门窗布局方式当较为简单。参照三开间南禅寺大殿，其于明间设板门，次间设直棂窗的方式，对二十四块石遗址建筑的立面门窗样式复原。

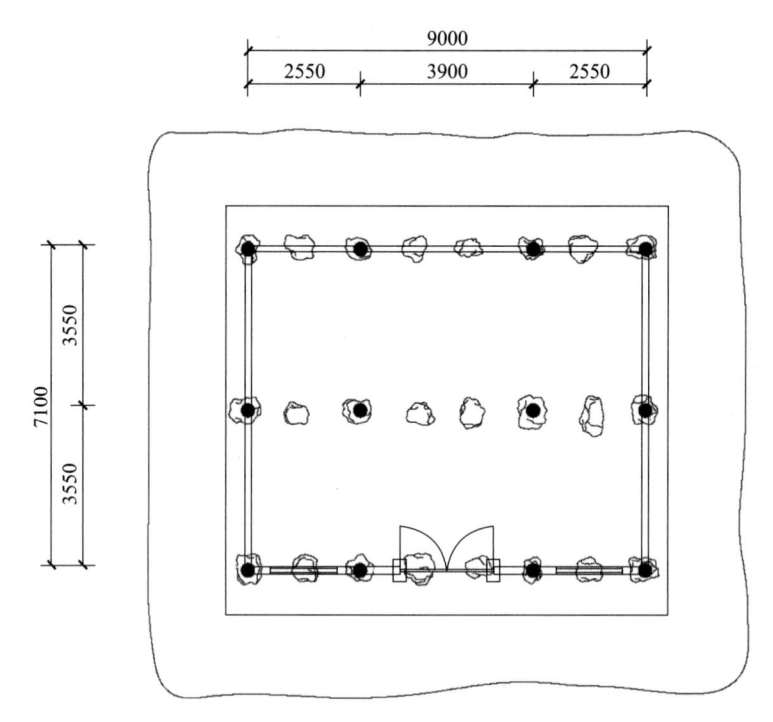

图 2　弯沟二十四块石平面复原图

而在建筑用材等级之上，参照《营造法式》中的相关划分方式，宜采用适宜小型亭榭式殿屋的六等材。

古代建筑用柱尺寸一般为柱高的 1/10。柱身高度上，《营造法式》有所论述："若副阶廊舍，下檐柱虽长，不越间之广"[5]，根据遗址建筑面阔方向各间相关实测数据记录，能够推测，其柱高应当不超过其当心间跨度，同时，为使建筑立面形象整体方正、稳定，其最小高度当不低于次间跨度，即柱高介于 2.55~3.9 米之间。南禅寺大殿与二十四块石遗址建筑体量相仿，其立面柱高大约为通面阔之 1/3，以此为参照，得出遗址建筑柱高大约为 3 米，恰处于 2.55~3.9 米之间，同时进一步依托柱高进行柱径推测，其大约为 30 厘米。而在遗址建筑铺作的使用上，由于二十四块石遗址建筑体量过小、规格过低，而铺作构造复杂、构件繁琐，因此推断二十四块石遗址建筑并未使用铺作。

对于建筑屋顶的复原而言，遗址周边发现有板瓦、筒瓦、布纹瓦等，说明建筑屋顶铺设有瓦面。瓦面屋顶也存在一定的等级划分，参照唐代官式建筑瓦面屋顶的等级划分，对于驿站建筑而言，悬山顶较为适用。同时，12 处遗址建筑中均未有屋顶装饰构件的出土，故此推测，遗址建筑并未使用脊兽、鸱尾等构件，再者，鸱尾与脊兽是建筑等级的一大象征，考虑到此驿站建筑等级较低，其也不应使用鸱尾与脊兽构件（图 3）。

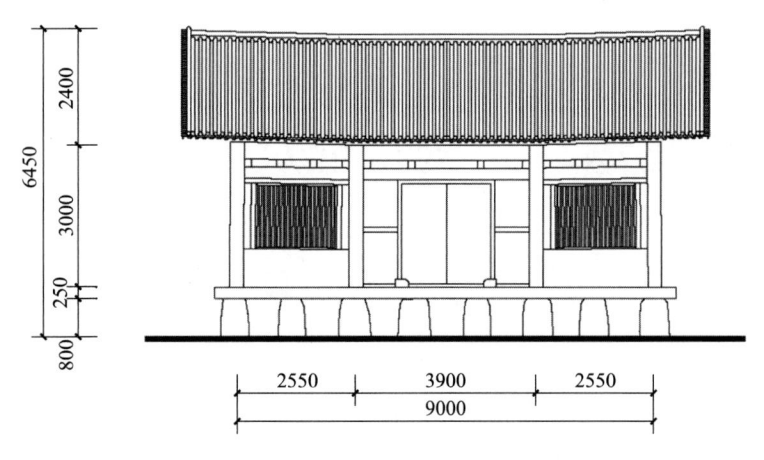

图 3　弯沟二十四块石立面复原图

4　结语

二十四块石遗址建筑是考古学界与建筑历史学界一项研究领域的空白，虽各处遗址考古数据齐全，但对其年代定义、功用定性以及遗址建筑形象复原三方面，学界未形成统一认识。本文在整理各方数据的基础之上，依托现代数据可视化技术对其进行研究与分析。最终得出遗址建筑确系渤海国时期官方修建的小规模建筑的结论，进一步依托 GIS 复原渤海国疆域内驿路驿道走向，发现二十四块石与渤海国驿道存在紧密关系。本文研究建立在充分的数据收集与分析的基础上，填补了二十四块石遗址建筑研究领域的空白，进而为未来东北亚区域更多二十四块石遗址的发现与研究提供指引。

注　释

[1] 魏存成. 渤海考古. 北京：文物出版社. 2008. 185-190.
[2] 王承礼. 中国东北的渤海国与东北亚. 长春：吉林文史出版社. 2000. 178-185.
[3]（宋）欧阳修,（宋）宋祁撰. 新唐书：卷二百一十九. 渤海传. 北京：中华书局. 1975：6182.
[4] 李健才. 二十四块石考. 北方文物，1992（2）：28-30.
[5]（宋）李诫撰. 营造法式. 重庆：重庆出版社. 2018.

文安驿城墙遗址结构特征及安全性评估分析

雷繁 杨辉 张磊[*]

摘要：文安驿城墙遗址修筑于黄土梁垣之上，由于历代修建、地势变化等因素，其结构现状复杂多样。本文对文安驿城址结构现状进行了详细调查，总结危险断面8种，考虑工程实际，结合数值分析方法，提取5类计算分析模型，以应力、位移和塑形应变为依据对城墙遗址潜在破坏可能进行了评估分析，得出东城墙安全等级介于1.2～1.4之间，北城墙安全等级介于1.1～1.2之间，西城墙及局部载体安全等级介于1.0～1.1之间。为文安驿城墙的加固保护提供科学的基础资料。

关键词：城墙遗址；结构类型；稳定性；安全评估

1 引言

文安驿城址位于陕西省延安市延川县文安驿镇的下驿村，是隋唐至明清各朝代古驿站所在地，至今保留着完整西魏时期的城墙遗址和宋代烽火台遗址，以及明清古建筑魁星楼、义学院、文洲书院等。属于陕西省第六批文物保护单位。文安驿城址地处黄土高原腹部、黄河大峡谷西部，占地约27公顷。

文安驿现存古城墙遗址始建于西魏大统三年（537年），后经历代修筑，保存至今。其地理位置特殊，既是兵家必争的战略要地，又是汉民族与匈奴等北方民族文化交融之处。长征时期红一军团总部设在文安驿村。由于年久失修，人为因素和自然灾害等的影响，文安驿城墙遗址出现多处结构性病害。

本文通过对其城墙遗址结构现状的详细调查得出其不同的结构类型，结合稳定理论和有限元计算得出文安驿城墙结构不同类型的安全等级，为其城墙遗址结构加固提供科学依据。

2 城墙遗址结构及现状

文安驿城墙遗址由城墙、马面和烽燧组成，现存墙体体形高大，形制轮廓清晰、完整。主城墙、马面、烽燧均为历史原物，时代特征明显、典型。城墙依黄土梁垣修筑而

---

[*] 雷繁、杨辉、张磊：陕西省文化遗产研究院，西安，邮编710075。

成，呈回字形，很好地利用了自然地势，烽燧修筑于远处高山之上，与驿站遥相呼应，可见古人军事防御系统选址的合理性（图1）。

城墙遗址长约360m，分为东、北、西三面，残存城墙本体高度在4～12m之间，底部宽度10～11m，顶部宽度2～4m（图2），其中东城墙长约105m，中间段约25m墙体从腰部坍塌；北城墙长约103m，墙体中段有后期人为开凿孔洞多处；西城墙长约156m，中间段约40m墙体从腰部坍塌。

图1 文安驿全貌

图2 文安驿北侧全景现状

由于地形起伏变化、历代修建和结构残损破坏等因素，形成了文安驿城墙遗址现有的结构特点。按照城墙结构现状特点将文安驿城墙遗址划分为9段，存在结构风险的断面形式8种（图3）。城墙东、北、西外立面全景如图4所示。

城墙结构受地势变化影响主要集中在东城墙，东城墙本体内外存在较大高差，且高差由南至北逐渐降低，城墙在建造过程中借用了部分原有梁垣地势。东城墙现状及剖面变化如图5～图7所示，E2段为局部坍塌段，在此不做现状及剖面分析。

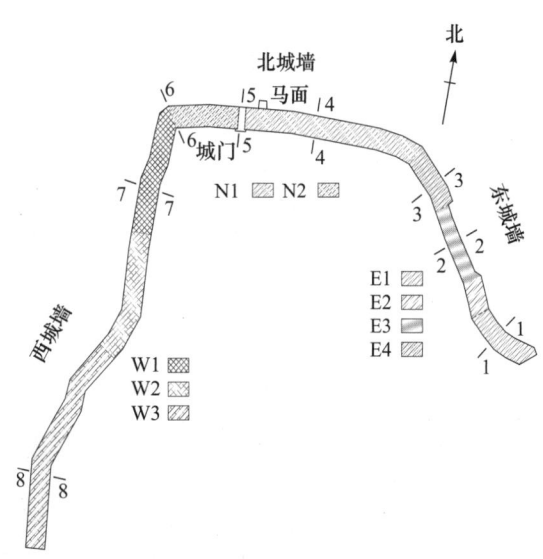

图3 城墙遗址结构段落划分示意图

图4 城墙东、北、西外立面全景现状图
1. 东城墙外侧现状　2. 北城墙外侧现状　3. 西城墙外侧现状

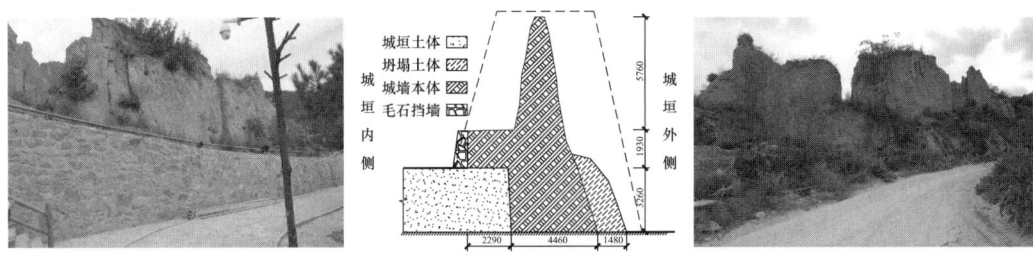

图 5 E1 段内外现状及 1-1 剖面图

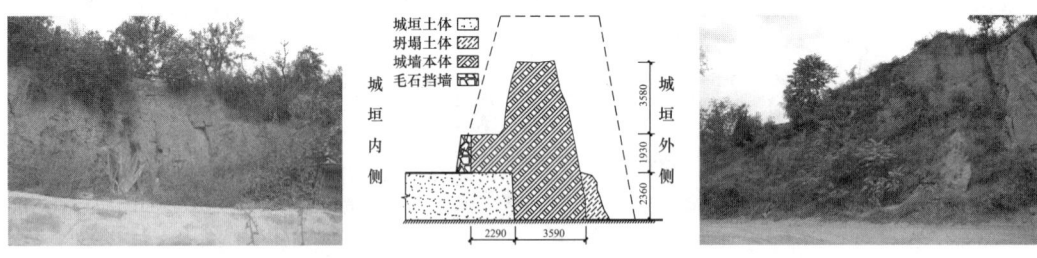

图 6 E3 段内外现状及 2-2 剖面图

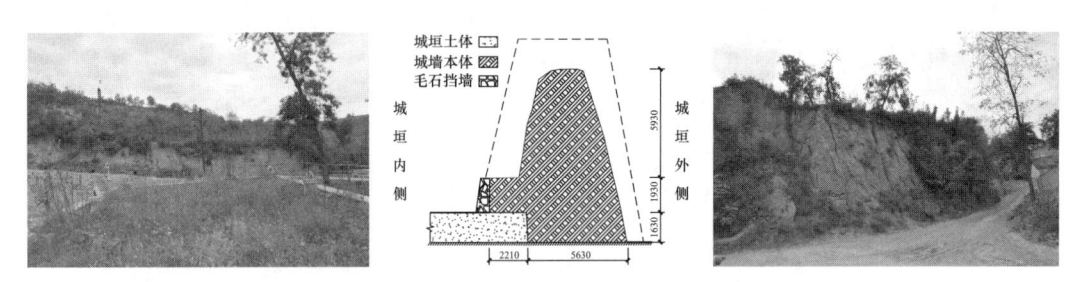

图 7 E4 段内外现状及 3-3 剖面图

相对于东、西城墙，北城墙保存较为完好，其中 N1 段城墙原结构形制清晰（图 8）；N2 段存在人为开挖孔洞，该段现状及门洞部位剖面如图 9 所示；北城墙与西城墙交界处，地势突然产生变化，其现状和剖面如图 10 所示。

北段城墙虽然现存形制完好，但局部存在较大坍塌、冲沟和开挖孔洞等结构性破坏问题，由于篇幅有限，本文主要将文安驿城墙结构简化为平面应变问题进行结构安全与稳定性评估分析，因此不再详细讨论局部结构问题对整体稳定的影响。

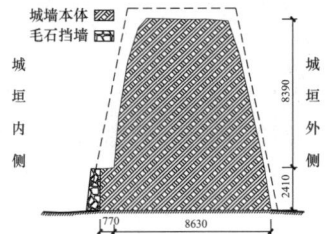

图 8 N1 段内外现状及 4-4 剖面图

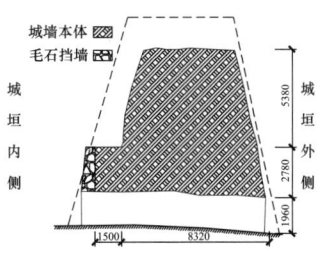

图 9　N2 段内外现状及 5-5 剖面图

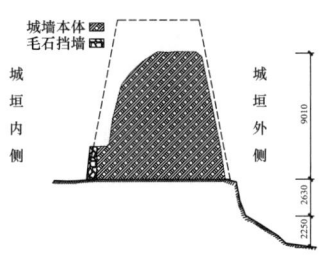

图 10　北、西城墙交界处现状及 6-6 剖面图

西城墙与东城墙类似，城墙内外有较大高差，但是西城墙本体未借用黄土梁垣，主体结构直接夯筑于黄土梁垣之上（图11、图12）。西城墙 W3 段，由于人为取土和雨水冲刷等造成城墙载体严重损毁，梁垣载体临空面接近 90°（图13）。

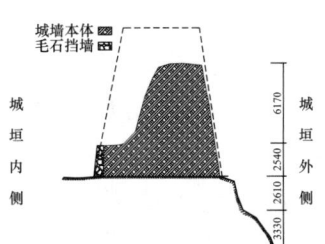

图 11　W1 段内外现状及 7-7 剖面图

图 12　W2 段内外和城墙断面现状

图13　8-8剖面图

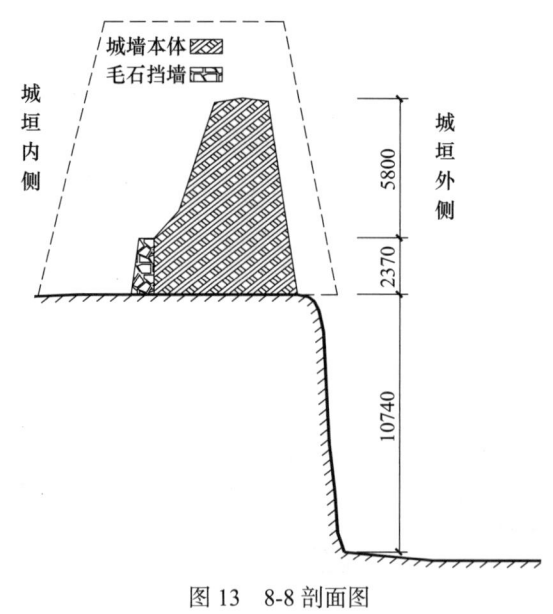

3　结构稳定性分析

3.1　计算模型

（1）分析依据

目前，针对城墙遗址或土遗址结构稳定性的相关研究主要有以下几个方面：① 从病害发育角度出发，由于气候、盐分和风蚀等因素引起土遗址墙体掏蚀进，墙体出现失稳破坏的问题[1-3]；② 通过实验或数值计算方法对城墙遗址地震作用下稳定性进行分析研究[4,5]；③ 对城台等结构长期力学性能和安全性的研究[6-8]；④ 借助岩土工程中边坡稳定分析理论研究城墙遗址结构稳定问题[9,10]。

以上研究成果为研究文安驿城墙结构稳定提供了有力的参考，本文从实际现状入手，充分考虑城墙实际结构现状的复杂性，结合现有的分析理论，选用不同的分析方法对文安驿城墙不同结构段的安全性进行科学评估。

根据图4对文安驿城墙结构段的划分、相应结构段剖面几何形状，将稳定性分析主要类型分为两类：① 以强度和滑移失稳作为控制指标的稳定性分析；② 以强度、崩塌和滑移失稳组合控制的稳定分析。

根据以上各段城墙剖面现状，可将文安驿城墙结构稳定评估问题简化为平面应变问题考虑。N2段门洞处需采用三维实体模型，在此不作讨论。

（2）计算模型

通过以上分析，可以将1-1~8-8，8城墙剖面进行归并整理，其中：2-2与3-3剖面可以归并为同一类计算问题，以3-3作为计算分析模型；5-5剖面在本文不做单独计算讨论；6-6 与 7-7 可以归并为同一类计算问题，以 7-7 作为计算分析模型。结合实际情况在计算分析模型中确定相应的塑形分析区域。可得分析模型和相应的数值几何及有限元模型（表1）。

表1 计算模型分析

名称	分析模型	几何模型	有限元模型	模型划分分析
E1（1-1）				E1、E3、E4 段墙体局部垮塌严重，顶部尖耸，底部宽大，其结构破坏主要由局部受拉或受剪破坏，同时也存在滑移失稳的可能，因此城墙本体采用弹塑性模型，城垣采用弹性模型
E3、E4（3-3）				
N1（4-4）				N1 段城墙本体保存相对完整，城墙结构出现局部强度破坏或滑移失稳的可能性，因此城墙本体采用弹塑性模型
W1（6-6）				W1、W3 段城墙位于黄土梁垣之上，城墙本体和黄土梁垣都有潜在滑移失稳的可能，因此城墙本体和梁垣局部采用弹塑性模型
W3（7-7）				

（3）计算软件及基本假定

1）采用 ANSYS 有限元分析软件，单元选取把节点平面单元 PLANE183，其中弹性模型土体采用线弹性模型，弹塑性模型土体采用 D-P 模型。

2）计算过程中考虑实际简化情况，模型底部按固定端考虑，左侧边界只限制水平向位移。

3）由于建筑遗址经历了历史的沉淀，黄土梁垣与夯土城墙之间处于平衡状态，因此计算分析中认为梁垣与城墙界面处土体变形协调，计算模型中两部分单元共用节点。

4）依据文物建筑遗址保护准则，不考虑地震等外力影响，只考虑自重状态下城墙结构稳定，通过强度折减方法，考虑城墙结构病害及损伤发育对其稳定的影响。

3.2 分析计算

采用边坡稳定中强度折减理论进行计算分析。土体参数折减公式如下：

$$c' = c/F, \qquad \varphi' = \arctan\left(\varphi/F\right)$$

其中 F 为强度折减系数，c 为黏聚力、φ 为内摩擦角。

文安驿城墙结构稳定分析的破坏判据与岩土工程领域边坡稳定性破坏依据的判别方法不同。边坡失稳受雨水影响较大，而文安驿城墙遗址处于半干旱地区，其结构稳定主要受自身病害发育影响，采用强度折减分析主要考虑内部病害发育导致土体强度降低，因此破坏判据不同于边坡稳定数值分析中形成滑移面，需要综合考虑应力、塑形应变和结构位移。其结构破坏形式复杂多样，包含达到强度极限开裂、崩塌和滑移等。

（1）参数选取

根据地勘和城墙本体取样土工试验可得城墙本体和黄土梁垣土体基本物理力学参数（表2）。

表2 材料计算参数

类别	弹性模量（GPa）	泊松比 ν	密度（kg/m³）	黏聚力 c（kPa）	摩擦角 φ（°）
城墙夯土	0.016	0.28	1700	29.3	24.7
城垣土体	0.016	0.28	1700	31.5	24.7
挡墙石材	30.0	0.24	2600	—	—

（2）计算结果分析

根据各段城墙稳定分析的实际情况，选取相应的折减系数，以 Miss 应力和 XY 面内剪应力结合位移和塑形应变情况作为城墙遗址结构强度破坏的判别依据，通过塑形应变和局部应力变化作为城墙遗址结构滑移失稳的判别依据，通过水平位移和稳定分析作为城墙遗址结构崩塌破坏的判别依据。各段城墙结构稳定计算分析结果如图14～图26所示。

土体强度折减过程中发现应力值降低，这是由于局部土体出现塑性变形，计算程序提前退出计算所致。

对以上各段城墙计算结果的具体分析如下：

1）F=1.0 时 E1 段城墙未出现塑性变形，根据 F 在 1.2～1.4 折减过程中城墙脚部塑性区和应力分布情况，可判定 E1 段城墙安全等级介于 1.2～1.4 之间。且以强度破坏为主，强度破坏发生在内侧墙体根部和外侧墙体中部，整体滑移破坏可能性较低。

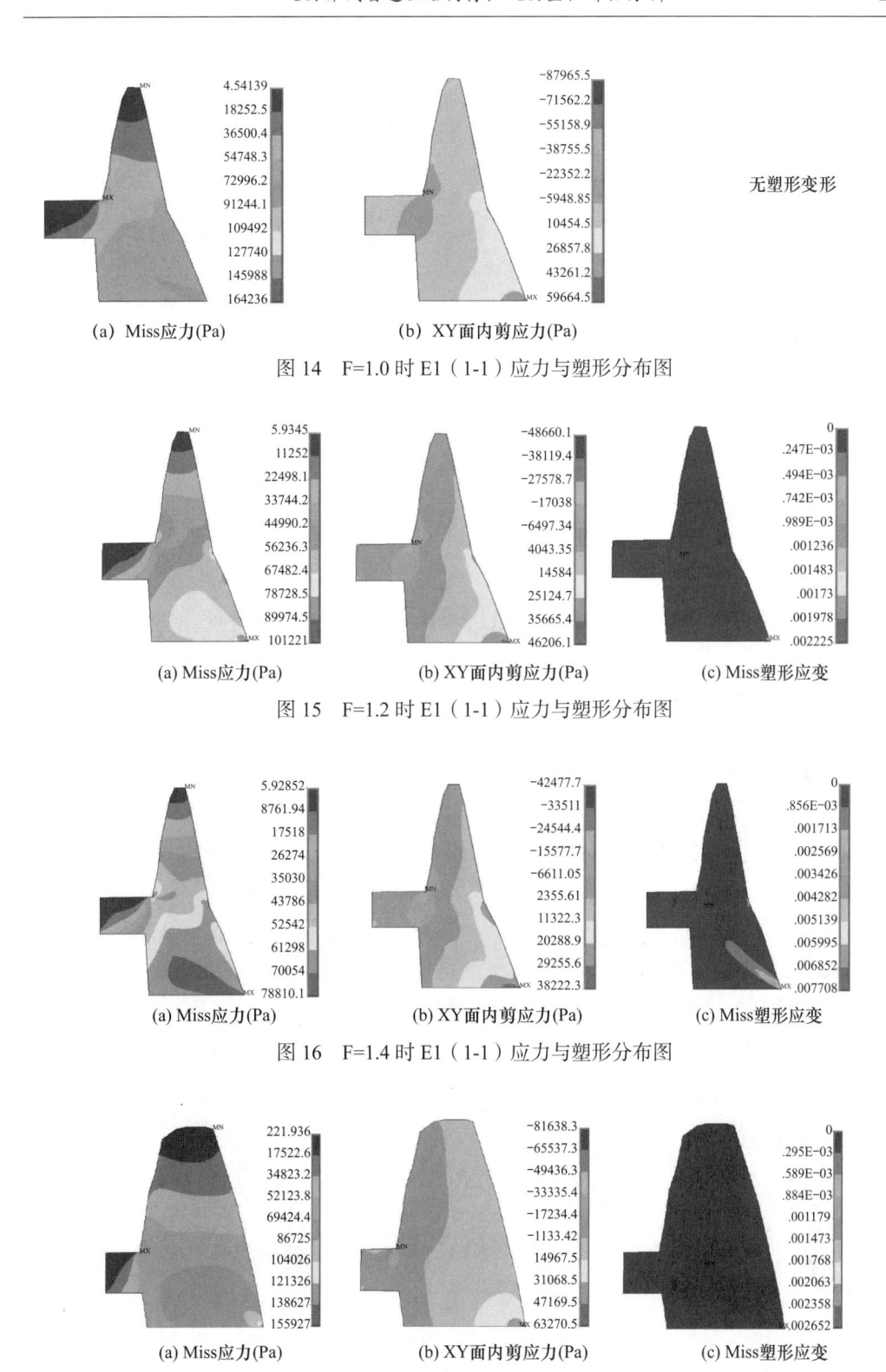

(a) Miss应力(Pa)　　(b) XY面内剪应力(Pa)　　无塑形变形

图 14　F=1.0 时 E1（1-1）应力与塑形分布图

(a) Miss应力(Pa)　　(b) XY面内剪应力(Pa)　　(c) Miss塑形应变

图 15　F=1.2 时 E1（1-1）应力与塑形分布图

(a) Miss应力(Pa)　　(b) XY面内剪应力(Pa)　　(c) Miss塑形应变

图 16　F=1.4 时 E1（1-1）应力与塑形分布图

(a) Miss应力(Pa)　　(b) XY面内剪应力(Pa)　　(c) Miss塑形应变

图 17　F=1.0 时 E3、E4（3-3）应力与塑形分布图

图 18 F=1.2 时 E3、E4（3-3）应力与塑形分布图

图 19 F=1.4 时 E3、E4（3-3）应力与塑形分布图

图 20 F=1.0 时 N1（4-4）应力与塑形分布图

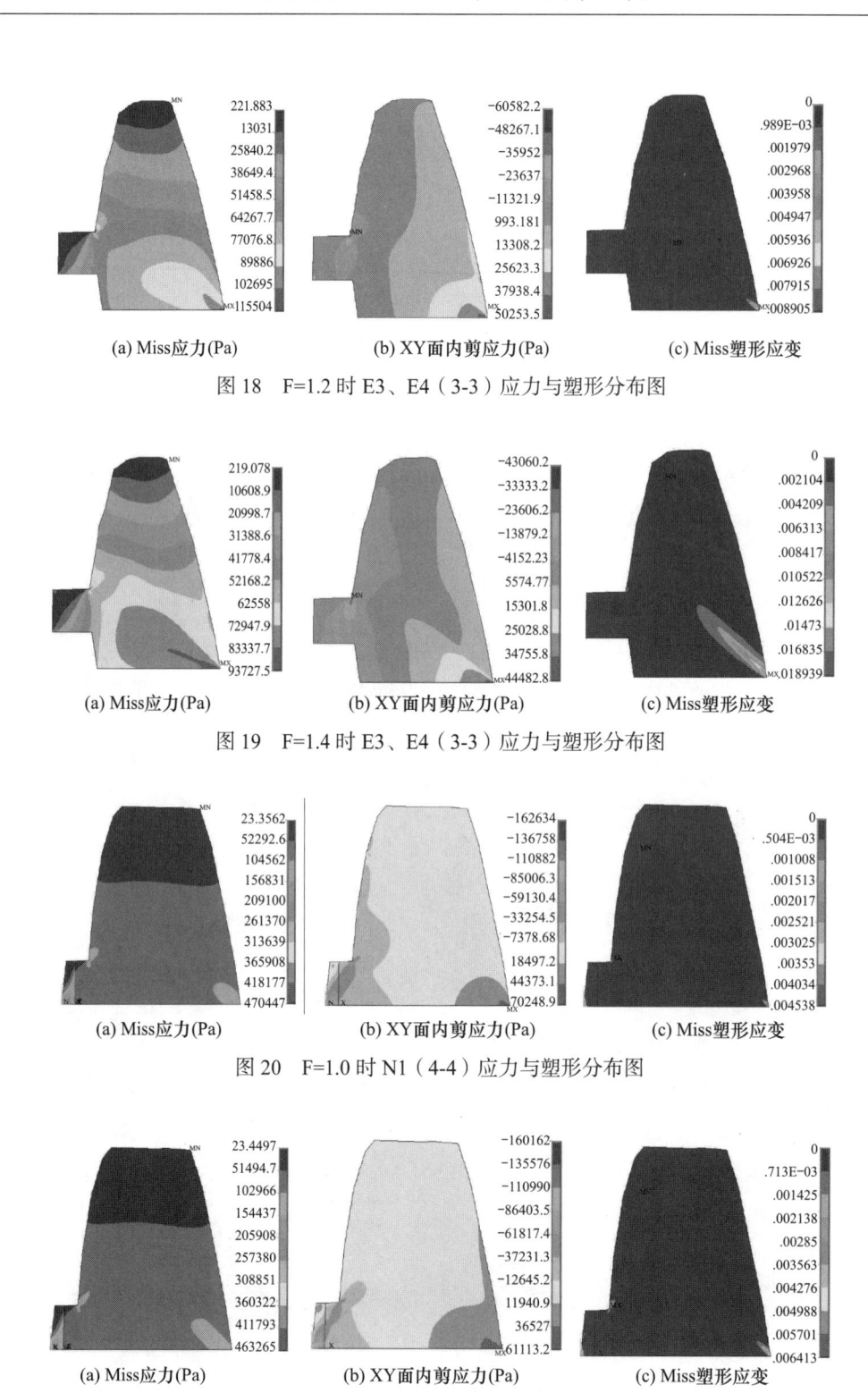

图 21 F=1.1 时 N1（4-4）应力与塑形分布图

(a) Miss应力(Pa)   (b) XY面内剪应力(Pa)   (c) Miss塑形应变

图 22   F=1.2 时 N1（4-4）应力与塑形分布图

(a) Miss应力(Pa)   (b) XY面内剪应力(Pa)   (c) Miss塑形应变

图 23   F=1.0 时 W1（6-6）应力与塑形分布图

(a) Miss应力(Pa)   (b) XY面内剪应力(Pa)   (c) Miss塑形应变

图 24   F=1.1 时 W1（6-6）应力与塑形分布图

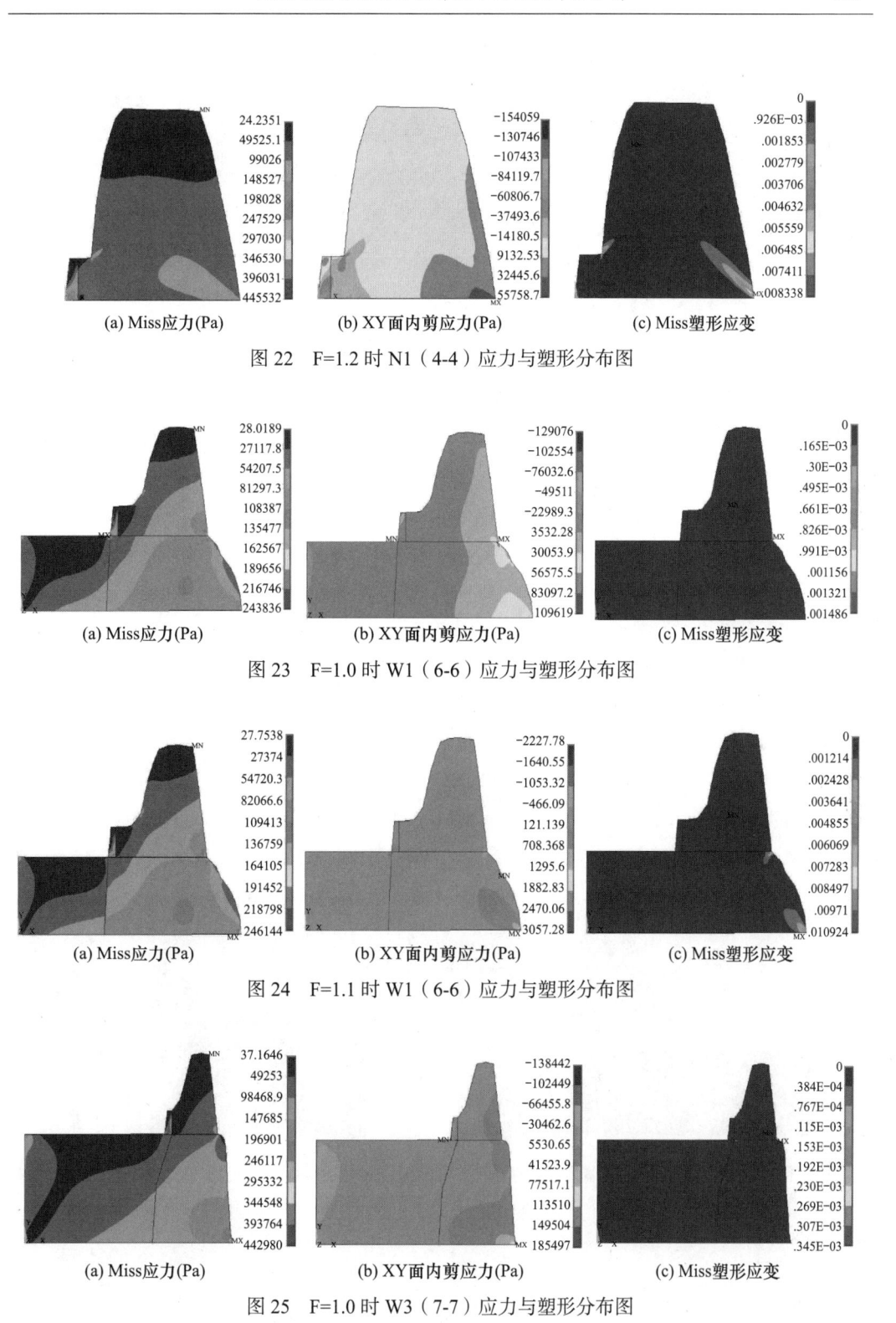

(a) Miss应力(Pa)   (b) XY面内剪应力(Pa)   (c) Miss塑形应变

图 25   F=1.0 时 W3（7-7）应力与塑形分布图

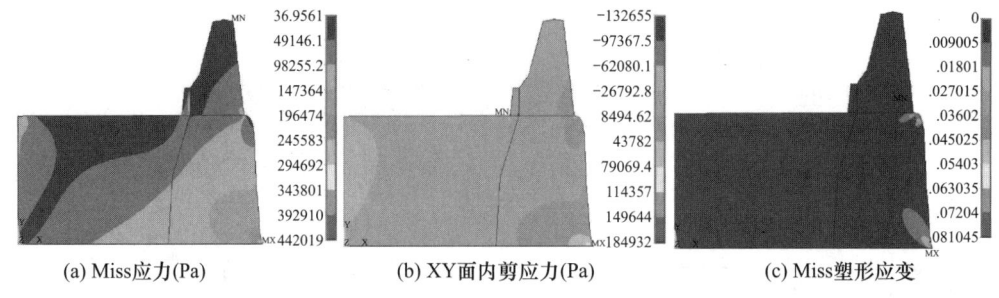

(a) Miss应力(Pa)　　　　(b) XY面内剪应力(Pa)　　　　(c) Miss塑形应变

图 26　F=1.1 时 W3（7-7）应力与塑形分布图

2）F=1.0 时 E3、E4 段城墙外侧墙根局部出现塑性变形，F 在 1.2～1.4 折减过程中脚部塑性区逐渐扩大。根据塑性区和应力分布情况，可判定 E3、E4 段城墙安全等级介于 1.2～1.4 之间。且以剪切破坏为主，剪切破坏发生在外侧墙体表面约 0～1.5m 厚度范围内，潜在整体滑移破坏可能性较低。

3）F=1.0 时 N1 段城墙内、外墙根局部出现塑性变形，在 1.1～1.2 折减过程中塑性区逐渐扩大。由塑性区和应力分布情况，可判定 N1 段城墙安全等级介于 1.1～1.2 之间。该段城墙以剪切和局部滑移破坏为主，剪切破坏和潜在滑移体均在墙体外侧高 7m，厚 0～1.6m 范围内并且局部有崩塌破坏可能。

4）通过折减计算 W1 段城墙塑性区逐未见较大范围发展，但应力较大，且 1.1 状态下水平位移变化很大（图 27）。该段城墙结构安全主要由载体稳定控制，载体存在局部滑移或崩塌破坏的潜在危险。安全等级在 1.0～1.1 之间。

5）通过折减计算 W3 段城墙未形成贯通塑性区，但此时载体局部应力较大，且 1.1 状态下水平位移变化很大（图 28）。该段城墙结构安全主要由载体稳定控制，载体局部存在滑移或崩塌破坏危险。安全等级在 1.0～1.1 之间。

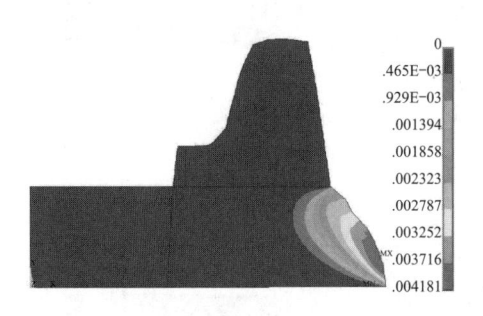

图 27　F=1.1 时 W1（6-6）水平位移 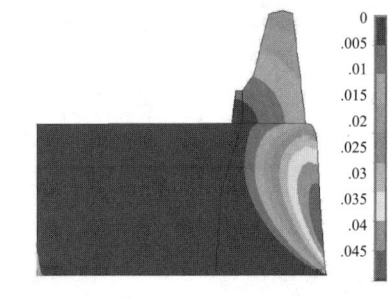　　　　图 28　F=1.1 时 W3（7-7）水平位移图

4　结论

本文通过详细的实际工程勘察，结合历史发展、地形地势和病害发展，对文安驿城墙遗址结构类型进行了详细的划分研究，通过定性和定量的分析方法，对文安驿城墙遗

址结构安全性进行了科学的评估。为文安驿城墙遗址的加固保护提供了详细而科学的基础资料。本文结论概括如下：

1）按照保存现状，文安驿城墙遗址可划分为9段，其中结构危险段有E1、E3、E4、N1、W1和W3共计6段，典型危险断面有5种。

2）E1、E3、E4段城墙安全等级介于1.2~1.4之间；N1段城墙安全等级介于1.1~1.2之间；W1、W2段城墙安全等级介于1.0~1.1之间。

3）城墙遗址结构E1、E3、E4段以强度破坏为主要控制因素；N1段由强度和局部滑移失稳共同控制；W1、W2段由载体的失稳或局部崩塌控制。

4）通过分析可知文安驿城墙结构安全性不容乐观，其中N1、W1、W2段城墙已不满足安全要求。

注　释

[1] 苏娜. 青海明长城气候环境与病害发育特征研究. 兰州大学硕士学位论文. 2015.
[2] 崔凯, 谌文武, 韩琳, 等. 干旱区土遗址掏蚀区土盐渍劣化与风蚀耗损效应. 岩土工程学报, 2011, 33（9）: 1413-1418.
[3] 谌文武, 苏娜, 杨光. 风场对半湿润山脊土遗址掏蚀量的影响. 岩土工程学报, 2016（2）: 305-310.
[4] 刘琨, 石玉成, 卢育霞, 等. 玉门关段汉长城墙体结构抗震性能研究. 世界地震工程, 2010, 26（1）: 47-52.
[5] 石玉成, 李舒, 刘琨. 地震作用下骆驼城土遗址的安全性评价. 西北地震学报, 2011, 33（3）: 255-260.
[6] 赵均海, 杨松岩, 俞茂宏, 等. 西安东门城墙有限元动力分析. 西北建筑工程学院学报（自然科学版）, 1999（4）: 1-5.
[7] 张文革, 席向东. 平遥古城墙的稳定分析. 建筑结构, 2009（3）: 110-112.
[8] 杨国兴, 张立乾, 孙崇华, 等. 夯土类平遥城墙稳定性分析与评价研究. 特种结构. 2010（4）: 102-106.
[9] 郑颖人, 赵尚毅. 有限元强度折减法在土坡与岩坡中的应用. 岩石力学与工程学报, 2004, 23（19）: 3381-3388.
[10] 王玉兰, 赵冬. 彬县大佛寺明镜台边坡稳定性分析. 建筑结构, 2013, 43（13）: 84-90.

遗产管理与活化利用

讲好中国故事　助力联合申遗
——建设"万里茶道——中国文物主题游径"

王风竹[*]

摘要：万里茶道是17世纪末至20世纪初，古代中国与俄国、蒙古国之间以茶叶为大宗贸易商品的长距离商业贸易线路，也是继古代丝绸之路衰落之后在欧亚大陆兴起的又一条重要的国际商道。万里茶道联合申遗是践行"一带一路"倡议的重要文化支撑项目，本文结合万里茶道联合申遗工作，尝试遗产宣传推介和活化利用新模式，结合文物主题游径建设的要求，探索万里茶道——中国文物主题游径建设的落地实践。

关键词：万里茶道；文物；游径；实践

2023年5月4日，国家文物局、文化和旅游部、国家发展改革委三部委联合发布了《关于开展中国文物主题游径建设工作的通知》[1]（后简称《通知》）。《通知》中明确指出，"文物主题游径是以不可移动文物为主干，以特定主题为主线，有机关联、串珠成链，集中展示专题历史文化的文化遗产旅游线路"。这是我国在新时代文物工作新要求的形势下第一次提出的以文物为主题和线路开展旅游活动的重要举措。

万里茶道，是17世纪末至20世纪初，古代中国与俄国、蒙古国之间以茶叶为大宗贸易商品的长距离商业贸易线路，也是继古代丝绸之路衰落之后在欧亚大陆兴起的又一条重要的国际商道。它反映了经济全球化背景下东亚内陆地区的商品贸易和社会经济发展特征，在繁荣了两个半多世纪的历史长河中遗留下大量种类丰富、保存完好的文物古迹，承载了中蒙俄三国人民共同的历史记忆，具有独特的突出普遍价值。2013年3月，习近平主席访问俄罗斯，在莫斯科国际关系学院发表演讲时，指出"继17世纪的'万里茶道'之后，中俄油气管道成为联通两国新的'世纪动脉'"[2]。2023年，是习近平主席提出共建"丝绸之路经济带"和"21世纪海上丝绸之路"的"一带一路"倡议①和在莫斯科国际关系学院演讲十周年，同年10月，在第三届"一带一路"国际合作高峰

---

[*] 王风竹：万里茶道联合申报世界文化遗产办公室，武汉，邮编430077。

① "一带一路"（The Belt and Road）是"丝绸之路经济带"和"21世纪海上丝绸之路"的简称，2013年9月和10月由中国国家主席习近平分别在哈萨克斯坦和印度尼西亚的演讲中提出建设"丝绸之路经济带"和"21世纪海上丝绸之路"的合作倡议。

论坛上，国家主席习近平同俄罗斯总统普京会谈时再次指出，要开展好"万里茶道"跨境旅游合作，把中蒙俄经济走廊打造成一条高质量联通发展之路[①]。

万里茶道以茶为媒，绵延万里，香飘世界。茶和茶文化是中华文明对世界文明的重大贡献之一，自其发现和广泛被世界接受以来，就滋润着人们的生活并深刻改变着世界，是中华优秀传统文化的重要载体，通过文物主题游径的建设，激活并向世界展示万里茶道沿线丰富多彩的以茶和茶文化为特征的文化遗产资源，在联合申报世界文化遗产工作机制的基础上，加强"万里茶道"国际旅游带区域联动合作，用活万里茶道区域和城市联盟平台，发掘茶故事，营造茶生活，弘扬茶文化，不断提升"世纪动脉"的国际影响力，同时推动沿线各地茶产业多元化发展，创新产业模式，提升产品价值，带动社区参与和配套服务产业的发展，建设一条文旅融合、普惠民生的可持续发展的创新之路，意义重大。

1 建设文物主题游径，活化文化遗产资源

游径的概念在国际上提出得较早，早在1968年，美国结合自然与历史文化资源的保护和利用，为满足不断增长的户外活动和旅游业发展的需求提出游径系统建设。1968年美国国会通过《国家游径系统法案》，提出在国家范围内设立国家风景游径、国家休闲游径和连接与边道连接游径，并确定标准及规划依据。十年后，又提出国家历史游径。与美国类似，英国制定的国家游径体系法案将游径系统分为：国家游径、休闲游径和无标志游径。游径概念的提出和从国家层面规划并系统建设，在保护和利用自然与文化遗产资源的基础上，丰富和提升旅游活动的品质，延续历史文化文脉和传承国家文化精神的这些做法值得我们学习和借鉴。

如何适应新时代文旅融合的新形势，破解文物有效保护和适度合理利用的老难题，真正做到"以文塑旅，以旅彰文"，促进文物与旅游深度融合，增益旅游的历史文化底蕴，服务国家战略和经济社会发展，让陈列在广阔大地上的遗产更好地活起来，建设有中国特色的主题游径体系，三部委联合发布的《通知》在这方面做出了很多创新和突破。《通知》明确指出"文物主题游径的资源对象以不可移动文物为主体，涵盖古文化遗址、古墓葬、古建筑、石窟寺及石刻、近现代重要史迹及代表性建筑等文物类型""文物主题游径分为中国文物主题游径、区域性文物主题游径和县域文物主题游径"。

我国提出的"文物主题游径"与世界遗产的理念与方法具有内在一致性，其中以各类"不可移动文物为主干"，与世界遗产的构成相对应，强调其真实性；"以特定主题为

---

① 在第三届"一带一路"国际合作高峰论坛期间，习近平主席同俄罗斯总统普京会谈，习近平指出"开展好'万里茶道'跨境旅游合作，把中蒙俄经济走廊打造成高质量联通发展之路"。参见中国新闻网报道《习近平出席第三届"一带一路"国际合作高峰论坛开幕式并发表主旨演讲》，2023-10-18。

主线",与世界遗产的价值标准相关联;"集中展示专题历史文化遗产",则与世界遗产的保护管理相对应,因此文物主题游径兼具世界遗产"系列性"与"线路性"。

我国"文物主题游径"的建设有自身完善的体系,值得注意的是,《通知》指出:"围绕文物游径主题,可串联历史文化名城名镇名村、历史文化街区、历史建筑、传统村落,可包括农业遗产、工业遗产、老字号、水利遗产、风景名胜区、自然景观,可纳入博物馆、纪念馆、图书馆、美术馆、剧场、文化馆、非遗馆等文化场馆。"通过"可串联、可包括、可纳入"三个方面的扩展做法,在突出"文物主题"的基础上,游径资源构成体系得到进一步扩充,从而实现了从"不可移动文物资源构成体系向文物主题游径资源构成体系的转变",从单一"文物(不可移动文物)"到"系统性资源体系",不以人为划分的部门事权来割裂文化遗产资源体系的天然系统性,从单纯的文物部门扩展到社会层面,走出了打破"部门壁垒"的重要一步。

基于价值的阐释利用创新是《通知》的又一关键点,有效利用是文物主题游径发挥价值、产生效益的实现路径,鼓励形式创新,可依托文物主题游径开展研学活动;设计徒步、骑行、自驾、露营等游览方式;开展文艺演出、非遗展示、民俗展演、体育赛事等特色活动。鼓励业态创新,推进文化和旅游融合发展,创新发展遗产酒店、特色民宿等新业态。鼓励技术创新,运用新技术提供可视化、沉浸式体验,建成智慧游径、快乐游径。鼓励传播创新,建立标识统一风貌协调的文物主题游径视觉识别和导览系统,塑造地域文化品牌,打造本体文化标识。展示利用创新,由原来着眼于遗产本体的"教科书式"展示,扩展到着眼于参与者共鸣和利于文化传播(讲好中国故事)的体验式、参与式、数字化、新业态等,目标是为地方经济、社会可持续发展作出贡献。基于上述形式、业态、技术、传播和展示利用五个方面的创新,建设具有中国特色的文物主题游径,才是充分释放文物资源、从根本上解决和真正实现"让陈列在广阔大地上的遗产活起来"的重要举措。

2 践行"一带一路"倡议,建设万里茶道主题游径

2013 年,习近平主席提出"一带一路"倡议,这是在审视当今国际关系的大背景下提出的,是借助历史上"丝绸之路"的概念复兴国际经济贸易的重要倡议。从"一带一路"倡议的布局和构成上看,其中"丝绸之路经济带"主要通过陆路的北、中、南三大际大通道和经济走廊与南亚和欧洲联系,其中,中线就是通过传统的丝绸之路,建设中国—中亚—西亚的经济合作走廊,联通到欧洲的波斯湾和地中海;北线则是建设新亚欧大陆桥,打通中蒙俄经济合作走廊,联通欧洲的波罗的海;南线则是建设中国—中南半岛国际经济合作走廊,到达印度洋[3]。

回望历史,我们不难发现,还有一些与"丝绸之路"有异曲同工作用的横跨亚欧大陆的国际性重要商道,其中最为著名、影响最为深远的就是"万里茶道"。万里茶道从

福建的武夷山下梅村出发，途经国内福建、江西、安徽、湖南、湖北、河南、山西、河北、内蒙古九省区，从今天中蒙边境的二连浩特出境，经蒙古国首都乌兰巴托（当时称为库伦）到达蒙俄边境的恰克图，再向西经伊尔库茨克、喀山、莫斯科，最终抵达圣彼得堡，干线全长达14000千米。"万里茶道"的线路走向与"丝绸之路经济带"的北线线路走向（中蒙俄经济走廊）相吻合，是"一带一路"倡议的重要组成部分。万里茶道跨越中蒙俄三国、纵贯国内九省区、绵延万里，线路主干清晰、主题鲜明、赓续百年，沿线遗留下数量众多、类型丰富的不可移动文物，具有世界文化遗产的突出普遍价值。万里茶道联合申报世界文化遗产是践行"一带一路"倡议和高质量建设中蒙俄经济走廊的重要文化支撑项目，意义重大，在申遗的过程中以万里茶道特定的主题为主线，有机关联，串珠成链，建设集中展示万里茶道专题历史文化的文化遗产旅游路线，符合"中国文物主题游径与国家文化公园建设、国家重大战略相衔接，主题具有国家意义、民族代表性，重在增强中华文化民族向心力、扩大中华文化国际影响力"的基本要求。

万里茶道（中国段），是万里茶道贸易线路中最重要的全球性商品——茶叶的生产加工、集散流通和贸易输出的核心部分。该路段连接中国南方山地产茶区、长江中下游平原、华北平原、黄土高原与内蒙古高原等多个地理文化单元和经济区，由一系列茶园、茶村、古道、码头、桥梁、关隘、建筑群、街区、集镇等史迹，共同支撑了茶业经济系统所具备的交通设施、生产基地、商业机构、管理机构和居住社区等关键价值特征要素，形成由腹地乡村、区域集镇、枢纽城市等构成的多层级茶业节点网络。这条伟大的经贸与文化交流之路集中体现了东亚内陆地区自主孕育的商品经济系统的主要特征，展现了跨区域茶叶贸易牵动东亚内陆地区经济融合、文化交流与共同发展的历史进程。在国家文物局的指导下，由湖北省牵头组织、经过九省（区）多年的实践探索与接续奋斗，通过"万里茶道——环中国自驾游集结赛"的活动，将沿线万里茶道申遗点文物点缀连起来，以可串联、可包括、可纳入的做法设计扩展参观游览内容，提供举办多种文体活动、展览、主题宣传等系列活动的方式，为建设万里茶道——中国文物主题游径奠定了坚实基础并做出了有益探索。

在游径主题方面：万里茶道是17世纪末至20世纪初，在茶叶的全球化贸易驱动下形成的以茶叶为大宗贸易商品的长距离商业贸易线路，茶叶的贸易和运输是其特定的方式，中国茶和茶文化的向外传播及其对世界的深远影响是其鲜明的主题。

在领导机制方面：从2012年湖北省率先在赤壁召开的"万里茶路文化遗产保护座谈会"发表《赤壁宣言》以来，万里茶道沿线各省高度重视遗产保护工作并形成联合申报世界文化遗产的共识。2015年在武汉会议上共同推举湖北省为申遗牵头省份、武汉市为申遗牵头城市，沿线九省区（2012年至2019年是八省区即闽、赣、湘、鄂、豫、晋、冀、蒙联合申遗，2022年安徽省正式加入联合申遗）文物主管部门建立起申遗工作协商机制和"申遗城市联盟"，此后根据申遗工作需要，又整合申遗牵头省份和牵头城市力量，专门成立了"万里茶道联合申报世界文化遗产办公室"，简称"万里茶道联合申遗办",确定联合申遗工作领导机制和会议制度、申遗计划,统筹推进沿线遗产保护和申遗工作,取得良好成效。

在游径路线方面:万里茶道可依托中国茶叶贸易的路线因路成径,串连沿线遗产点成链,重走采茶、制茶、运茶之路,沿着历史的车辙,重现古茶道风采,从福建武夷山出发向北经过江西铅山、安徽祁门、江西浮梁、九江、湖南安化、湖北恩施鹤峰、宜昌五峰到武汉汇集,再向北经湖北襄阳、河南社旗、洛阳,到山西晋城、祁县、大同,再经河北张家口到内蒙古多伦等地辗转,最终抵达二连浩特等。这是茶叶贸易的主线,持续时间长、贸易量巨大、文物资源多、遗产价值大,游径线路清晰明确,游览方式丰富便利。

在游径资源方面:目前,万里茶道(国内段)涉及茶道资源点110个,其中重点推荐遗产点共有53处,分布在沿线九省(区)内。《通知》中明确指出,文物是游径的核心资源要素。万里茶道申遗遗产点中,包含世界文化与自然遗产1处、全国重点文物保护单位30处,省(自治区)级文物保护单位23处,市级文物保护单位8处,县(区)级文物保护单位8处,未定级不可移动文物5处,中国历史文名镇2处,中国历史文化名村4处,中国传统村落6处,省级历史文化名城1处,中国少数民族特色村寨1处。丰富的历史文化遗存,可为建设文物主题游径提供大量文物资源。

在游径游览方面:万里茶道国内段干线全长4000多千米,跨越九省区30个节点城市,如何能在有限的时间内实现同一主题、全景式、全方位的游览并使游客对万里茶道的整个历史和文化活动有一个完整的掌握和认识是关键。为此,2019年开始,万里茶道联合申遗办组织开展了"万里茶道——环中国自驾游集结赛"的勘路之旅,沿线考察遗产点、设计考察线路、策划主题活动的形式和内容,通过与环中国自驾游集结赛这一体育品牌合作,探索以自驾游的形式、体育赛事的方式,把文化、文物、旅游和茶产业结合起来,将沿线万里茶道遗产点、旅游点、茶产业项目串联起来,实现文、旅、体、产融合发展。2020年至2024年连续四届,分别以"赤壁青砖茶""祁门红茶""修水宁红""浮梁茶"等茶业品牌冠名的"万里茶道——环中国自驾游集结赛",实现了"万里茶道——中国文物主题游径"落地实践的有益尝试。

为积极落实《通知》要求,共同做好"万里茶道——中国文物主题游径"建设,2023年6月16日,万里茶道联合申遗办在万里茶道重要节点城市黄山成功举办"万里茶道文物主题游径研讨会",会上共同发布了《万里茶道文物主题游径黄山共识》,主要包括五个方面内容:①以万里茶道联合申遗和申遗城市联盟工作机制为基础,充实完善文物主题游径建设工作机制,争取列入全国试点项目,同时沿线各地积极谋划省域及县域万里茶道文物主题游径建设,切实发挥主题游径的综合效益,共同探索争创具有示范性的中国文物主题游径。②万里茶道散点成珠、串珠成链。沿线的申遗点都是各地区重要的不可移动文物,要进一步系统梳理文物价值,提升保护级别,有序开展万里茶道文物维修保护和环境整治工作,提升万里茶道遗产点服务设施和景观环境,推动现有万里茶道遗产点全部对外开放，加强保护管理，确保文物安全，这是建设万里茶道文物主题游径的基础。③万里茶道因路成径，联通中外。只有高位谋划、统筹规划、统一标准才能避免千村一面、万里雷同。只有纳入城乡发展，科学部署，才能落到实处。只有多地、多部门协调联动，创新机制，才能统筹兼顾，解决好游径建设涉及的关键问题，这是建设好文物主题游径的关键。④万里茶道文化搭桥，连通万里。以遗产价值阐释为基础，加强综合研究，坚持正确价值导向，坚持实物实证，坚持通俗准确，充分展示遗产的真实性、完整性。创新展示利用方式，在已有利用自驾游方式的基础上，进一步丰富徒步、骑行、露营等游览方式，结合开展相关非遗展示、民俗展演等特色活动，有效发挥万里茶道文物主题游径的社会价值。推动建设、利用一批万里茶道申遗及相关主题的博物馆、纪念馆、展览展示馆，标识及导示解说系统，真实完整、通俗易懂地阐释和展示好万里茶道所承载的中华文明历史文化价值、体现中华民族精神追求、向世人展示全面真实的古代中国和现代中国，讲好万里茶道上的"中国故事"，这是建设好文物主题游径的重点。⑤万里茶道以茶为媒，传承古今。茶文化是中华文明对世界文明的重大贡献，通过文物主题游径的建设，向世界展示万里茶道沿线丰富多彩的茶文化。加强万里茶道国际（跨境）旅游区域联动合作，用活万里茶道区域联盟平台，挖掘茶故事，打造茶生活，不断提升"世纪动脉"的国际影响力，同时推动各地茶产业多元化发展，创新产业模式，提升产品价值，带动社会参与和配套服务产业的发展，建设一条文旅融合、普惠民生的可持续发展的创新之路。

3 打造品牌，万里茶道文物主题游径建设成效显著

自2019年勘路、2020年正式举办第一届赛事活动起至今，万里茶道联合申遗办已成功举办了四届"万里茶道——环中国自驾游集结赛"活动。值得一提的是，在2019~2022年，全国旅游市场受到新型冠状病毒感染疫情的冲击，跨省游有很长一段时间被熔断，在这种极其艰难的环境下，我们坚定并成功举办了三届赛事活动，这从一个侧面反映出采用自驾游的方式重走万里茶道这个充满传奇色彩和富有文化内涵的古老商道的活动，在社会层面具有极大的感召力和吸引力，这也是万里茶道这个文化品牌富有的独特魅力和巨大文化力量。活动的成功举办和活动产生的持续而广泛的社会关注度和影响力，也得到了文化和旅游部的高度认可，2022环中国自驾游集结赛万里茶道（中国段）暨九省（区）文化旅游推介活动被文化和旅游部评为2022年度国内旅游宣传推广十佳案例。

2023年（第三届）万里茶道——环中国自驾游集结赛，是在聚焦文旅深度融合时代背景下，在全国开展中国文物主题游径建设的前提下展开。按照《通知》的要求，在设计上进一步丰富活动形式、扩展游览方式、增加展示阐释内容、提升活动品质，在召开研讨会形成《万里茶道文物主题游径黄山共识》的基础上，采用全程自驾的方式实现

了万里茶道——中国文物主题游径的落地实践，成为近年来国内自驾游领域一抹靓丽的风景，开辟了文化线路文物旅游的新模式、打开一片新天地，打造出文物旅游新品牌，取得了"两创新、四突破"的六个方面的成效。

一是在文物旅游形式创新上，依托游径设计了全程自驾、茶源地徒步古茶道、骑行、遗产地露营、城市定向赛、无人机点亮茶道古街等游览活动方式，突破了传统的文物保护和旅游发展各自行事的状况，构建了创新性的文、旅、体、产融合发展，合作多赢的新模式。展示利用创新实践由原来着眼于遗产本体的"教科书式"展示，扩展到着眼于参与者共鸣和利于文化传播（讲好中国故事）的体验式、参与式、数字化、新业态等。

二是在文化遗产传播创新上，设立标识，统一风貌协调的文物主题游径视觉识别和导览系统，塑造特色文化品牌，打造游径文化标识。万里茶道联合申遗办与沿线九省（区）文物局选取了万里茶道沿线重要的遗产点、3A级以上旅游景区，设立了"感知历史·会游中国—万里茶道"醒目打卡标识牌，将万里茶道进行整体包装推介，以吸引更多游客沿着标识去探索万里茶道的历史遗迹与文化源流（图1）。人们可以根据万里茶道沿线的标识牌，通过自驾、研学、徒步旅游等多种形式，沉浸式打卡古茶道、古茶园，茶道上的古镇、古街；探访知名茶企、参观茶叶生产过程、了解非遗制茶技艺。通过技术创新开发运行"中蒙俄万里茶道申遗小程序"，提供万里茶道多种资源的查询、线路浏览、智能语音导览及可视化、沉浸式体验，建成智慧游径、快乐游径。此举不仅能增强社会公众对万里茶道的深入了解，也能为茶产业振兴、文旅经济发展带来更多机遇，更好、更快地助力地方社会经济发展。

三是突破了对不可移动文物重保护、轻利用、保用分家、保用对立的局面，实现了系统发掘文物资源的价值，通过同一主题的串联，多种方式、多个维度、引领性感悟文物资源所蕴含的中华历史文化内涵；激活了一些分布在偏远地区，零散分布、低级别、平时无法得到利用的文物点，如通过组织徒步古茶道或城市骑行、城市定向赛，把茶叶运输过程中的古码头、古桥梁、古茶道、古驿站，城市中分布在不同街区的茶商住宅、茶叶加工厂、仓库、茶铺、银行、宗教建筑等串联起来，勾陈出历史上它们曾经扮演的角色，唤起并加深大众的历史记忆，使游客走进文物点。

四是突破了传统的孤立、散点、片段、单一式的对历史事件和文物点的认知，提供并展现出全景式、多视角、沉浸式的认识和体验，我们规划出从万里茶道的起点福建武夷山下梅村到国内段终点内蒙古二连浩特全长12~15天的行程，从产茶区到运输路段，最终到外销路段的茶叶贸易全程考察，对茶叶种植、加工、品味和不同地域的茶文化全过程体验，组织对串联起的历史文化名城名镇名村、博物馆、纪念馆、非遗馆进行参观，对沿线不同的遗产地、名胜古迹、文化景观、自然风景区进行游览，让广大民众全景和沉浸式了解和体验万里茶道的历史，切身感知文物所承载的中华文明的独特魅力。

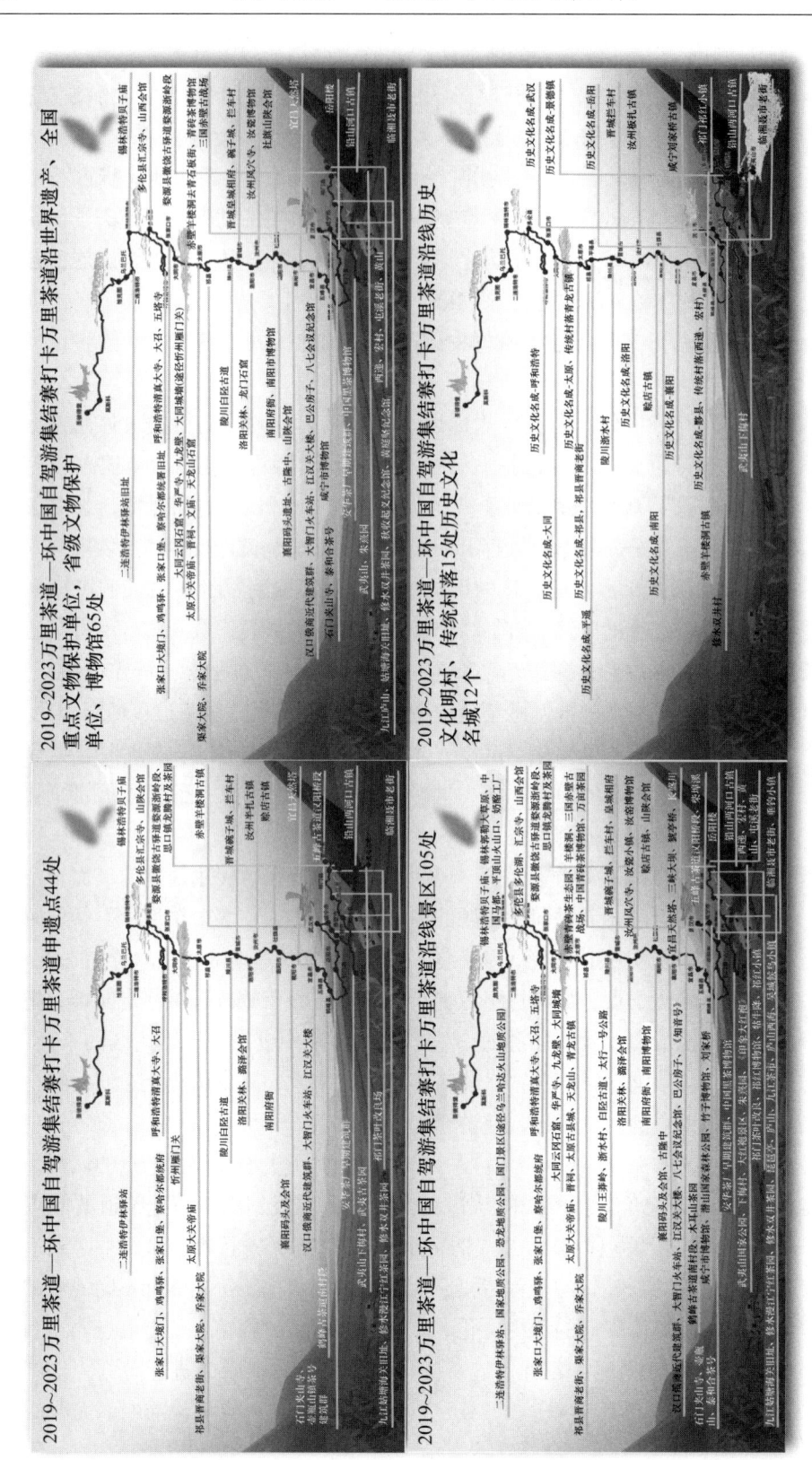

图 1 万里茶道主题游径串联的文物古迹标识

五是突破了物质文化遗产和非物质文化遗产自说自话的状况，推动了万里茶道申遗与茶叶制作技艺非遗在文物主题游径中深度融合，让游客在深入体验中了解正山小种、祁红、宁红、宜红、赤壁青砖茶、长盛川等列入人类非物质文化遗产代表作名录的制茶技艺，通过不同形式推介和展示了各地与茶有关的非遗项目和产品，推动非遗技艺活态化传承，沉浸式利用。

六是突破了常规单一的宣传推介模式，搭建了九省区近20个城市联动、各级政府联办，城市间交叉推介和遗产传播的共享平台，CCTV跟踪报道20余次，参与报道的有省市电视台100余家以及人民网、新华网、环球网、光明网、中国网、环球网等（图2）。央媒发稿100余篇，50余家国家及地方政务网站发稿，50余家全国党政报刊发稿100余篇，300余家其他网络媒体发稿2000余篇，50余家微信公众平台发稿且图文转发达10000余人次，微博阅读量超2.5亿次，今日头条话题阅读量超1900万，抖音、快手、小红书、微视频等自媒体平台阅读量超1400万次，参与报道的百万级博主30余人、自媒体账号超1000人，6大直播平台累计直播超1000分钟，超5000万用户观看。

全媒体大声量主题宣传、权威讲解阐释、跟踪式报道将使活动的影响持续而深远，带动各地积极行动起来，将万里茶道沿线各地厚重的文化底蕴和文物资源优势，得到有效释放并转化为强大的产业优势和文化影响力。

2024年8月10～21日，我们成功举办了"浮梁茶杯"2024（第四届）万里茶道——环中国自驾游集结赛，在此基础上，8月22～31日首次与蒙古国国家文化遗产保护中心、乌兰巴托中国文化中心、中国驻伊尔库茨克总领馆举办了"2024中蒙俄万里茶道联合申遗考察暨自驾游活动"（图3）。

图2　万里茶道文物主题游径宣传活动

图 3 "浮梁茶杯"2024 万里茶道——环中国自驾游集结赛
与 2024 中蒙俄万里茶道联合申遗考察暨自驾游活动

通过五年连续 4 次举办"万里茶道——环中国自驾游集结赛"活动，9 省（区）42 个地、市参与举办启动仪式、文旅推介会、发车仪式、城市巡游、音乐节、露营节、徒步大会、城市定向赛、颁奖盛典、民众签名助力万里茶道申遗等系列赛事活动 100 余场，打卡 90 余处世界遗产地、全国重点文物保护单位、省级文物保护单位、万里茶道申遗点及 4A 级、5A 级旅游景区，设立"感知历史·会游中国"万里茶道联合申遗节点城市打卡标识 25 处，活动里程突破 20000 千米，直接触及 50000 余万受众，切实做到了"让陈列在广阔大地上的遗产活起来"。

总之，万里茶道联合申遗是文物系统服务国家文化发展需要、促进国际文明交流互鉴、经贸往来和民间交往的重要举措，建设"万里茶道——中国文物主题游径"在文化遗产推动遗产地可持续发展方面大有可为，对于盘活和用好沿线遗产资源、促进文化遗产的活化利用具有积极意义，也必将为积极践行"一带一路"倡议，讲好中国故事，把中蒙俄经济走廊打造成高质量联通发展之路贡献文化力量。

注　释

[1] 国家文物局 文化和旅游部 国家发展改革委关于开展中国文物主题游径建设工作的通知（文物保发〔2023〕10 号）. 2023-05-06.

[2] 习近平. 顺应时代前进潮流，促进世界和平发展（二〇二三年三月二十三日）// 论坚持推动构建人类命运共同体. 北京：中央文献出版社. 2018.

[3] 国家发展改革委，外交部，商务部. 推动共建丝绸之路经济带和 21 世纪海上丝绸之路的愿景与行动. 2015-03-28.

基于建筑考古复原研究的建筑遗址展示体系初探

顾国权　徐怡涛*

摘要：建筑遗址是历史文化的重要载体，对其进行阐释与展示对于文化传承和价值传播具有重要意义。本文从国内建筑遗址阐释和展示的现状出发，分析建筑遗址展示的问题与难点，提出基于建筑考古学理论的复原研究是建筑遗址阐释与展示的基础，结合现代技术手段，构建遗址阐释与展示体系，旨在为建筑遗址的阐释与展示工作提供参考。

关键词：建筑遗址；展示体系；复原研究；建筑考古学

我国建筑遗址数量众多，普遍具有遗址要素复杂、遗迹现象混乱、可读性弱、观赏性低的特点，专家视角的解读方式难以为公众理解和观赏遗址提供帮助，对促进遗址价值传播和文化传承也十分有限，不利于遗址的长远保存与持续利用。如何科学认知建筑遗址、充分发掘遗址内涵、生动再现历史场景，进而传播遗址价值，是当前建筑遗址阐释与展示工作的重要课题。

1　研究背景

文化遗产的阐释与展示理念自20世纪中叶提出后，在国内外文化遗产领域受到普遍重视，并被持续讨论[①]。2008年，在加拿大魁北克开召的国际古迹遗址理事会（ICOMOS）第16届大会通过的《文化遗产阐释与展示宪章》[1]是针对文化遗产阐释与展示工作的专门文件，宪章中明确了"阐释"与"展示"的定义，其中"阐释"是指"一切可能的、旨在提高公众意识、增进公众对文化遗产地理解的活动。这些可包含印刷品和电子出版物、公共讲座、现场及场外设施、教育项目、社区活动，以及对阐释过程本身的持续研究、培训和评估"。"展示"指"在文化遗产地通过对阐释信息的安

---

* 顾国权，北京大学考古文博学院，北京，邮编100871；徐怡涛，北京大学中国考古学研究中心、北京大学考古文博学院，北京，邮编100871。
① 在国际社会影响较大相关的讨论有《关于适用于考古发掘的国际原则的建议》（UNESCO，1956）、《国际古迹保护与修复宪章》（ICOMOS，1964）、《保护世界文化和自然遗产公约》（UNESCO，1972）、《巴拉宪章》（ICOMOS，1999）等文件的相关内容，见《文化遗产保护管理相关法规文件汇编》，http://www.icomoschina.org.cn/publication/。

排、直接的接触，以及展示设施等有计划地传播阐释内容。可通过各种技术手段传达信息，包括（但不限于）信息板、博物馆展览、精心设计的游览路线、讲座和参观讲解、多媒体应用和网站等"。从定义可以看出，阐释是提高公众对文化遗产理解的一切可能活动的总和，展示是通过各种手段传播阐释内容。《中国文物古迹保护准则》（2015版）中对展示的定义和目的作了进一步的说明："展示是对文物古迹特征、价值及相关的历史、文化、社会、事件、人物关系及其背景的解释。展示是对文物古迹和相关研究成果的表述。展示的目的是使观众能完整、准确地认识文物古迹的价值，尊重、传承优秀的历史文化传统，自觉参与对文物古迹的保护。"[2] 2020年9月，习近平总书记发表《建设中国特色中国风格中国气派的考古学 更好认识源远流长博大精深的中华文明》重要讲话，作出"做好考古成果的挖掘、整理、阐释工作""用好考古和历史研究成果""加强考古成果和历史研究成果的传播"等重要指示[3]。2022年全国文物工作会议明确了"保护第一、加强管理、挖掘价值、有效利用、让文物活起来"新时代文物工作方针，对文物利用提出更高要求。

在当前考古发掘和揭露的遗址中，建筑遗址占有相当大的比重。建筑遗址是历史文化遗产的重要组成部分，是对地面早期建筑遗存不足的有力补充。建筑遗址记录了古代建筑技术和艺术的发展，反映了当时的社会、经济、文化等多方面的信息。然而，随着时间的推移，许多建筑遗址已遭受严重破坏，难知其原貌。

针对建筑遗址"不好看"（观赏性低）和公众"看不懂"（可读性弱）的困境，复原研究是建筑遗址阐释与展示的有效途径。钟晓青先生在《中国古代建筑的复原研究与设计》一文中对复原研究的定义、内容和意义作了明确阐释："复原设计或复原研究是指通过研究，对已经不存在的历史建筑现象做出推测，研究与设计的内容包括建筑物的平面规模、整体外观、构架形式、细部做法、装修装饰的样式与纹饰。复原的目的和意义在于学术研究和文化教育。其中，文化教育是指在博物馆、遗址公园或其他适当的场合，通过实物形象（如模型）或图像、影像进行古代城市与建筑历史的宣传展示，向公众提供一种直观感受古代社会环境与建筑文化的机会，建立起现代与古代、今人与祖先之间在精神文化、审美等各个方面的联系，以促进全社会整体人文素质的提升。"[4] 文中进一步指出复原研究按照其基础或依据分为三种情况：基于构架复原、基于遗址复原、基于文献复原，复原研究中最多的是基于遗址进行复原，复原的主要依据是考古发掘资料。

2　当前建筑遗址复原展示的现状、问题与难点

2.1　建筑遗址复原展示的现状

针对建筑遗址完整性差的特点，通过复原研究进行阐释与展示可以提高遗址可读性。目前建筑遗址复原展示的方式主要分为两类，即实体复原展示和数字化复原展示。

2.1.1 实体复原展示

实体复原展示根据展示对象可以分为微缩模型展示和复原重建工程。

微缩模型展示成本较低，可以向公众直接展示建筑历史形象，对遗址本体几乎不会造成影响，这种展示方式在遗址展示区或展示场馆中十分常见。

与微缩模型展示不同，复原重建工程具有投入高、社会影响大等特点。建筑遗址究竟应不应该实施复原重建工程，长期以来是一个被反复讨论的话题。复原重建的争议与讨论集中在两个方面，一是复原的可信度，二是复原的在地性。复原可信度是指复原工作对史料来源进行深度辨析和充分利用的程度，复原过程科学严谨的程度；复原的在地性是指与具体的场所环境和具体时空的历史形制的适应与联系。颐和园后湖苏州街重建是20世纪80年代末期一项重要的工程，重建设计中充分利用遗址、图样和文字档案，尽可能还原了苏州街始建时期的江南城镇的庙市格局和建筑形式风格，达到了复原重建中可信度与在地性的要求[5]。重建工程案例还有杭州雷峰塔，雷峰塔是五代末吴越国时期兴建的佛塔，20世纪30年代倒塌成废墟。2000年至2001年，浙江省文物考古研究所对雷峰塔遗址进行了考古发掘，基本理清了塔身的形制、结构、大小、层数等相关问题[6]。雷峰塔的重建一度成为文化领域乃至整个社会激烈讨论的话题，专家学者也曾提出不同复原方案，杨鸿勋将吴越国时期的雷峰塔复原为带副阶的七层塔[7]。雷峰塔复建工程于2002年完成并开放，复原实施方案采用南宋重建时的五层楼阁式塔的形象，尽管设计者称"新塔是新建景观建筑而非文物建筑的复原"[8]，但这种在遗址本体上进行带有"误导性"的建设行为，仍有商榷的余地。

按照《中华人民共和国文物保护法》（2017年修订）的相关规定，一般情况下不得在原址重建[9]。复原重建是遗址展示方式，更是遗址保护手段，复原重建应建立在科学、严谨论证重建之必要性的基础上，慎重考量重建工程的建筑风格、材料、色彩、工艺等因素，并确保重建工程不对遗址本体造成破坏。重建工程应具有可逆性，保护条件发生变化时，为保护工作保留余地。

2.1.2 数字化复原展示

数字化复原展示是当前较为流行的遗址展示方式。数字化复原展示根据展示环境与遗址本体的关系，可以分为虚拟展示和融合展示两类。

虚拟展示是利用数字技术和三维建模创建虚拟的展示环境，参观者通过终端设备进行观赏。运用于建筑遗址虚拟展示的主要技术是虚拟现实技术（VR，Virtual Reality）。虚拟现实技术是综合计算机图形技术、多媒体技术、传感技术、显示技术等多项关键技术的综合科技成果。虚拟现实技术通过计算机技术创造出将周围真实环境全部遮挡的完全虚拟三维图形场景，通过三维立体显示器、传感器等输入输出设备，配合计算机软件，给使用者以逼真的感知体验，产生一种"身临其境"的真实感，但使用者仍旧可以意识到自己身处虚拟环境中。理想状况下，虚拟现实环境应具有沉浸感、交互性和感知视觉、触觉、嗅觉、味觉等多种信息的能力[10]。虚拟展示的案例，如重庆合川钓鱼城范家堰遗址。

融合展示强调将遗址本体和研究成果进行融合，是当前数字化复原展示的发展趋势。目前应用于建筑遗址的融合展示技术主要是增强现实（AR，Augmented Reality）和混合现实（MR，Mixed Reality）两种，受限于技术和资金等因素，融合展示目前只在少数案例中尝试，尚未普及。增强现实技术是在虚拟现实技术基础上发展起来的一种新兴技术，本质是在现实场景中叠加虚拟对象，是对现实场景的补充。增强现实技术将计算机软件生成的增强信息有机、实时、动态地叠加到现实场景当中，并且当使用者在现实场景中移动时，增强信息也随之发生相应的变化[11]。增强现实技术强化了使用者对现实环境的感知能力，使用者通过硬件设备，从感官体验上认为虚拟物体是周围真实环境的组成部分，实现虚拟对象和现实环境的融合。不同于虚拟现实技术基于完全虚拟环境，增强现实技术只是对现实环境的加强，而不是完全替代现实环境[12]。增强现实技术以现实为主，虚拟为辅，使用者可明显区分出真实场景与虚拟场景。增强现实技术的应用案例，如数字圆明园增强现实系统。数字圆明园项目以圆明园西洋楼景区大水法区域为背景，在保持遗址现状的基础上，利用增强现实技术在遗址现场复原出大水法、线法山及其山门、观水法、海晏堂和东西水塔的历史景象，与当前遗址形成鲜明对比。该项目研制的定点单用户旋转镜筒式试验样机是国内第一套实用化的增强现实系统，试用效果良好[11]。

混合现实技术是增强现实技术的进一步发展。混合现实技术可实现虚拟对象与现实世界的实时交互，在理想状态下，使用者无法辨别真实场景与虚拟场景。混合现实技术在实践中运用案例如广州南汉宫殿遗址、杭州德寿宫遗址等。

2.2　复原展示中的问题与难点

2.2.1　复原研究中历史真实性与历史完整性

保持真实性和完整性是公认的文化遗产保护的基本原则。《国际古迹遗址保护与修复宪章》（威尼斯宪章，1964年）已经指出要将古代遗迹"真实地、完整地传下去"[13]。《奈良真实性文件》（1994年）[14]在此基础上加以延伸，充分强调了文化遗产价值与真实性的关系。《西安宣言》（2005年）[15]强调了"周边环境"的概念。《中国文物古迹保护准则》（2015）指出"真实性：是指文物古迹本身的材料、工艺、设计及其环境和它所反映的历史、文化、社会等相关信息的真实性。对文物古迹的保护就是保护这些信息及其来源的真实性。与文物古迹相关的文化传统的延续同样也是对真实性的保护""完整性：文物古迹的保护是对其价值、价值载体及其环境等体现文物古迹价值的各个要素的完整保护。文物古迹在历史演化过程中形成的包括各个时代特征、具有价值的物质遗存都应得到尊重"。[2]

基于真实性和完整性的理念，结合建筑遗址具体条件，提出复原研究中"历史真实性"与"历史完整性"的概念。所谓历史真实性，是强调复原研究应以科学的考古发掘、经过充分辨析的史料、科学的理论方法、严密的推理论证为基础，如此才能确保复原研究成果尽可能接近历史真相；所谓历史完整性，是强调复原研究成果应尽可能体现遗址本体及周边环境的完整性，不仅包含物质的、有形的要素如本体与赋存环境，还包括非物质的、无形的要素如文化、传统。

不论原址重建、实体模型还是虚拟复原，都面临如何保证复原成果的历史完整性与历史真实性的问题。不应为了迎合展示利用工作的需要，而在缺乏严谨的材料辨析与综合考证的情况下，进行复建或虚拟复原展示，如此则遗址研究成果真实性、完整性和准确性无法保证，造成对建筑遗址历史信息的歪曲、误解，对遗址内涵发掘与价值传播造成不利影响。

2.2.2 复原研究的多解性

复原是一个不断面临选择的过程，复原中特别是细部的复原存在着多种可能性[4]。由于直接史料缺失，建筑遗址复原研究不可避免地存在假设成分。按大胆假设、细心求证的史学研究方法，复原研究成果须得到验证才能形成闭环，其成果才能成为具有科学性的结论[16]。实际复原工作中，要充分辨析史料，充分利用材料。

2.2.3 复原研究的可选择性

价值认知是复原研究的基础。任何建筑遗址的形成都经历建造、使用、废弃三个阶段，其间又伴随着数次修缮活动，即使在废弃成为遗址后，也存在被改建或再次利用的现象，因而考古发掘揭露出的遗址，往往是多个时期遗迹相互叠压。受限于史料缺失等各类因素，在具体的复原研究过程中，难以对建筑遗址进行历时性的复原和呈现，只能选择复原某个或某些具体时期的景象，如何做出合理的选择，与遗址的价值认知紧密相关。

《中华人民共和国文物保护法》（2017修订）中提出不可移动文物具有历史、艺术和科学三项价值[9]。《中国文物古迹保护准则》（2015）指出文物古迹的价值包括历史价值、艺术价值、科学价值以及社会价值和文化价值，并明确价值评估应置于文物保护程序的首位[2]。依据物质文化遗产价值评估公式[17]，可以对复原对象各项价值进行客观评估，按照评估结果，选择复原对象的具体时空历史形象。

3　建筑考古学视野下建筑遗址复原研究方法

3.1　建筑遗址复原研究的理论基础与实践路径

建筑遗址复原研究的理论基础是建筑考古学。所谓建筑考古学是指："综合运用历史学、考古学和建筑学等相关学科的理论、知识与方法，以现存建筑或与建筑相关的遗迹为研究对象，研究其年代问题，明确建筑形制的区系类型和渊源流变关系，并通过辨析建筑遗址，复原建筑的历史面貌。"[18]建筑相关的遗迹是建筑考古学的研究对象之一，通过辨析建筑遗址复原建筑的历史面貌是建筑考古学的重要研究内容。基于建筑考古学的建筑遗址复原研究的核心目的与意义是：通过复原研究，在建筑遗址现场发现更多建筑历史信息，提升田野考古认知建筑遗址的水平，提高建筑遗址场景的历史完整性和历史真实性，见证建筑遗址所承载的历史和文明价值[16]。

建筑考古视野下的建筑遗址复原研究，强调与田野考古的有机结合、互相促进，强调重视复原史料的可信度辨析。其基本的研究流程可分为三个阶段：一是收集与辨析各类型复原史料，二是复原建筑遗址的等级秩序，三是依据等级秩序，依次复原建筑遗址的尺度、总平面及单体建筑，形成建筑复原的整体成果[16]。

通过科学的复原研究，可以产生CAD图纸、三维模型、复原动画等多种类型的研究成果，这些成果是建筑遗址阐释与展示的关键内容。

3.2　建筑考古遗址复原研究实践案例

建筑遗址的复原研究对象，可以是建筑单体，也可以是建筑群。复杂建筑组群复原研究以位于河北省张家口市崇礼区四台嘴乡原太子城村村南的太子城遗址。2017年至2018年，河北省文物研究所、张家口市文物考古研究所等单位对太子城遗址连续两年进行考古发掘，清理了城墙、城门和城内建筑基址，厘清了总体布局方式。结合建筑规模等级与出土遗物，推测该城址应为金代中后期的皇室行宫[19]。复原研究中，尝试运用建筑考古学相关理论方法，对考古发掘现场遗迹进行识别和辨析，建构出建筑群整体等级秩序，并复原重要单体建筑形制。研究中设定的材等、形制等也被后续考古发掘所证实，充分说明了建筑考古复原研究的科学性。

4　基于建筑考古复原研究的建筑遗址阐释与展示体系建构

4.1　建筑遗址阐释与展示体系要素研究

在明确遗产构成和遗产价值的基础上，构建建筑遗址的阐释与展示体系是转译复原研究成果、传递遗址价值的重要环节。阐释与展示的体系主要包括四个方面：考古发掘与遗存要素识别；遗址内涵发掘与价值认知；建筑考古复原研究；展示策划与实施。其中，考古发掘是基础，价值认知是核心，复原研究是重点，展示实施是保障。

4.1.1 考古发掘与遗存要素识别

科学勘探发掘、全面揭示遗存情况是建筑遗址阐释与展示工作的基础。建筑遗址的考古发掘，不仅需要具备专业发掘技术的田野考古工作者，还需要具备古代建筑相关专业的人员，配合发掘工作，辨析建筑遗迹现象，指导发掘工作。对现场建筑遗迹和出土建筑构件，进行全面记录，尽可能获取遗址信息，才能为复原研究提供可靠的资料。

遗存要素识别不仅包括考古发掘揭露出的遗址本体，还要扩展到与遗址相关的历史背景，包括物质形态要素，如遗址周边山形水势、道路植被等，以及非物质形态要素，如人物事件、文化传统，对遗址要素的识别是价值认知的前提。

4.1.2 遗址内涵发掘与价值认知

对遗址内涵的发掘是遗址价值认知和价值体系建构的基础。遗址内涵发掘与价值认知需要多学科参与，对考古发掘资料进行系统的整理研究，明确遗址价值载体，结合历史文献，提炼总结遗址的核心价值，构建遗址价值体系。

4.1.3 建筑考古复原研究

复原研究是解决遗址观赏性低和可读性差的重要方式。复原研究的过程是以科学严谨的论证，不断接近历史真相的过程，是再现历史场景、表现遗址价值的过程。建筑考古复原研究从根本上讲，是在解决遗址残缺现状与历史原貌的矛盾。

4.1.4 展示策划与实施

展示策划与实施是将研究成果进行真实客观的展现，将研究数据转换为通俗易懂的内容，并以易于公众理解和接受的方式完整呈现。建筑遗址的阐释与展示本质上是遗址本体、专业研究者和公众三者之间的沟通与交流，这种互动关系贯穿于文物工作全过程，阐释与展示的对象不仅包括遗址本身，更包括遗址相关的历史、文化、社会、事件、人物关系及其背景。公众既是遗址价值传播的受众，也会从自身的知识体系与背景出发重新释读，成为二次阐释的主体。

展示策划与实施是对遗址阐释内容的实践，包含展示规划（原则、目标）、展示内容（对象、主题）、展示结构（展示功能分区、重要节点和展示流线）、展示方式（实体展示、数字化展示）等。

4.2 建筑遗址阐释与展示体系建构

基于以上分析，尝试建立建筑遗址阐释与展示体系如图 1 所示。

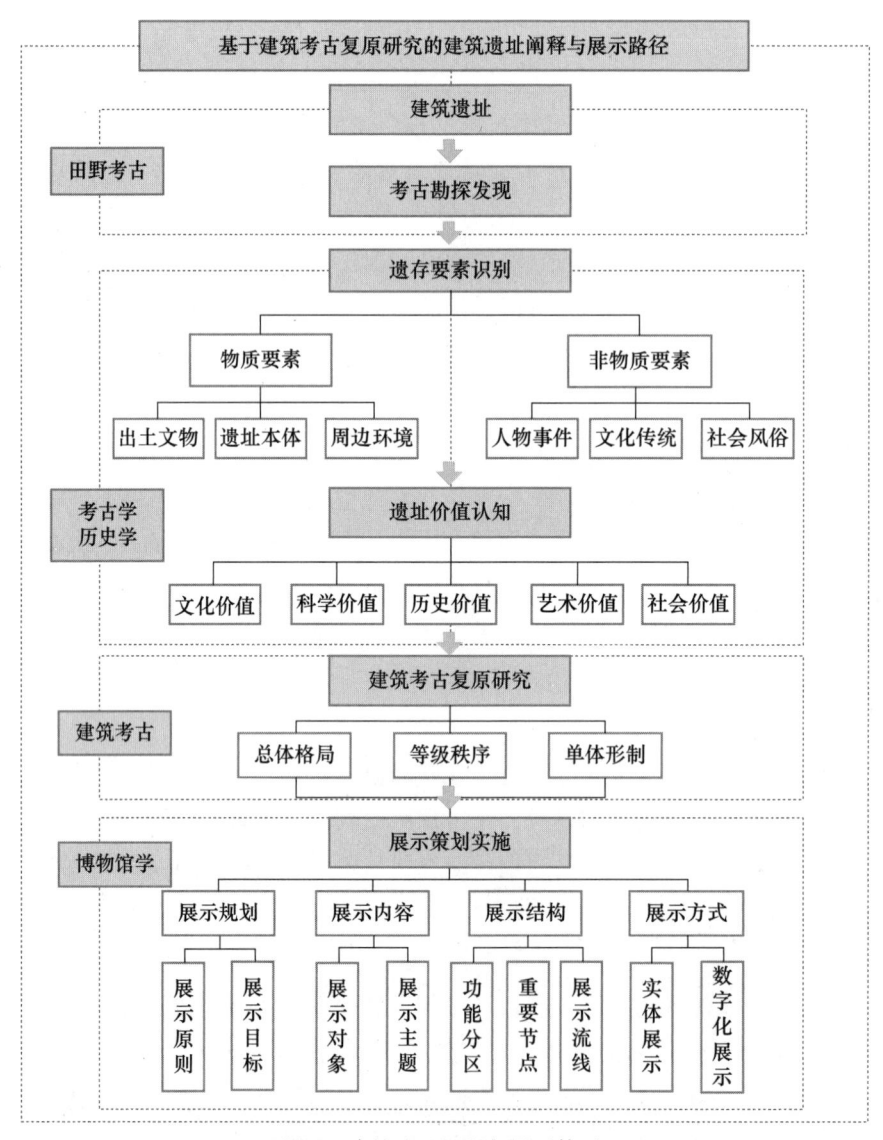

图 1　建筑遗址阐释与展示体系

5　基于建筑考古复原研究的建筑遗址展示实践案例

5.1　重庆老鼓楼衙署遗址

老鼓楼衙署遗址位于重庆市渝中区望龙门街道，该遗址在 2010 年第三次全国文物普查时被发现，重庆市文化遗产研究院于 2010 年至 2012 年及 2019 年持续对其开展考古工作，发掘清理大量宋元、明清及民国时期各类遗迹，位于遗址发掘区南部的夯土包筑式建筑基址 F1 是其中最重要的发现之一。经确认，F1 为晚清张云轩《重庆府治全图》中所绘的"老鼓楼"，老鼓楼衙署遗址亦由此得名[20]。结合历史文献、纪年铭文城砖等材料，确认高台建筑基址是宋蒙战争时期南宋西线指挥中心的四川制置司衙署前的威仪性大门——谯楼。

F1 大部暴露于地表，建筑已毁坏不存，基址顶部亦被近现代建筑破坏，部分夯土被取走，外部砖墙后期被频繁利用，有明显的修凿改建痕迹。F1 基址被解放东路分为东、西两个部分。西部区域保存面积大、遗迹现象清晰，包含门塾、踏道、夯土墩台、墩台石基、表面城砖等[20]，东部发掘区被晚期破坏严重，保存状况不佳，现存遗迹主要为台基包边墙、门塾、磉墩、夯土、护坡五部分[21]。

老鼓楼衙署遗址的发现填补了重庆城市发展史考古上的空白。南宋淳祐二年（1242 年）四川制置司移驻重庆，重庆从普通州府成为西南地区的政治、军事中心，成为重庆城市大发展的开端，老鼓楼衙署遗址正是这段历史的重要见证。老鼓楼衙署遗址作为四川制置司衙署治所，是南宋时期川渝地区抗蒙战争的指挥中心，是川渝山城防御体系的重要组成部分，对阻止蒙古扩张发挥了重要作用[21]。

2021 年重庆市文化遗产研究院委托北京大学考古文博学院文物建筑专业对老鼓楼衙署遗址南宋谯楼建筑进行复原研究。复原研究以考古发掘所揭示的老鼓楼衙署遗址遗迹现象和出土遗物为基本依据，明确遗址的时代、建筑类型、建筑性质。通过考古揭示的遗存，进行平面复原；之后通过对遗址现状的尺寸提取和分析，复原建筑营造尺和所使用的材等。依据考古遗存并参考《营造法式》以及在时代与地区上具有较强关联性的木构建筑、仿木构建筑、图像史料等，复原谯楼建筑的大木作和小木作；最后，根据遗址中出土的瓦当复原屋顶瓦作。

展示策划中，老鼓楼衙署遗址采用图版和可打开的实体模型进行展示（图 2）。

图 2　实体复原展示—重庆老鼓楼衙署遗址

5.2 重庆合川钓鱼城范家堰遗址

钓鱼城位于重庆合川区，是宋蒙战争期间川渝地区山城防御体系的重要组成部分，范家堰遗址位于钓鱼城北部的二级台地上，是钓鱼城内发现的第一处衙署遗址。2013年以来，重庆市文化遗产研究院开展了多次主动性发掘，揭露出了建筑群遗址、排水系统等遗迹，取得了重大收获。

范家堰遗址发掘揭露出高台建筑基址、大型蓄水池、拱券顶结构涵洞、财库类地下暗室等，多为钓鱼城遗址首次清理揭露的遗迹类型，填补了钓鱼城遗址既往考古工作的相关空白。钓鱼城是宋蒙战争时期战略要地，范家堰遗址是钓鱼城内发现的第一处衙署遗址，具有突出的历史价值。

为进一步阐明遗址形制与历史原貌，重庆市文化遗产研究院委托北京大学考古文博学院文物建筑专业进行复原研究。复原研究以考古资料为基础，结合历史文献，以及宋代界画、南宋仿木构建筑等，复原了范家堰遗址整体格局和主要单体建筑形制[22]。

展示策划中，以钓鱼城作为山城防御体系重要组成部分的历史价值为核心。展示方式上采用高清LED显示虚拟复原展示，展示的内容包括总体格局以及复原的单体建筑（图3）。

图3 虚拟展示—重庆合川钓鱼城范家堰遗址

5.3 南汉二号宫殿遗址

南越国宫署遗址位于广州老城区中心，遗址发现于1975年。自1995年以来，经过近三十年的考古工作，该遗址发掘出自秦汉至民国各历史时期丰富的文化遗存，其中包括秦汉时期南越国宫苑遗址和五代十国时期南汉国宫殿遗址，以及秦统一岭南以来历代郡、县、州、府官署遗迹。南越国宫署遗址的发现，揭示出广州自古以来作为岭南地区政治、经济、文化中心的重要地位，同时见证了广州城建两千多年的发展历程[23]。

位于南越国宫署遗址东部的南汉国时期二号宫殿是一组以多进殿堂、庭院和回廊组合而成的大型建筑院落，考古发掘的部分包括第一进殿北庭院、东廊庑及北宋广场、南宋建筑基址等遗迹[24]。从其位置、建筑规模、出土建筑构件规制，结合文献记载，推测二号宫殿应是南汉皇帝朝政的大殿[25]。

2022年，北京大学考古文博学院受南越王博物院委托，对南汉国二号宫殿遗址进行复原研究，经考证二号宫殿位于南汉兴王府中轴线东侧，当为文献所载的"昭阳殿"。根据二号宫殿第一进殿的磉墩分布规律，推知第一进殿面阔5间，符合唐五代时期宫殿建筑的规制[24]。

发掘区域内保存有南汉、北宋、南宋多个时期的遗存，综合考量后认为，其作为一处南汉时期高等级大型建筑院落具有突出的价值。复原研究中，定位复原目标为南汉皇家宫殿，经过严密的推理论证，复原出南汉二号宫殿历史景象。

展示策划中，以建筑考古复原研究成果为基本依据，结合混合现实技术，实现了让宫殿在遗址上重新"长"出来，收获了良好的社会反响（图4）。

图4　融合展示—广东南汉二号宫殿遗址

6　结语

本文分析了建筑遗址复原展示的问题与难点，尝试构建基于建筑考古复原研究的建筑遗址阐释与展示体系。结合实践，本文认为准确认知建筑遗址的价值是展示工作的基础，建筑考古复原研究是遗址阐释与展示的核心环节，复原研究成果可以多种方式展示。其中，与数字化技术相结合的展示方式是建筑遗址复原展示的趋势。

注　释

[1] 国际古迹遗址理事会. 文化遗产阐释与展示宪章. 2008.
[2] 国际古迹遗址理事会中国国家委员会. 中国文物古迹保护准则. 2015.
[3] 习近平. 建设中国特色中国风格中国气派的考古学　更好认识源远流长博大精深的中华文明. 求是, 2020（23）: 4-9.
[4] 钟晓青. 中国古代建筑的复原研究与设计. 美术大观, 2015（12）: 101-105.
[5] 徐伯安. 颐和园后湖"苏州街"重建工程建筑设计——工作扎记之一. 古建园林技术, 1992（2）: 14-18, 25.
[6] 黎毓馨. 杭州雷峰塔遗址考古发掘及意义. 中国历史文物, 2002（5）: 4-12, 89-92.

［7］ 杨鸿勋．杭州雷峰塔复原研究．中国历史文物，2002（5）：13-22．

［8］ 郭黛姮，李华东．杭州西湖雷峰新塔．建筑学报，2003（9）：50-53，72-74．

［9］ 全国人民代表大会常务委员会．中华人民共和国文物保护法．2017．

［10］ 巫影，何琳，黄映云，等．虚拟现实技术综述．计算机与数字工程，2002（3）：41-44．

［11］ 师国伟，王涌天，刘越，等．增强现实技术在文化遗产数字化保护中的应用．系统仿真学报，2009，21（7）：2090-2093，2097．

［12］ 柳祖国，李世其，李作清．增强现实技术的研究进展及应用．系统仿真学报，2003（2）：222-225．

［13］ 国际古迹保护与修复宪章．第二届历史古迹建筑师及技师国际会议．1964．

［14］ 奈良真实性文件．世界遗产委员会奈良会议．1994．

［15］ 西安宣言．国际古迹遗址理事会第15届大会．2005．

［16］ 徐怡涛．建筑考古视野下建筑遗址复原研究的目的、意义与方法．考古学研究，2022（1）：791-800．

［17］ 徐怡涛．以物质文化遗产为例刍议文化遗产价值规律及其评估表达．中国文化遗产，2019（1）：45-47．

［18］ 徐怡涛．试论作为建筑遗产保护学术根基的建筑考古学．建筑遗产，2018（2）：1-6．

［19］ 河北省文物研究所，张家口市文物考古研究所，崇礼区文化广电和旅游局．河北张家口市太子城金代城址．考古，2019（7）：2，77-91．

［20］ 重庆市文化遗产研究院．渝中区老鼓楼衙署遗址高台建筑F1发掘简报．江汉考古，2018（S1）：69-75．

［21］ 袁东山，胡立敏．从谯楼到鼓楼——考古视野下八百年重庆府的历史镜像，重庆考古．2020-12-10．http://www.cqkaogu.com/gzdt/4350.jhtml．

［22］ 罗登科．重庆市合川区钓鱼城范家堰遗址建筑复原研究．北京大学硕士学位论文．2018．

［23］ 南越王宫博物馆．南越国宫署遗址：岭南两千年中心地．广州：广东人民出版社，2010：1-6．

［24］ 刘业沣．关于考古遗址博物馆对象的思考——以南越王博物院为例．博物院，2023（5）：20-27．

［25］ 易西兵．五代南汉国遗存概述．岭南文史，2013（3）：14-20．

新疆长城资源保护利用现状分析和对策研究*

杨　静　葛　忍　张耀春　罗　川**

摘要：新疆长城资源是中国长城文化遗产的重要组成部分，具有深厚的历史文化价值和象征意义。近年来，自治区党委、政府高度重视长城资源的保护与传承，积极推进新疆段长城国家文化公园建设，目前已取得显著成果。然而，在长城资源的保护、研究、展示等方面仍存在一些问题，如保护水平不均衡、价值挖掘不充分、展示不规范、体制机制不完善等。为此，笔者提出加强统筹协调、深化研究阐释、坚持保护优先、充实展览内容、健全体制机制、重视人才培养等保护利用策略，旨在进一步弘扬长城文化，促进新疆段长城资源的保护利用与可持续发展，为铸牢中华民族共同体意识提供鲜活史证案例，为实现新疆社会稳定和长治久安奠定坚实基础。

关键词：新疆长城资源；保护利用；分析研究

文化是民族的血脉和魂魄，是国家强盛的重要支撑。习近平总书记强调，要"树立和突出各民族共享的中华文化符号和中华民族形象，增强各族群众对中华文化的认同"[1]。党的十八大以来，党中央把长城国家文化公园建设作为重大文化工程、民心工程，印发了《长城、大运河、长征国家文化公园建设方案》[2]，明确了国家长城保护的总体战略和分段分级保护的原则，强化顶层设计，高质量推进长城国家文化公园的建设。

长城资源由长城墙体、单体建筑、关堡、其他相关设施、壕堑/界壕等多种防御工事组成[3]。新疆维吾尔自治区（以下简称新疆）境内具有基本相同作用和性质的军事防卫设施遗址，也被纳入到长城文化中来认识。由于独特的自然环境，新疆段长城没有连续性的墙体，其突出特征是依线设点，即在新疆境内的丝绸之路沿线及军事要地附近修建众多的防御设施，构筑不同级别、不同类型和规模的防御建筑，总体形成了以城镇

---

* 基金项目：新疆社科基金资助项目"铸牢中华民族共同体意识视域下长城文化公园（新疆段）文物活化研究"（批准号：2023VZX006）。

** 杨静、葛忍、张耀春、罗川：新疆维吾尔自治区文化遗产保护中心，乌鲁木齐，邮编830000。

为中心，以烽火台、戍堡、守捉、关隘等为基点连接的丝绸之路交通护卫防线。目前，经国家相关部门认定的新疆段长城资源共计212处，分布于新疆境内10个地州（市）、40个县（市、区），涉及新疆生产建设兵团5个师（市）、9个团场[4]。

新疆的长城资源是中国长城文化遗产重要组成部分，是汉、唐等各个历史时代中央政府在保障西域各族人民生产生活的繁荣、促进欧亚丝绸之路大通道的通畅、维护国家及边疆安全的重要防卫体系。新疆段长城作为我国最西端的长城，是以烽火台、关堡等形式连接成的多条以点带线的丝绸之路护卫线。凝聚着中华民族自强不息的精神和坚强不屈的品格，焕发着新疆各族人民团结一致、建设边疆、开发边疆的历史精神，是历代中央政权经营统治、管辖西域，维护祖国统一的历史明证，是新疆各族人民共同维护边疆稳定、国家统一、长治久安的历史见证。

1 新疆长城资源保护工作取得的积极成效

1.1 高位推进长城资源保护

自治区党委、政府高度重视长城资源保护工作，严格落实《长城保护条例》，高位推动《长城保护总体规划》深入实施。自2012年起，落实国家文物保护专项资金9386万元，主要开展巴音郭楞蒙古自治州33处烽火台遗址保护加固工程、喀什地区烽燧维修保护工程、哈密境内烽燧遗址保护性设施建设等15项保护工程。对全区212处长城资源中的170处先后进行本体保护加固及保护性设施建设，同步开展考古清理、遗址测绘、建立记录档案等工作。2017年起，自治区按照每人每年2.4万元标准为百余处长城资源配备看护员。2018年2月，自治区人民政府将78处县（市）级及未定级长城资源公布为自治区级文物保护单位。目前，新疆长城资源中自治区级以上文物保护单位178处，占总数的83.96%，为持续加强长城资源保护管理工作奠定坚实基础。

1.2 综合开展长城资源考古工作

为做好新疆长城资源保护工程，2011年起，对吐鲁番市、哈密市、和田地区、巴音郭楞蒙古自治州、克孜勒苏柯尔克孜自治州等地的部分烽火台、戍堡进行了考古发掘工作，并加大了宣传力度，发表了《和田地区烽火台、戍堡考古发掘简报》《孔雀河烽燧群调查与研究》等学术研究成果。2019年，在克亚克库都克烽燧遗址考古发掘中，累计清理发掘出土各类遗物1450余件（组），其中有文书883件，该遗址被认定为唐代沙堆烽故址，填补了历史文献关于唐代安西四镇之一——焉耆镇下军镇防御体系记载的空白，实证了唐王朝对西域的有效管治和各民族对中央政府的认同，并入选2021年度全国十大考古新发现[5]。

1.3　大力建设长城国家文化公园

2021年，国家文化公园建设工作领导小组印发《长城国家文化公园建设保护规划》后，2022年新疆实施《长城国家文化公园（新疆段）建设保护规划》，重点推动长城国家文化公园国家重点项目和自治区重点项目的实施等工作。目前，新疆重点推进已下达中央预算内资金1.8亿元的6个长城国家文化公园项目建设，包括阿克苏地区别迭里烽燧长城国家文化公园建设项目、巴州轮台县拉依苏烽燧遗址长城国家文化公园建设项目、巴州米兰长城国家文化公园建设项目、尉犁县孔雀河烽燧群遗址保护利用项目、喀什地区塔莎古道文化旅游复合廊道建设项目、和田地区桑株古道长城烽燧文化旅游复合廊道建设项目。其中，乌什县别迭里烽燧长城国家文化公园项目已于2023年4月下旬正式建成开放，尉犁县孔雀河烽燧群遗址保护利用项目中的丝绸之路·长城文化博物馆已于2023年12月底开馆，巴州若羌米兰长城国家文化公园于2024年5月26日正式向公众开放，轮台县拉依苏烽燧遗址已进入陈列布展阶段，喀什地区塔莎古道文化旅游复合廊道建设项目已完成竣工验收。新疆长城国家文化公园建设在党中央、自治区和各级政府的努力推动下取得新进展、新成效，为实现中华民族伟大复兴的中国梦凝聚起磅礴力量。

1.4　积极开展新疆长城国家文化公园建设项目调研工作

笔者于2024年2月前往乌什县别迭里烽燧长城国家文化公园，2024年3月前往尉犁县孔雀河烽燧群长城国家文化公园、若羌县米兰长城国家文化公园和轮台县拉依苏长城国家文化公园等地开展现场调研工作，取得调研报告的基础翔实材料，下面将对本次调研的四处长城国家文化公园建设情况进行分析概述（表1）。

表1　新疆长城国家文化公园已建设项目

长城公园名称	别迭里烽燧长城国家文化公园	孔雀河烽燧群长城国家文化公园	米兰长城国家文化公园	拉依苏长城国家文化公园
长城资源组成	别迭里烽燧遗址	脱西克吐尔、脱西克吐尔、克亚克库都克、卡勒塔勒、库木什、沙鲁瓦克、阿克吾尔地克、萨其该、孔基、亚克伦、苏盖提等11处烽燧遗址	米兰遗址由唐代吐蕃古戍堡和周围分布的魏晋时期的古建筑群遗址，以及汉代屯田水利工程设施和伊循城遗址组成	拉依苏烽燧遗址由东西两座烽火台和两座烽火台之间一座小型戍堡遗址组成
长城资源年代	汉代	汉代、魏晋时期	魏晋时期、唐代	汉代、唐代
长城资源位置	阿克苏地区乌什县亚曼苏乡窝依塔勒村西约20千米戈壁滩上	巴音郭楞蒙古自治州尉犁县境内孔雀河北岸的荒漠地带	巴音郭楞蒙古自治州若羌县东部的米兰河的北岸	巴音郭楞蒙古自治州轮台县城西约20千米

续表

长城公园名称	别迭里烽燧长城国家文化公园	孔雀河烽燧群长城国家文化公园	米兰长城国家文化公园	拉依苏长城国家文化公园
长城国家文化公园建设情况	别迭里烽燧长城国家文化公园建设项目目前已完工并投入使用，由中央预算内全额投资2000万元。公园总占地面积18000余平方米，包括位于城区的长城国家文化馆和位于别迭里烽燧旁的长城国家文化公园两个部分	孔雀河烽燧群长城国家文化公园位于尉犁县城区，所处位置交通便捷，总投资10000万元。由丝绸之路·长城文化博物馆、图书馆、文化中心、游乐场组成。长城文化博物馆包括9座仿烽燧体，总建筑面积5000平方米，展陈面积2520平方米，目前馆藏文物600余件（组）	若羌县米兰长城国家文化公园总投资2500万元，建设规模1995.24平方米，占地面积15050平方米。主要建设内容包括保护展示厅、绿化、生态停车场、旅游厕所、木栈道、垃圾收集中转站及防灾减灾等相关配套设施	拉依苏长城国家文化公园位于轮台县工业园区拉依苏化工区以南、拉依苏烽燧遗址以北300米处，总投资2500万元，目前博物馆、瞭望塔、生态厕所主体施工以及电力、供暖、绿化等配套设施均已基本完成
展览主题内容	文化馆分上下2层，馆内分为烽燧狼烟、历史人物、边塞诗歌、新时代戍边人等5个部分。文化公园内设诗词墙、镂空浮雕墙、护城墙、历史人物雕塑、中国万里长城示意图浮雕及景区其他附属工程	博物馆分5个展厅，分别是众志成城、同心共筑、传承文明、伟大复兴、命运与共展厅	博物馆内分为序厅、中国长城概览、新疆长城概览、新疆米兰长城概览、米兰长城资源保护与利用概览、尾厅等多个区域	博物馆展陈内容分为伟大的中国长城、万里长城连西域、长城——中华民族的伟大史诗、边塞时章耀轮台、长城资源的保护与利用等五个部分
长城公园在新疆长城公园建设项目的项目层级	一般项目	国家层面	省级层面	国家层面

注：笔者自制

调研发现，已实施的长城国家文化公园建设项目坚持规划先行，突出顶层设计，统筹考虑各地长城资源禀赋、人文历史、区位特点、公众需求，发挥长城和周边文化资源综合效应，因地制宜，最大限度调动各方积极性，有序扩大社会参与，实现长城国家文化公园建设成果更好地惠及全民、共建共赢。利用长城博物馆、长城主题展览等，形成观众可观看、可阅读、可体验、可感悟的长城文化空间，强化了中华文化重要标志。结合古道建设，提升长城国家文化公园道路交通体系，形成了与长城展示利用和文化旅游融合开发相适应的集交通、文化、体验于一体的复合廊道，也同时提高了长城沿线旅游交通通行能力和服务水平。长城国家文化公园建设项目实现了各类层级建设项目的均衡发展，充分展现了以烽燧为代表的新疆长城独特魅力。长城国家文化公园已成为聚合铸牢中华民族共同体意识文化动力的载体，承载各民族共同历史记忆和各民族交往、交流、交融的重要空间和推动各民族共同富裕、地方文旅融合的重要平台。

2 新疆长城资源保护利用现状分析

2.1 开发利用特点

2.1.1 长城保护宣传教育工作稳步推进

目前，新疆已有部分长城资源以实体形式对公众开放展示，如克孜尔尕哈烽燧、别迭里烽燧、克黑墩烽火台、沙卡乌烽火台、永丰乡烽火台等，长城所在地县级以上地方人民政府、文物主管部门、宣传教育部门、企事业单位、社会组织以及志愿者组织发起长城宣传保护活动频次增多，举办各类长城专题展览，部分长城点段被公布为爱国主义、国防教育、教学实践等各类教育基地，开展长城公开课、长城主题夏令营等校外主题教育活动，针对青少年开展以长城为主题的爱国主义和中华优秀传统文化教育。

2.1.2 长城文化阐释形式向多样化发展

鉴于新疆长城资源点状分布的特点及通达性上来说，其展示手段相较于其他文化资源较为单一，目前主要通过烽燧实体现状展示、博物馆展示等形式对公众展示。孔雀河烽燧群长城国家文化公园作为新疆第一个长城主题博物馆正式开放，丝绸之路·长城文化博物馆开始向世界展示新疆长城的深厚内涵，展示新疆民族的团结与文化自信，在展览中通过场景复原引入了事件、故事等情节，同时引入 VR 体验、触摸一体机等智能系统，逐步应用在展示中。喀什地区塔莎古道文化旅游复合廊道建设项目、和田地区桑株古道长城烽燧文化旅游复合廊道建设项目将与之古道文化相结合进行展示，形成遗产展示线路，多角度阐释长城整体价值，传承弘扬长城精神。

2.2 主要存在问题

2.2.1 建设水平不够平衡

新疆段长城因为其通视功能的要求，大多建设在高山峻岭和荒漠旷野之处，绝大部分土地性质属于荒地和农林用地，另有小部分位于绿洲和城乡建设区。位于绿洲及城乡建设区的长城资源保护设施、道路等基础设施建设较完善，保护传承利用呈现良性互动的可喜局面，如尉犁县孔雀河烽燧群长城国家文化公园、克孜尔尕哈烽燧等，利用便利的交通环境、周边丰富的文化资源以及当地政府相关部门的重视形成良性互动。但新疆长城资源大部分基础较差、保护经费不足，分布在不同区域的长城资源在保护、展示、管理等方面存在着整体建设水平不充分、不均衡的现象，仍需要投入相当大的资金和力量进行考古勘探、本体保护、环境提升、基础设施建设。

2.2.2 价值挖掘不够充分

目前认定的新疆段长城尚不够全面，无法完整展现长城在各区域的脉络格局，部分遗址尚未进行识别和深入调查。缺乏有组织、有计划、有明确学术目的的考古和研究，针对长城资源的考古勘探严重欠缺，造成部分烽燧、戍堡形制不明，年代不清，制约了保护和研究工作的进一步深化。有的地方对烽燧历史梳理、文化价值功能挖掘不深，偏离保护历史遗存、传承文脉文化的初衷，投入大量资金搞展示服务设施建设，周边环境虽得到了提升，但也存在把"文化公园"变成了单纯的"公园"现象。

2.2.3 展览展示不够规范

新疆段长城尚没有建立与周边社会、经济、文化相关的有机联系机制，且公众参与较少，没有发挥传播展示长城文化价值的应有作用。对外宣介长城文化的渠道少、方法旧，缺乏有效的传播手段和作品产品，尚未充分发挥出长城在讲好新疆故事、展示新疆形象中的应有作用。整体来看，展陈方面存在藏品数量不多、品种单一，展示内容多为喷绘图片、复原场景，部分展览主题与长城关联度不高，展示内容存在牵强附会现象。场馆参观人数仅在旅游高峰期较多，日常时间段游客量较少。部分长城文化馆与烽燧本体之间距离较远，相互之间无法产生有效联动，游客参观完博物馆之后无法近距离感受、了解烽燧实体。

2.2.4 体制机制不够完善

新疆段长城保护管理机构建设不全面，统筹协调力量不足，尚无专门的长城保护管理机构和人员，缺乏对长城资源保护管理的系统化和程序化。在工作力量上，现有管理人员大多是兼顾相关工作，技术人员和管理人员紧缺且能力建设不足，对我国文物保护法律法规和长城保护管理相关规范不能充分了解。监测缺失造成监管存在盲区，长城监测和监管难以做到全覆盖和常态化，问题不能及时发现和处理。在资金保障上，日常保护经费严重不足，新疆段长城基层保护管理经费短缺，日常巡查和长城保护员经费缺乏制度保障。在项目建设上，近年来地方政府财政压力增大，公共支出减少，加之文旅市场受疫情影响尚在恢复之中，部分基层动力不足、积极性不高，一些重点项目因不了解相关管理规定等造成建设进度受阻、停滞。

3 新疆长城资源保护利用对策

3.1 坚持保护优先，加强长城文物和文化遗产保护

持续加大长城资源保护力度，全面贯彻"保护第一"的理念，研究制定新疆长城保

护条例,细化负面禁入清单,完善新疆长城相关法规制度体系。结合第四次全国文物普查,全面加强长城不可移动文物资源调查,重点加强文化景观的调查、完善长城遗产名录和档案。健全长城沿线城乡历史文化保护体系,强化系统性保护、数字化保护,持续实施好长城资源重大文物保护项目,扎实做好长城国家文化公园和考古遗址公园建设,打造中华文化重要标识。同时,进一步增强安全生产意识,健全文物安全长效机制,推进文物平安工程,落实文物行政执法责任,保持严打文物犯罪的高压态势,坚决打击文物犯罪行为,坚决守住文物安全底线、红线和生命线。

3.2 深化研究阐释,推动形成一批高水平研究成果

持续开展好长城资源考古成果的挖掘、整理、阐释工作,以最新考古研究加快完善多元一体框架下具有新疆特点的历史文化考古研究体系,讲好"中国故事""新疆故事"。要深入挖掘考古成果和历史文化遗产蕴含的中华文化基因、呈现的中华文明发展脉络、反映的中华文明成就贡献,丰富历史文化滋养,充分发挥文物在传播中华文化、宣示国家主权、弘扬社会主义核心价值观、增进民族团结、服务经济社会发展等方面的独特作用。加大自治区社科基金支持力度,推动各地区、各部门加大投入,挖掘史料,开发新疆长城文化功能,牢牢把握新疆长城文化的"中华文化"内核,从历史、地域、社会、文明等多维度推出高质量研究成果。

3.3 健全体制机制,形成长城国家文化公园建设工作合力

加强统筹协调力度,推动发展改革委、文化和旅游厅、文物主管部门等部门加强对新疆长城资源的政策指导力度。建立健全多元投入长效机制,完善中央资金补助+地方资金支持的"财政双保险"制度,探索、开通新疆长城资源利用建设捐赠渠道,充分考虑资源典型性、内容代表性、效益综合性,优先支持促进文物和自然生态保护、公共文化设施均衡布局,带动民生事业发展的项目,推动各地做好重点项目建设。

3.4 推动协力发展,树立新疆段长城国家公园整体形象标识

凝练长城文化元素,构建简单明了、易于识别、易于记忆、广为人知的长城国家文化公园形象标志。标识系统的设计与建设须统一执行,统一采用长城国家文化公园标志。标识的文字、图案、规格和色彩统一规范设计,串点成线、连线成片,打造广为人知的视觉形象识别系统。以文化传承发展高度准确把握新疆长城国家文化公园建设的目标方向,统筹相关国家文化公园建设保护范围和项目,统筹相邻地州市、相邻位置的建设风格、样态和进度,既注重整体形象打造,又充分融合地方特色,使新疆长城国家文化公园浑然一体、标识鲜明。

3.5 充实展陈内容，构建丰富完善的长城文化展示体系

统筹用好长城题材的诗歌和故事，长城沿线出土的文书、木简，长城沿线各级各类文物保护单位，古城、古镇、古村、古街等文化空间，充分利用数字语音、全景影像、三维影像以及虚拟现实、增强现实等科技手段，推进"互联网＋"建设，配套建设解说、引导、服务等设施，形成特色突出、互为补充的综合展示体系，提升长城整体展示水平。发挥科技创新的引领作用，深入建设完善新疆长城数字云平台，实施"互联网＋中华文明"行动，落实国家中华文物全媒体传播计划，广泛传播长城资源蕴含的中华文化精髓和时代价值，着力构建数字化新场景，开发各类富有特色的文化品牌。将新疆长城沿线文化资源优势转化为线上传播优势。

3.6 重视文物保护人才队伍，建设新疆长城保护的持续性力量

实施文物人才培养重点工程，加快文博领军人才、科技人才、技能人才、复合型管理人才培养，形成结构优化、布局合理、基本适应文物事业发展需要的人才队伍。建立人才培养长效机制，关心、关爱长期在考古一线的考古工作人员和文物保护从业人员。加强县级文物行政执法、保护管理研究等急需人才培训，适当提高市县文博单位中高级专业技术人员比例。

4 结语

2019年8月，习近平总书记在嘉峪关关城调研时强调："当今世界，人们提起中国，就会想起万里长城；提起中华文明，也会想起万里长城。我们一定要重视历史文化保护传承，保护好中华民族精神生生不息的根脉。"[6] 新疆长城资源作为中国长城文化遗产重要组成部分，凝聚着新疆各族人民团结一致、建设边疆、开发边疆的历史精神，是新疆各族人民共同维护边疆稳定、国家统一、长治久安的历史见证。

笔者分析了新疆长城资源保护水平不均衡、价值挖掘不充分、展示不规范、体制机制不完善等方面存在的现实困境。提出要坚持保护优先、深化研究阐释、健全体制机制、推动协力发展、充实展览内容、重视人才培养等保护利用之策略，旨在进一步弘扬长城文化，促进新疆长城资源的保护与利用的可持续发展。

注　释

[1] 习近平. 铸牢中华民族共同体意识//习近平谈治国理政（第三卷）. 北京：外文出版社. 2020：300-301.
[2] 中共中央办公厅，国务院办公厅印发. 长城、大运河、长征国家文化公园建设方案. 2019-12.
[3] 国家文物局. 中国长城保护报告. 2016-11-30.
[4] 新疆维吾尔自治区文物局. 新疆维吾尔自治区长城资源调查报告. 北京：文物出版社. 2014.
[5] 尚杰，李慧. 百年烽燧考古　还原千载河山. 光明日报，2022-04-07（9）.
[6] 中共中央宣传部宣传教育局编. 时代楷模·2020——敦煌研究院文物保护利用群体. 北京：学习出版社. 2021：83-84.

让文物在保护与利用中"活"起来
——以青州南阳城城墙的保护展示工程为例

苏 媛[*]

摘要：文化遗产保护的要求已从单纯的文物保护，发展演变成了展示、利用与保护并重。正确处理科学保护与合理利用的关系，正确处理经济建设与文物保护的关系，在科学保护的前提下合理适度利用，实现经济社会发展和文物保护利用的协调发展，是新形势下对文物保护工作的新要求。本文对青州南阳城城墙保护利用的情况和实施效果进行了阐述，总结概括了工程实践中的特色和经验，得出遗址保护利用的启示，旨在为今后的遗址保护利用工作提供借鉴。

关键词：考古发现；遗址保护与展示利用；城乡建设中的文化遗产保护

党的十八大以来，习近平总书记站在实现中华民族伟大复兴中国梦的战略高度，就传承弘扬中华优秀传统文化、加强文化遗产保护发表了系列重要论述。习近平总书记指出："文物承载灿烂文明，传承历史文化，维系民族精神，是老祖宗留给我们的宝贵遗产，是加强社会主义精神文明建设的深厚滋养。保护文物功在当代、利在千秋。"[1] 2016年2月24日，李克强总理主持召开国务院常务会议，专门研究部署加强文物保护和合理利用，传承文化根脉凝聚民族精神。同年3月4日，国务院印发了《关于进一步加强文物工作的指导意见》，明确了新时期文物工作的指导思想、基本原则、主要目标和具体举措，体现了创新、协调、绿色、开放、共享的新发展理念，是文物事业发展的思想遵循和行动指南，充分体现了党中央、国务院对文物工作的高度重视。

当前，文化遗产保护与社会发展结合得越来越紧密，文化遗产在社会发展中的影响越来越凸显。公众对文化遗产的关注度普遍增高，对文化遗产的内涵、所包含的信息、价值等的认识不断提高；文化遗产作为一种独特的资源在地区经济社会发展、壮大旅游业中的作用也日益增强。文化遗产保护的要求也从单纯的文物保护，发展演变成了展示、利用与保护并重。

---

[*] 苏媛：山东省古建筑保护研究院，济南，邮编250000。

正确处理科学保护与合理利用的关系，正确处理经济建设与文物保护的关系，在科学保护的前提下合理适度利用，实现经济社会发展和文物保护利用的协调发展，是新形势下文物保护工作的新要求。本文以笔者参与过的青州南阳城城墙的保护展示工程为例，从工程思路、实施过程、具体实践的角度，探讨文物保护与合理利用、文物保护与城市建设等相关问题。

1 青州南阳城城墙概况

青州之名始见《尚书·禹贡》："海岱惟青州"，为古"九州"之一。南阳城为青州历史上的第4个古城，约始建于北魏，原为土城，明洪武初年，"甃以甓石"（图1）。清咸丰《青州府志》称南阳城"依山俯涧，基址壮阔，雉堞排密。积谷屯兵，可容十万"。[1] 青州南阳城城墙，2015年被公布为山东省第五批省级文物保护单位。

本文论述的南阳城城墙段落位于青州市区衡王府路衡王桥西、南阳河南岸、范公亭公园北侧，于2013年南阳河衡王府路大桥西侧沿河公园项目开发建设时被发现。建设单位发现遗址后，立即停工，第一时间报告青州市文物行政部门，文物行政部门接到报告后，依照法定程序积极对应，在保护好现场的同时，按程序在省级文物行政部门的批复和指导下，组织当时的山东省文物考古研究所和青州市博物馆的专业技术人员于2013年11月和2014年4月对新发现的古城墙遗址进行了两次考古发掘清理。

根据《青州宋代城门、明代城墙及水门遗址发掘情况简介》，此次考古发掘工作总共发现了两个时期的相关遗存，一部分是明代的城墙、水门址和马面，另一部分是宋代的城门和附属设施。除此之外，还出土了瓷片、铁器、石球、滚石、石柱础等遗物。

1.1 明代遗存

明代遗存主要包括明代城墙、水门和马面。

明代城墙长180余米，保存较好的残高约4米。底部至顶部由三部分构成，最下面为黄土夯筑的底部，夯层清晰均匀，每层厚约10厘米；夯土基址上垒砌有两层条石，石块规整，厚薄均匀；顶部为青砖垒砌的厚约70厘米的砖墙（图2）。

明代城墙的东部有一水门遗址（亦有一说认为此为马面），与明代城墙一体。水门东西长26.2米，向北凸出城墙3.1米，残高2米，残存垒砌有7匹大理石，整体略有收分，石块厚薄不均（图3）。

马面仅存底部基址，基址呈南北向长方形，南北长约14米，宽约12米，墙体厚约0.8米。从现存遗址推测，马面的砌筑方式应与城墙一致，即基础上垒砌两层石块，其上砌筑青砖墙（图4）。

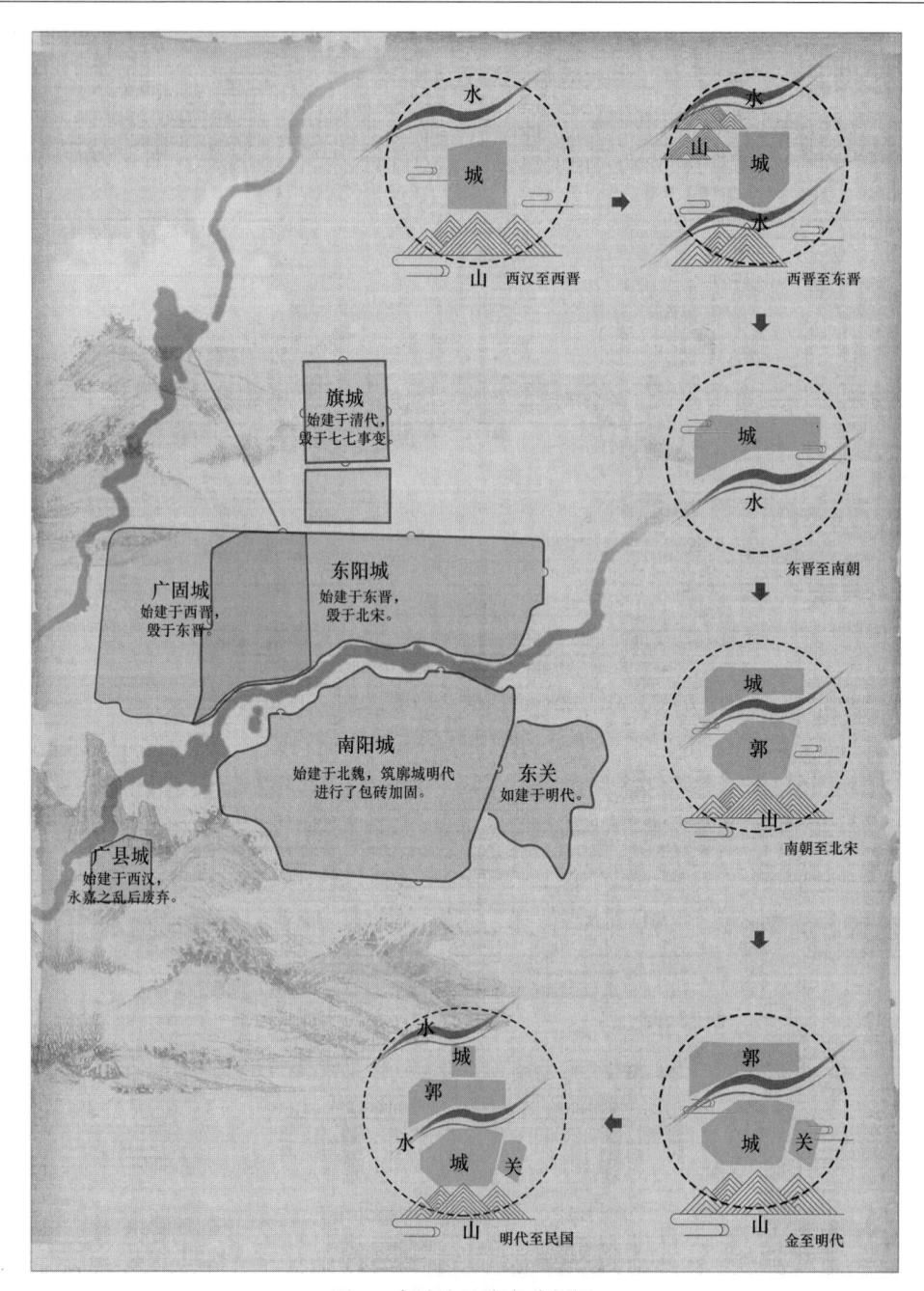

图 1　古城选址演变分析图
（上海同济城市规划设计研究院：《青州历史文化名城保护规划（2021-2035 年）》，内部资料）

1.2　宋代城门及附属设施

明代城墙的下面发现了被叠压的宋代城门。城门址位于明代水门址的西侧，整体呈倒凸字形，由城门、城墙、长方形台基及石铺路面、壕沟组成。

图 2　明代城墙

图 3　明代水门

图 4　明代马面

城门整体被明代城墙叠压，门朝北向，门面阔 4.3 米，进深约 5 米。门内靠近城墙的两侧各有条石砌筑的金刚墙。城门内为门道，铺有大石块，石块上有车辙印。门址东西两侧各残存有一段青砖墙，东侧残长约 6.5 米，西侧残长 4.5 米，墙厚约 0.8 米，残存高度约 1 米。宋代的城墙墙砖长 28.5 厘米、宽 14 厘米、厚 4.3 厘米。城门址以北 14 米处，有一长方形台基，东西长约 19 米，南北宽约 6.8 米，深约 2 米，面积约 130 平方米。底部用大石块铺砌而成，顶部的砌石呈圆角弧形，略向内收。台基的中部有与城门宽度一致的道路，延伸至壕沟。笔者认为此处台基很有可能是此城门外建有瓮城，并且夯土面说明瓮城上建有建筑（图 5）。

台基北侧发现有宽约 3.4 米、深约 2 米的壕沟，壕沟的南侧亦用石块垒砌，残存处呈半月形，长约 4 米。考古工作者根据城门及壕沟整体性质推测，此处应架设有吊桥（图 6）。

图 5　宋代城门　　　　　　　　图 6　宋代城门及附属设施

考古发掘清理工作科学界定了此段城墙遗址的构成，明确了保护对象，为后续文物保护和展示利用打下了坚实的基础。

2　保护和利用实践

南阳城城墙段落在进行考古工作的同时，地方文物主管部门并没有简单地将遗址信息提取完后回填，而是积极探索文物的保护和展示利用。笔者作为设计人员之一第一时间到达考古清理现场，详细踏勘现场，根据遗址的分布状况和周边环境，在现场提出了科学保护遗址、整治周边环境、合理展示利用、将遗址打造成青州市新的文化亮点的整体构思。南阳城城墙段落的保护展示工程主要包括文物保护、环境整治和展示利用三个部分，工程以文物保护为核心，优先考虑文物安全，将遗址融入周围城市环境，对遗址周边环境进行了整治，采取了多种展示手段充分展示文物及相关历史信息。

2.1　文物保护

文物保护是整个工程的核心和基础。本着"不改变文物原状"和"最小干预"的原则，针对文物本体存在的墙面污染、灰缝脱落、墙体裂缝、砖石松动位移等主要病害，工程采取了消失的墙体不做复原、考古未探明区域植草保护、清理墙面和裂隙、归安散落砌筑构件、加固遗存、修建城墙保护廊、修建遗址保护罩等保护措施（图 7）。

图 7　本体保护

2.2　环境整治和展示利用

环境整治和展示利用旨在消除文物周边可能引起灾害和有损景观的破坏因素，展示文物的价值和内涵，措施的采取充分考虑了遗址安全和遗址处在城市建成区环境中的客观因素。

环境整治范围内着重考虑了考古未探明的区域，针对这部分墙体采用了植草的整治措施，既防止了水土流失对土遗址带来的破坏，也增加了区域内的绿化面积。

保护性设施的设置在考虑文物安全的前提下，在设施的形式和材质方面均综合考虑了对环境的影响和展示利用的需求。城墙保护廊采用了与周边建筑风貌相协调的仿古建筑形式。宋代建筑台基年代久远，采取了可上人的玻璃覆罩的保护和展示方式，在满足文物保护的同时，确保了区域内步行交通顺畅，保证了遗址的全面展示。明代城墙马面体量较大，其保护设施也采用玻璃材质，满足了展示需要。此外，为了达到文物保护、专业研究、展示利用和后期维护的目的，所有的玻璃覆罩均设置了入口和作业平台，以满足研究人员从事科研工作的需要。

工程实施的区域内有粮食局宿舍拆除后留下的一面残墙，残墙本身也是城墙遗址变迁过程中的一个时代节点，为了保留更多的历史信息，增加展示内容，将墙面予以整饬，作为展示墙，展示青州城及古城墙的历史变迁等丰富的历史信息。

遗址区域紧邻仿古商业街区，遗址区域采取开放式的整体布局，主动融入城市环境中，步行道路布置与周边商业街相衔接，道路铺装、观景建筑及安全防护墙的样式在满足功能的前提下，做到与周边环境相协调。考虑到遗址区域将成为一处重要的文化休闲场所，有市民和游客来此处游览参观，遗址区域内还配备了景观照明设施、落地解说碑、绿化植被和座椅等游客服务设施（图8）。

图8　环境整治和展示利用

2.3 工程实施效果

自工程实施以来，南阳城城墙段落的保护展示利用较好地融入城市建设，将历史文化与城乡发展相融合，充分发挥了文物的社会教育作用和使用价值。南阳城城墙段落在保护文物的同时，主动结合周边城市建设特色和风貌，吸引了民众对文物的关注，扩大了文物保护工作的社会影响力。工程竣工交付使用后，文物保护成果进一步惠及民众，展示开放区域成为了新的文化空间，成为了民众休闲纳凉的好去处。

3 认识和体会

3.1 田野考古和文物保护同推进

南阳城城墙的保护利用涉及田野考古和文物保护两大环节，实际工作中两个工作环节如果衔接不到位或者思路不统一，会对文物保护带来一定的影响，如何处理和衔接好这两个环节，是每一位文物保护从业者都需要考虑的问题。

国家文物局《田野考古工作规程》中明确指出，"田野考古调查的任务是发现、确认和研究文化遗存，为文化遗产保护提供依据"。田野考古明确文物保护的对象和内容，对于古遗址、古墓葬来说尤为重要，原则上田野考古工作需要前置，以便于保护措施的制定，避免破坏遗存的措施和手段。南阳城城墙展示利用工程之所以可以顺利推进，得益于及时、扎实、到位的田野考古工作，田野考古工作由省级专业考古研究机构的骨干和了解青州文化遗存的一线文物干部合力完成，对文化遗存的发现及确认，为后续的文物保护利用夯实了基础。

近几年，随着田野考古工作的深入，文物保护介入田野考古工作的时间越来越提前。这种情况下便更需要相关人员树立文物保护的意识，带着文物保护的思路去工作，现场任何的信息都有可能是文物价值的载体，现场任何的工作都可能影响到后续的文物保护工作，要为后续的文物保护工作留有一定的接口。南阳城城墙的管理者，具备清晰的文物保护思路，是工程顺利实施的关键，发现遗存后，及时启动考古工作，在考古工作进行到一定的程度时，考虑下一步的保护工作，做到了文物保护与田野考古的相互衔接。

3.2 文物保护与城乡发展相融合

2021年9月，中共中央办公厅、国务院办公厅印发《关于在城乡建设中加强历史文化保护传承的意见》，强调在城乡建设中系统保护、利用、传承好历史文化遗产，对延续历史文脉、推动城乡建设高质量发展、坚定文化自信、建设社会主义文化强国具有重要意义。

近年来，我国文物事业取得很大发展，文物保护、管理和利用水平不断提高，文物事业呈现出前所未有的良好态势。但同时，随着经济社会快速发展，文物保护与城市建设的矛盾日益显现，随着文物数量大幅度增加，文物保护的任务日益繁重，文物工作面临着新的问题和挑战，其中就包括文物保护和城市建设如何协调共赢的挑战。

文物管理者和城市管理者要直面改革中遇到的实际问题，站在正视问题、解决问题的角度，遵循创新、协调、绿色、开放、共享的新发展理念，积极地想办法妥善处理城市建设与文物保护的关系，努力激发文物在城市建设中的积极作用。南阳城城墙的保护利用实践，是"该考古就考古、该保护就保护、该建设就建设"的践行，考古—保护—建设的思路、原则、程序统筹考虑并贯彻始终。下一步，青州可以适时启动城市考古规划，青州悠久的城市建设史和城池的变迁奠定了很好的研究基础，城市考古将会进一步发掘青州古城深厚的历史文化内涵，打造一个又一个的城市文化亮点和节点。

4 小结

南阳城城墙的保护与展示，不同于按部就班的文物保护工程，保护对象在被发现和干预时属于新发现的不可移动文物，虽然没有保护级别，但遗址本身的文物价值和文化内涵丝毫不逊色，文物保护工作不因保护对象的级别高低区别对待。

南阳城城墙的方案编制，针对不同的保护对象，在满足文物保护的前提下，兼顾经济和社会效益是这个工程带给我们的全新体验，兼顾多方利益，及时沟通协调，该坚持的文物保护原则要坚持，该采取的合理适度利用的手段和措施要积极谋划。

南阳城城墙保护展示工程的参与各方积极应对、主动作为是工程顺利实施的重要保障，地方政府出资建设，文物行政部门依法依规开展工作，考古、设计和施工单位紧密配合，互为一体。

南阳城城墙的保护展示工程，保护了文物的真实和完整，展示了文物的丰富文化内涵，充分发挥了文物保护、传承的利用价值，实现了文物在促进经济社会发展中的优势资源作用，是"让文物在保护与利用中'活'起来"的生动体现。

注　释

[1] 习近平. 切实加大文物保护力度　推进文物合理适度利用　努力走出一条符合国情的文物保护利用之路（习近平对文物工作作出重要指示）. 人民日报. 2016-04-13.

科技赋能 遗址再现
——南越国宫署遗址保护与活化利用实践

潘 洁　王志华　詹小赛　袁 萌[*]

摘要：南越国宫署遗址是岭南地区考古发现的重要代表之一，遗址层累叠压的厚达5到6米的文化层中，积淀着广州城厚重的文化底蕴，是广州作为岭南地区政治、经济、文化中心地的历史见证和广州历史文化名城的精华所在。本文通过对南越国宫署遗址考古发掘、保护及展示利用过程的分析，为探索新时代文物保护利用提供广东经验。

关键词：南越国宫署遗址；土遗址保护；遗址展示；遗址数字化

1 南越国宫署遗址概况

图1　遗址中的考古地层关键柱

南越国宫署遗址位于广东省广州市越秀区中山四路西段，地处老城区中心位置，毗邻国家级4A景区北京路文化旅游区。遗址面积约40万平方米，文化层堆积厚约5到6米，自下而上层层叠压着秦至民国13个历史时期的文化遗存（图1）。南越国宫署遗址于1996年被国务院公布为全国重点文物保护单位，"十一五"至"十四五"期间连续列入国家重要大遗址保护项目；2006年、2012年，由南越国宫署遗址等组成的"南越国史迹"和"海上丝绸之路·广州史迹"分别被列为中国世界文化遗产预备名单；2016年，南越国宫署遗址被国家文物局列为"海上丝绸之路·中国史迹"首批申遗遗产点之一。2021年，广东广州南越国宫署遗址及南越王墓入选"百年百大考古发现"。

---

[*] 潘洁、王志华、詹小赛、袁萌：南越王博物院（西汉南越国史研究中心），广州，邮编510030。

南越国宫署遗址作为西汉南越国、五代十国南汉国两代都城王宫，以及秦统一岭南以来历代郡、州、府官署所在，位于古代番禺城、步骘城、兴王府、宋元三城、明清省城的中心，是广州作为岭南地区政治、经济、文化中心地的实物见证，也是广州两千余年不变的古代城市原点。南越国宫署遗址的发现对研究中国秦汉多民族统一国家形成、岭南早期开发史、中国古代城建史、中国古代园林史、中国古代建筑史、民族史和古代文化、工艺美术、中西交流、海上丝绸之路开通与发展等方面都具有重要价值和意义。

作为我国南方极具代表性的大型土遗址，南越国宫署遗址具有较高的历史、文化、科研价值，这些价值理应在妥善保护遗址本体的前提下，得到充分阐释与利用，从而发挥更大的社会效应，进而形成可持续发展态势。南越国宫署遗址自考古发掘阶段起，即秉承着维护遗址原真性、完整性这一原则，在探索南方土遗址保护与利用模式上积极尝试。

2 遗址本体保护

南越国宫署遗址本体的保护工作开展较早，大致分为三个阶段，即考古发掘阶段、博物馆建设阶段、博物馆建成开放后的常态化保护与管理阶段。每阶段根据实际需要采取不同的保护利用模式，逐步从被动、抢救性保护走向日益精细的规划性科技保护之路[1]。土遗址保护是我国文物保护工作的重点和难点，也是文物保护的世界性难题，南方高温多雨、常年湿热环境下的遗址保护更是难上加难。南越国宫署遗址多年来积累的一系列遗址保护工作经验对解决这一难题具有借鉴意义。

2.1 考古发掘阶段（20世纪90年代～2009年）

南越国宫署遗址的发现和发掘工作从20世纪90年代开始，大致可分为三个阶段：

第一阶段为20世纪90年代，为配合城市基本建设进行的抢救性发掘阶段，其中南越国宫署遗址、南越国御苑遗迹先后在1995年、1997年获评"全国十大考古新发现"；第二阶段为2000年，通过主动试掘探寻，发现了南越国一号宫殿基址；第三阶段为2002～2009年，根据试掘结果，有计划按步骤的主动性发掘阶段，除发掘出西汉南越国和五代十国南汉国的宫殿基址外，还清理出自秦汉至民国时期的文化遗存。

自1995年考古发掘出土南越国时期石构水池起，南越国宫署遗址的文物保护工作进入了"边发掘、边保护"阶段。这一时期，受限于现场条件与当时的技术水平，考古人员通过搭建临时保护大棚、在遗址四周建设地下水临时支护保护桩等手段，使遗址现场暂时免于日晒雨淋等自然侵害（图2）。

1998年，依托南越国宫署遗址的南越王宫博物馆筹建处（今南越王博物院王宫展区）成立，联合中国文化遗产研究院等单位编制了《广州南越国宫署保护前期调查项目研究报告》《广州南越国宫署遗址保护工程——岩土体工程地质勘查报告》《南越国宫署遗址保护总体规划》《广州南越国宫署遗址保护性展示设计方案》等，至此遗址的保护工作有了科学、规范和长期的管理依据（图3）。

图2 为保护遗址发掘现场搭建的临时保护大棚

图3 《南越国宫署遗址保护总体规划》

2.2 博物馆建设阶段（2009～2014年）

2009年，为确保展馆建设过程中遗址及文物的安全，兼顾美化环境、遗址保护及概念性展示等目的，"南越国宫署遗址二三区回填保护及展示挖掘工程"启动。该工程对遗址部分区域进行了临时的保护性回填，待覆罩露明展厅建成后重新发掘展示，同时根据设计方案对另一部分区域进行永久性回填，回填后以绿化标识展示和概念性复原的方式帮助观众了解地下遗迹的位置、布局、规模情况（表1）。

表1 部分遗址本体保护现状评估

遗存年代	名称	考古工作	遗存现状	结构稳定性	病害或主要问题及程度		保存程度
					问题/状态描述	程度	
西汉南越国	御苑"曲流石渠"遗址	已发掘	露明	良好	遗产本体微生物滋生、局部霉变、局部开裂	一般	良好
	一号宫殿及廊道建筑基址	已发掘	回填	良好	已做永久性回填保护	—	良好
	北宫墙遗址	已发掘	回填	良好	已做永久性回填保护	—	良好
	食水砖井遗址	已发掘	露明	良好	遗产本体微生物滋生、局部霉变	较轻	良好
	排水暗渠遗址	已发掘	露明	良好	遗产本体微生物滋生、局部霉变	较轻	良好

续表

遗存年代	名称	考古工作	遗存现状	结构稳定性	病害或主要问题及程度 问题/状态描述	病害或主要问题及程度 程度	保存程度
五代十国时期南汉国	一号宫殿及廊道建筑基址	已发掘	回填	良好	已做永久性回填保护	—	良好
五代十国时期南汉国	二号宫殿及廊道建筑基址	已发掘	露明	良好	宫殿露明展示，遗产本体微生物滋生、局部霉变、局部开裂。廊道已做永久性回填保护	一般	良好
五代十国时期南汉国	砖井及排水渠遗址	已发掘	露明	良好	遗产本体微生物滋生	—	良好

此阶段的遗址展示采取了主流的土遗址展示模式，即覆照露明（图4）、地面标识加模拟展示（图5）、露明结合模拟展示[2]，在保护遗址本体的同时，增强展示可观性，保证了遗址历史信息的完整性和原真性。2020年，遗址本体展示入选"广州市第一批文物保护利用典型案例"，成为城市考古与文物保护在遗址博物馆建设中的成功范例之一。

图4 遗址中的覆照露明展示

图5 曲流石渠遗迹与模拟复原展示

2012年伊始，针对展馆建成开放后遗址不同区域文物本体的病变情况，围绕遗址开展了多项保护与治理工程，其中"水井展示区抢险加固保护工程"把遗址科技保护前置，引入实验室结合现场保护的理念，有效缓解了遗址本体病害的发育，尤其是遗址内木质文物的脱水加固，在还原木质原貌性、提高观赏性和延长保存寿命等方面效果显著。

2.3 博物馆建成开放后的常态化保护与管理阶段（2014年至今）

博物馆建成开放后，遗址保护思路转向主动性保护与常态化管理。截至目前，遗址监测类别已涵盖地下水位水温及电导率、土壤温湿度、空气温湿度、二氧化碳、挥发性有机化合物、光照度、风速、风向、降水量、蒸发量、辐射量以及振动、沉降、水平位移、倾角和裂隙监测等，全天候实时收集各项监测数据，定期采集分析后形成相应的数据分析报告，从而科学评估遗址本体保存状况及各类周边环境因素对遗址文物的影响，为实现文物科学保护、管理、展示、利用等提供基础依据。

2014年，"南越国宫署遗址考古三维数据采集"项目完成，把遗址所有文物遗迹的原真性数据采集存档、图像成型，并利用信息化技术进行文物病变的统计和分析。2015年，"南越国宫署遗址曲流石渠、南汉宫殿和水井遗迹本体保护工程"在国家文物局立项。该项工程涵盖遗址区域土质、石质、砖瓦陶质、木质等各类材质文物的本体保护工作，以最小干预的原则，选取病害相对严重的区域开展试验性保护和研究，经充分评估可行性后，再逐步向更大范围实行，根据研究结果对遗址本体全面实施科技保护。该项目总结土遗址和南方潮湿环境特点，在进行抢救性保护工作的同时，开展长期保护的技术探索，构建了研究型保护的创新工作模式，对我国南方同类遗址的保护工作具有示范和借鉴意义，于2021年入选"广东省文物保护工程典型案例"（图6、图7）。

遗址保护工作是后续提升展示效果、进行活化利用的核心，科学有效的保护，为遗址的展示利用提供了坚实基础。

3 遗址数字化展示利用

南越国宫署遗址因不同历史时期遗迹叠压、打破关系复杂，部分遗迹后期破坏较严重；展陈内容知识性、历史性比较强，可读性和趣味性不足；原有的遗址展示形式较为单一，以静态展示为主，缺乏亲和力、可视性差，普通观众难以获得直观的认识，无法彰显广州作为历史文化名城的独特魅力，也无法向观众生动、全面阐释遗址原貌及其历史文化内涵、价值意义，在人们更加注重深度发掘文化心理需求的时代背景下，未能充分发挥博物馆社会教育和文化服务的职能。因此，在遗址本体保护初见成效后，如何在展示利用上推陈出新，成为我们新的课题。

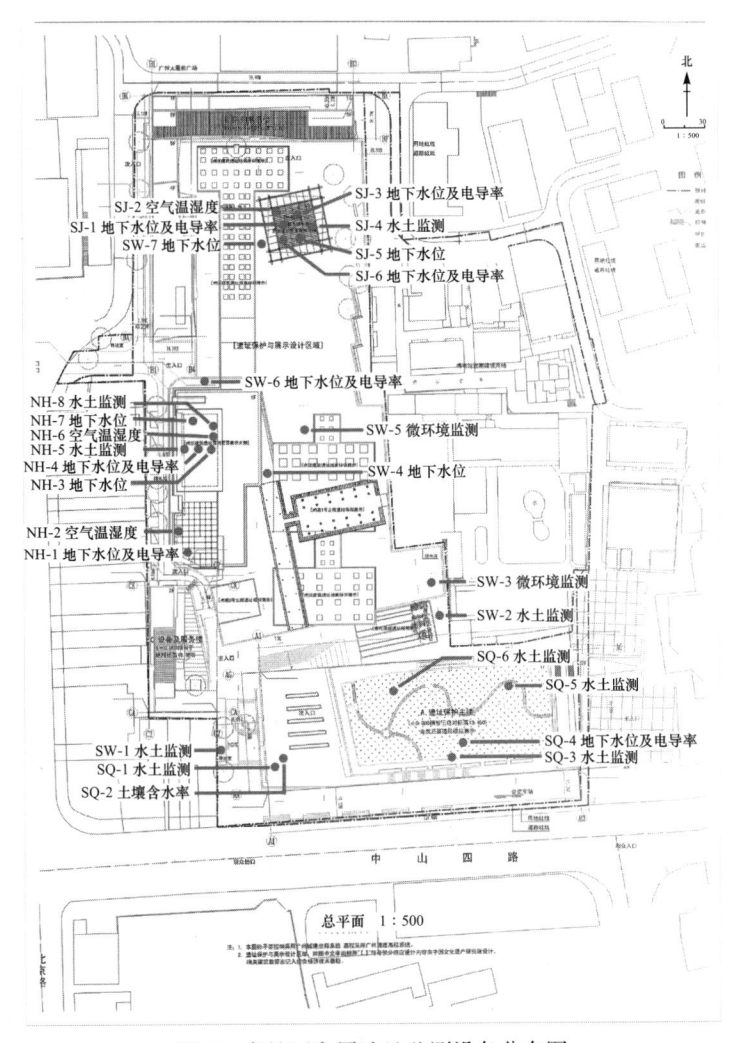

图 6 南越国宫署遗址监测设备分布图

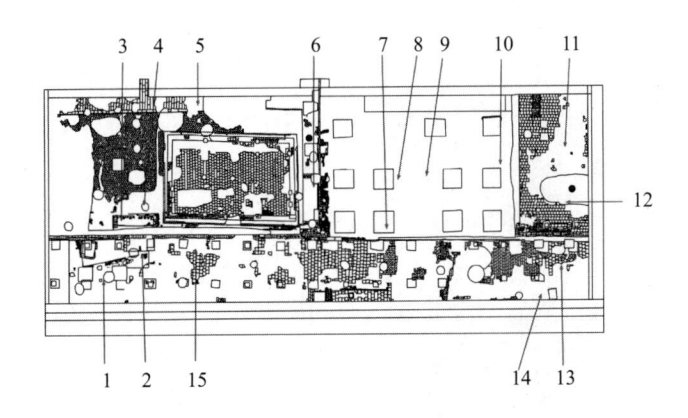

图 7 南汉宫殿遗址区文物本体裂隙监测分布图
（1~15 为各地层遗迹监测点编号）

2016年，国务院印发《关于进一步加强文物工作的指导意见》，指出应"充分运用云计算、大数据、'互联网+'等现代信息技术，推动文物保护与现代科技融合创新"[3]，将中华民族优秀传统文化与互联网创新成果有机结合，是遗址价值与内涵阐释顺应时代发展的必然趋势。也正是在这一年，"南越王宫博物馆展示利用项目"获得国家文物局立项批复。这是国内首批大遗址数字化展示试点项目，也是基于遗址保护和展示的创新性项目。

为了让南越国宫署遗址"活"起来，将文化遗产融入现代生活、提高遗址展示的亲和力、参与性与体验性，在强调保护和以遗址价值为导向的同时，我们对遗址现场展示现状分析和观众群体需求展开调查，编制了《南越王宫博物馆遗址数字化展示提升方案》，旨在整合南越王博物院的遗址资源及出土文物，运用先进的互联网、多媒体、新媒体、互动体验等技术手段，推动文物、遗址资源科学合理利用，向公众讲好文物和遗址背后的故事，展示和宣传中华民族优秀历史文化。2018年，广东省文物局批复原则同意遗址的展示利用方案，项目进入筹备阶段。

项目分三期，总展示面积约为8021平方米。项目秉持"梳理遗迹、合理规划""学术支撑、科学复原""科技赋能、历史重现"和"辐射社区、成果分享"四项原则，是一项立足于学术研究基础上，运用最新科技手段，对南越国宫署遗址进行多元化展示利用的大型综合性实践。

项目一期于2020年启动，主要围绕南越国遗迹（南越宫苑馆）进行，完成"南越国历史宣传片""曲流石渠遗址保护展示利用系统""关键柱数字化展示系统""户外展示系统""线上展览系统"的展示利用设计，于2021年2月正式对公众开放。

走进南越宫苑馆，首先看到的是户外LED大屏，展示《羊城原点·风华再现》宣传片，以全彩室外P4LED电子屏再现场景拍摄+3D动画+素材剪辑+特效包装的形式，展示南越国宫署遗址的发现、发掘、保护、展示、博物馆建设和海丝申遗等历程以及遗址重要价值意义，再现广州作为岭南两千年中心地的辉煌历史。

沿玻璃栈道参观，最令人耳目一新的是南越国曲流石渠声光电复原展示，场景艺术化再现中国古典园林画境文心之美。在展示技术手段上，通过三维建模仿真技术勾勒曲流石渠全貌，模拟整条曲流石渠流水动态效果，并在急弯处、弯月池、渠陂、斜口、石渠周边等关键节点制作相应画面，复原出曲溪潺流、龟鳖爬行、游鱼戏水、玉兔奔跑、绿草如茵、小桥流水等园林景观影像，再配合声控特效，重现两年前王宫御苑内溪涧鸣泉、鸟啼清幽、生机盎然的岭南园林美景[4]，置身其境，让人流连忘返（图8）。

图8 曲流石渠声光电复原展示（局部）

考古遗址展示设计工作中，为确保遗址价值阐释科学、真实、全面，通常需要对"文物古迹特征、价值及相关的历史、文化、社会、事件、人物关系及背景"进行解释[5]。在曲流石渠弯月池遗址现场，我们通过全息纱幕+场景演绎形式，模拟复原池亭水榭景象，演绎赵佗胸怀国家和民族大义，毅然接受汉朝册封为南越王的故事情境。影片采用微电影方式，通过拍摄《和辑百越·取义归汉》历史故事影片，与南越国曲流石渠弯月池遗迹现场进行三维场景合成，借助配音及音乐特效等，重现当年发生在这里的历史现场和故事情境（图9）。通过故事演绎，让观众仿佛穿越历史，回到两千年前南越宫苑亭台水榭现场，感受南越王赵佗与汉使陆贾会面时激烈争辩的紧张气氛，再到大殿上赵佗接受汉廷册封为南越王的朝堂集会，后来汉越交恶，汉兵灭南越后纵火烧城，南越王宫湮没地下两千年后，因广州城市建设渐露真容的沧桑变化。史实融合，历史场景和遗迹本身有机结合达到让大遗址"活"起来的综合效应。

图9　全息纱幕投影演绎《和辑百越·取义归汉》历史故事影片

项目二期于2021年初启动，主要围绕五代十国南汉国遗迹，在南汉宫殿馆进行数字化展示利用，于2021年12月面向公众开放。这一场馆的"南汉宫殿场景演绎影片"以历史背景为依托，以南越国宫署遗址历年考古工作为线索，以南汉国二号宫殿遗址发现的建筑及文物遗迹为脉络，通过对南汉时期建筑基址大场景复原展示，凸显南汉时期建筑特点（图10）。

"MR增强现实建筑复原"通过使用OLED透明屏、旋转平台和眼球追踪系统三者结合来实现以南汉国宫殿建筑基址的MR增强现实效果系统，实现复原建筑模型在遗址空间上准确定位效果。该展项带领观众进入虚拟3D场景，并与真实遗址进行透视匹配，实现复原建筑模型在遗址空间上准确定位效果，增强现实效果。观众可通过旋转MR设备屏幕，获取更多视角体验。当设备检测到人眼时，OLED透明屏上就会出现虚拟的建筑复原图像，并且跟随人眼移动，转换不同视角，让虚拟图像和透明屏背后的遗址区位相匹配，达到在遗址上复原建筑场景的实时效果（图11）。

"户外墙体灯光秀"配合博物馆夜间开放，撷取广州古代中轴线上不同历史时期标志性建筑，以西汉南越国—南朝—五代十国南汉国—宋代—明清—现代等六个时期建筑为主线，在北京大学考古文博学院最新建筑复原研究成果基础上，辅以南越国宫署遗址历年考古成果、西汉南越王墓文物及历史文献记载等，构建广州古代中轴线上历代建筑发展变迁脉络，展现岭南融入统一多民族国家的历史进程与时间节点。

图 10　南汉宫殿场景演绎影片与现场效果

图 11　MR 增强现实建筑复原

制作上述展项时，我们采用了当时较为先进的设备与技术，其中 MR 技术应用于考古遗址当为国内首例。不过片面追求技术手段"高大上"，不注重充分结合遗址与文物特征，往往会导致数字化展示"对展品内涵和展览主题的诠释流于表面"。[6]在调研同类型展览展示的基础上，我们确定了基本原则，即以南越国宫署遗址考古资料为基础支撑，综合运用历史学、考古学、建筑学等多学科理论和方法，将建筑考古遗址复原研究成果作为展项核心内容。从最终展示效果与观众反馈来看，已经最大限度地做到了遗址数字化展示迫近古代建筑的历史完整性和真实性。

项目三期于 2023 年启动，完成了广州水井文化展厅的数字化展示设计，于同年底面向公众开放。步入展厅，观众可观赏到"广州水井文化"影片，看到数字展示的不同时期井群叠压效果，讲述两千多年来岭南地区水井发展历史及衍生水井文化。"南越王水井井亭复原"展项是以南越国宫署遗址考古揭露的南越国时期井亭遗迹为主要依据，结合南越国时期遗迹遗物，经由北京大学考古文博学院古建复原团队设计而成。在复原建筑模型上，我们设置了井亭周边环境互动沉浸式体验展项，可通过地面屏幕虚拟控件选择互动项目，选择浸润式观看南越王水井及井亭建造演绎和井亭结构图文分析动画，或进入如同身临其境般的互动取水体验。该互动沉浸式体验展项运用裸眼 3D 视觉投影技术将井亭区域环境模拟呈现，再结合虚实联动的互动形式设置打水体验装置，为观众打造多场景沉浸式互动体验（图 12）。

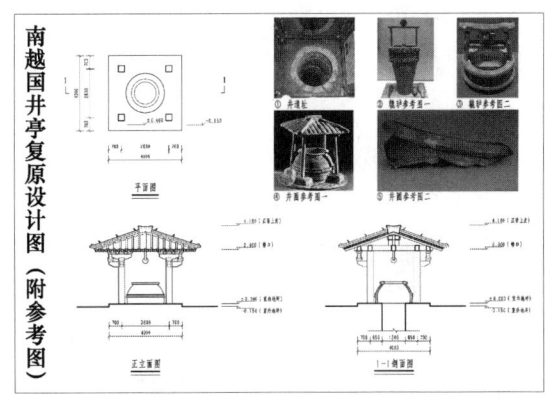

图 12　南越王水井井亭复原方案与现场效果

2024 年 2 月，在由中国考古学会、中国文物报社主办的全国考古遗址保护展示十佳案例宣传推介活动终评会上，南越王博物院"科技赋能·王宫重现——南越王宫博物馆展示利用项目"获得评委专家的高度评价，并在众多优秀案例中脱颖而出，最终入评"全国考古遗址保护展示十佳案例"。

4 公众教育活动

公众服务和社会教育是博物馆的重要职能，随着南越王博物院数字化展示利用项目的逐步落地，为其中多项服务与教育活动注入了新鲜活力。

4.1 冲破固定模式，拓展受惠群体的讲解服务

南越王博物院讲解服务包括日常人工讲解、多语言导览机辅助讲解、微信扫码自助讲解等多种形式，人工讲解是其中最生动、最受欢迎的方式，展示利用项目的应用为平铺直叙的语言和单调乏味的画面注入强烈的视觉冲击力、立体化的文字形象、时空穿越的氛围感和互动的趣味性，多维一体的刺激可以调动身体的各个感官，让遗址背后的历史、科学、审美等价值全方位地发挥出来，让文物真正的"活"起来、更好地传承下去。在此基础上推出的特色讲解和无障碍服务项目，不仅是创新力、精准化的彰显，更是在高质量服务基础上的深度思考与踏实践行。

特色讲解在日常人工讲解的基础上，结合展示利用项目，开设不同主题、不同形式的专题讲解服务，为游客提供个性魅力、深度立体的服务体验，其三步走的策略是主要特点和创新点。

第一步，教学导入，引起兴趣。在观众未进入展区之前，率先通过建筑外围的《羊城原点·风华再现》历史宣传片引起观众兴趣，拉近观众、讲解员、参观对象之间的感情，建立知识联系，有助于提高观众的注意力、提升教育活动的效果。

第二步，创新展览环节，多维、交互式参与。《和辑百越·取义归汉》演绎历史故事，三维仿真勾勒遗址宫殿，室内触控互动屏的展示，穿越时空还原千年以前真实的王宫御苑。为讲解员的语言插上想象的翅膀，加深、拓宽信息接收维度，比基于语言单方向输出的讲解活动更具趣味性，观众沉浸其中，获取知识的效率进一步提高。

第三步，从"物"转换到"人"，塑造文化符号。数字化的展示与利用，有助于更好地提炼文物、遗址沉淀的丰富文化信息和凝结在古代劳动人民智慧中的结晶，重构遗址与文物，建立新形势新机制下的文化符号传播，架起沟通古今、时代和空间的文化桥梁，激发情感共鸣。

无障碍通道、盲文简介、手语宣传片、轮椅、助听器等辅助工具是博物馆的贴心关怀，但是仍然无法使特殊群体享受到正常的文化输出量。展示利用项目突破了视听的局限性，从某种程度上弥补了残障人士的缺憾，让文物、遗址知识的传播成为可能，通过特殊教育活动的举办，可以让这份文化传播具有延续性。

南越王博物院专门针对特殊群体举办多次专场活动，如助力视障人士就业的"追光主播计划"、联合视障和听障咖啡师开展的"咖啡绘人生"融合体验分享活动、"寻找南

越王——青少年研学·志愿"服务活动和无障碍手语研学志愿者活动等，体现了博物院在文化传播范围和讲解服务品质上的深度思考与实践，让特殊群体享受到平等的服务质量和待遇。在这些特殊的交流与互动中，展示利用项目发挥了巨大的作用，通过多感官体验，弥补了特殊群体获取博物馆文化产品的缺憾。

4.2 数字化项目提升公众考古魅力

"大遗址·小学堂"是南越王博物院利用考古遗址的优势资源开设的一项公众考古项目，设有模拟考古发掘体验、遗址区病害检测课堂、实验室文物修复体验等专题课程，为公众提供了解考古发掘历程、文物保护的有效渠道。

考古工作因极强的专业性和较高的技能性，且涉及多领域知识，从而与普通公众生活有一定距离，但近些年的"考古热""博物馆热"又对公众有着较强的吸引力。架起公众与考古的桥梁，是博物馆的重要职责。南越王博物院数字化展示利用项目落地后，打破了通过展览、讲座等传统模式学习推广考古活动的壁垒，拓宽了考古教育的新途径，让本身较为枯燥的考古学知识转变为具有互动性和吸引力的教育活动。

4.3 借助数字化项目打造无界限展览

"南越王·行"是南越王博物院流动展团队打造的首辆以房车为主体的流动博物馆，是博物院创新流动展览展示的全新探索。为充分发挥博物馆流动展览的便捷性、时效性，持续拓宽博物馆边界，全车搭载数字化展示利用项目，搭配展板展示、文物1∶1仿制件、图书角、投影屏、主播语音导览、露营项目等多种互动设施，集展览、社教、互动于一体，为观众打造沉浸式探索南越国及广州海上丝绸之路历史文化的场景。

5 结语

南越国宫署遗址位于北京路步行街景区内，这里是广东省首个全开放、免费的4A级旅游景区，宫署遗址与周边的城隍庙、万木草堂、红色史迹杨匏安旧居等历史文化古迹相互协调、交相辉映，充分发挥文化遗产的集群优势和协同效应，形成巨大引流功能。2023年，北京路步行街累计客流首次突破1亿人次，良好的社会效益和经济效益，使遗址得以可持续发展。

考古遗址保护活化利用模式正在从单一走向多元融合、共生发展，追溯南越国宫署遗址的保护利用历程，正是这一规律的典型案例。对于遗址本体的保护，从保护大棚走向遗址博物馆，未来则将向区域文化旅游综合体演变；保护模式上，也从被动、单点保护走向遗址整体全面保护利用发展；产业模式上，在遗址保护基础上开始逐步形成"文化遗产保护＋文旅融合＋社会教育＋商贸"的多元模式。未来，我们仍将坚持"保护第一、加强管理、挖掘价值、有效利用、让文物'活'起来"的新时代文物工作方针，通过数字化展示技术与遗址展示相融合，充分实现文化遗产融入现代生活，让遗址"活"起来，使大遗址保护成果更多惠及人民群众，成为广大市民感受历史、触摸历史的精神家园，全方位助力文旅发展。

注　释

[1] 詹小赛. 大遗址保护利用的探索与实践——以南越国宫署遗址为例. 文物天地，2023（11）：98-104.
[2] 潘洁. 数字化让2000年前遗址"活"起来——以南越王博物院遗址展示项目为例浅谈大遗址保护利用. 文物天地，2023（11）：105-109.
[3] 中华人民共和国国务院. 关于进一步加强文物工作的指导意见. 2016-03-04.
[4] 陈小媛. 从画像石及南越王宫署看汉代园林 // 大汉雄风：中国汉画学会第十一届年会论文集. 北京：高等教育出版社. 2007：93.
[5] 国际古迹遗址理事会中国国家委员会制定. 中国文物古迹保护准则. 2015：30.
[6] 管丹平. 论实体博物馆数字化展览的实践与探索 // 安徽文博（第十三辑）. 合肥：安徽美术出版社. 2018：25-29.

大明宫国家考古遗址公园管理模式优化路径研究*

刘卫红　程宿钱**

摘要：大明宫国家考古遗址公园要实现高效的保护利用，一个与之匹配的管理模式是其前提与保障。基于文献整理和田野调查方法，总结分析了大明宫国家考古遗址公园管理模式现状，发现大明宫国家考古遗址公园的管理工作存在管理主体职能不清、资源保障匮乏、效能发挥受损等问题，其主要原因为管理要求缺乏规范、管理技术保障不足、管理机构结构复杂和管理监督渠道松散。因此，从提高公园管理目标要求、增强公园管理技术保障、优化公园管理执行网络、聚合公园管理监督渠道等方面提出大明宫国家考古遗址公园管理模式的具体优化策略，以期为大明宫国家考古遗址公园及其他国家考古遗址公园的管理运营和可持续发展提供参考借鉴。

关键词：大明宫遗址；考古遗址公园；管理模式；管理体制机制

国家考古遗址公园是中国各级政府和文化遗产领域经过积极探索而提出来的一种新思路、新方法，是中国建设和谐社会和中华民族共有精神家园的重要举措[1]。在当今文化遗产保护意识日益增强的背景下，国家考古遗址公园作为大遗址保护利用和传承弘扬的重要载体，其管理模式的优化与发展显得尤为必要。大明宫遗址是唐文化和唐文明的重要见证和承载体，是中华文明标识体系的重要组成部分，其先后被列入全国重点文物保护单位、世界遗产名录等。立足于大明宫遗址建设的大明宫国家考古遗址公园，是我国首批规划建设的国家考古遗址公园。大明宫国家考古遗址公园建成后在遗址保护、展示利用和运营发展方面取得了突出成就，被认为是与城市和谐共生的中国大遗址保护典范，为我国大遗址保护和国家考古遗址公园建设提供了实践范例[2]。大明宫国家考古遗址公园在建设运营方面取得的成就，得益于有一个与之匹配的管理模式为其提供管理保障。但随着大明宫保护利用和外部环境的发展变化，其管理模式也存在多头管理、

---

* 基金项目：本文系陕西省重点研发计划项目"面向大型文化遗址及博物馆的数字孪生关键技术研究与应用"（项目编号2023-YBGY-506）阶段性成果。

** 刘卫红：西北大学文化遗产学院，西安，邮编710127；程宿钱：西安市灞桥区红旗街道办事处，西安，邮编710038。

机制不顺等问题。因此，有必要对大明宫国家考古遗址公园管理模式发展现状进行分析，探究其存在的问题及原因并提出优化策略，以提升大明宫国家考古遗址公园保护管理水平和能力，为我国国家考古遗址公园提高管理效率和效能提供指引借鉴。

1 大明宫国家考古遗址公园管理模式现状分析

截至2023年，我国已经建设完成的55处公园中31处设立了专门运营机构，通过总结其管理模式发现主要包括政府派出机构＋企业共管、行政（事业）部门＋企业共管、事业单位直接管理和行政部门直接代管等4种模式。大明宫国家考古遗址公园管理实行的是"保护办＋公司"共同管理模式，即政府派出机构＋企业共管模式。"保护办＋公司"模式中的"保护办"是指政府方面的公园保护管理机构西安曲江大明宫遗址区保护改造办公室，"公司"是指运营管理机构西安曲江大明宫国家遗址公园管理有限公司。

1.1 公园管理执行网络

本文为方便研究将大明宫国家考古遗址公园管理主体范围划分为政府、企业、非政府组织（NGO）三方面。其中政府是主要管理主体，企业是委托经营管理主体，NGO属于辅助管理主体（图1）。

1.1.1 政府组织

大明宫国家考古遗址公园的管理体系复杂而精细，其核心在于政府管理主体的多层级、多部门协同作用。这一管理体系主要由政府机构、文物机构及监管机构三大支柱构成，共同推动着考古遗址公园的保护、发展与利用（图2）。

政府机构方面，大明宫国家考古遗址公园横跨西安市未央区和新城区两大行政区，其行政管理职责由这两区政府共同承担。此外，西安曲江新区管理委员会作为市政府的外派机构，以"飞地模式"深度介入，通过制定和实施发展规划、建设规划等措施，有效辐射并带动了大明宫遗址保护区的整体发展。这种跨区协作与专项管理的结合，确保了考古遗址公园在行政管理上的全面覆盖与高效执行。

文物机构是考古遗址公园管理的核心力量。西安曲江新区管理委员会内设的文物局，不仅负责文物保护法律法规的贯彻落实，还主导世界文化遗产、国家考古遗址公园等重大项目的申请、规划与创建工作。大明宫保护办作为曲江新区管委会的直属事业单位，具体承担大明宫遗址区的保护改造任务，包括公园建设、市政建设及土地管理等。其内设的文物管理部（大明宫研究院）则专注于遗址的考古研究、文物保护及学术交流，为遗址的科学保护与文化传承提供坚实的学术支撑。值得注意的是，公园内的系列博物馆虽非传统事业单位，但作为民办非企业单位，同样在文物展示、借展等方面发挥着重要作用，丰富了考古遗址公园的文化内涵。

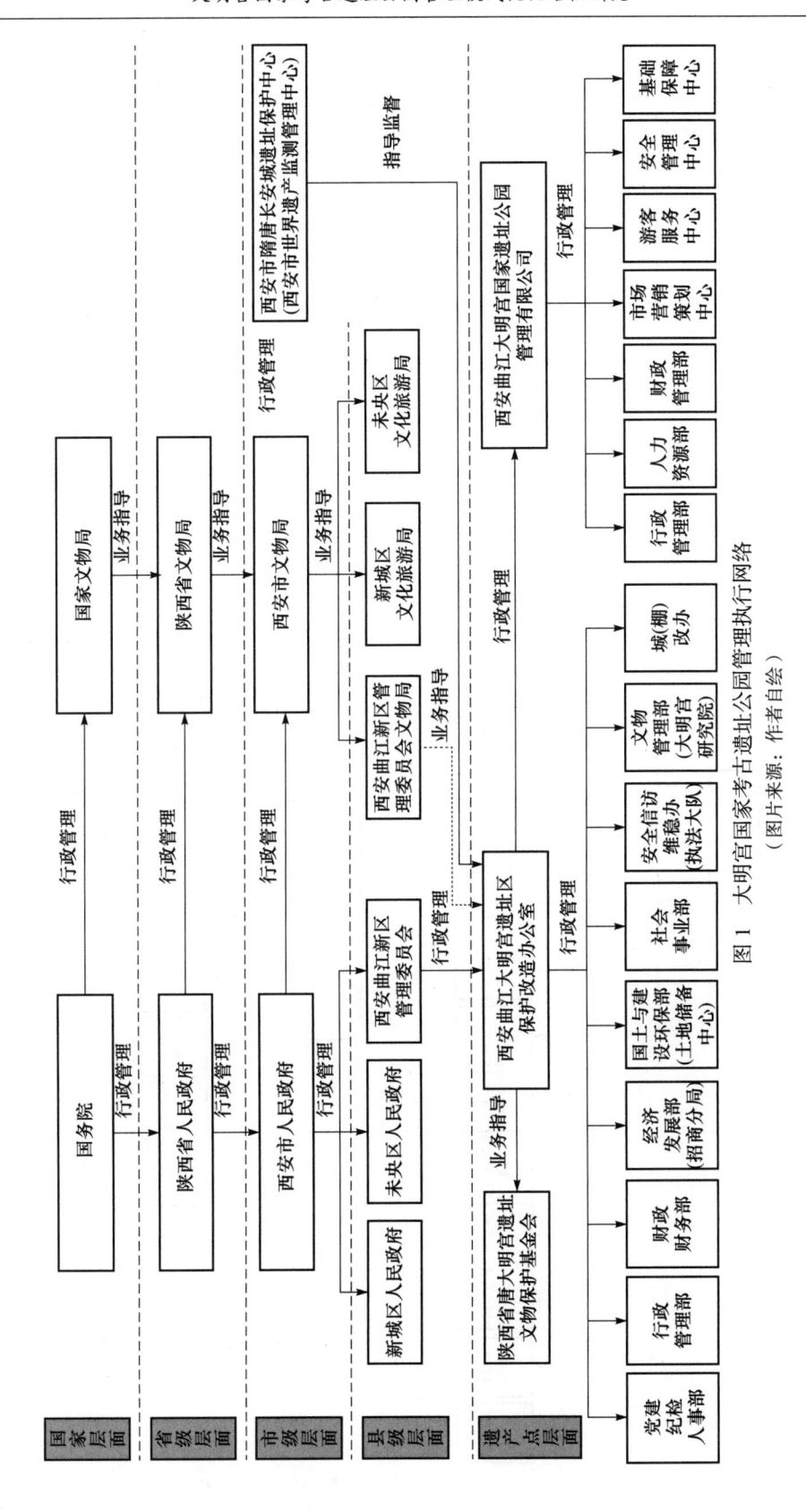

大明宫国家考古遗址公园管理模式优化路径研究

图 1　大明宫国家考古遗址公园管理执行网络
（图片来源：作者自绘）

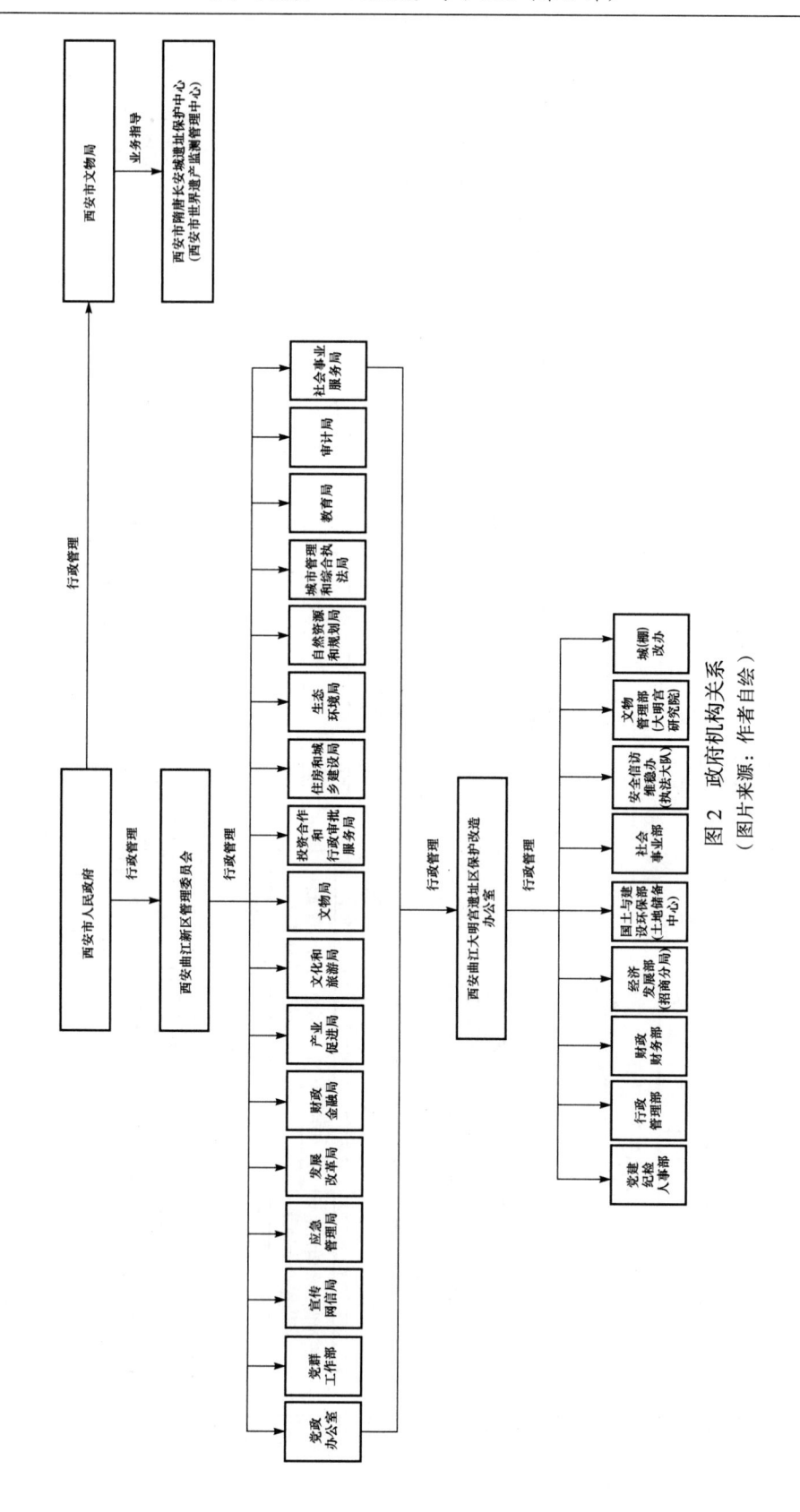

图 2　政府机构关系
（图片来源：作者自绘）

监管机构在考古遗址公园管理中扮演着监督与指导的角色。西安市隋唐长安城遗址保护中心（西安市世界遗产监测管理中心）作为专业的监管机构，不仅负责隋唐长安城遗址的整体保护管理，还承担着世界文化遗产点的监测任务。这一机构通过科学的监测与评估，确保了考古遗址公园在保护利用过程中的合规性与可持续性。同时，其开展的科研工作也为遗址保护提供了重要的技术支持与智力保障。

1.1.2 企业组织

西安曲江大明宫国家遗址公园管理有限公司（以下简称"大明宫遗址公园公司"），作为西安曲江文化旅游股份有限公司的全资子公司，自2009年起直接运营管理大明宫国家考古遗址公园，拥有20年的经营管理委托权，至2030年止。该公司历经2012年的股权变动后，原股东西安曲江大明宫投资（集团）有限公司后并入西安曲江文化旅游（集团）有限公司，进一步强化了与曲江新区文化产业投资的紧密联系。目前，西安曲江文化旅游股份有限公司作为国有控股上市公司，业务广泛，不仅专注于历史文化旅游景区运营，还隶属于西安曲江新区管理委员会旗下的文化产业投资集团，为大明宫国家考古遗址公园的管理与经营提供了坚实的后盾与丰富的资源支持（图3）。

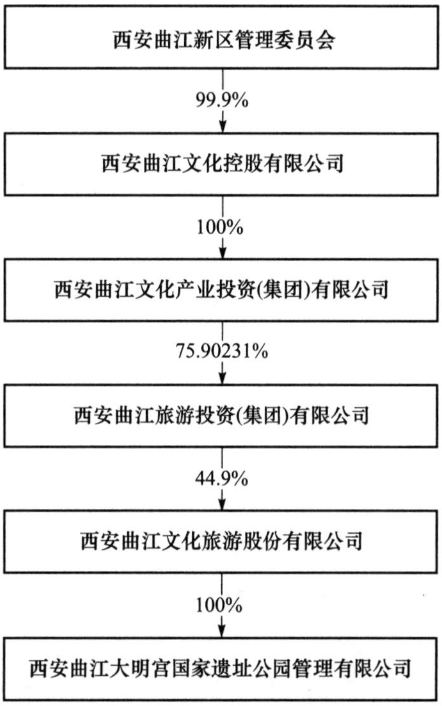

图3 西安曲江大明宫国家遗址公园管理有限公司管理层级及股权架构
（图片来源：作者自绘）

1.1.3 NGO 组织

陕西省唐大明宫遗址文物保护基金会是大明宫国家考古遗址公园的第三主体，由西安曲江大明宫遗址区保护改造办公室发起，2008年11月27日经陕西省民政厅批准正式成立，业务主管单位是陕西省文物局。陕西省唐大明宫遗址文物保护基金会的主要职责为遗址与文物的抢救保护、唐文化及中华传统文明的弘扬与发展。其业务范围包括资助大明宫遗址保护、资助遗址区博物馆（如大明宫遗址博物馆）的发展、资助大明宫各项学术活动。

1.2 公园法规和规划

大明宫国家考古遗址公园保护管理法规制度具体涉及国家、省市、具体遗址点三个层面的有关文件。在保护管理上，首先坚持国家层面的《中华人民共和国宪法》《中华人民共和国文物保护法》等基本法律、《世界文化遗产保护管理办法》等部门规章、《风景名胜区条例》等行政法规；其次依据地方性法规《陕西省文物保护条例》《西安市丝绸之路历史文化遗产保护管理办法》等；最后是《国家考古遗址公园创建及运行管理指南（试行）》《国家考古遗址公园管理办法》等进行具体公园建设指导，以及具体指向大明宫遗址的《西安市大明宫遗址保护管理办法》等。在保护管理规划上，包括省、市级的文物事业相关规划《陕西省"十四五"文物事业发展规划》、城市发展规划《西安市城市总体规划》《西安市土地利用总体规划》等；具体遗址点规划《唐大明宫遗址总体保护规划》《唐长安城大明宫遗址管理规划》《唐长安城大明宫遗址缓冲区建设高度控制专项规划》等。

1.3 公园管理技术

1.3.1 管理监测

大明宫国家考古遗址公园构建了"人防+物防+技防"的立体保护体系，实现了从被动到主动、预防性的保护转变。通过数智化手段，考古遗址公园实现了管理模式的升级，从传统管理迈向数字智治。大明宫国家考古遗址公园经过多年发展建立起了遗址本体及周边环境全方位监测体系，包括日常监测和自然灾害、环境变化和地质变化监测等，这一多维立体防范体系为大明宫遗址的长期保护提供了坚实保障。如建立了1个专业监测机构和3处监测站，3处监测站主要以省气象和省市环保部门合作共建为主，强化了监测能力、节省了监测成本；建立了文物保护管理智慧监测预警平台，依托物联网技术，为遗址保护提供科学预警；建立了遗址变形监测体系，为预防性保护提供了数据支持。同时建立了严格的日常巡查制度和安全监控管理系统确保了对遗址安全的实时监护，尤其是安保人员与高科技监测手段相结合，有效防范了人为破坏风险，保障了遗址的完整与安全。

1.3.2 人员队伍

大明宫国家考古遗址公园管理人员队伍构成为大明宫研究院内部人员和大明宫遗址公园公司的工作人员。截至2023年底，大明宫国家考古遗址公园共有440名工作人员，其中有85名行政管理人员、12名遗产保护管理专家、266名专技人员、58名公园维护人员、19名其他工作人员。公园志愿者队伍由大明宫保护办党建部门组织搭建，统筹安排公园志愿活动，遵循保护办内部人员自愿参与原则，同时也吸纳公园周边社区成员、大明宫遗址公园公司成员、社会公众等为志愿团队共同开展系列活动；专家队伍来自大明宫研究院，作为集"教科文、产学研"为一体的综合性专门机构，负责大明宫相关研究项目的组织和牵头工作，也协调西安各高校和全国文化遗产研究部门对大明宫进行研究，开展产学研深度合作，这是接受各类专家意见的重要渠道。

2　大明宫国家考古遗址公园管理模式问题及成因分析

通过以上的现状分析，发现大明宫国家考古遗址公园管理模式中暴露出管理主体职能不清、资源保障匮乏、效能发挥受损等问题。

2.1　管理模式存在的问题

2.1.1　管理主体职能不清

大明宫国家考古遗址公园的管理模式中，政府、企业和NGO共同参与，但各自职能界定不明确，导致协同效率低下。政府主导下的市场化运作中，文物部门主要负责指导和监督，而实际运营由大明宫国家遗址公园管理有限公司负责。然而，公司在运营过程中缺乏自主权，任何涉及遗址本体的开发活动均需报请政府机构审批，这种繁琐的流程限制了公司的灵活性和创新性。同时，陕西省唐大明宫遗址文物保护基金会作为NGO，其角色更像旁观者，与公园的经济活动脱节，仅通过活动进行合作，作用发挥有限。

2.1.2　管理资源保障匮乏

公园管理的正常运转高度依赖资金、人力和技术资源，但当前这些资源均存在不同程度的匮乏。一是资金存在不足。考古遗址公园主要依赖政府拨款和大遗址专项经费，但资金量有限且不足以支撑公园的日常运营和长期发展。尽管考古遗址公园积极拓宽资金来源，如通过土地开发收益平衡建设资金，但随着考古遗址公园规模扩大和评级提升，资金需求激增，现有收入难以覆盖支出，导致经营可持续性面临挑战。二是人员专业性不够。考古遗址公园管理人员分属不同机构，招聘标准不一，导致整体专业素质参差不齐。公司招聘倾向于景区管理性质，政府机构招聘虽专业性强，但缺乏多元人才交流。公司的遗址保护专业化人才不足，政府机构公共服务人才不够，专业管理人员集中在上游、中下游人员配备良莠不齐，一定程度上影响公园的管理。三是技术配置不齐全。考古遗址公园在遗址数字化管理和文化宣传展示方面已取得一定成效，但在公共文化空间管理和特殊群体服务方面，数字化配置仍有待提升。缺乏相应的行政处理平台和人文关怀性数字化设备，限制了管理效能的发挥。

2.1.3　管理效能发挥受损

大明宫国家考古遗址公园体制无论是在政府方还是在企业方都可以看到很明显的复杂管理网络。公园管理层级多、行政事务涉及组织复杂、审批缓慢，复杂结构影响下考古遗址公园的管理不灵活、协调性差，进而影响管理效能和遗址保护。政府、企业和社会力量在遗址保护利用和文化传承方面的作用未能充分发挥。如财政部门提供的专项保护资金到具体落实时存在僧多粥少等问题，通过社会力量协同引进更多的资金以缓解政府压力的举措不多，资金引进渠道单一；企业创新能力不足，企业在文化创意产品开发上缺乏特色，同质性较强，公众对文化旅游产品的认知程度低且购买少，并没有产生预期的经济效益甚至处于亏损状态；公众参与也存在不足，公众对遗址的理解和参与度有限，考古遗址公园的教育作用未能有效发挥。

2.2 管理模式存在问题的成因分析

2.2.1 管理要求缺乏规范

在大明宫国家考古遗址公园保护管理过程中存在主体间协同意识不到位和管理要求缺乏统一规范等问题，这直接影响了保护管理效果。首先，保护管理主体间协同意识不足。大明宫国家考古遗址公园保护和运营管理过程中，相关政府、企业和NGO之间缺乏有效的沟通和协作机制，各自为政，难以形成合力。政府发挥指引作用的同时，未能充分激发其他主体的积极性和参与度；企业参与意识不强，对遗址保护和公园发展的结合重视不够；NGO好像一直处于"单打独斗"中，整体处于遗址保护管理的边缘地位，难以发挥应有作用。其次，考古遗址公园保护管理和运营管理法规制度明显不健全。针对大明宫国家考古遗址公园的专项管理办法和公共文化空间法规制度尚未建立，管理依据不足，导致管理行为缺乏规范性和科学性。当前大明宫国家考古遗址公园保护管理和运营管理等主要遵循国家层面的保护法规制度和5A级旅游景区标准，较少结合考古遗址公园自身特性探索符合自身发展需求的保护利用道路。

2.2.2 管理技术保障不足

大明宫国家考古遗址公园在管理技术保障方面存在资金投入不足和企业发展动力不够等问题。一方面考古遗址公园保护管理资金投入有限。遗址保护和管理需要大量资金投入，但当地政府财政支持有限，且难以通过市场化手段完全解决资金问题。公园周边土地资源开发有限，门票收入和旅游收益难以支撑高昂的运营成本，加之公园承担的文化教育、经济发展等多重任务，公园的效益未达预期。另一方面运营管理的企业专业性也存在不足。国家考古遗址公园的性质决定运营管理企业既要平衡保护与开发，又需承担高昂成本。我国当前能够同时处理好保护管理和运营管理的考古遗址公园运营管理企业极为稀缺，对于大多数企业来说运营国家考古遗址公园属于较新事务，传统的文化旅游类企业虽受青睐，但专业性仍有欠缺，多沿用传统旅游景区管理运营模式，但又受制于遗址保护管理束缚和有限的景区吸引力，最终多以维持性发展为主。大明宫国家考古遗址公园的运营管理公司在运营过程中未能构建起符合遗址和自身需求的运营管理体系和模式，导致创新动力不足和管理效能低下。

2.2.3 管理机构结构复杂

大明宫国家考古遗址公园管理机构结构复杂，存在层级过多和职责不清等问题。在行政管理层面，包括西安曲江新区管理委员会和大明宫保护办两个机构。以大明宫遗址区的相关文物保护管理规划或项目报批等文物行政保护管理操作为例，首先需要大明宫保护办的内设部门保护管理部将相关项目上报保护办，经过保护办审批同意后，方可上报西安曲江新区管理委员会文物局，然后经管委会审批同意后，最后由西安曲江新区管理委员会文物局上报西安市文物局，从下到上的层层审批，中间有环节出现问题则要重新开始[2]。反之规划的同意到具体实施亦然。在业务指导方面，除西安市文物局等文物行政部门外，还涉及西安曲江新区管理委员会文物局、大明宫保护办的内设部门文物管理部以及西安市文物局的直属事业单位——西安市隋唐长安城遗址保护中心等；在公司管理层级上，西安曲江大明宫国家遗址公园管理有限公司向上有四个有限公司共有六个层级方可接触到西安曲江新区管理委员会，管理层级冗杂。

2.2.4 管理监督渠道松散

大明宫国家考古遗址公园在保护管理中存在监督分散和角度失效等问题。首先是考古遗址公园保护管理监督分散。根据调研座谈了解，公园接受来自遗址保护、国家考古遗址公园评估、5A级旅游景区建设评估以及行政机构内部监督等多方面的监督，但这些监督各自为政、缺乏整合，难以形成有效的监督合力。其次是考古遗址公园角度失效。考古遗址公园的监督渠道松散，监督反馈难以直接作用于公园管理，甚至可能与公园管理无关，导致监督效果大打折扣。此外，监督机构之间缺乏有效的沟通和协调机制，也影响了监督效果的发挥。

3 大明宫国家考古遗址公园管理模式优化路径

大明宫国家考古遗址公园作为承载着丰富历史文化遗产的公共空间，其管理模式的有效性和科学性直接关系到遗址的保护与利用，以及公园的长远发展。因此，针对其存在的问题和原因，主要从管理要求、管理技术、管理执行、管理监督四个方面提出具体优化建议，以期促进大明宫国家考古遗址公园的可持续发展，并为国家考古遗址公园管理体系的建设提供参考。

3.1 提高公园管理目标要求

3.1.1 树立多元主体协同发展理念

大明宫国家考古遗址公园的管理应实现从单一保护向多元协同的转变，坚定从遗址保护出发，同时融入公共文化服务理念。具体而言，需从"保护+管理+活起来"的角度出发，结合公共文化空间特性，完善国家考古遗址公园的管理要求。一方面，大明宫国家考古遗址公园应打造美丽公园形象，作好文化交流宣传平台，提升外来游客的首因效应。同时，作为贴近社区的城市中心公园，"应充分发挥社区化公共文化空间功能"[3]，带动社会文化氛围，提升居民的认可度和自信心。通过开展各类文化交流活动，与本地社群进行文化碰撞与合作，增进社区凝聚力，促进社会和谐。另一方面，应加强政府、企业和NGO的多元合作伙伴关系，共同推动公园的发展。政府应发挥指导和引导作用，增强企业对考古遗址公园的社会责任感；企业应在遗址保护基础上探寻公园发展新路径，实现经济效益；NGO则应拓宽发展路径，推动特殊公共文化空间的多元化和可持续性发展。

3.1.2 明确管理机构职责并健全法规制度

明确各保护管理机构的职责是优化管理的基础。具体而言，应明确大明宫保护办、西安市隋唐长安城遗址保护中心、西安曲江大明宫国家遗址公园管理有限公司的各自职责。大明宫保护办应主要负责遗址的保护管理统筹协调工作，并配合管理公司完成旅游开发和文化IP打造等工作；遗址保护中心应负责遗址监测及保护管理监督和指导；管理公司则应在遗址保护基础上，探索公园运营新路径，实现经济效益。同时，应健全保护管理法规制度，加强考古遗址公园法治化管理。目前，公园虽有较为完善的管理制度，但缺乏专门针对国家考古遗址公园的制度指导和约束。因此，应在现有法规基础上，制定《大明宫国家考古遗址公园管理办法》，明确公园在利用管理、安全防控、社会参与等方面的定位和功能，保障公园管理和运营的科学规范。

3.2 增强公园管理技术保障

3.2.1 增强公园管理人员的队伍储备

首先，应优化薪酬管理和激励机制，增强人员稳定性。大明宫国家考古遗址公园各主体本身有自我晋升渠道和奖惩方式，但都是传统的以资金形式表现的奖惩方式，需要探索新型奖惩方式，如加入公园集体荣誉感和文化认同等。其次，应结合遗产保护管理和公共文化空间的人才需求，扩大人才来源面，形成人才队伍机制的可持续发展，以解决出现的人员层级分布不均和数量不足等问题。由于大明宫国家考古遗址公园原居地居民众多，附近社区围绕，是良好的公众培养地。可以考虑将人才储备落地到当地群众中，形成一批大明宫遗址唐文化的公众宣传队伍。在公众中培养一批基层文化遗产保护宣传队伍，从有兴趣、有专业基础的公众入手，再扩大影响面，循序渐进。这种发动原居地居民进行的文化宣传更利于整体文化氛围的营造，使居民在公园进行日常活动如散步时将文化宣传出去，实现文化润无声。同时扩大现有专家队伍，目前专家多集中在文化遗产、考古、旅游等领域，需要纳入公共管理领域专家就公共文化空间、公园角色等方面进行建言献策和科研探索。西安市高校众多，是文化遗产等领域专家集中地，依赖其优越的地理位置和丰富的文化遗产储备，公共管理领域的专家也更方便开展学科合作。最后，制定规范化的大明宫国家考古遗址公园员工培训和进修制度，培养员工的公园保护管理理念、提高员工的专业水平和综合素质。开展常态化和专业化的员工培训及针对性的专业进修，如鼓励员工进入西安交通大学、西北大学、陕西师范大学等产学研合作高校深造学习或走入其他54处国家考古遗址公园进行经验交流，开展定期的国家考古遗址公园相关的各领域专家技术培训讲座等。

3.2.2 加大公园管理创新性技术建设

让科技赋能遗产。利用创新技术、创新公园管理技术，追赶社会数字化进程。引入先进科技提升公园管理和服务水平，提高工作效率，增强管理水平，提高公园竞争力。一方面，关注特殊群体的数字化互动技术，加入足够的"生活温度"，实现真正的人性化，拓宽公众体验面，增强公众互动感。大明宫国家考古遗址公园靠近社区，社区居民人流量大，关注社区居民群体，关注居民中特殊群体是公园职能所在。而且老龄化已成社会趋势，关注老年群体的佩戴式体验技术、公园器械、公园文化语音解释等建设具有必要性。另一方面，搭建智能化管理系统、数字政务系统等。将国家考古遗址公园公共文化基于实体的数字空间实现数据共享共用，如仿照博物馆年度报告信息系统，设计一个全国考古遗址公园年度报告系统附属在全国博物馆年度报告信息系统中，在发展成熟后，可以考虑单列系统；大明宫国家考古遗址公园内部搭建互联互通网络，实时接收遗址问题、群众问题、内部问题等并及时进行高效解决。

3.3 优化公园管理执行网络

3.3.1 精简保护管理机构

执行在管理活动中占有举足轻重的地位，对组织目标的实现及管理效率有着直接的影响[4]。执行的最高准则是下级严格按上级规定的时间和方式执行决策[5]。执行能够顺畅也取决于管理网络的垂直、直线管理和管理层级精简。管理层级越多越复杂、管理牵连方非单一为多数则越容易导致执行有误，出现执行与目标的偏差，出现具体如在政府管理中典型的"上有政策、下有对策"的管理规避行为、增设相关内容或调控范围的地方利益附加行为、表面文章而不采取具体措施的执行敷衍行为等。这些将损害各方利益，严重则是损害政府公信力。大明宫国家考古遗址公园复杂的管理网络也正是出现了这些情况。为追求机构的精简高效，构建以西安曲江大明宫遗址区保护改造办公室为主体的"管委会"综合管理模式。一方面打造"管委会"和各主体的综合管理，将遗址保护管理职能与行政管理职能进行有效结合。保护办作为"管委会"直接进行大明宫遗址的保护管理，发挥主导作用。未央区人民政府、新城区人民政府进行协同管理，并协调调动其余相关职能部门，共同管理大明宫国家考古遗址公园。另一方面探索直接上报机制，避免繁杂的层层上报。西安曲江大明宫遗址区保护改造办公室关于遗址保护规划、展示利用等事务直接上报西安市文物局进行审批，节约审批时间、减少审批环节以提高管理效率。

3.3.2 推进企业运营创新

大明宫国家考古遗址公园要探索"管理机构＋公司经营＋多业经营"模式等，以实现大明宫遗址价值的展示与传承、公园经济增长、维护好公园整体的可持续发展活力和提高公园管理效能。结合时代需求和公园的市场化特性，进行运营管理等创新。西安曲江大明宫国家遗址公园管理有限公司需要发挥公司特长，作为公园的直接运营主体要在进行日常运营时兼顾遗址保护利用与经济利益增长。这也需要推动大明宫国家考古遗址公园"保护办＋公司"模式的创新，在结合公园管理权、经营权两权分离的实际情况下，建立"产权清晰、职能明确、管理科学、机制灵活"的运行机制。在坚守大遗址保护的前提下，公司应形成"保护利用＋市场运营"双轮驱动，把握市场风向，在进行公园遗址保护展示价值阐释同时有效进行遗址文化演艺活动、公园跨界营销、大明宫旅游文创产品开发等方面的市场化运作。

3.4 聚合公园管理监督渠道

3.4.1 构建综合监督指导体系

将大明宫遗址保护管理督察、考古遗址公园运营管理评估和5A级旅游景区评估等结合起来，制定综合性的监督指导方案。政府应加大监督力度，制定预防惩治措施，整治破坏遗址行为和文化传播乱象。联合当地政府及相关行政部门及保护办、遗址公园运营管理公司和NGO开展网络无序宣传、违法活动等集中治理，加强监督部门内部管理，构建以遗址保护和运营管理为核心的监督指导体系。

3.4.2 拓宽社会公众监督渠道

多元化监督体系需要自发监督和外界监督相结合。拓宽社会公众监督渠道，通过公众教育活动培养主动意识，利用传统媒体和网络媒体宣传，让公众积极参与管理监督。打通民众反映渠道，如官方媒体号留言、电话热线、信箱等，鼓励公众在遇到破坏遗址或公园环境等情况时主动反映，共同维护公园设施和服务质量。

总之，大明宫国家考古遗址公园管理模式的优化是一个系统工程，需要从管理要求、管理技术、管理执行、管理监督等多个方面入手。通过转变管理观念、明确机构职责、健全法规制度、增强技术保障、优化执行网络、聚合监督渠道等措施，可以有效促进大明宫国家考古遗址公园的进一步发展，为国家考古遗址公园管理体系的建设提供宝贵经验。未来，随着科技的不断进步和社会需求的不断变化，大明宫国家考古遗址公园的管理模式还需不断创新和完善，以适应时代发展的需要。

注　释

[1] Liu Weihong, Du Jinpeng. Archaeological Sites and Archaeological Site Parks in China// Encyclopedia of Archaeology (Second Edition). London: Academic Press, 2024: 606-616.

[2] 刘卫红，程宿钱．大明宫国家考古遗址公园管理体制优化策略研究．新西部，2024（2）．

[3] 洪芳林，龚蛟腾．国家新型公共文化空间行动路向．国家图书馆学刊，2023，32（5）：60-74.

[4] 陈卉．我国公共政策执行研究．西南财经大学硕士学位论文．2008：20.

[5] 张宇．公共政策执行中的博弈分析．西北大学硕士学位论文．2007：7.

"推开一扇看不见的宫门"
——南宋德寿宫遗址保护与展示实践启示

卢远征　张　喆　张雅楠　孟　超　曹守一[*]

摘要：南方潮湿地区的土遗址露明保护和展示，一直存在着保护方面的技术难点和阐释展示可读性差等问题。德寿宫遗址作为目前仅有的较大规模揭露格局的南宋宫殿建筑群遗址，是南宋都城——杭州城的代表性遗址遗迹。其揭露式的保护与展示，存在遗址价值呈现和城市文化牵引两方面的重大需求。因此，德寿宫遗址保护展示这一项目，以系统保护、多维展示为理念，综合统筹本体和环境、保护和展示等技术措施，探索城市型遗址的保护路径、展示阐释手段和活化利用方式，以期为南方潮湿环境下遗址大面积露明保护展示提供经验借鉴。

关键词：德寿宫遗址；保护；展示阐释；潮湿地区

考古遗址作为一段又一段历史的见证，在时空长河中呈现出中华文明深厚的历史底蕴和独特的文化内涵。"让文物说话，让历史说话，让文化说话"，这就要求新时代考古遗址不仅要保护好，同时也要作好价值的阐释与展示，发挥好当下以史育人、以文化人的作用，搭建起公众与文化遗产之间、当代与历史之间、遗产保护传承与社会经济发展之间的"桥梁"。

德寿宫位于南宋临安城内吴山东麓望仙桥东，是南宋高宗、孝宗以太上皇身份与其皇后所居住的宫殿，又被称为"北内"，与凤凰山东麓的"南内"南宋皇城共同构成两宫并置的格局，是南宋皇家宫苑的杰出代表，也是全国重点文物保护单位临安城遗址的重要组成部分。自2001年起，德寿宫遗址经过四次考古发掘，考古发掘面积达6900平方米，根据遗址情况，一是明确德寿宫东、南、西三侧边界，发现有东宫墙（南端）、南宫墙、宫门、西宫墙（南段）及西便门遗迹；二是重点揭示了西南部的宫殿区格局和重要建筑园林组群，明确重华宫（原德寿宫）和慈福宫两组宫殿建筑群左右并置，重华宫居中轴线、慈福宫居西侧次轴线的格局关系[1]，以及大型宫殿基址、大型

---

[*] 卢远征、张喆、张雅楠、孟超、曹守一：浙江省古建筑设计研究院有限公司，杭州，邮编310000。

砖砌道路、砖砌十字拼花庭院地面、台阶、石砌水池驳岸、假山基础、排水设施等各类建筑园林遗迹；三是发现秦桧宅邸时期—高宗时期—孝宗时期（慈福宫）三个时期建筑遗迹的叠压关系，其中秦桧时期遗迹揭露较少，以孝宗营建慈福宫、重华宫时期遗迹为主。

2020～2022年，围绕重华宫和慈福宫中西两路遗址区域，浙江省古建筑设计研究院承担了德寿宫遗址一期的保护展示工程，针对南方潮湿地区土遗址大规模露明保护展示的问题，创新保护展示理念，探索系统解决方案，综合运用多种展示手法构建全面立体展示体系和沉浸式体验空间，在妥善保护的基础上"应展尽展、能展尽展"，实现近4800平方米遗址的露明展示和对外开放，使德寿宫遗址成为那扇推开杭州南宋临安城历史、感受杭州南宋文化的"宫门"（图1）。

图1　德寿宫遗址博物馆鸟瞰

1　设计定位

遗址保护展示的目的是，认知遗址所承载的历史、保护延续遗址本体及历史环境、阐释传播遗址的价值和文化内涵，发挥遗址在当下的社会功能，满足人民群众日益增长的精神文化需求。并且，遗址保护展示是相辅相成的系统工程，既要在保护的同时考虑社会层面对于展示的需求，也要在展示的同时考虑保护的技术条件和能力。

1.1　技术可行性评估与价值定位

德寿宫遗址规模宏大，是目前仅有的较大规模揭露格局的南宋宫殿建筑群。从保护技术而言，如何解决水的问题，是杭州潮湿多雨地区土遗址能否露明保护的关键。对比目前杭州已经实施的同类遗址露明保护成效来看，结合南方其他地区遗址保护的成功案例，综合评估技术层面具备一定的可行性。从价值展示层面而言，德寿宫遗址见证了南宋时期"两宫制"这一特殊政治制度，是南宋时期宫殿建筑、皇家园林苑囿相结合的典型代表，填补了南宋临安城考古中大型宫殿建筑的建造、沿革的空白，需要在地化、真实地呈现这些遗址遗迹和价值内涵，这也是博物馆展示所不能提供的。

1.1.1 社会需求程度评估

从社会需求层面而言，对于杭州、对于南宋历史来说，真实展示历史文化内涵丰富的德寿宫遗址是民之所望。现代杭州城市是在南宋临安城的基础上不断叠压建设的，虽然已经发现有南宋皇城、太庙、恭圣仁烈皇后宅、府治、御街、城墙等一系列遗址遗迹，但是因土地权属、遗址空间有限等问题，部分遗址进行了回填保护或者地面模拟展示作为城市公园在使用，部分遗址仅局部进行了揭露展示，手法较为单一，效果有限。杭州缺少了一处系统阐释展示南宋历史、具有文化标志性的文化空间。德寿宫作为一处南宋皇家关联的大型遗址，兼具了历史真实性和文化空间属性，无疑是目前杭州城市最为合适的选择。

1.1.2 露明保护展示的设计定位

综合保护技术可行性、价值展示需求和社会需求，可以看出，德寿宫遗址目前发现的部分是目前已发掘范围条件下德寿宫核心价值所在，且可视性相对较强，具有现状露明保护展示的必要性。同时，考虑到对德寿宫的保护展示工作的研究实施，能够为南宋皇城遗址等其他遗址保护展示提供经验积累。因此，本次保护展示工程基本确定设计定位，也就是对中西两路已考古发掘的 6900 平方米遗址区域，进行整体露明保护展示（图 2）。

2 技术挑战

2.1 保护的技术难点

2.1.1 露明状态下土遗址病害的发育发展机制

德寿宫遗址与大多数南方土遗址保护之前的状态类似，存在场地积水、生物病害、材料风化、坍塌失稳、表面污染、泡水糟朽等问题。南方潮湿多雨地区土遗址的保护一直以来就是行业的技术难题，除此之外德寿宫遗址还面临希望露明保护范围大，局部土、木两种材质遗址并存等难点。

土遗址一般以土作为主要组成材料，强度低、结构松散，极易受外界环境影响。南方潮湿多雨地区地下水位普遍较高，土遗址的含水率普遍较高，土体受毛细水影响较大，

图 2　德寿宫遗址露明保护与展示
1. 西区遗址　2. 中区遗址

随着上部分表面水分蒸发，水中易溶盐极易在遗址表层富集，造成严重的酥碱风化。湿润的土体、较高的空气湿度以及自然光照等因素共同作用下，遗址土体和砖块表面也会大面积滋生微生物病害，分泌的有机酸会大大加速遗址的破坏。

2.1.2　高湿环境下露明存续的技术困难

杭州潮湿多雨的气候环境、复杂的地质水文条件对土遗址保护展示提出了艰巨的考验。要长期、有效地保护好土遗址，首先必须解决遗址赋存环境中水的问题。从考古发掘后德寿宫遗址的情况来看，场地积水、地下水、潮湿大气环境严重影响了遗址的保护。目前，"干保"是土遗址露明保护较为"主流"的概念。对于南方潮湿地区土遗址而言，"干保"需要遗址经历从饱水状态到失水干燥的过程，而在失水过程中会产生遗址表面粉化、土体开裂等一系列不可控问题。近年来，专家也提出了南方土遗址"湿保"的概念。但是，其中又涉及对于"湿"也就是遗址赋存环境的变化与控制，要统筹考虑地下水位高低、生物病害滋生等问题，会直接影响到展示方式以及保护性设施选型等。

2.2 土遗址阐释展示的挑战

德寿宫遗址的阐释与展示主要面临以下三方面挑战。

2.2.1 德寿宫不同时期遗址遗迹呈现出复杂的叠压打破关系

例如重华宫正殿上下叠压了孝宗时期的磉墩和柱顶石、高宗晚期的磉墩和铺装、高宗早期的道路三个时期的遗迹，且上述遗迹中轴线完全一致；慈福宫寝殿同样上下叠压了孝宗时期的磉墩、高宗晚期柱顶石和铺装两个时期的遗迹（图3）[1]。

图3 德寿宫遗址（重华宫正殿）不同时期遗迹叠压关系示例

2.2.2 德寿宫遗址对应历史关系和现实条件揭露呈现范围有限

南宋临安城与现代杭州古今重叠，德寿宫遗址一直以来都处于寸土寸金的城市中心，目前发掘与展示面积十分有限，相对德寿宫历史上约 11 万平方米的占地范围[①]，目前揭露的遗址只有约 4%。

2.2.3 德寿宫遗址可看性一般，辨别与理解较为困难

考古发掘的遗迹多为建筑基础（夯土、礓墩和少量柱顶石）、道路、铺装、引水渠与排水沟等，遗迹形状不规则、边界不清晰、分布不连续，能够呈现的信息相对碎片化（图 4）。

图 4 德寿宫遗址发掘后现场
1. 重华宫正殿一带 2. 慈福宫寝殿一带

3 系统保护

为最大程度保持遗址的真实性、完整性，全景式展现其格局演变和建筑兴替，综合考虑遗址保护与文化传播等多重任务目标与价值意涵，在充分评估遗址病害发展的基础上，综合考虑遗址本体保护、环境控制、遗址展示，提出系统、全面的保护技术，实现南方潮湿环境下遗址保护技术探索与德寿宫南韵文化传播的双向共赢。

3.1 赋存环境改善的系统工程

对于德寿宫这一南方潮湿地区土遗址的露明保护，设计之初明确了以营造适宜的存赋环境为核心，确立了将遗址的存赋环境由室外的潮湿环境逐步转变为室内半潮湿环境，也就是"湿保"的保护定位目标，通过工程手段、以保护性设施为抓手统筹解决水、光照和温湿度变化的问题。通过多轮方案对比，确定采用"光照控制＋温湿度控制＋止水帷幕"方式，对遗址赋存的光环境、水环境、空气环境进行综合管控（图 5）。

---

① 根据杭州市文物考古研究所提供的《南宋德寿宫遗址发掘情况》，通过历年考古发掘已确认德寿宫东、西、南三侧边界，北界因尚未考古发掘而无法做出明确判断。学界存在两种说法，一说至梅花碑附近，占地面积约 11 万平方米；一说至水亭址一带，占地面积 16 万至 17 万平方米。

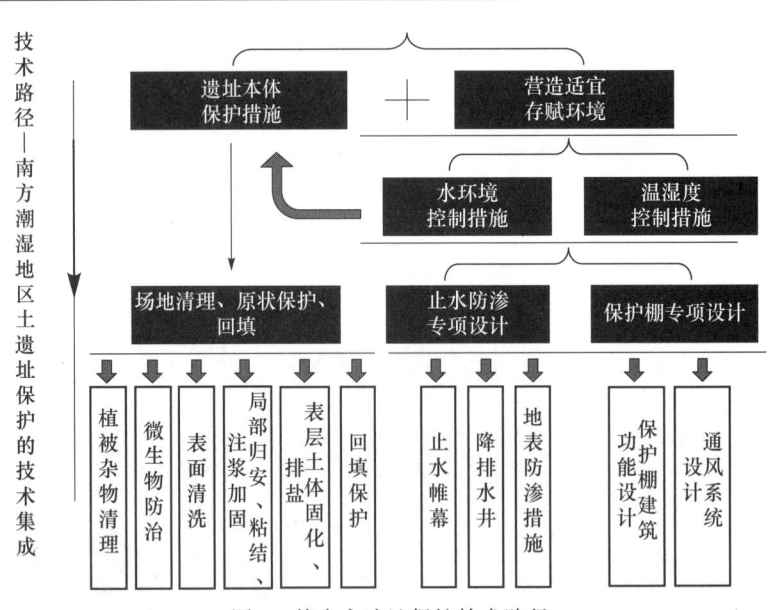

图 5 德寿宫遗址保护技术路径

遗址上覆盖保护棚，有效避免降水、地表水和露水等对遗址的破坏，遮挡自然光入射，最大程度抑制喜光植物及微生物滋生（图 6）。

图 6 遗址保护棚

地下水环境控制，采用"止水帷幕+定时定量抽排"的方式。止水帷幕平面兜圈封闭，避开重要遗址，并与上部遗址结构相关协同设计；同时配合机械抽水设备的运转维护，做到对水环境较为精准的控制（图 7）。

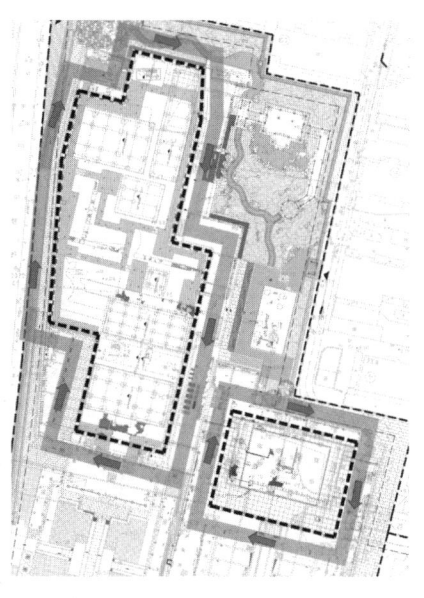

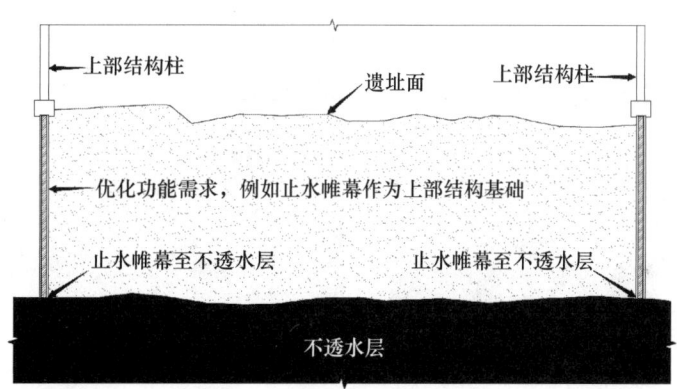

图 7 遗址区域止水帷幕措施做法

温湿度控制上采用两套空调系统，分别面向遗址、游客。面向遗址的空调系统口主要为调节遗址赋存的空气微环境，通过精确后台设备控制，优化气流通道。在栈道上配备的另一套空调系统，主要服务于游客，给游客参观带来舒适的体验。

工程完成后，遗址土体以缓慢的速率逐渐由饱水状态向低含水率状态过渡，目前遗址整体处于相对稳定状态，一定程度上减缓了微生物病害、材料风化等病害的发展速率。

3.2 新环境下的遗址病害处置

遗址保护设计，首先充分考虑和提前预判新环境下原有病害转变情况以及可能出现的新的病害，进行科学、合理的设计。原本处于户外状态下，遗址存在场地积水、生物病害、材料风化、夯土台基坍塌失稳、砖石表面污染等问题。在新的室内环境下，遗址区域从原有的潮湿状态向干燥状态逐渐转变，设计中原则上对处于干燥环境下已消除的病害不予干预；对已大大弱化但尚未完全消除的病害，坚持最小干预的原状，通过表面清理、微生物防治、土体加固、砖石脱盐等措施，有效解决了户外环境下的各类病害，并通过日常维护及时解决病害问题、延缓病害发展（图8）。

图 8　遗址本体保护措施
1.土体干燥开裂注浆加固处理　2.注浆完成后勾缝处理　3.砖块表面盐分浮土清理　4.砖块纸浆敷贴排盐

3.3　面向展示的遗址局部修复

根据遗址现状勘查与保存情况，结合中区、西区遗址不同展示主题与展示对象内容，重新确定露明与回填保护遗址的范围；根据总体保护展示设计，对中区展示主殿遗址结构格局的磉墩、柱础等进行较为全面的揭示保护；对西区遗址选择宫苑部分保存较好的宫苑水池池壁、水渠进出水口、道路铺装等遗址重点部位进行局部修复，其他地层遗址进行回填保护。如磉墩保护修复，对进行顶部露明展示和整体露明展示的磉墩采取不同保护修复措施。前者对磉墩中下部坍塌的区域，采用自制大小合适的小沙袋填充缺失部分；后者对磉墩中下部侧壁砖块、石块松动区域采用水硬性石灰浆液注浆加固，以满足不同的展示需求。另外，对于道路铺装、水渠遗址而言，收集附近散落的砖块、块石等，根据原有形制复位归安；部分侧壁等无法稳定放置的遗迹可采用天然水硬性石灰膏对归安块体进行黏接归安，以便避免散落构件影响遗址的呈现和解读（图9）。

图 9　面向展示的遗址局部修复措施
1. 柱础石归安　2. 铺装局部修复

4　多维展示

为让人们更为真实地"触碰与感知"德寿宫及其历史文化，以德寿宫的历史气象与整体格局、宫殿历史变迁、建筑园林营造与南宋宫廷生活为主要阐释传播主题，围绕遗址为核心，搭建了"遗址+数字展陈+博物馆"三位一体的展示系统，向公众传递德寿宫的遗产价值与南宋风韵。

4.1　虚实组合呈现格局形象

德寿宫作为杭州城目前唯一发掘展示南宋皇宫完整建筑遗址，具有宫殿建筑常见的中轴对称、序列严整的一般布局特征。然而，作为土遗址，其可读性一般，公众很难凭空想象其宫殿建筑空间和形制。为了给公众提供一个感受杭州南宋气象、体味杭州南宋气韵的空间场所，设计综合考虑遗址保护、展示需求与宫殿单体、群体关系，采取了"形象展示、立体标识"的总体展示策略，在考古遗址充分解读的基础上，在正殿遗址之上，以真实的尺度和风貌对南宋宫殿建筑组群进行形象化展示，并且上部建筑与遗址之间上下对位，虚实呼应，建立南宋皇家宫殿立体形象，使参观者建立起对遗址的历史原貌的形象认知与空间氛围的全面感受。

参观者自德寿宫前广场始，通过地面标识与殿门形象，进入主体院落，感受总体空间氛围、认知完整宫殿建筑，再至遗址层去识别遗址中与之对应的元素与片段。行进中，既能全面把握完整的建筑格局，又能找到现存遗址在建筑群中的位置，从而突破遗址揭示与展示范围的限制，达到见微知著的效果，实现更为完整的空间体验效果（图10）。

4.2　数字标识遗址时空信息

在遗址信息解读和复原研究的基础上，通过数字科技展现方式，将现实中的遗址与沉浸式的虚拟现实投影相融合，还原宫苑历史场景，全面提高现场遗址的可看性、可读性，多角度、近距离、影视化再现南宋宫殿之美与园林之胜，给观众带来身临其境的沉浸体验（图11）。

图10　德寿宫遗址中区保护棚（兼博物院）

图11　数字标识遗址时空信息
1.数字投影标识不同时期遗址　2.投影＋构筑物标识水渠、亭榭等遗址空间信息

德寿宫先后有高宗、孝宗两代帝王禅退后居住，历次变迁规模不同、遗迹信息丰富，如中区正殿遗址上下叠压了孝宗时期的磉墩和柱顶石、高宗晚期的磉墩和铺装、高宗早期的道路三个时期的遗迹。展示以揭示遗迹变迁层次为策略，将同一地点、不同时期的遗迹，通过数字动画投影，勾勒出遗址边界与内容，通过投影的时间序列和遗迹的叠压关系，逐层剥离，带领参观者走入历史深处，透视德寿宫不同朝代的历史变迁与宫殿变化。

西区与中区不同，发掘有水渠、驳岸等诸多宫苑遗迹，是承载高宗、孝宗两朝朝会、宴饮、起居和游乐等多种多样南宋宫廷生活的重要场所。作为历史上皇家宫苑的部分，以揭示展示宋代皇家宫苑的格局和园林营造手法为重点，运用了数字投影标识、构筑物标识等相结合的方式，在遗址上清晰勾勒了水渠、水池、亭榭等范围、边界、走向和形制，有效传递了遗址空间格局信息。

4.3 叙事整合再现历史场景

依托具有显著功能特征的遗址，结合历史场景、历史故事的数字呈现，达到见人见物见生活，这是德寿宫遗址展示的另一重要尝试。以历史上的使用场景、营造过程、历史事件等构建叙事线索，将具有一定功能性（而非装饰性）、同时相对碎片化的道路、铺装、引水渠与排水沟等遗址进行串联，综合采用了多种数字化技术，揭示阐释遗址功能，形成参观者互动，激发其对于南宋皇家风韵的历史想象与探索趣味。

重点围绕慈福宫南部孝宗时期的水闸、进水渠、水池、木桩等遗迹，构思了宫人启闭水闸、水自渠中入池、池中荷花盛开、帝后在池旁纳凉赏景等连续发生的故事情节，表现遗迹所暗含的"水渠由中河引水入池、以木桩为基上承假山、水池内外花木景观"的历史功能与使用场景。综合标识解说牌、触屏等加强遗址解读，结合动态投影、AR技术等数字化手段还原历史场景，使参观者建立起对遗址的历史原貌的全面认知（图12）。

图12 进水渠、水池遗址与AR透明屏叙事结合的展示方式

5 遗址保护展示的思考

德寿宫遗址保护展示一期工程，通过遗址保护与展示统筹结合，遗址阐释与展示系统建构，数字化技术和多样观演手段运用等方式，让遗址"可感可知"。地下遗址通过数字化投影等技术手段划分建筑基址、方池、引水渠等遗迹，在考古和复原研究的基础上，选取"重华宫"小区域，进行有依据的地上空间营造，让观众直观地感受到遗址的历史风貌特征和氛围，从遗址到展品陈列再到想象叠加，属于宋朝特有简约、雅致、有情趣的生活美学缓缓展开，完整地讲述遗址的"三重天"。开放以来，德寿宫遗址不仅向公众展示了南宋历史，也成为感受南宋文化生活的一把钥匙，成为杭州传承、弘扬南宋文化的重要名片，呈现出这处遗址非凡的文化魅力。其中，离不开遗址保护展示方面的系统协同，也离不开新的展示技术和传播手段的植入。

5.1　强化遗址工程系统统筹

遗址的保护、展示、设施建设、环境整治等各项工程，从系统工程的角度出发，在遗址有效保护的前提下，做好遗址本体保护与环境整治、保护性设施建设、展示方式的协同。强化保护性设施对于保护、展示工程的统筹协调能力，实现遗址保护、展示与文化传播的多重目标。

5.2　创新遗址展示理念方式

从遗址与城市、与环境等整体关系研究出发，关联同时代、同类遗址的比较分析，系统认知遗址所处的环境特征、文化属性和价值内涵，全面揭示遗址价值，从整体到局部定位考古揭示区域的遗址价值，充分发挥环境景观在遗址氛围营造上的作用；探索考古遗址与历史环境表达相结合，多元化、全方位、成体系的价值阐释与展示方法，科技赋能，创新性数字化解读遗址，解决土遗址看不懂的问题，为公众参观提供沉浸式感受的场所空间，带领观众穿越古今，营造一场时空之旅。

5.3　让遗址融入城市空间

德寿宫遗址位于杭州市经济活跃、文化底蕴深厚的中心城区，从价值上来看它对于杭州城市历史文脉的意义非凡，脱离了单纯的遗址保护，成为一个从市民到政府都给予了十分关注的城市文化地标。德寿宫遗址的保护与展示，创造了代表南宋临安城的杭州城市新文化空间。

城市型考古遗址以文化为内驱力，织补城市文脉、创新文旅产业、提升城市品宣，带动城市区域发展与资源价值提升，成为新时代城市空间发展、文化消费最为关注的文化场所和面向国际社会的新城市窗口。城市的历史与现代、文化与产业在这里时空交叠，成为当下推动城市发展中的内驱动力。

注　释

[1] 施梦以，王征宇. 南宋德寿宫遗址 2017 至 2020 年发掘的主要收获 // 杭州文博（第 27 辑）. 杭州：浙江古籍出版社. 2023：5-12.

遗址保护展示中的玻璃罩棚刍议

滕 磊[*]

摘要：玻璃罩棚由于其透光、洁净、耐用等特点，在遗址保护展示中发挥着重要的作用。本文对国内外遗址展示中的玻璃罩棚进行调查研究，总结梳理了玻璃罩棚出现、发展的过程，通过对玻璃罩棚的类型和现存状况的分析研究，探讨了玻璃罩棚对遗址真实性、完整性造成的各类影响。希望对玻璃罩棚的专项研究，使日后在考古遗址的保护展示过程中，更好地把握"合理利用"和"最小干预"的"度"。

关键词：遗址；保护展示；玻璃罩棚

我国遗址展示利用的形式主要包括考古遗址公园、遗址博物馆、遗址保护棚、原状露明展示、回填复原展示等。经过七十年的探索实践，遗址保护展示已经取得了长足的发展，在设计与建造水平方面有了较大进步。对于遗址本体的保护效果逐步增强，展示形式多样化，公众体验也日益提高。同时，也不可否认在遗址展示过程中依然存在着一些的问题，如考古信息阐释有误，露明展示加速考古遗址的风化，展示设施对遗址景观风貌干预过大、或直接导致遗址本体出现了新的问题。

玻璃罩棚（包括玻璃及其他新型透明材料）由于其透光、洁净、耐用等特点，在遗址保护展示中发挥着重要的作用。本文通过对国内外遗址展示中的玻璃罩棚的调查研究，总结梳理了玻璃罩棚出现、发展的过程；通过对玻璃罩棚的类型和现存状况的分析研究，探讨了玻璃罩棚对遗址真实性、完整性造成的各类影响。文中错误在所难免，敬请指正。

1 保护罩棚的出现和玻璃材质的使用

保护棚最早出现在19世纪初的英国，当时为保护发掘出土的罗马时期精美的马赛克遗迹，在西萨塞克斯郡（West Sussex）的比格诺尔（Bignor Roman Villa）和格洛斯特郡的柴德沃斯（Chedworth Roman Villa）等地修建了形如当地的乔治式民居（Georgian Building）的保护棚。建筑采用椭圆形平面，以砖石为墙身，以茅草覆盖锥形屋顶。

---

[*] 滕磊：中国文物保护技术协会，北京，邮编100009。

20世纪30年代起，在意大利庞贝古城的米斯特里别墅（Villa dei Misteri）遗址，为保护珍贵的壁画，开始在遗址上加盖简易的木屋顶，20世纪六七十年代增建、改建了一些混凝土结构屋盖，稍晚又分别加建了钢筋混凝土和空心砖、钢木等不同结构的覆罩，同时将它们作为展示别墅布局的手段[1]。1891年，美国开始对第一个史前保留地新墨西哥州普韦布洛土著（pueblo）留存下来的卡萨格兰德村落遗址（Casa Grande Ruins）进行保护。1932年，著名建筑师弗雷德里克·劳·奥姆斯特德（Frederick Law Olmsted）在其中的大房屋遗址上加盖了简易的木制保护棚（Ramada），如今已经改成金属结构顶棚。

早期保护棚建筑往往采用石木或砖木结构，外观与当地普通民房相似，保护展示措施干预较少，往往存在内部展示空间狭小，遗址通风条件不佳、光照不够等诸多问题。20世纪中叶，意大利的建筑师佛朗哥·米尼西（Franco Minissi）针对遗址保护提出了"博物馆化（musealizzazione）"理念，提出博物馆不只可视作集中存储古物的场馆，也可以存在于任何具有历史和艺术价值的地点，并将文化遗产的识别、存档、保存和保护作为一项整体性工作[2]。作为"遗址博物馆"理念最早的践行者之一，佛朗哥·米尼西在设计保护棚建筑时，不单单考虑对遗址进行遮风避雨，还开始关注如何减小保护棚建筑对遗址本体的占压，提升遗址的展示空间，改善游客参观的光线等。1957~1960年，他在意大利西西里岛为卡萨尔古罗马庄园遗址（Villa Romana Del Casale）设计修建的保护棚采用了轻型钢结构上的透明塑料膜材质，具有良好的采光性。位于西西里的格拉古镇（Gela）的另一处遗址，也同样采用了透明的玻璃罩覆盖保护，将文物罩在地表下。西西里的另外一处遗址——亚埃拉克莱米诺瓦剧院遗址（Heraclea Minoa），为了恢复剧院的原始功能，同时又能保护环形阶梯座位遗址，在遗址上部搭建了一层遮罩，上面可以容纳观众。1968年，英国菲什本罗马宫殿（Fishbourne Roman Palace）遗址修建了一座当时该国最大的马赛克遗迹保护性建筑，其南立面整体也采用玻璃墙面，显得通透亮泽。

20世纪五六十年代以来，随着一批重要考古遗址的相继发掘出土，修建遗址博物馆和保护棚①的保护展示方法开始在全国各地出现。1958年，西安半坡遗址建立了中国乃至亚洲第一座真正意义上的遗址博物馆[3]，是同时具有遗址保护棚性质的、综合的史前遗址博物馆。这座博物馆采用轴线分散式布局，柱网的布置和施工着重注意了遗址的实际情况，全面揭露的半坡聚落被覆罩在土遗址保护大厅内，并结合采光需求在顶棚设置一些玻璃天窗。1988年，广州南越王墓博物馆建成开放，建筑依山而建，以古墓为中心，上盖覆斗形钢架玻璃防护棚，建筑面积17400余平方米。

---

① 关于"遗址博物馆"和"保护棚"的定名和界定并不十分清晰，部分定名不规范、不准确。一般认为，两者均依托考古遗址，具有考古发掘、保护、研究、展示等功能。而遗址博物馆比保护棚功能更加完善，除上述主要功能外，还应有文物库房、管理、公众服务等博物馆的功能，因此在建筑规模、形式设计等方面较保护棚更加复杂。

如果说早期的遗址博物馆和保护棚只是为了遗址遮风避雨、进行简单展示的话，那么 21 世纪以来新建的遗址博物馆和保护棚早已不满足于此。它们往往都是集保护与展示功能于一身的形式，不仅覆盖保护遗址，还可以陈列可移动文物、图片、模型、多媒体展示等。

在建筑结构上，基于文物保护的要求，常常采用大跨度的建筑结构，既可以避免切割遗址，又可以完整地展示遗址。在形式上往往根据营造保护遗址的环境出发，从功能出发，并不拘泥于某种形式。

2006 年建成的汉阳陵博物馆帝陵外藏坑保护展示厅以完善的空间设计和文物空间与游客空间分隔开来的理念，创造性地解决了遗址保护与展示的矛盾，开创了中国新一代的遗址博物馆的模式。博物馆建于地下，对环境景观影响较小，同时遗址保存在相对封闭的环境中，用悬吊式的玻璃幕墙和廊道供游客参观，其内可有效调节遗址区环境温度、湿度，控制降尘及游客带来的微生物侵入[4]。

湖北荆州熊家冢遗址博物馆采用了大跨度保护棚形式，内部建筑采用了与汉阳陵丛葬坑遗址博物馆类似的方式，采用封闭的跨越遗址的玻璃环廊将参观通道和遗址区域分离开来，既做到贴近遗址的参观效果，又能够避免人为因素对遗址本体的破坏。

2015 年，江苏南京大报恩寺新塔建成开放，新塔建于明代大报恩寺琉璃塔的原址之上，同时起到传承历史记忆和保护地宫的作用。基于可识别原则，采用先进的钢结构和超白玻璃等轻质材料，平面轮廓与古塔八边形平面吻合。为避免对遗址的扰动，采用四组钢管斜梁跨越遗址上方，地梁落脚点位于整个塔基遗址的外侧，形成"覆钵型"新的地宫，在原有地宫遗址上用玻璃保护罩营造新的圣物奉安与瞻礼空间。

2 玻璃保护罩棚的类型

根据搜集到的国内外遗址玻璃罩棚的资料，可以将玻璃保护罩棚分为分隔型和建筑型，分隔型可分为玻璃展柜式、地面平铺式，建筑型可分为混合式、嵌套式。

2.1 分隔型玻璃罩棚

分隔型玻璃罩棚一方面避免观众直接触碰破坏遗址，一方面便于参观，以分隔遗址与观众为主要目的。分隔型玻璃罩棚具有观赏价值但较为脆弱，其保护的遗迹一般规模不大。

有些分隔型玻璃罩棚建在室外，以保护展示室外露明的遗迹，如位于野外、公园、街道上的遗迹等；有些则建在室内，如博物馆、展馆、商场等。

玻璃展柜式罩棚类似于博物馆的展柜，将露明的遗存覆盖展示。观众可以从四周或一侧进行参观。如湖南长沙坡子街南宋木构涵渠遗址玻璃保护罩、江苏南京大报恩寺塔地宫玻璃保护罩、山东青岛琅琊台遗址玻璃展示窗、安徽含山凌家滩遗址墓葬玻璃保护罩、陕西神木石峁遗址东城门墓葬玻璃保护罩、河北元中都大殿柱础玻璃保护罩、美国亚利桑那州图拜克遗址玻璃保护展示窗、阿塞拜疆巴库火袄庙院落遗址玻璃保护罩等（图1）。

图 1 分隔型玻璃展柜式罩棚
1. 江苏南京坡子街南宋木构涵渠遗址玻璃保护罩 2. 江苏南京大报恩寺塔地宫玻璃保护罩 3. 山东青岛琅琊台遗址玻璃展示窗 4. 安徽含山凌家滩遗址墓葬玻璃保护罩 5. 陕西神木石峁遗址东城门墓葬玻璃保护罩
6. 河北元中都大殿柱础玻璃保护罩 7. 美国亚利桑那州图拜克遗址玻璃保护展示窗
8. 阿塞拜疆巴库火袄庙院落遗址玻璃保护罩

地面平铺式罩棚的玻璃罩或玻璃盖板与地面平齐，其下覆盖地下的遗存如房屋基址、窖穴、窑址、墓葬、道路、井渠等。观众既可以在玻璃盖板上驻足参观，也可以从上面通行。如北京圆明园含经堂遗址玻璃罩、河北崇礼太子城遗址南门玻璃罩、河北元中都遗址西南角楼遗址玻璃盖板、广州北京路遗址玻璃罩、安徽含山凌家滩遗址玻璃保护盖板、英国维京遗址玻璃展示罩、意大利蒙特普齐亚诺美第奇堡垒玻璃展示罩、阿塞拜疆巴库火袄庙玻璃罩、越南河内升龙皇城遗址玻璃罩等（图2）。

图 2　分隔型地面平铺式罩棚

1. 北京圆明园含经堂遗址玻璃罩　2. 河北崇礼太子城遗址南门玻璃罩　3. 安徽含山凌家滩遗址玻璃保护盖板　4. 英国维京遗址玻璃展示罩　5. 广州市北京路遗址玻璃罩　6. 河北元中都遗址西南角楼遗址玻璃盖板　7. 意大利蒙特普齐亚诺美第奇堡垒玻璃展示罩　8. 阿塞拜疆巴库火袄庙玻璃罩　9. 越南河内升龙皇城遗址玻璃罩

2.2 建筑型玻璃罩棚

顾名思义，建筑型玻璃罩棚往往具有一定的建筑造型，以遮风避雨、整体保护遗址为主要目的。玻璃罩棚保护的遗址相对规模较大，具有整体展示价值。观众可以走进这种保护罩棚内进行参观。

建筑型玻璃罩棚有些形式、功能简单，有些形式复杂，功能已经具备了遗址博物馆的特征。

混合式玻璃罩棚往往采用钢结构、钢筋混凝土、砖混等结构及大面积的玻璃屋面或玻璃围护系统组合建造而成。如辽宁桓仁五女山城建筑基址保护棚、上海元代水闸遗址博物馆、成都杜甫草堂唐代亭台遗址保护棚、成都金沙遗址保护展示棚、河南偃师商城苑池遗址保护棚、陕西神木石峁遗址东城门遗址保护棚、广州南越王墓保护棚、英国吉尔福德城堡玻璃屋顶、意大利瓦雷泽圣乔瓦尼教堂玻璃罩棚、意大利西西里岛阿格里真托赫拉克利亚米诺亚考古区保护罩、意大利西西里岛卡萨尔古罗马庄园马赛克图案保护棚、意大利圣萨尔沃历史城区教堂遗址保护棚、西班牙卡塔赫纳莫利内特考古遗址保护棚、法国高卢—罗马维苏纳遗址博物馆等（图3）。

嵌套式玻璃罩棚包括在钢结构、钢筋混凝土、砖混等结构建筑内，为有效营造遗址保护的小环境而构建的玻璃罩棚、玻璃廊道等。如辽宁牛河梁遗址一号地点保护棚、江苏南京大报恩寺遗址博物馆、汉阳陵丛葬坑遗址博物馆玻璃环廊、湖北荆州熊家冢遗址博物馆玻璃廊道、四川广汉三星堆遗址考古发掘大棚、意大利索伦托省冷泉冶金遗址保护棚等（图4）。

3 玻璃保护罩棚存在的问题

玻璃等透明材料的使用尽管提升了遗址展示的体验效果，但是也带来了很多问题。孙华、陈筱认为，遗址类文物保护性建筑，无论是哪种建筑形式，都能够给所保护的遗迹和文化堆积以遮蔽阳光和雨水的作用，四周有围护且具有保温隔层的保护建筑，还可以避免霜冻对遗址的威胁。不过遗址（尤其是中国最常见的土遗址）的保护性建筑，它减免的破坏性威胁主要来自地面以上，地表以下最重要的两个破坏因素的影响，也就是泛碱和干裂，不仅不会因为营建保护性建筑减少，反而会因为有了保护性建筑而增加[2]。

对于露明遗址而言，玻璃等透明材料极易导致保护棚出现温室效应。直射光的长期作用会造成遗址的干裂、风化和氧化。内部的高温高湿，以及通风不畅的环境极易促使微生物滋生、植物生长，从而破坏遗址本体，严重影响遗址的真实性。如青海喇家遗址一号保护展示馆和南京大报恩寺遗址，长期的直射光已经导致遗址表面干裂风化

图 3　建筑型混合式罩棚

1. 辽宁桓仁五女山城建筑基址保护棚　2. 上海元代水闸遗址博物馆　3. 成都杜甫草堂唐代亭台遗址保护棚　4. 成都金沙遗址保护展示棚　5. 河南偃师商城苑池遗址保护棚　6. 陕西神木石峁遗址东城门遗址保护棚　7. 广州南越王墓保护棚　8. 英国吉尔福德城堡玻璃屋顶　9. 意大利瓦雷泽圣乔瓦尼教堂玻璃罩棚　10. 意大利西西里岛阿格里真托赫拉克利亚米诺亚考古区保护罩　11. 意大利西西里岛卡萨尔古罗马庄园马赛克图案保护棚　12. 意大利圣萨尔沃历史城区教堂遗址保护棚　13. 西班牙卡塔赫纳莫利内特考古遗址保护棚　14. 法国高卢—罗马维苏纳遗址博物馆

（图 5, 1、2）。成都杜甫草堂唐代亭台遗址、广汉三星堆遗址等都采用玻璃幕墙作为围护结构，温室效应明显，土体干燥失水开裂，通风不畅已经导致亭台遗址、熊家冢遗址本体表面潮湿、苔藓生长等问题（图 5, 3、4）。上海元代水闸遗址博物馆外观形如水闸的造型通过顶部透光的玻璃网架结构表现流水形，这造成了和金沙遗址博物馆遗迹馆中心玻璃采光顶棚相同的问题。同时受到光照的部分木质遗迹水分蒸发较快，也易于出现干裂。

图 4　建筑型混合式罩棚
1.辽宁牛河梁遗址一号地点保护棚　2.江苏南京大报恩寺遗址博物馆　3.汉阳陵丛葬坑遗址博物馆玻璃环廊
4.湖北荆州熊家冢遗址博物馆玻璃廊道　5.四川广汉三星堆遗址考古发掘大棚
6.意大利索伦托省冷泉冶金遗址保护棚

相比较而言，规模较小、简单的分隔型玻璃罩棚比空间较大、功能复杂的建筑型玻璃罩棚受温室效应的影响更大，而室外的分隔型玻璃罩更易受到直射光的影响，地表或者地下水的活动也会促进植物生长，如北京圆明园含经堂遗址、河北元中都角楼遗址等（图5，6）；室内的分隔型玻璃罩较少受到直射光的影响，但是通风不畅的环境也助推了微生物、藓类的繁殖。

对于遗址环境而言，部分玻璃保护棚本身的形式、材料等与遗址景观环境不协调，部分玻璃保护罩棚过于强调外形，容易造成参观者的注意力集中到保护罩棚而忽视了遗址本身，从而影响到遗址真实性和完整性的展示。

图 5 玻璃保护罩棚存在的问题

1. 青海喇家遗址一号保护展示馆　2. 南京大报恩寺遗址　3. 成都杜甫草堂唐代亭台遗址　4. 荆州熊家冢遗址
5. 北京圆明园含经堂遗址　6. 河北元中都角楼遗址　7. 大明宫含元殿柱础玻璃保护罩
8. 太子城遗址南门玻璃保护罩　9、10. 大明宫遗址

对于观众而言，最直观的问题是玻璃表面反光严重，早晚的温差或者湿度较大时，玻璃表面容易凝结水，这就对拍照留念或者留取资料造成较大影响，如大明宫含元殿柱础玻璃保护罩、太子城遗址南门玻璃保护罩等（图5，7、8）。此外，南方地区的建筑型玻璃保护罩棚内外温差较大，也影响到观众的体验感受。如广州南越国宫署遗址博物馆和上海元代水闸遗址博物馆玻璃屋顶下室内和周边室内温差巨大，由入口沿着参观步道深入遗址，温度变化明显，对参观者造成不适。再有，部分玻璃保护罩棚内展示的遗址（遗迹）并不是真正的文物本体，这也会对观众造成误导，从而质疑玻璃罩棚的必要性。

对于管理者而言，玻璃表面需要经常打理才能保持清洁，这无疑增加了管理养护的成本。如很多地面平铺式的玻璃保护盖板长期处于无人清理的状态，表面污浊，无法发挥展示遗址的功能（图5、9、10）。此外，有些透明材料养护难度大。如意大利卡萨尔古罗马庄园遗址保护棚采用的透明塑料膜材质维护难度大，需要不断更换塑料膜[5]。

20世纪八九十年代以来，遗址保护建筑的设计、保存环境的监测和控制技术愈来愈受到重视，成为修建保护棚必须考虑的问题。比如，1999年建成的土耳其以弗所阳台房遗址（Terrace house）保护棚，设计充分考虑了当地的温湿度、通风和光线，采用轻型钢结构，覆盖了4000平方米的遗址面积。保护棚屋顶由张拉开的半透明的聚四氟乙烯（PTFE）玻纤织布组成，在四周利用聚碳酸酯材料制成的向外倾斜的可通风的幕墙，南面是不透明的，以避免阳光直射，其他三面则是透明的，以提高采光。这样的屋顶具有良好的室内光线而无需人工光源，同时整个建筑材料具有良好的反射性以减弱太阳光直射及产生的热量[6]。

另一个例子是英国多塞特郡（Dorset）的多切斯特（Dorchester）罗马遗址保护棚，设计采用古罗马建筑风格元素，突出的屋檐防止阳光直射遗址，四周玻璃幕墙有缝隙以供通风。同时，幕墙还可以人工控制，以便更直接快速地通风。

再如2012年在英国柴德沃斯遗址新建的保护建筑。该建筑采用轻钢木结构，主要的承重墙体不再叠压在遗址之上，减少了对罗马时期房屋遗存的影响。建筑侧立面为玻璃与木格栅的结合，室内弥漫着柔和的漫射光。为保证覆室的通风和排水，还增建了空气源热泵空调和雨水收集系统。此外，为提高游客的参观体验，设计了允许近距离观察马赛克遗迹的悬挂式栈道。

2006年，半坡遗址保护棚进行了重新设计，新建的保护大厅为整体钢结构，屋面采用夹保温棉的双层彩钢板和贴膜玻璃，使建筑的保温、隔热和防紫外线的性能有所提高，从而解决了遗址面临的大部分问题。

4 小结

国家"十二五"科技支撑计划课题《遗址博物馆环境监测与调控关键技术研究》已

经关注并探索如何解决遗址博物馆和保护棚对遗址本体造成的影响[①]。笔者和周双林教授、张文革教授级高级工程师在2014年实施的国家文物局优青科研课题"古遗址展示利用建设项目文物影响评估体系研究"也同样关注到保护设施建设对古遗址的不同影响情况[7]。

通过对玻璃保护罩棚的梳理、总结和分析，可以发现玻璃材质保护罩棚如设计不当，不仅会造成明显的温室效应，导致遗址本体的破坏，也同样会破坏遗址环境，影响游客的参观体验，同时增加管理成本和难度。

如果没有全面系统的文物影响评估，没有因地制宜、针对性的保护棚的设计，没有科学有效的环境调控手段，以及规范的管理运用，仅仅依靠建造保护罩棚不仅不能满足遗址文物安全保存的要求，还可能会适得其反，打破遗址保存环境的物质和能量的平衡，加剧遗址文物本体保存环境的波动和变化，长此以往将会产生严重的病害，从而威胁到遗址的真实性和完整性。

注　释

[1] Matero F. Editorial. Conservation and Management of Archaeological sites, 2002(5): 1-2; Aslan Z. The Design of Protective Structures for the Conservation and Presentation of Archaeological Sites. Doctoral dissertation. University of London.2008; Woolfitt C. Preventive conservation of ruins: reconstruction, reburial and enclosure // Conservation of ruins. Oxford: Butterworth-Heinemann. 2007: 147-194; Aslan Z. Designing protective structures at archaeological sites: Criteria and environmental design methodology for a proposed structure at Lot's Basilica, Jordan. Conservation and Management of Archaeological sites, 2002, 5(1-2): 73-85; Aslan Z. Protective Structures for the Conservation and Presentation of Archaeological Sites. Journal of Conservation and Museum Studies, 1997(3).

[2] 孙华，陈筱. 文物保护建筑初论. 中国文化遗产，2018（1）.

[3] 我国第一座遗址博物馆开放. 文物参考资料，1958（4）.

[4] 刘克成，肖莉. 汉阳陵帝陵外藏坑保护展示厅. 建筑学报，2006（7）；王永进，马涛，阎敏，等. 汉阳陵地下博物馆遗址表面白色物质分析研究. 文物保护与考古科学，2011，23（4）：59.

[5] Stanley-Price N P, Jokilehto J. The decision to shelter archaeological sites: Three case-studies from Sicily. Conservation and Management of Archaeological sites, 2002(5): 19-34.

[6] Krinzinger F. A roof for Ephesos: The Shelter for Terrace House 2. 2000.

[7] 滕磊. 文物影响评估体系研究——以古遗址展示利用为视角. 北京：科学出版社. 2019.

（本文是笔者2021年中国考古学大会文化遗产保护专委会提交的大会论文，略有增删）

---

① 陕西省文物保护研究院（西安文物保护中心）等，《遗址博物馆环境监测与调控关键技术研究》（2012BAK14B01），国家"十二五"科技支撑计划课题，课题负责人马涛。

后　　记

　　2021年10月17日，我和中国考古学会文化遗产专业委员会的诸位同仁在河南三门峡参加第三届考古学大会，喜闻习近平总书记致信祝贺仰韶文化发现和中国现代考古学诞生100周年，在肯定文物考古工作百年成就的同时，也提出继续探索未知，揭示本源，努力建设中国特色、中国风格、中国气派的考古学，更好认识源远流长、博大精深的中华文明，实证百万年人类史、一万年文化史、五千多年文明史的殷殷期望。总书记情真意切、高屋建瓴，与会专家学者无不为文物考古事业新形势、新局面的到来倍感振奋。子在川上曰："逝者如斯夫！不舍昼夜。"全国文物考古工作者迅速行动起来，扩编招兵，规划计划。2022年4月，国家文物局发布《"十四五"考古工作专项规划》，考古工作定位更加清晰，目标任务更加明确，考古事业进入蓬勃发展的新阶段，中华文明探源工程、考古中国、边疆考古、水下考古稳步推进，科技考古、公众考古、涉外考古快速发展，短短几年，已取得许多重要成果。

　　《保护与发展——文化遗产学术论丛》（第1辑）还在紧张的编辑阶段时，我与时任中国文物保护技术协会理事长、特邀主编王时伟先生，协会秘书长、青年工作委员会主任曲亮先生，考古遗址与出土文物保护专业委员会主任杜金鹏先生谈及"优青学术论文"计划——2021年度"遗址保护与利用方向"征稿活动，期寄能够鼓励青年学者加强学术训练、恪守学术道德，坚持理论联系实践，支持青年学者积极投身于文化遗产保护领域，得到几位先生的一致赞同。我们迅速行动起来，很快又携手中国文物保护基金会科技保护专项基金，于2021年9月1日启动征稿活动，截至2021年11月30日，共有来自中国社会科学院考古研究所、北京大学考古文博学院、中国国家博物馆、西北大学、CNR—Institute of Geosciences and Earth Resources等数十家单位的青年学者参与投稿30余篇。经过初审、复审，最终遴选出建筑遗址保护、国外石质建筑保护、墓葬保护、出土文物保护、石质文物保护、遗址研究、考古科技、保护规划、展示利用、预防性保护等方向的"优青学术论文"10篇。

　　这10篇优青论文就构成了《保护与发展——文化遗产学术论丛》（第2辑）的基础，但与论丛每一辑约30篇的结集目标显然相差甚远，况且与第1辑不同的是，这一辑聚焦在考古遗址保护与活化利用的主题方向，筹稿受到很大的制约。回顾这三年来，从策划、征稿、遴选到筹稿、约稿，再到编辑、排版、校对的点滴，不可谓不艰难，但作为一名文物工作者，能够抓住新时代文物考古事业跨越式发展的宝贵机遇，为建设中国特色、中国风格、中国气派的考古学作出贡献，探索从考古、保护、研究到展示、利用的综合解决方案，无疑是光荣而自豪的！

这一辑的作者有大学教授，有保护专家，有行业新锐，也有资深的管理者；有师长，有同仁，也有后辈。他们绝大多数都是文物一线的从业者，在各自的专业领域勤勤恳恳、耕耘不辍，与行业携手成长，与时代共同进步。感谢所有作者的坚守与付出；感谢傅熹年先生无私为本书题写书名；感谢中国社会科学院考古研究所杜金鹏、梁宏刚，故宫博物院王时伟、曲亮，中国文化遗产研究院张治强，中国文物信息咨询中心乔云飞、吴育华，中国建筑设计研究院建筑历史研究所陈同滨、刘剑，中国古迹遗址保护协会燕海鸣，中冶集团国检中心张文革，北京大学考古文博学院周双林，山东省文物局王守功，湖北省文物局王风竹、陈飞，广东省文物局何斌，浙江古建筑设计研究院卢远征、张喆，浙江大学李志荣，陕西省文化遗产研究院张磊，西北大学刘卫红、张竟秋，新疆维吾尔自治区文化遗产保护中心杨静等老师对本书编辑工作的支持；感谢中国文物保护技术协会和中国文物保护基金会各位领导同仁对本书出版的大力支持；感谢科学出版社文物考古分社编辑小伙伴的辛勤劳动；还有很多为本书付出心血的朋友，我想在此一并致谢！

路漫漫其修远兮，吾将上下而求索！是为记。

甲辰龙年国庆 于京华北苑